Alexander H. Wissemeier / Hans-Werner Olfs (Hrsg.)

Diagnose des Ernährungszustands von Kulturpflanzen

You cannot tell a plant to stick out its tongue and say »Ah«, but there are other ways of examining it for symptoms of ill health.
Gove Hambidge (1941) aus: Hunger Signs in Crops

Jeder, der ein Lehrbuch schreibt, das sich auf eine Erfahrungswissenschaft bezieht, ist im Falle, ebenso oft Irrtümer als Wahrheiten aufzuzeichnen: denn er kann viele Versuche nicht selbst machen, er muß sich auf anderer Treu und Glauben verlassen und oft das Wahrscheinlichste statt des Wahren aufnehmen. Deswegen sind Kompendien Monumente der Zeit, in welchem die Daten gesammelt wurden.
Johann Wolfgang Goethe (1810) aus: Geschichte der Farbenlehre

Bibliografische Information der Deutschen Nationalbibliothek
Die Deutsche Nationalbibliothek verzeichnet diese Publikation in der Deutschen Nationalbibliografie; detaillierte bibliografische Daten sind im Internet über http://dnb.dnb.de abrufbar.

ISBN 978-3-86263-118-6

mail@erling-verlag.com · www.erling-verlag.com
Fotos Umschlagrückseite: Prof. Dr. Franz Wiesler (oben), Prof. Dr. Werner Dierend (unten)
Satz/Layout: Annika Stelter, Anna-Lena Wahl
Gedruckt in der Europäischen Union
Der Inhalt dieses Buchs ist auf säurefreiem, alterungsbeständigem Papier gedruckt, hergestellt aus chlorfrei gebleichtem Zellstoff aus FSC-zertifiziertem Holz.

Vorwort

Die landwirtschaftliche und gartenbauliche Praxis ist im Spannungsfeld von Ökonomie und Ökologie einem optimierten Umgang mit Ressourcen verpflichtet. Dazu zählt in besonderer Weise auch eine Optimierung des Mineralstoffhaushalts der Kulturpflanzen. Die Vermeidung von Ernährungsstörungen ist dabei eine wesentliche Voraussetzung, um den höchstmöglichen Ausnutzungsgrad aller Pflanzennährstoffe und eine maximale Wassernutzungseffizienz zu gewährleisten. Damit ist die Diagnose des Ernährungszustands und die Vermeidung von Ernährungsstörungen immer auch ein Beitrag zum Umweltschutz. Das Ziel, Bestände ohne Ernährungsstörungen zu führen, ist sowohl ein ökologisches wie auch ein ökonomisches Anliegen: Zum einen ist die Düngung zur Vermeidung von Ernährungsstörungen, diejenige pflanzenbauliche Maßnahme, durch die das Wachstum und der Ertrag in der Regel am stärksten gefördert werden. Zum anderen stellt die Düngung – denkt man insbesondere an Stickstoff – aber auch einen der größten monetären und energetischen Inputs in der pflanzenbaulichen Produktion dar, dessen unzureichende Ausnutzung erhebliche Gefahren für die Umwelt birgt.

Wenn Bertolt Brecht fordert, dass auch Gedichte einen »Gebrauchswert« haben müssen, so trifft das für ein Sachbuch umso mehr zu. Im vorliegenden Buch wird versucht, dies auf verschiedenen Ebenen zu gewährleisten. So wurden beispielsweise Rezepte ganz im Sinne eines »Man nehme und tue« mit aufgenommen, wenn es zum Beispiel um diagnostische Düngungsmaßnahmen geht. Zum anderen wird das Thema der Diagnose von Ernährungsstörungen bei Pflanzen möglichst umfassend angesprochen. Das schließt ein, dass wir zum Teil bewusst auch ältere Literatur berücksichtigt haben, um zu vermitteln, dass die Diagnose von Ernährungsstörungen bereits seit mindestens 100 Jahren ein Thema ist, mit dem sich die Pflanzenernährung als angewandte Wissenschaft auseinandergesetzt hat. Inhaltlich erstreckt sich das dargestellte diagnostische Methodenrepertoire von der visuellen Diagnose, über das zentrale Instrument der Pflanzenanalyse, also der chemischen Bestimmung der Gehalte der Pflanzennährstoffe, bis hin zu Möglichkeiten berührungsloser Verfahren inklusive der Fernerkundung sowie biochemischer und physiologischer Verfahren. Zudem wird ein möglichst breites Spektrum an Kulturpflanzen berücksichtigt, deren Besonderheiten beschrieben und deren Spannen optimaler Nährstoffgehalte aufgelistet werden. Hierzu haben einschlägig ausgewiesene Kollegen jeweils Kulturen-spezifische Kapitel beigetragen. Den Bodenanalysen mit Hinweisen zu deren Reichweite und Grenzen sind Kapitel am Ende des Buches gewidmet.

Das vorliegende Buch stellt eine gründliche Überarbeitung und umfangreiche Erweiterung unseres 2003 bei AgriMedia erschienen Vorgängerbuches dar. Zielgruppe, damals wie heute, sind ambitionierte Praktiker, Ausbilder, Berater und Studierende des Pflanzenbaus aller Couleur. Goethes Maxime »Wer vieles bringt, wird manchem etwas bringen« war dabei einer unserer Leitgedanken. In diesem Sinne hoffen wir, dass beim Aufschlagen und Arbeiten mit dem vorliegenden Buch möglichst wenige Leserinnen und Leser mit einem Gefühl der »Unterlassenen Hilfeleistung« zurückgelassen werden.

Die Herausgeber — Speyer und Osnabrück im November 2019

Danksagung

Die Erstellung eines Fachbuches ist immer eine umfangreiche Gemeinschaftsleistung. Zuvorderst möchten wir uns daher bei unseren Kollegen bedanken, die mit viel Spezialwissen und großem Engagement die Verantwortung für einzelne Kapitel übernommen haben.

Besonderer Dank gilt weiterhin den Kolleginnen und Kollegen, die uns für dieses Buch Einblick und Nutzung ihrer Fotosammlungen gewährten: Prof. Dr. Elke Meinken (HS Weihenstephan-Triesdorf), Dr. Carmen Feller (IGZ Großbeeren), Dr. Rolf Härdter (K+S Kassel), Joachim Ziegler (DLR Neustadt), Dr. Horst Diedrich Mohr, Dr. Christoph Hoffmann und Dr. Ulrike Ipach (JKI Siebeldingen) sowie Dr. Harry Knittel (ehemals BASF Limburgerhof). Unser Dank für viele einzelne Fotos gilt all den Bildautorinnen und -autoren, die im Bildquellenverzeichnis aufgelistet sind.

Für Beratung und Korrekturlesen sei an erster Stelle Frau Anne Borchert (HS Osnabrück) gedankt, die die meisten Texte kritisch begleitet und kommentiert hat. Einzelne Kapitel kritisch Korrektur gelesen haben dankenswerter Weise auch Frau Sylvia Batzler und Frau Judith Wissemeier. Herrn Herbert Pralle (HS Osnabrück) sei für die sorgfältige Erstellung des Literaturverzeichnisses gedankt.

Unserem Verleger, Herrn Dr. Peter Erling danken wir für seine geduldige Unterstützung und Ermutigung über den längeren Zeitraum, den wir von den Anfängen bis zum Abschluss der Arbeiten benötigten. Eingedenk der abendländischen Vorstellung, dass »Wahrheit und Schönheit« in einem positiven Verhältnis zueinander stehen, sei Frau Annika Stelter und Anna-Lena Wahl vom ERLING Verlag herzlich gedankt, die für das Layout verantwortlich zeichneten und in der Schlussphase immer für uns erreichbare Ansprechpartnerinnen waren, wenn es noch etwas zu verbessern galt.

Für ihre Toleranz, die unvermeidbaren Einbußen im Familienleben durch unsere zuweilen sehr eingeschränkte zeitliche Verfügbarkeit an Wochenenden hingenommen und positiv begleitet zu haben, sind wir unseren Familien zu Dank verpflichtet.

Autoren

Prof. Dr. Andreas Bettin, Hochschule Osnabrück, Fakultät Agrarwissenschaften und Landschaftsarchitektur, Fachgebiet Zierpflanzenbau, Am Krümpel 31, 49090 Osnabrück

Dr. Jörn Breuer, Landwirtschaftliches Technologiezentrum Augustenberg, Referat 12 – Agrarökologie, 76227 Karlsruhe-Durlach

Prof. Dr. Werner Dierend, Hochschule Osnabrück, Fakultät Agrarwissenschaften und Landschaftsarchitektur, Fachgebiet Obstbau, Am Krümpel 31, 49090 Osnabrück

Dr. Reinhardt Hähndel, BASF Agrarzentrum Limburgerhof, Postfach 120, 67117 Limburgerhof und Schillerstr. 35, 67117 Limburgerhof

Dr. Volkmar König, Thüringer Landesanstalt für Landwirtschaft Jena, Naumburgerstr. 98, 07743 Jena

Dipl.-Inf. Christof Kluß, Christian-Albrecht-Universität, Abteilung Grünland und Futterbau/Ökologischer Landbau, Hermann-Rodewald-Str. 9, 24118 Kiel

Dr. Nikolaus Merkt, Universität Hohenheim, Institut für Kulturpflanzenwissenschaften, Emil-Wolff-Str. 23, 70593 Stuttgart

Prof. Dr. Hans-Werner Olfs, Hochschule Osnabrück, Fakultät Agrarwissenschaften und Landschaftsarchitektur, Fachgebiet Pflanzenernährung, Am Krümpel 31, 49090 Osnabrück

Prof. Dr. Hermann Rodenkirchen, Lautenbachstr. 25, 77995 Ettenheim

Dr. Bernd Steingrobe, Georg-August-Universität, Pflanzenernährung und Ertragsphysiologie, Carl-Sprengel-Weg 1, 37075 Göttingen

Dr. Elmar Stimpfl, Amt für Gewässerschutz – Außenstelle Bruneck, Kapuzinerplatz 3, I-39031 Bruneck, Italien

Prof. Dr. Friedhelm Taube, Christian-Albrecht-Universität, Abteilung Grünland und Futterbau/Ökologischer Landbau, Hermann-Rodewald-Str. 9, 24118 Kiel

Prof. Dr. Alexander H. Wissemeier, Leibniz Universität, Institut für Pflanzenernährung, Herrenhäuserstr. 2, 30419 Hannover; BASF Agrarzentrum Limburgerhof, Postfach 120, 67117 Limburgerhof

Prof. Dr. Christian Zörb, Universität Hohenheim, Institut für Kulturpflanzenwissenschaften, Emil-Wolff-Str. 23, 70593 Stuttgart

Dr. Wilfried Zorn, Thüringer Landesanstalt für Landwirtschaft Jena, Naumburgerstr. 98, 07743 Jena

Inhalt

1 Ernährung von Pflanzen: Eine Einführung

Alexander H. Wissemeier

1.1 Pflanzennährstoffe

Kulturpflanzen benötigen für ein normales Wachstum und für ihre Reproduktion die 14 Elemente Stickstoff (N), Phosphor (P), Kalium (K), Calcium (Ca), Magnesium (Mg), Schwefel (S), Chlor (Cl), Eisen (Fe), Mangan (Mn), Bor (B), Zink (Zn), Kupfer (Cu), Molybdän (Mo) und Nickel (Ni). Diese 14 Nährelemente sind direkt oder indirekt an vielfältigen Stoffwechselprozessen beteiligt. Dabei stellen Pflanzen aus Kohlendioxid (CO_2) und Wasser (H_2O) im Prozess der Photosynthese mithilfe von Strahlungsenergie (»Licht«) energiereiche organische Verbindungen her und geben dabei den im Wasser enthaltenen Sauerstoff als O_2 an die Atmosphäre ab. Durch die Lebenstätigkeit von Pflanzen wird somit anorganische Materie in organische umgewandelt, auf der alles weitere höhere Leben basiert. Hinweise auf die Geschichte der Pflanzenernährung in knappster Form und zu den Begriffen Nährelement und Nährstoff siehe Infobox 1-1. Rein formal gehören auch die Elemente Kohlenstoff (C), Wasserstoff (H) und Sauerstoff (O) zu den Nährelementen. Deren Optimierung im Angebot als Wasser (H_2O), Kohlendioxid (CO_2) und Sauerstoff (O_2) zählt allerdings nicht zum engeren Wissensbereich der Pflanzenernährung.

Die Kriterien nach denen Elemente bzw. Mineralstoffe den Status von Nährelementen zuerkannt bekommen, können nach klassischer Definition der

Infobox 1-1

Die Mineralstofftheorie der Pflanzenernährung

Die erste überlieferte Theorie der Pflanzenernährung stammt von ARISTOTELES (384–322 v. Chr.). Er ging davon aus, dass die Pflanzen über die Wurzeln den Humus des Bodens aufnehmen und daraus ihren Körper bilden, der dann nach dem Absterben der Pflanze wieder in Humus übergeht. Bei dem ersten quantitativen, pflanzenphysiologischen Versuch zu Beginn des 17. Jahrhunderts wurde der Boden vor und nach der 5-jährigen Versuchsdauer gewogen. Dabei verlor er von seinem Anfangsgewicht von 90,7 kg nur 60 g, während der eingesetzte Weidenzweig 74,5 kg an Gewicht durch Wachstum zunahm. Damit wiederlegte VAN HELMONT (1577–1644) ARISTOTELES' Theorie quantitativ und folgerte, dass sich die Pflanzen nur von Wasser ernähren, da dies der einzige ihm bewusste Input in seinem ansonsten geschlossenen Gefäßsystem war. Seit Mitte des 19. Jahrhunderts setzte sich die Mineralstofftheorie der Pflanzenernährung durch, die JUSTUS VON LIEBIG (1803–1873) wesentlich popularisierte und die bis heute gültig ist. Demnach benötigen Pflanzen zum Wachstum außer Wasser, sowie Kohlendioxid und Sauerstoff der Luft nur bestimmte Elemente in mineralischer Form.

Diese für Pflanzen essenziellen Elemente (s. Infobox 1-2), die Nährelemente, können mit ihren chemischen Symbolen wie z. B. N für Stickstoff oder P für Phosphor abgekürzt werden. Sie tragen zumeist als elektrisch geladene Ionen (z. B. K^+, Cl^-, Zn^{2+}) oder als elektrisch geladene Ionen, die Verbindungen von Elementen sind (z. B. Phosphat: $H_2PO_4^-$, Ammonium: NH_4^+, Nitrat: NO_3^-), zur Ernährung der Pflanzen bei. Dann liegen die Nährelemente als Nährstoffe vor. Häufig werden die Begriffe Mineralstoff, Nährelement und Pflanzennährstoff nicht scharf voneinander getrennt und synonym verwendet, was zum Teil auch in diesem Buch der Fall ist.

Infobox 1-2

Wann ist ein Mineralstoff ein Nährelement für Pflanzen?

Definition der »Essential mineral elements« nach Arnon & Stout (1939)

1. In Abwesenheit kann eine Pflanze ihren Lebenszyklus nicht beenden.
2. Der Mineralstoff darf in seiner Funktion nicht von einem anderen Mineralstoff ersetzbar sein.
3. Mindestens eine Funktion des Mineralstoffs im Stoffwechsel muss bekannt sein.

Nebenbedingungen, die erfüllt sein müssen:

- Diese Kriterien müssen für alle höheren Pflanzen zutreffen: Daher sind **Si** oder **Na** keine Nährstoffe.
- Der Mineralstoff darf nicht nur in bestimmten Situationen essenziell sein: Daher **Co** kein Nährstoff für Leguminosen.

Stand heute erfüllen 14 Nährelemente diese Kriterien und werden daher auch als »die Pflanzennährstoffe« bezeichnet:

N, P, K, Ca, Mg, S, Cl, Fe, Mn, B, Zn, Cu, Mo, Ni

Infobox 1-2 entnommen werden. Die sogenannten nützlichen Elemente werden in Kapitel 1.3 besprochen.

Tab. 1-1: Die 14 Nährelemente und ihre wichtigsten chemischen Formen, in denen sie zur Ernährung der Pflanzen beitragen. Abgesehen von molekularem Stickstoff (N_2), den z. B. spezialisierte Bakterien in den Wurzelknöllchen der Leguminosen zu pflanzenverwertbarem NH_4^+ reduzieren, können prinzipiell alle hier aufgeführten Formen der Nährelemente sowohl von den Wurzeln, als auch über die Blätter aufgenommen werden.

Nährelement	In wässriger Lösung			In der Gasphase	
N	NO_3^-	NH_4^+	Harnstoff	N_2	NH_3
K	K^+				
Ca	Ca^{2+}				
P	$H_2PO_4^-$	HPO_4^{2-}			
Mg	Mg^{2+}				
S	SO_4^{2-}			SO_2	
Cl	Cl^-				
Fe	Fe^{2+}	chelatisiert auch als Fe^{3+}			
Mn	Mn^{2+}				
Zn	Zn^{2+}				
B	$B(OH)_3$	$B(OH)_4^-$			
Cu	Cu^{2+}				
Mo	MoO_4^{2-}	$HMoO_4^-$			
Ni	Ni^{2+}				

1.1.1 Die Formen, in denen die Nährelemente zur Ernährung beitragen

Die 14 Nährelemente liegen in verschiedenen ionogenen Formen oder Verbindungen vor. Die wichtigsten dieser Formen, die zur Ernährung der Pflanzen beitragen, sind in Tabelle 1-1 aufgelistet. Den molekularen Stickstoff der Luft können Pflanzen nicht direkt verwerten. Spezialisierte prokaryotische Mikroorganismen wie einige Bakterien, Blaualgen (Cyanobakterien) oder Archaea müssen diesen erst zu NH_3/NH_4^+ reduzieren. Zu den bekanntesten Beispielen dieser biologischen Stickstoffbindung gehört die Symbiose zwischen N-fixierenden Rhizobien in den Knöllchen der Leguminosen. Die Übergänge der unterschiedlichen N-Formen und Verbindungen sind komplex. Abbildung 1-1 fasst wesentliche Prozesse zusammen. Als »Mutter aller Stickstoffformen« kann dabei das Ammoniak (NH_3) bzw. Ammonium (NH_4^+) bezeichnet werden (NH_3 und NH_4^+ stehen in wässriger Lösung in einem pH-abhängigen Gleichgewicht miteinander). Es wird als primäre Quelle der N-Ernährung der Pflanzen auch beim Abbau organischer N-Verbindungen (Mineralisation) wieder als erste mineralische N-Form frei und entsteht als Produkt der biologischen oder technischen N-Fixierung. Die NH_4-Oxidation zu Nitrat (NO_3^-) (Nitrifikation) im Boden ist meist Leistung mikrobieller Umsetzungen. Seit 2005 weiß man zudem, dass neben bestimmten Bakterien und Pilzen auch Archaea (früher »Urbakterien«

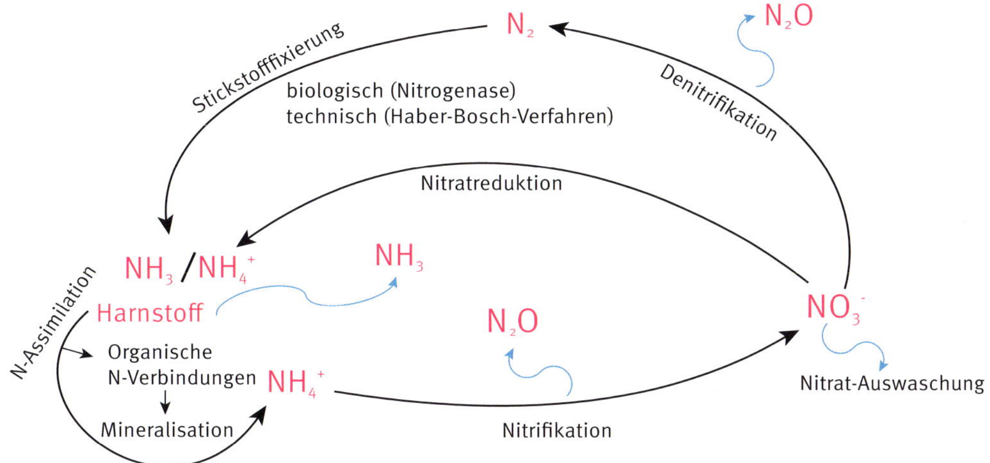

Abb. 1-1: Vereinfachtes Schema des Stickstoffkreislaufs, der ausgehend vom molekularen Stickstoff der Atmosphäre über dessen Fixierung, Nitrifikation und Denitrifikation zurück zum molekularen Stickstoff führt bzw. der über den »Umweg« organischer Stickstoffverbindungen, als Voraussetzung allen Lebens, die N-Assimilation durch Pflanzen oder Bakterien umfasst und der mit dem Abbau dieser organischen Stickstoffverbindungen (Mineralisation) wieder zum Ammonium führt. Die blauen Pfeile bezeichnen die Verlustpfade potenziell umweltschädlicher Stickstoffverbindungen in die Atmosphäre (Ammoniak: NH_3; Lachgas: N_2O) und die Hydrosphäre (Nitrat: NO_3^-).

genannt, heute als eigenständige Domäne des Lebens identifiziert) zur NH_4-Oxidation im Boden beitragen (Könneke *et al.*, 2005). Der Kreislauf schließt sich durch die mikrobielle Denitrifikation, bei der durch Reduktion von NO_3^- zu gasförmigem N_2 auch klimarelevantes N_2O als Zwischenstufe freiwerden kann.

Die in der wässrigen Phase löslichen Mineralstoffe (s. Tab. 1-1) können prinzipiell sowohl über die Wurzel als auch über die Blätter aufgenommen werden. Die unterschiedlichen Ladungen von Phosphat, Borat oder Molybdat sind eine Funktion des pH-Werts der Bodenlösung. Dass zumindest unter geeigneten experimentellen Bedingungen eine N-Ernährung auch über gasförmiges NH_3 oder an Schwefel über SO_2 möglich ist, konnte in Modellversuchen belegt werden (Faller, 1972).

1.1.2 Einteilung der Pflanzennährstoffe

Um strukturierende »Ordnung« zu schaffen, lassen sich die 14 Nährelemente in verschiedene Gruppen zusammenfassen und unterteilen. Die gebräuchlichste Einteilung bezieht sich auf den unterschiedlichen Gehalt der Nährelemente in der Pflanze. Diese variieren ganz erheblich, wie der logarithmische Maßstab in Abbildung 1-2 für die Gehalte im Spross ausweist. Zuweilen wird anstatt von Nährelement-Gehalten auch von Nährelement-Konzentration gesprochen, wobei sich im strengen Wortsinn eine Konzentration auf ein Volumen bezieht, während es sich hier um den

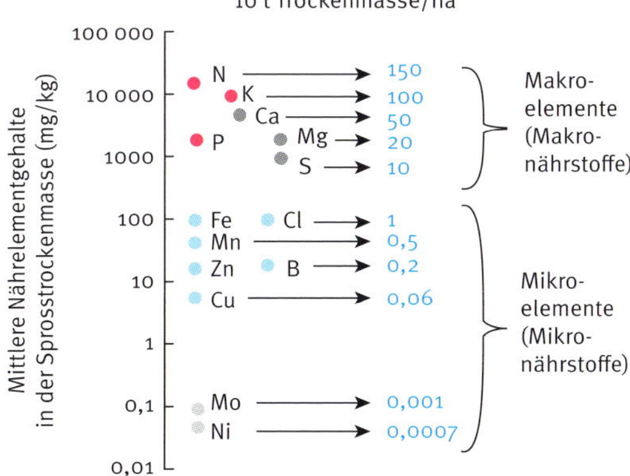

Abb. 1-2: Mittlere Gehalte und Mengen der 14 Nährelemente im Spross von Kulturpflanzen (nach Marschner (2012), verändert und ergänzt).

Massenanteil der Nährelemente an der pflanzlichen Trockenmasse handelt. In einer gängigen Einteilung, der auch in diesem Buch gefolgt wird, spricht man bei N, K, P, Ca, Mg und S, deren Gehalte am höchsten sind, von den **Makronährstoffen** und bei Fe, Cl, Mn, Zn, B, Cu, Mo und Ni von den **Mikronährstoffen**. Die Gehalte von Ni und Mo sind im Vergleich zu den anderen Mikronährstoffen nochmal um den Faktor 10 geringer. Daher werden Mo und Ni zuweilen auch als »Ultramikronährstoffe« angesprochen.

Mikronährstoffe werden in der Literatur auch öfters als Spurennährstoffe bezeichnet. Unglücklich, da missverständlich, ist die Bezeichnung »Sekundärnährstoffe«, wie sie die ältere Düngemittelgesetzgebung für die Elemente Ca, Mg oder S verwendet hat. Da jeder Pflanzennährstoff per Definition essenziell, das heißt unverzichtbar ist (s. Infobox 1-2), gibt es zumindest physiologisch betrachtet keine »Zweitrangigkeit«. In der Düngebedürftigkeit unterscheiden sich die Nährstoffe allerdings.

Einen ersten Eindruck hierüber ergibt Abbildung 1-2, in der Größenordnungen an Nährstoffentzügen berechnet sind. Unter der Annahme, dass pro Hektar 10 t oberirdische Trockenmasse gebildet wurden, stehen demnach 1 g Mo 150 kg N als Entzug gegenüber, was auf Gewichtsbasis einer 150-tausendfach höheren N- als Mo-Menge entspricht. Berücksichtigt man noch die Atomgewichte und rechnet auf molarer Basis (N = 14, Mo = 96) ergibt sich, dass ein Bestand etwa eine Million Mal mehr N-Atome als Mo-Atome entzieht.

Neben der Einteilung der Nährelemente nach ihren nötigen Gehalten in der Pflanze, lassen sie sich auch nach ihrer chemischen Zugehörigkeit in **Metalle** (K, Ca, Mg, Fe, Mn, Zn, Cu, Mo, Ni) und **Nicht-Metalle** (N, S, P, B, Cl) gliedern.

Man kann versuchen Nährelemente auch nach ihren physiologischen Funktionen zu klassifizieren. Eine erste funktionale Zuordnung kann versucht werden, die auf der Unterscheidung ihrer Bedeutung für den Baustoffwechsel oder Betriebsstoffwechsel einer Zelle beruht. So können Nährstoffe (i) Bestandteile organischer Strukturen und damit Teil des Baustoffwechsels von Zellen sein (z. B. N oder S als Bestandteil der Aminosäuren, die Strukturproteine bilden; P als Bestandteil der Phospholipide, die Membranen bilden) oder (ii) Teil des Betriebsstoffwechsels sein. Dabei können Nährstoffe als Aktivatoren enzymatischer Reaktionen wirken (z. B. K^+), elektrische Ladungsträger bei Redoxreaktionen sein (z. B. $Mn^{2+} \leftrightarrow Mn^{3+}$ bei der photosynthetischen Wasserspaltung) und/oder z. B. an der Osmoregulation von Zellen (K^+, Cl^-, NO_3^-, SO_4^{2-}), sowie über die Bildung und Spaltung energiereicher P-Esterbindungen (ADP + P $\leftrightarrow$ ATP) am Energiestoffwechsel beteiligt sein. Das Beispiel P macht dabei deutlich, dass Nährstoffe sowohl am Bau- als auch Betriebsstoffwechsel beteiligt sein können, womit diese Unterscheidung nicht eindeutig ist.

Mengel und Kirkby (1982) haben eine Klassifikation der Nährelemente nach deren **biochemischen Verhalten** und ihren **physiologischen Funktionen** vorgeschlagen. Hierzu haben sie vier Gruppen gebildet. Zur 1. Gruppe gehören demnach N und S, die von der Pflanze assimiliert werden und damit Bestandteile des organischen Zellmaterials werden (Assimilation = Bildung körpereigener organischer Stoffe aus aufgenommenen anorganischen Stoffen; Teil des Baustoffwechsels). Zur 2. Gruppe zählen P und B, da sie sich durch die Ausbildung von Esterbindungen auszeichnen. Zur 3. Gruppe gehören die freien und sorbierten Nährstoffe K, Cl, Ca und Mg, deren Funktionen u. a. vom unspezifischen Aufbau eines osmotischen Potenzials bis zur spezifischen Aktivierung einzelner Enzyme durch deren Konformationsänderungen reichen können. Die 4. Gruppe bilden die Nährstoffe Fe, Mn, Cu, Zn, Mo und Ni, die in prosthetischen Gruppen von Enzymen vorkommen.

Bei aller Nützlichkeit dieser beschreibenden Einteilung besteht aber auch hier das Problem, dass die Zuteilung der einzelnen Nährelemente zu den Gruppen nicht eindeutig ist. So besteht z. B. die physiologische Funktion der Nährelemente N und S, sofern sie als Nitrat bzw. Sulfat aufgenommen werden,

u. a. auch darin, gerade nicht assimiliert zu werden, sondern z. B. in ihrer ionogenen Form am Aufbau des osmotischen Potenzials von Zellen teilzuhaben. Damit wären N und S nach dieser physiologischen Funktion auch der 3. Gruppe zuzuordnen.

Besonders nützlich ist die Unterscheidung zwischen Nährstoffen hinsichtlich ihrer **Umverlagerbarkeit** innerhalb der Pflanze von alten hin zu jungen Blättern oder Samen sowie Früchten (Tab. 1-2). Alle über die Wurzeln aufgenommenen Nährstoffe werden primär über das Xylem, d. h. wesentlich transpirationsabhängig in der Pflanze verteilt. Sie liegen daher in älteren Blättern in der Regel in höheren Gehalten vor als in jungen noch wachsenden Blättern und Organen. Ist eine Mobilisierbarkeit in älteren Blättern gegeben, können phloemmobile Nährstoffe auch gezielt an Orte des Bedarfs, d. h. zu wachsenden Organen, wieder sekundär umgelagert werden. Ob bei einem unzureichenden Nährstoffangebot primär die jüngsten (wie z. B. bei Fe-Mangel) oder die älteren Blätter betroffen sind (wie z. B. bei Mg-Mangel), hängt mit dieser Möglichkeit zur Umverlagerung zusammen. Pflanzen sind bestrebt bevorzugt eine ausreichende Nährstoffversorgung des Zuwachses zu gewährleisten. Für gut sekundär verlagerbare Nährstoffe, wie z. B. K oder Mg, ist dann auch der Gradient unterschiedlicher Gehalte in alten und jungen Blättern von diagnostischem Wert für den Ernährungszustand der Pflanze. Bei Mangel sind die Gehalte dieser Nährstoffe in den älteren Blättern geringer (s. Kap. 4.1 Tab. 4-1).

Tab. 1-2: Umverlagerbarkeit der Nährelemente von alten zu jungen Blättern bzw. in Früchten.

Gut	Schlecht
Stickstoff	Calcium
Phosphor	Bor*
Kalium	Eisen
Schwefel	(Mangan)
Magnesium	Kupfer
	Zink

* *bei B bestehen deutliche Unterschiede zwischen Pflanzenarten, siehe Text;*
Mangan ist eingeklammert, da typischerweise nicht die allerjüngsten Blätter von Mangel betroffen sind.

1.1.3 Funktionen der Nährstoffe im Stoffwechsel

Die Nährstoffe haben verschiedene Funktionen im Stoffwechsel der Pflanzen. In Schemazeichnungen der einzelnen Nährstoffe werden die Wichtigsten benannt und an Hand physiologischer Störungen und Veränderungen bei Mangel Beziehungen zur Ausprägung der Mangelsymptome hergestellt (Abb. 1-3 bis 1-13). Auf Adjektive für die Richtung der physiologischen Veränderungen wird in den Schemazeichnungen der Einfachheit halber weitgehend verzichtet. Dabei ist, sofern nicht anders ausgewiesen, bei Mangel von Verminderungen auszugehen. Gestrichelte Linien werden verwendet, wenn Zusammenhänge wahrscheinlich, aber nicht abgesichert sind. Für Detailinformationen zu den Funktionen der Nährstoffe sei auf die einschlägigen Lehrbücher der Pflanzenernährung hingewiesen (Marschner *et al.*, 2012; Schilling, 2000; Schubert, 2018).

Stickstoff

Stickstoff in reduzierter Form ist Bestandteil der Aminosäuren, aus denen sich die Proteine zusammensetzen. Diese liegen bei Pflanzen überwiegend als Enzyme, weniger als Strukturelemente, vor. Damit ist der gesamte Stoffwechsel und die Syntheseleistungen einschließlich der photosynthetischen CO_2-Assimilation der Pflanze unmittelbar eine Funktion der N-Ernährung. Der Menge nach entfallen dabei etwa 50 % aller löslichen Proteine eines Blattes bei C_3-Pflanzen auf das CO_2-fixierende Enzym Ribulose-bisphosphat-Carboxylase (Rubisco). Auch die DNA, in der die genetische Information gespeichert und deren Verdopplung die Voraussetzung der Zellteilung ist, ist ein N-haltiges Molekül. Das gilt ebenso für mRNA, tRNA und rRNA, mit denen die genetische Information einer Zelle abgelesen und in Proteine übertragen wird. Zusätzlich sind eine ganze Reihe regulatorisch relevanter Verbindungen im Stoffwechsel N-haltig wie z. B.

die Phytohormone Indol-3-essigsäure (IES) – ein Auxin – oder die Gruppe der Cytokinine. Dabei ist von physiologischer Bedeutung, in welcher Form der Stickstoff den Pflanzen angeboten bzw. aufgenommen wird. Das kann in Form von Nitrat (NO_3^-) als negativ geladenem Anion oder als Ammonium (NH_4^+) mit positiver Ladung als Kation oder sehr eingeschränkt – da im Boden nicht stabil – auch als ungeladener Harnstoff erfolgen (vgl. Tab. 1-1). Neben der Bedeutung der N-Form für den pH-Wert in der Rhizosphäre zum Ladungsausgleich ist bei NH_4^+-Angebot auch ein direkter Einbau in Aminosäuren möglich und notwendig. Nimmt die Pflanze Nitrat auf, muss sie dieses erst zu NH_4^+ reduzieren, um es in Aminosäuren einbauen zu können.

Nach neueren physiologischen Untersuchungen besitzt Nitrat aber auch die Funktion eines Signalstoffs und ist eine Speicherform für Stickstoff, die in Vakuolen eingelagert als Osmotikum wirkt. Vor allem bei »nitratliebenden« Pflanzen, wie z. B. Spinat oder Rucola trägt es so zur Zellstreckung unverzichtbar bei. Zusammenhänge zwischen Funktionen, Physiologie und Symptomen von N-Mangel gibt Abbildung 1-3 schematisch wieder.

Phosphor

Phosphor, in der Regel als $H_2PO_4^-$ aufgenommen, bleibt entweder als anorganisches Phosphat erhalten, bildet mit OH-Gruppen organischer Verbindungen Ester aus (C-O-P) oder geht wie beim Übergang von ADP zur »Energiewährung« ATP (ADP + P ↔ ATP) energiereiche P-P Bindungen ein. Es spielt damit als Energieüberträger und zur Aktivierung von Substraten oder Enzymen eine zentrale Rolle im Stoffwechsel. Da P auch Bestandteil von DNA (und RNA) ist und eine Rolle bei der Zellteilung spielt, wird verständlich, dass Kleinwüchsigkeit und kleine Blätter eines der herausragenden Merkmale bei starkem P-Mangel sind. Die frühzeitige Verminderung der Wasserleitfähigkeit der Wurzeln bei P-Mangel trägt auch dazu bei. Charakteristisch für P-Mangel ist, dass das Wurzelwachstum weniger stark als das Sprosswachstum gehemmt wird. Die bei vielen Pflanzenarten beschriebene dunkel-, schmutziggrüne Blattfarbe der kleinen Blätter bei P-Mangel lassen sich daher mit einem Konzentrationseffekt durch das stark eingeschränkte Blattwachstum in Verbindung bringen. Typisch für P-Mangel sind

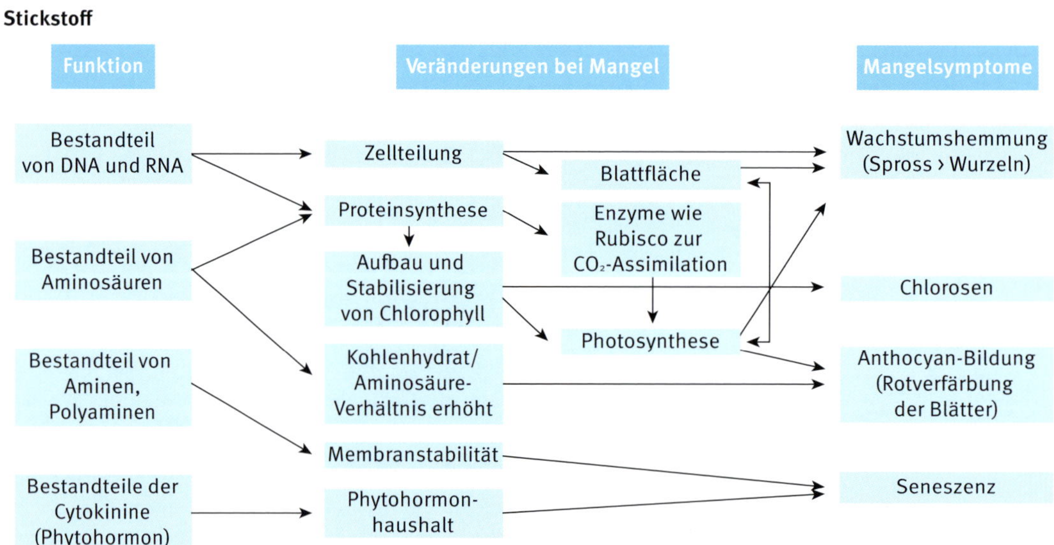

Abb. 1-3: Beziehungen zwischen Funktionen, physiologischen Prozessen und Stickstoff-Mangelsymptomen.

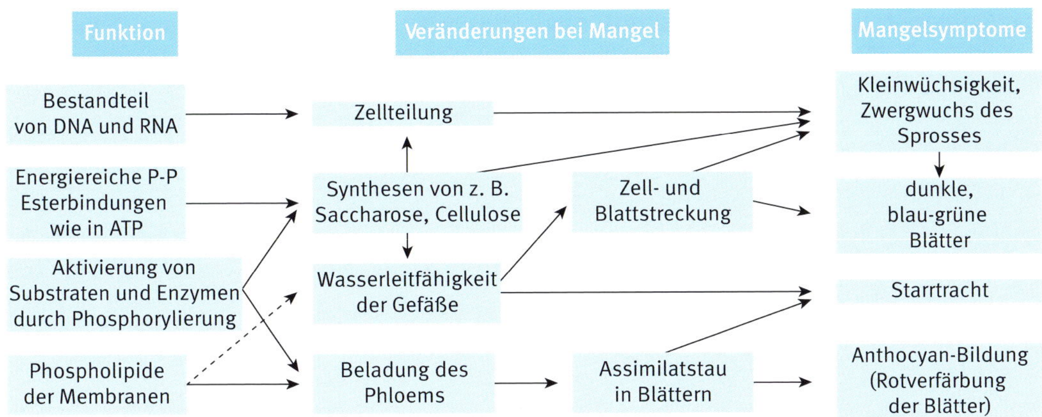

Abb. 1-4: Beziehungen zwischen Funktionen, physiologischen Prozessen und Phosphor-Mangelsymptomen.

auch rötliche Blattverfärbungen, da die Pflanze verstärkt Anthocyane als Ausdruck eines gestörten Kohlenhydrat-Haushalts bildet. Zudem kommt es zu einer starken Anreicherung an Stärke in den Blättern. Dies mag auch zum sogenannten Habitus der Starrtracht bei P-Mangel beitragen (Abb. 1-4).

Kalium

Kalium gehört neben Stickstoff zu den der Menge nach bedeutendsten Pflanzennährstoffen. Es unterliegt dabei weder einer Veränderung der Oxidationsstufe noch wird K metabolisiert oder in organische Moleküle fest integriert. In seiner ionogenen Form als dominierendes Kation stellt

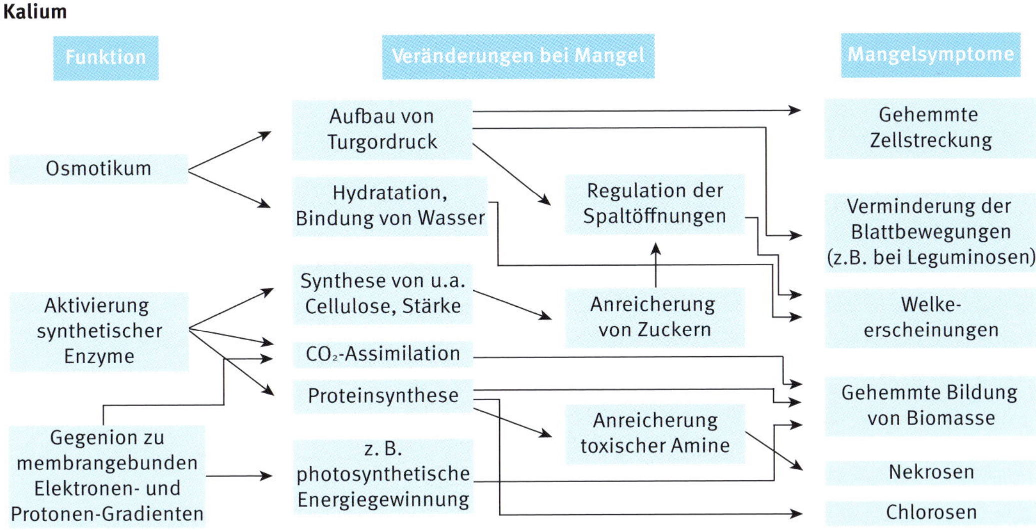

Abb. 1-5: Beziehungen zwischen Funktionen, physiologischen Prozessen und Kalium-Mangelsymptomen.

K^+ zusammen mit den jeweiligen löslichen Begleitanionen bei Kulturpflanzen das bedeutendste Osmotikum von Pflanzenzellen dar. Es gewährleistet somit die Aufrechterhaltung des Turgors einer Zelle. Durch den schnellen Transport über Membranen hinweg kann K^+ zu schnellen Änderungen im Turgordruck führen, was treibende Kraft für das Öffnen und Schließen der Spaltöffnungen ist. K-bedingte Turgoränderungen in spezialisierten Geweben wie den Pulvini (»Gelenken«) von Leguminosen (z. B. bei Mimosen) bedingen ökologisch sinnvolle Anpassungsreaktionen der Blattstellung.

Die Aktivität einer Vielzahl an pflanzlichen Enzymen ist entweder direkt von der Anwesenheit von K^+ abhängig oder wird durch K-Ionen stimuliert. Daneben bewirkt K^+ auch als Gegenion zu organischen oder anorganischen Säureanionen eine pH-stabilisierende Wirkung zwischen pH 7 und 8, die für viele enzymatische Reaktionen optimal ist. Allgemein fördert Kalium die Aktivität aufbauender, anaboler Enzyme, während bei K-Mangel die Aktivität abbauender, kataboler Enzyme gefördert ist. Protein- und Photosynthese sowie der Aufbau pflanzlicher Strukturen sind daher K-abhängig und ein Mangel führt zu gehemmtem Wachstum. Umgekehrt werden typische K-Mangelsymptome wie Nekrosen an den Rändern älterer Blätter mit toxischen Konzentrationen an Aminen in Verbindung gebracht, die bei Mangel verstärkt auftreten. Chlorosen können als Vorstufe zur Ausbildung der Nekrosen auftreten, sind bei Blättern mit K-Mangel aber großflächig vorhanden. Welkeerscheinungen, vornehmlich an älteren Blättern, gehören bei den Verknüpfungen von Kalium mit dem Wasserhaushalt der Pflanze zum typischen Erscheinungsbild zumindest bei stärkerem Mangel. Dazu trägt auch bei, dass bei K-Mangel die osmotisch wirksamen Zuckergehalte in Blättern einschließlich der Schließzellen deutlich erhöht sind, womit ein Absinken des Turgors zum vollständigen Schließen der Stomata bei K-Mangel nicht mehr möglich wird. Für eine Auswahl an physiologischen Prozessen, an denen Kalium beteiligt ist, gibt Abbildung 1-5 funktionale Zusammenhänge wieder. Da K^+ gut in der Pflanze beweglich ist, treten die Mangelsymptome zuerst an den älteren Blättern auf.

Calcium

Calcium als Makronährstoff ist ein wesentlicher, strukturbildender Bestandteil der Pektinsubstanz, die die Mittellamelle der Zellwände bildet. Des Weiteren strukturiert Calcium über seine Bindung an Phospholipide Plasmamembranen und sorgt somit für die funktionale Integrität von Membranen, wie z. B. deren Semipermeabilität. Ca-Mangelsymptome können sich daher sowohl in Strukturschwächen (z. B. Halmknicken) als auch in Symptomen, die physiologisch von der Aufhebung der Kompartimentierung geprägt sind, äußern. Eine verstärkte Exsudation löslicher Zellinhalte gehört daher zum zumeist lokal auftretenden Erscheinungsbild von Ca-Mangel (Abb. 1-6).
Calcium ist nicht phloemmobil und liegt im Cytosol von Zellen nur in sehr niedrigen Konzentrationen als Ca^{2+} ($\leq 1\ \mu M$) vor. Umweltreize können zu kurzfristigen Erhöhungen dieser niedrigen cytosolischen Ca-Konzentrationen führen. Diese Modulationen der Ca-Konzentrationen sind dann Teil einer Signalkette, an der Ca-bindende Proteine im Cytosol beteiligt sind, die zwischen Umweltreizen und pflanzlichen Reaktionen vermitteln. Zur Abgrenzung vom hohen Ca-Bedarf im Zellwandbereich wird für diese Funktionen, an denen nur geringe Ca-Konzentrationen und Mengen beteiligt sind, auch von Ca als »Mikronährstoff« gesprochen.

Innerhalb der Pflanze ist Ca nicht sekundär verlagerbar. Das führt dazu, dass Ca-Mangelsymptome immer an den jüngsten Blättern und Organen auftreten, die eine gewisse Wachstumsrate überschreiten.

Von sogenanntem physiologischem Ca-Mangel wird gesprochen, wenn Ca-Mangelsymptome auftreten, die durch eine Steigerung des Ca-Angebots über die Wurzel nicht zu verhindern sind. Das tritt auf, wenn die interne Ca-Anlieferung im Gewebe (z. B. zu den Blatträndern oder innerhalb von Früchten) nicht mit dem lokalen Wachstum eines Gewebes Schritt halten kann. Daher sind insbesondere auf Wachstum

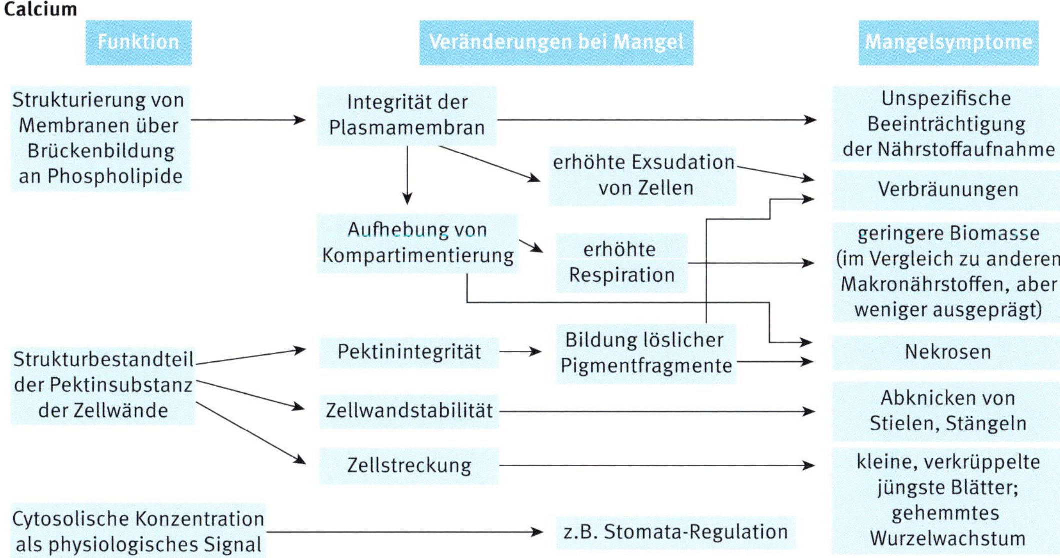

Abb. 1-6: Beziehungen zwischen Funktionen, physiologischen Prozessen und Calcium-Mangelsymptomen.

hin optimierte Sorten im Zusammenspiel mit Witterungsänderungen, die kurzfristig zu stark erhöhten Wachstumsraten führen, Voraussetzungen, unter denen physiologische Ca-Mangelerscheinungen bei gefährdeten Kulturen verstärkt auftreten können. Zumindest bei Kopfsalat und Weihnachtssternen (Poinsettien) zeigte sich aber auch, dass eine erhöhte Belichtung, unabhängig von einer Wirkung auf das Wachstum, zu einer verstärkten Ausprägung von physiologischen Ca-Mangelerscheinungen führen kann (Horst *et al.*, 1992; Wissemeier und Zühlke, 2002). Symptome sind meist lokale Verbräunungen und Nekrosen, die durch Nachbehandlungen mit Ca nicht umkehrbar sind. Typische physiologische Ca-Mangelerscheinungen sind z. B. Stippe bei Apfel, Fruchtendfäule bei Tomaten, Innenbrand bei Kopfsalat oder Brakteenrandnekrosen bei Weihnachtssternen.

Magnesium

Magnesium ist das zentrale Element des Chlorophylls, das in dessen Porphyrinringsystem kovalent gebunden ist. Ohne Mg verliert Chlorophyll seine grüne Farbe. Als vergleichsweise kleines zweiwertiges Kation mit hoher Ladungsdichte bindet Mg sorptiv an eine Vielzahl von Enzymen und aktiviert diese durch die Veränderung deren Konformation. In Blättern ist bei Mg-Mangel der Proteingehalt erniedrigt. Dies kann mit der strukturellen Funktion von Mg beim Zusammenlagern von Ribosomen-Untereinheiten, an denen die Proteinsynthese stattfindet, erklärt werden. Zentral für den Energiestoffwechsel ist Mg, da das Enzym ATP-Synthase einen absoluten Mg-Bedarf besitzt. Zum anderen muss ATP, um als bedeutendster zellulärer Energieüberträger optimal funktionieren zu können, komplexiert mit Mg vorliegen.

Bei Mg-Mangel ist in den Blättern eine erhöhte Konzentration an Zuckern, in den Wurzeln eine deutlich erniedrigte Konzentration zu beobachten. Eine stark ausgeprägte Hemmung des Wurzelwachstums und eine relativ dazu deutlich geringere Hemmung des Sprosswachstums bei Mg-Mangel gehört daher zu typischen Veränderungen bei Mangel, mit potenziell negativen Folgen auch für die Aufnahme der übrigen Nährstoffe und von Wasser. Mg-Mangel wirkt sich also auf das Spross/Wurzelverhältnis genau umgekehrt wie P-Mangel aus. Die

Magnesium

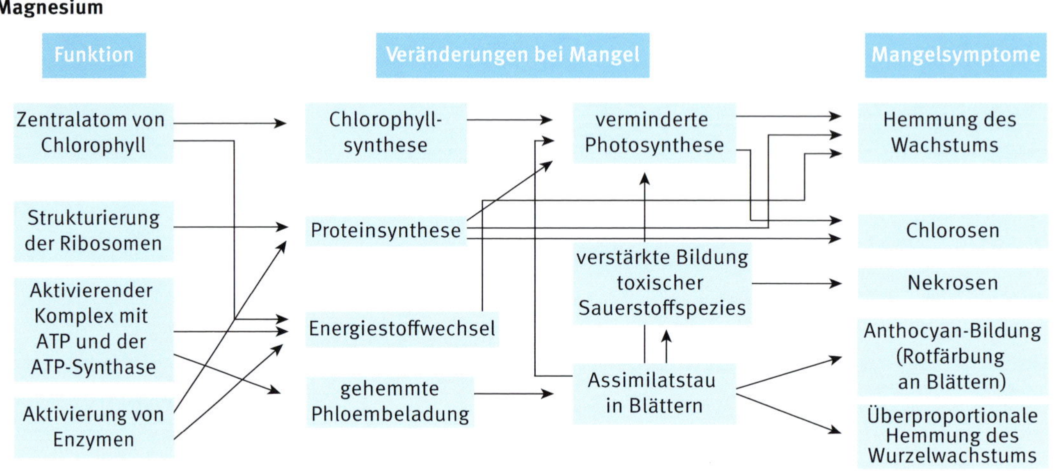

Abb. 1-7: Beziehungen zwischen Funktionen, physiologischen Prozessen und Magnesium-Mangelsymptomen.

Hemmung der Phloembeladung mit Zuckern bei Mg-Mangel dürfte hierfür ursächlich sein. Die zu beobachtende Anreicherung nicht strukturbildender Kohlenhydrate (Stärke, Zucker) in den Blättern kann drei Phänomene bei Mg-Mangel erklären: (i) über eine negative Feedback-Reaktion eine Hemmung der Photosynthese-Aktivität, (ii) eine verstärkte Anthozyan-Bildung und (iii) eine verstärkte Bildung toxischer Sauerstoffspezies, die an der Ausbildung von Nekrosen bei starkem Mangel beteiligt sein dürften. Dafür spricht, dass Mg-Mangelsymptome bei höherer Lichtintensität stärker ausgeprägt sein können als bei geringerer Lichtintensität (Cakmak und Marschner, 1992). Mg ist in der Pflanze im Phloem sekundär verlagerbar. Die in Abbildung 1-7 benannten Mangelsymptome (Chlorosen, rötliche Anthocyan-Verfärbungen, Nekrosen), treten zuerst und vornehmlich an den älteren Blättern auf.

Schwefel

Schwefel kann als gasförmiges SO_2 über die Blätter aufgenommen werden, zumeist deutlich wichtiger ist aber die Aufnahme über die Wurzeln als Sulfat (SO_4^{2-}). Sulfat muss ähnlich wie Nitrat reduziert werden, um Teil der S-haltigen, proteinbildenden Aminosäuren Methionin und Cystein zu sein. Schwefel ist somit essenzieller Bestandteil der meisten Proteine und Enzyme. Dass sich N- und S-Mangelsymptome mit ihren großflächigen Aufhellungen und Chlorosen der Blätter stark ähneln, ist daher verständlich. Von Cystein oder Methionin ausgehend, erfolgt die Synthese anderer S-haltiger Verbindungen. Beispielhaft sei der Redoxkatalysator Ferredoxin genannt, bei dem Eisen-Schwefel-Cluster für die Elektronenübertragung einer Reihe grundlegender Stoffwechselprozesse zuständig sind. In den Redoxsystemen Cystein/Cystin und Gluthation liegt der Schwefel als Thiol-Gruppe (= Mercapto-Gruppe) (R-SH) oder oxidiert als Disulfidbindung (R-S-S-R) vor. Die Thiol-Gruppe spielt auch im katalytischen Zentrum einer Reihe von Enzymen eine Rolle, wie bei der Urease, oder im Coenzym A. Daneben können Thiol-Gruppen auch Schwermetalle (z. B. Cd) binden und so zu deren Entgiftung beitragen. Bei den Inhaltstoffen Biotin (Vitamin B_7 = Vitamin H) oder Thiamin (Vitamin B_1) ist der Schwefel Bestandteil heterocyclischer Ringstrukturen. Daneben kann der Schwefel aber auch als Sulfat oxidiert bleiben, um als Sulfatester der Sulfolipide in die Strukturen der Biomembranen eingebaut zu werden. Sulfat selbst wird als eine Speicherform des Schwefels in den

Vakuolen der Zellen eingelagert und von dort bei Bedarf für den Stoffwechsel mobilisiert.

Prominente S-haltige Inhaltsstoffe sind die Senföle der Kruziferen (z. B. Senf und Raps) und die Lauchöle der Zwiebelgewächse. Entsprechend der S-Bedürftigkeit von Proteinen und deren höhere Gehalte bei Samen von Leguminosen im Vergleich zu anderen Pflanzenarten sowie dem zusätzlichen S-Bedarf zur Bildung sekundärer Inhaltstoffe bei Kruziferen steigt der S-Bedarf in der Reihung Getreidearten < Leguminosen < Kruziferen. Bei Leguminosen ist die N-Fixierungsleistung der Knöllchen durch S-Mangel deutlich gehemmt, sodass bei diesen keine visuelle Unterscheidung von S- und N-Mangel möglich ist. Generell sind Blattaufhellungen und Chlorosen die dominierenden S-Mangelerscheinungen. Diese betreffen zumeist unterschiedslos sowohl alte als auch jüngere Blätter, was einen graduellen Unterschied zu N-Mangel, von dem ältere Blätter stärker betroffen sind, darstellt. Wegen zentraler Gemeinsamkeiten von S und N im Stoffwechsel wird für Schwefel auf ein eigenes Funktion-Mangelschema verzichtet.

Chlor

Das Element Cl spielt für die Ernährung der Pflanzen nur als Chlorid (Cl^-) eine Rolle. Hauptfunktionen sind eine Beteiligung an der photosynthetischen Spaltung des Wassers und als Osmotikum der Zellen. In der Umwelt ist Chlorid vergleichsweise weit verbreitet, sei es als »Salz« (NaCl, Weltmeere) oder als Begleitanion der häufigsten K-Vorkommen. Mit praktisch allen K-haltigen Düngemitteln wird daher auch Cl^- ausgebracht. Chlorid-Mangel und -Mangelsymptome sind in Deutschland praktisch nicht bekannt, wenn auch über die Funktion als Osmotikum bei knapper Cl-Versorgung vermehrt Welkesymptome bei hoher Sonneneinstrahlung auftreten können (Broyer *et al.*, 1954). Ertragssteigerungen durch eine Cl-Düngung sind für meerferne Gebiete für besonders Cl-bedürftige Kulturen wie die Ölplame beschrieben (Ollagnier und Wahyuni, 1986).

Bedeutender als Cl-Mangel sind zuweilen Wachstumsbeeinträchtigungen und Symptome durch Überschuss. Dabei bestehen große Unterschiede in der Empfindlichkeit zwischen Pflanzenarten, können aber auch innerhalb einer Art zwischen Sorten bestehen.

Eisen

Eisen ist über seine Fähigkeit zum Valenzwechsel ($Fe^{2+} \leftrightarrow Fe^{3+}$) als Zentralatom an einer ganzen Reihe von Enzymen beteiligt, die Elektronenübergänge und damit Redoxreaktion bewirken. Diese Enzyme sind einerseits dem Energiestoffwechsel zuzurechnen (z. B. Cytochrome der Mitochondrien), an der Entgiftung aktivierter Sauerstoffspezies (Katalase, Superoxiddismutase) beteiligt oder Teil von Syntheseleistungen wie bei Peroxidasen der Zellwände, die die Polymerisation von Phenolen zu Lignin katalysieren. Weiterhin sind mehrere Teilschritte der Chlorophyllsynthese direkt Fe-abhängig, weshalb die Chlorophyllbildung bei Fe-Mangel unmittelbar gehemmt ist. Aber auch die Integrität und Funktionalität der Thylakoidmembranen der Chloroplasten sind Fe-abhängig. Dies betrifft auch die Proteinsynthese besonders der Chloroplasten, was mit einem hohen Fe-Bedarf chloropastischer mRNA und rRNA in Zusammenhang gebracht wurde (Spiller *et al.*, 1987).

Zu Fe-Mangelsymtomen im weiteren Sinn kann man auch die gut untersuchten Anpassungsreaktionen von Pflanzen zur Überwindung von Fe-Mangel zählen. Dazu zählen längere Wurzelhaare, eine verstärkte Abgabe von Protonen der Wurzeln und deren erhöhtes Reduktionspotenzial für Fe^{3+} sowie eine verstärkte Abgabe von Phenolen bei dikotylen Pflanzen (sog. Strategie I Reaktionen, vgl. Marschner und Römheld, 1994). Bei Süßgräsern (Strategie II) ist es eine verstärkte Abgabe und Aufnahme stabil Fe-bindender sogenannter Phytosiderophore, die zur Gruppe von nicht proteinbildenden Aminosäuren gehören. Da diese Prozesse in den Wurzeln stattfinden und ohne Hilfsmittel nicht beobachtet werden können, sind sie im Funktion-Physiologie-Mangelschema von Abbildung 1-8 nicht aufgeführt. Die Fe-Mangelsymptome im Spross treten zumeist

Eisen

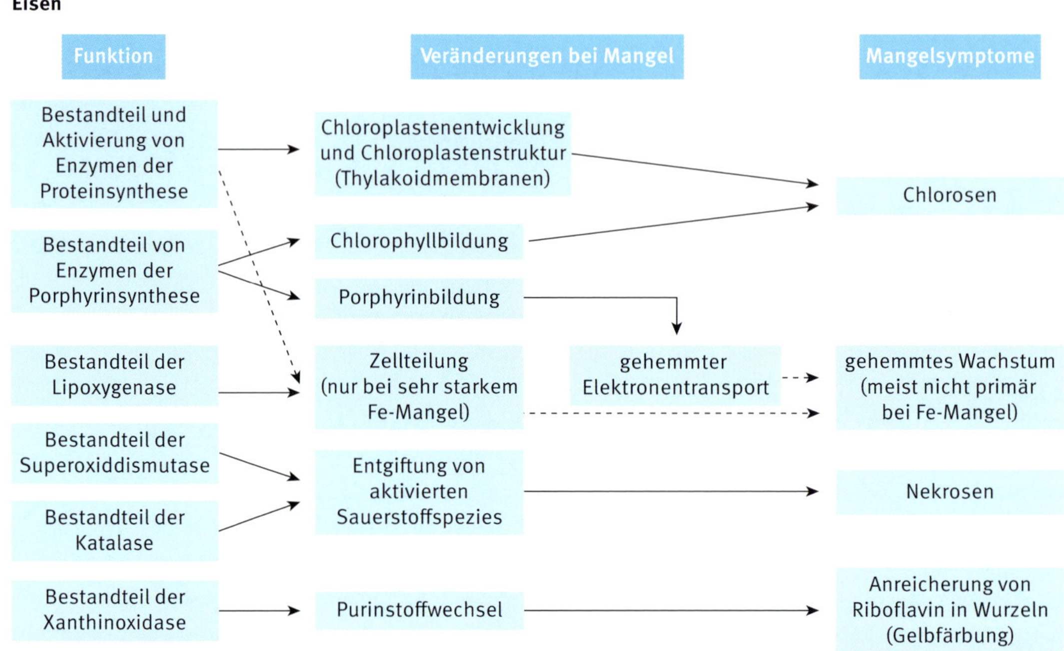

Abb. 1-8: Beziehungen zwischen Funktionen, physiologischen Prozessen und Eisen-Mangelsymptomen.

ganz streng zunächst an den allerjüngsten Blättern auf, was mit der sehr eingeschränkten sekundären Beweglichkeit von Fe zusammenhängt.

Mangan

Ohne Mn ist die Photosynthese höherer Pflanzen nicht möglich. Nur dieses Nährelement mit seinem Redoxpaar Mn^{2+}/Mn^{3+} kann ein ausreichend hohes Oxidationspotenzial aufbauen, um bei der Photosynthese Wasser in Sauerstoff und Wasserstoff zu spalten.

Mn-Mangel äußert sich häufig als Chlorosen, die – im Gegensatz zu Fe-Mangel – aber nicht an den allerjüngsten Blättern auftreten, sondern bevorzugt an den jüngeren, gerade stark expandierenden Blättern. Zudem kommt es bei Mn-Mangel schneller zur Bildung von Nekrosen als bei Fe-Mangel. Das wird mit der Funktion von Mn als Bestandteil der Mn-Superoxiddismutase zusammenhängen, die an der Entgiftung reaktiver Sauerstoffspezies beteiligt ist.

Stärker als das Sprosswachstum ist bei Mn-Mangel das Wurzelwachstum gehemmt. Herauszustellen bei Mn ist auch dessen Beteiligung am Phenolstoffwechsel bis hin zu einzelnen Schritten der Ligninsynthese. Hierin dürfte auch die Bedeutung von Mn bei der Abwehr von Pathogenen begründet liegen (Abb. 1-9).

Zink

In der Bodenlösung und in der Pflanze liegt Zn nur als zweiwertiges Kation vor. Seine physiologischen Funktionen beruhen vor allem auf der Bindung von Enzymen mit ihren Substraten und der Ausbildung tetraetrischer Komplexe. Zink stabilisiert tertiäre Proteinstrukturen und die Bindung von Regulationsproteinen an DNA und RNA. Für die typische Kleinblättrigkeit bei Zn-Mangel werden ursächlich Störungen im Phytohormonhaushalt verantwortlich gemacht.

Mangel an Zn führt zu einer verstärkten Bildung toxischer Sauerstoffspezies. Als Bestandteil der Cu/Zn-Superoxiddismutase ist Zn an der Entgiftung von Superoxidradikalen beteiligt. Da sich diese Radikale

Mangan

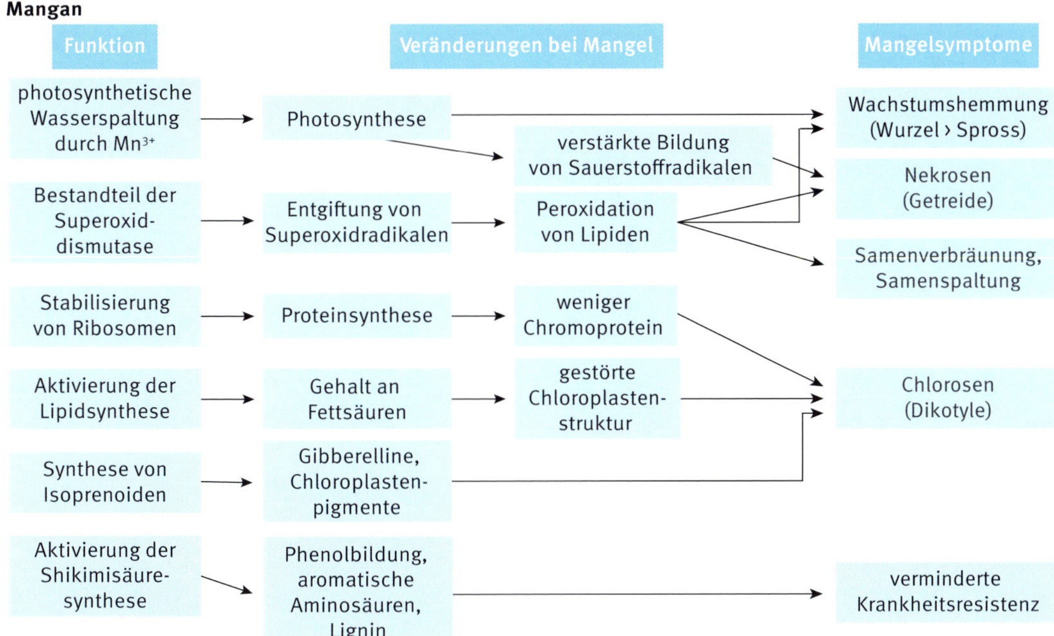

Abb. 1-9: Beziehungen zwischen Funktionen, physiologischen Prozessen und Mangan-Mangelsymptomen.

Zink

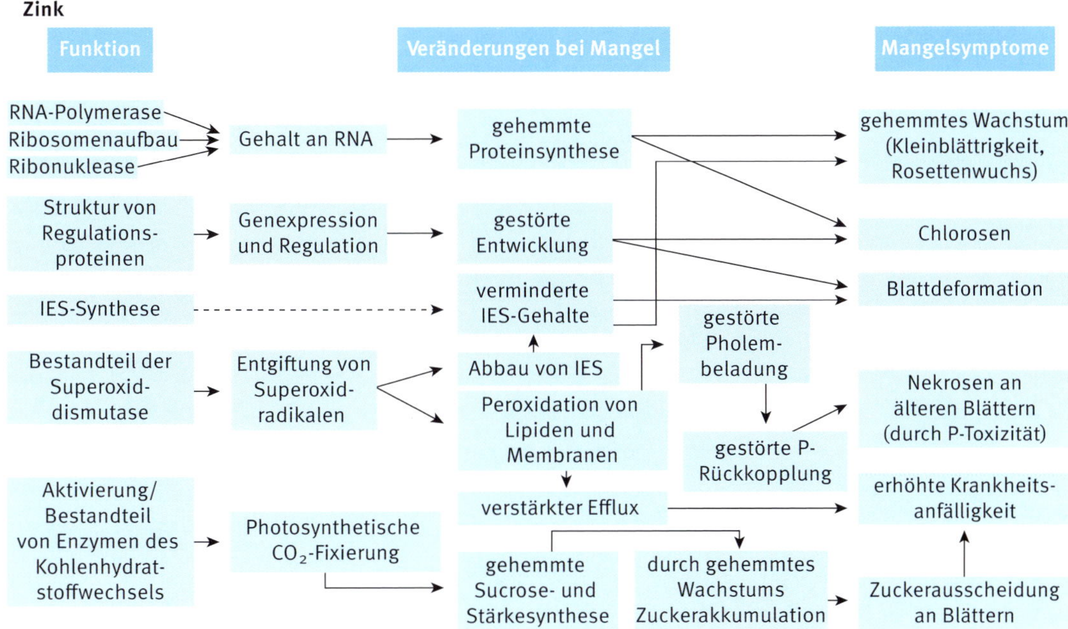

Abb. 1-10: Beziehungen zwischen Funktionen, physiologischen Prozessen und Zink-Mangelsymptomen.

vermehrt bei Belichtung bilden, lässt sich erklären, dass der Zn-Bedarf von Gewebe bei stärkerer Belichtung erhöht ist (Marschner und Cakmak, 1989). Ein verstärktes Auftreten von Chlorosen und Nekrosen an den stärker lichtexponierten Organen einer Pflanze (z. B. in der nördlichen Hemisphäre an der Südseite eines Baums im Vergleich zur Nordseite), ist daher ein Hinweis auf Zn-Mangel. Erhöhte Krankheitsresistenz von Pflanzen und verbesserte Pollen sowie Samenvitalität sind ebenfalls mit einer optimalen Zn-Versorgung verbunden. Wichtige Zusammenhänge zwischen Zn-Funktionen und Mangelsymptomen gibt Abbildung 1-10 wieder.

Kupfer

Kupfer ist wie Fe und Mn auch zum Valenzwechsel ($Cu^{1+} \leftrightarrow Cu^{2+}$) befähigt. Es ist daher an Redoxsystemen der Elektronentransportkette der Photosynthese und der Zellatmung beteiligt. Entscheidend ist zudem die Rolle von Cu bei der Ligninbiosynthese der Pflanzen über Cu-haltige Phenolasen. Einer im Zellwandbereich lokalisierten Cu-haltigen Diaminooxidase wird darüber hinaus über deren Fähigkeit zur H_2O_2-Bildung eine Rolle bei der Ligninsynthese zugewiesen. Cu-Mangel lässt sich daher unter dem Mikroskop durch eine verminderte Ausstattung der Zellwände mit Lignin nachweisen (Bussler, 1981). Die Folgen für die Pflanzen hinsichtlich ihrer mechanischen Stabilität und der Ausbildung der Leitungsbahnen können weitreichend sein (Abb. 1-11). Die generative Entwicklung ist bei Cu-Mangel infolge von Pollensterilität stärker gehemmt als das vegetative Wachstum. Bei Getreide kann das im Extremfall zu tauben Ähren führen.

Bor

Bor ist der »pflanzlichste« aller Nährstoffe, da man praktisch kaum B-Funktionen in tierischen Organismen oder beim Menschen kennt. Es ist auch der Mikronährstoff, dessen primäre Funktionen in Pflanzen bis vor kurzem noch das größte Fragezeichen aufwarf. Mittlerweile gilt als gesichert,

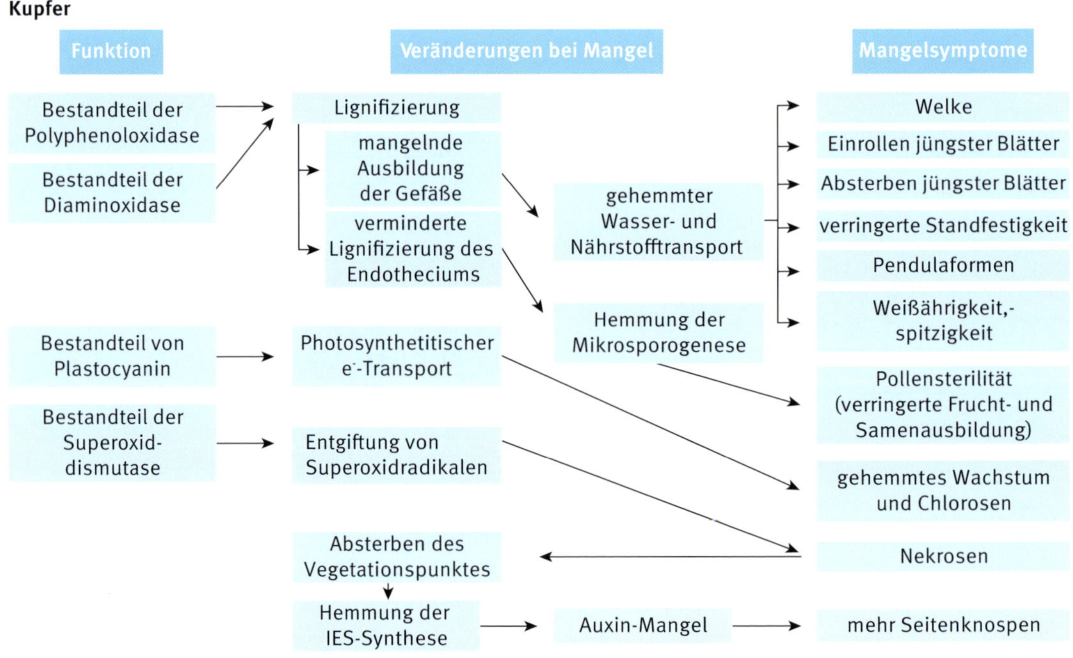

Abb. 1-11: Beziehungen zwischen Funktionen, physiologischen Prozessen und Kupfer-Mangelsymptomen.

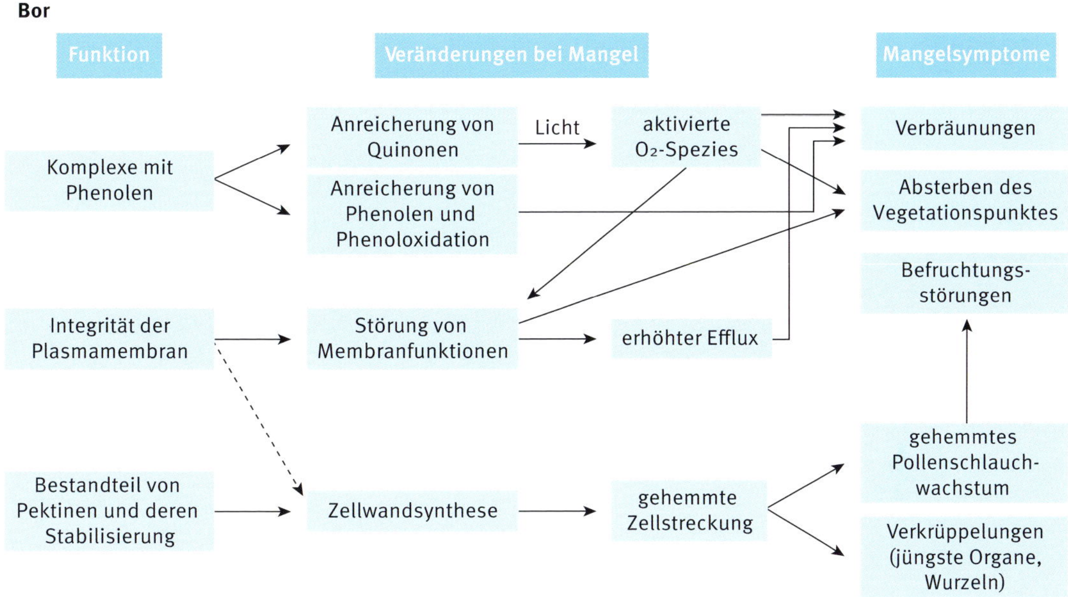

Abb. 1-12: Beziehungen zwischen Funktionen, physiologischen Prozessen und Bor-Mangelsymptomen.

dass B strukturbildender Bestandteil der Pektine in den Zellwänden und Bestandteil funktionaler Biomembranen ist. Wegen seiner vornehmlichen Funktionen im Zellwandbereich außerhalb der das Cytoplasma umschließenden Plasmamembran wurde B auch als »Exoelement« bezeichnet. Da dikotyle Pflanzen meist einen höheren Pektingehalt aufweisen als monokotyle, ist auch ihr B-Bedarf höher. Aus dem gleichen Grund haben dikotyle Pflanzen auch einen höheren Ca-Bedarf.

Fehlt B an der Wurzeloberfläche, führt dies innerhalb kürzester Zeit zu einem verminderten Wurzelwachstum. Es findet zudem eine erhöhte Wurzelexudation bedingt durch eine Destabilisierung der Plasmamembran statt. Essenziell ist B auf der Narbe von Blüten, um das Pollenschlauchwachstum als »Exoelement« zu ermöglichen. Ein Mangel äußert sich deshalb oftmals stärker in einer gehemmten generativen Entwicklung (geringer Samenertrag) als in einer gehemmten vegetativen Entwicklung (geringere Sprossmasse). B-Mangel tritt oftmals an den jüngsten Blättern auf oder äußert sich durch Absterben des Vegetationspunkts. Das weist auf eine geringe Phloemmobilität und/oder Umverlagerbarkeit von B hin, was jedoch nicht auf alle Pflanzenarten zutrifft. Arten, die Zuckeralkohole bilden, die cis-Diolgruppen aufweisen, wie Mannitol oder Sorbitol, können mit Borsäure phloemmobile Boratester ausbilden. Bei Rosaceen wie Apfel, Kirsche oder Pfrisich die Sorbitol aufweisen, kann daher B zu Orten des Bedarfs verlagert werden. So ließ sich auch von Brown *et al.* (1999) zeigen, dass durch Übertragung eines Gens zur Sorbitol-Synthese der vorher Sorbitol-freie Wildtyp einer Tabakpflanze zur vermehrten Umverlagerung von B aus alten in jüngere Blätter und Blüten befähigt wurde.

Ähnlich wie bei Zn ist auch für B ein steigender Bedarf mit höherer Lichtexposition der Pflanzen zu beobachten. Das weist auf Beziehungen zwischen B und toxischen Sauerstoffspezies hin, die verstärkt unter Lichteinfluss im Stoffwechsel entstehen (Abb. 1-12).

Molybdän

Molybdän ist struktureller und katalytisch aktiver Bestandteil von wahrscheinlich vier Enzymen hö-

Molybdän

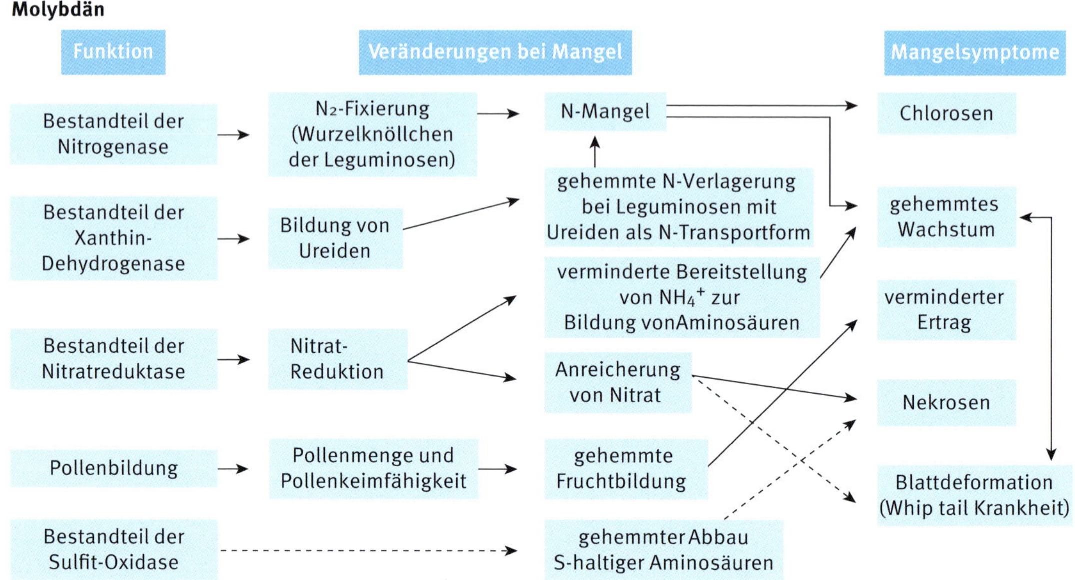

Abb. 1-13: Beziehungen zwischen Funktionen, physiologischen Prozessen und Molybdän-Mangelsymptomen.

herer Pflanzen mit Redoxfunktionen. Die Xanthin-Dehydrogenase ist am Purinabbau beteiligt und eine Mo-haltige Sulfit-Oxidase dürfte eine Rolle bei der Entgiftung von Sulfit im Stoffwechsel spielen. Die Mo-haltige Nitratreduktase ist in zentraler Stellung am Stoffwechsel bei NO_3-Ernährung beteiligt. Als Eingangsenzym zur Stickstoffassimilation von NO_3^- sorgt sie dafür, dass aufgenommenes NO_3^- über Nitrit und Ammonium in Aminosäuren und Proteine überführt werden kann. Eine Anreicherung von Nitrat im Pflanzengewebe kann daher eine Folge von Mo-Mangel sein. Die Mo-Bedürftigkeit einer Kultur und damit die kritischen Gehalte für eine ausreichende Ernährung, sind daher auch von der Form des aufgenommenen Stickstoffs abhängig. Ein niedrigerer Mo-Bedarf ergibt sich, wenn Pflanzen mit Ammonium oder Harnstoff ernährt werden. Beispielsweise zeigte Blumenkohl bei ausschließlicher NH_4-Ernährung unter sterilen Bedingungen ohne Mo-Angebot keine Mangelsymptome und schien keinen Mo-Bedarf zu besitzen (Hewitt und Gundry, 1970).

Von besonderer Bedeutung ist Mo bei Leguminosen. Das den Luftstickstoff reduzierende Enzym Nitrogenase der Knöllchen ist Mo-haltig, wie auch die Nitrogenase freilebender N_2-Fixierer. Bei Leguminosen führt Mo-Mangel daher zu N-Mangel, wenn sie in ihrer N-Versorgung auf die biologische N_2-Fixierung angewiesen sind. Weiterhin ist die Xanthin-Dehydrogenase ein Mo-haltiges Enzym, das für den Aufbau von Ureiden als Transportformen des Stickstoffs – beispielsweise bei *Phaseolus*-Bohnen oder Sojabohnen – mit verantwortlich ist.

Warum es bei Mo-Mangel auch zu einer gehemmten Pollenbildung und einem verminderten Samenertrag kommt, ist physiologisch noch nicht hinreichend geklärt. Das gilt auch für die bei Mo-Mangel prominent zu beobachtenden Blattdeformationen, die Folgen eines unkoordinierten Wachstums einzelner Blattbereiche sind. In Abbildung 1-13 werden Beziehungen zwischen den Funktionen von Mo und den Mangelsymptomen hergestellt.

Nickel

Nickel ist der »jüngste« Nährstoff, dessen Essenzialität im Sinne der klassischen Nährstoffdefinition (s. Infobox 1-2) erst 1987 von Brown und Mitarbeitern belegt werden konnte (Brown *et al.*, 1987). Grund hierfür war, dass der geringe Bedarf einer

Pflanze an Ni zumeist schon über den Ni-Gehalt der Samen sichergestellt ist und/oder, dass selbst in hochreinen Nährlösungen geringste Kontaminationen an Ni ausreichend sind, den Bedarf zu decken. Nickel ist daher auch kein Nährstoff, der im Allgemeinen düngungsrelevant ist, wenn auch in den USA unter Sonderbedingungen eines sehr hohen Zn-Angebots bei Pekannuss (*Carya illnoensis*) Ni-Mangelerscheinungen im Freiland auftraten, die durch Spritzungen der Bäume mit $NiSO_4$ zu beheben waren (Wood *et al.*, 2004). Als Ni-Mangelsymptom wurden bei der Pekannuss verkleinerte Blätter beschrieben (»mouse-ear symptom«).

Als Funktion von Ni in Pflanzen ist bislang nur dessen Beteiligung im aktiven Zentrum des Enzyms Urease bekannt. Die Urease spaltet den im normalen Stickstoffstoffwechsel der Pflanze anfallenden Harnstoff zu NH_3 und ist damit an der Wiederverwertung des Stickstoffs beteiligt, der beispielsweise im Rahmen des Proteinabbaus älterer Blätter anfällt (Walker *et al.*, 1985).

1.2 Beziehungen zwischen Nährstoffangebot und Wachstum

Die prinzipielle Beziehung zwischen der Höhe des Angebots eines Makro- oder Mikronährstoffs und dem Wachstum bzw. dem Ertrag von Pflanzen gibt Abbildung 1-14 wieder. In jedem der Fälle lassen sich die Kurven in die drei Bereiche (i) Mangel, (ii) adäquates Angebot und (iii) Toxizität oder Überschuss einteilten. Ohne maßstabsgerecht zu sein oder bestimmte Nährstoffe zu benennen gilt dabei, dass vergleichsweise geringe absolute Veränderungen im Angebot an Mikronährstoffen zu großen Wachstumsveränderungen führen, während für die Makronährstoffe bei gleichen Mengenänderungen der Anstieg bis zum maximalen Wachstum flacher verläuft. Weiterhin kommt in Abbildung 1-14 auch die allgemeine Regel zum Ausdruck, dass der optimale Angebotsbereich bei Mikronährstoffen enger ist als bei Makronährstoffen. Toxizität durch Überangebot ist für viele Mikronährstoffe eine beschriebene Nährstoffstörung (z. B. Mn-Toxizität bei Wasserüberstau

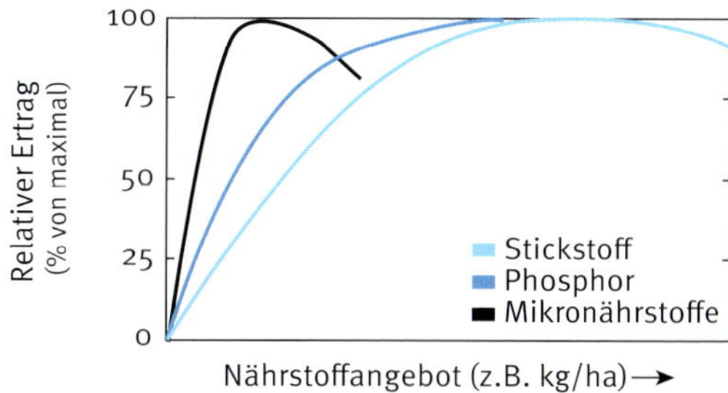

Abb. 1-14: Prinzipielle Beziehung zwischen Ertrag und steigendem Angebot an Mikronährstoffen, Phosphor oder Stickstoff (nach Marschner, 1995, modifiziert).

oder auf sauren Böden; B-Toxizität in ariden oder semiariden Gebieten, deren Böden aus marinem Ausgangsmaterial bestehen), während dieses bei den Makronährstoffen deutlich seltener der Fall ist.

Die allgemeine Regel, dass nach Paracelsus (1493–1541) über die Wirkung eines Stoffes als »Medizin« oder als »Gift« nur die Dosis entscheidet, gilt prinzipiell auch für Nährstoffe. Eine direkte Toxizität durch eine zu hohe Nährstoffkonzentration im Gewebe kann darauf beruhen, dass der Nährstoff

- einen anderen aus dessen essenziellen Bindungen verdrängt,
- funktionelle Gruppen durch Bindung blockiert, oder
- konformationsändernd auf stoffwechselrelevante Moleküle wirkt.

Zu einem sogenannten induzierten Nährstoffmangel kann es kommen, wenn ein zu hohes Angebot eines Nährstoffs die Aufnahme eines anderen Nährstoffs durch Konkurrenz soweit behindert, dass sich für diesen keine ausreichenden Gehalte im Spross einstellen können.

Da Nährstoffe, zumal als wasserlösliche Düngemittel, immer auch osmotisch wirksame Substanzen sind, kann es bei einem Überangebot in größeren Mengen – wie bei einer Überdüngung mit Makronährstoffen – auch zu einer »salzbedingten« verminderten Wasseraufnahme kommen, die dann das Wachstum beschränkt. Induzierter Wassermangel durch eine Abflachung (oder Aufhebung) des osmotischen Gradienten zur Wurzel hin als einer der Triebkräfte für die Wasseraufnahme der Pflanzen ist dann die Folge. In Kapitel 2.3 wird näher darauf eingegangen, unter welchen Bedingungen es zu einem Überschuss an Mineral- und Nährstoffen für Pflanzen kommen kann.

In den wichtigsten »Gesetzen« der Pflanzenernährung, (i) dem »Gesetz des Minimums«, (ii) dem »Gesetz des Optimums« und (iii) dem »Gesetz des abnehmenden Ertragszuwachses«, sind grundlegende Beziehungen zwischen dem Nähstoffangebot und dem Wachstum verallgemeinert (Abb. 1-15).

Am bekanntesten ist das sogenannte **Gesetz vom Minimum**. Es wurde zuerst von Carl Sprengel (1787–1859) formuliert und in der Folge von Justus von Liebig (1803–1873) 1855 popularisiert. Es ist somit angemessener vom Sprengel-Liebig Gesetz des Minimums zu sprechen als nur von Liebigs Gesetz des Minimums (van der Ploeg *et al.*, 1999; Gröger, 2010). Es besagt, dass das Wachstum und der Ertrag einer Pflanze von dem im Minimum befindlichen Nährstoff begrenzt wird (Abb. 1-15 A). Eine anschauliche bildliche Darstellung dieses Gesetzes ist die sogenannte Minimumtonne, die in der von Dobeneck 1903 herausgegebenen »Illustrierten Landwirtschaftlichen Zeitung« in die Literatur eingeführt wurde. Die niedrigste Daube einer Holztonne bestimmt demnach das Wachstum. Das Gesetz vom Minimum muss man nicht nur auf die Nährelemente beschränken. Es lässt sich auch auf alle Wachstumsfaktoren erweitern, die dann die Temperatur oder die Verfügbarkeit von Wasser, Licht und CO_2 einschließen.

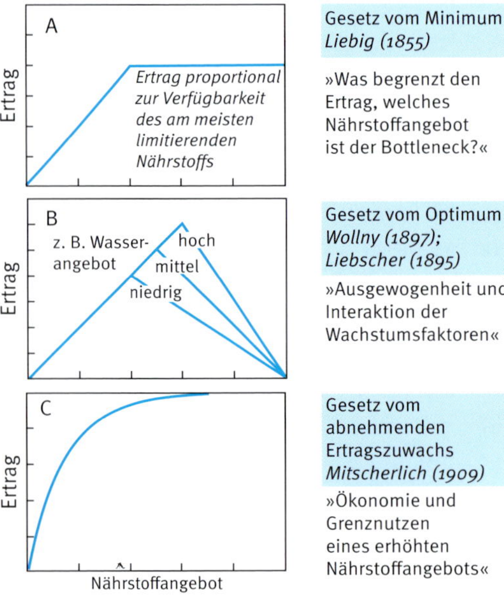

Abb. 1-15: Die wichtigsten Ertragsgesetze der Pflanzenernährung.

Eine Erweiterung stellt das **Gesetz des Optimums** dar, das mit den Namen Wollny (1897) und Liebscher (1895) verbunden ist. Es besagt unter anderem, dass die Zuführung des im Minimum befindlichen Nährstoffs umso produktiver ist, je mehr sich die anderen Faktoren im Optimum befinden. Auch hier können wieder neben den Nährstoffen die anderen Wachstumsfaktoren wie Temperatur, Wasser, Licht und CO_2 verstanden werden (Abb. 1-15 B). In letzter Konsequenz bedeutet das Gesetz vom Optimum dann auch, dass z. B. ohne Wasser eine Pflanze keine Nährstoffe benötigt und umgekehrt. Von Wollny (1897) wurde auch formuliert, dass ein Zuviel eines Wachstumsfaktors oder Nährstoffs zu Wachstumsdepressionen führt.

Letztlich laufen die Gesetze vom Minimum und vom Optimum darauf hinaus, dass eine »harmonische« Versorgung aller Nährstoffe vorliegen muss um ein maximales Pflanzenwachstum zu ermöglichen. Eine partielle Unterversorgung mit einzelnen Nährstoffen führt zu Entwicklungsstörungen und/oder einem verminderten Wachstum. Das ist dann auch eine Frage der Ressourceneffizienz, da Unterversorgungen mit einem oder mehreren Nährstoffen notwendigerweise zu einer verminderten Ausnutzung, d. h. Ertragswirksamkeit (»Effizienz«) anderer Nährstoffe führt, die, wenn sie gedüngt werden, auch Kosten darstellen. Im Fall vom Stickstoff ist eine hohe Ausnutzung von besonderer Wichtigkeit, da andernfalls die Gefahr besteht, dass vermehrt Stickstoff aus dem Agrarökosystem verloren geht und unerwünschte Umweltwirkungen die Folgen sind. Hierzu gehört die Eutrophierung von Naturräumen, der Beitrag zur globalen Erwärmung durch N_2O Emissionen oder negative Folgen, die Stickstoffemissionen auf die Humangesundheit haben können (van Grinsven *et al.*, 2013).

Ein drittes wesentliches »Gesetz« ist das »**Gesetz vom abnehmenden Ertragszuwachs**« (Mitscherlich, 1909). Es wurde von Eilhard Alfred Mitscherlich (1874–1956) mathematisch formuliert und beschreibt, dass ausgehend von einer Mangelsituation je Einheit an Nährstoff, der vermehrt angeboten wird, der Zuwachs an Ertrag bis hin zum Höchstertrag immer weiter abnimmt (Abb. 1-15 C). Die Effizienz einer Düngung wird zunehmend geringer, je mehr man sich dem Höchstertrag nähert. Dieser aus vielen Versuchen ableitbare prinzipielle Zusammenhang wurde von Mitscherlich für einzelne Nährstoffe experimentell untersucht, für die er dann Wirkungsfaktoren berechnete.

1.2.1 Antransport der Nährstoffe zur Wurzel und deren Aufnahme in die Pflanze

Die Aufnahme der Nährstoffe in die Pflanze, die überwiegend über die Wurzeln erfolgt, kann man in zwei Prozesse gliedern: Zuerst müssen die Nährstoffe an die Wurzeloberfläche gelangen und danach erfolgt die eigentliche Nährstoffaufnahme.

Nährstoffe können auf drei Wegen an die Wurzeloberfläche gelangen: (i) **Interzeption**, (ii) **Massenfluss** und (iii) **Diffusion**. Unter Interzeption versteht man, dass durch das Wachstum der Wurzeln im Boden die Nährstoffmengen räumlich erschlossen werden, die dem gebildeten Wurzelvolumen entsprechen. Mit dem Massenfluss gelangen die in der Bodenlösung gelösten Nährstoffe zu den Wurzeln entsprechend der Wasseraufnahme der Pflanzen aus dem Boden, die wesentlich durch die Transpiration der Pflanzen getrieben ist. Diffusion ist ein Prozess, der auf einen Ausgleich unterschiedlicher Konzentrationen abzielt. Da die Wurzeln Nährstoffe aufnehmen, nimmt deren Konzentration an der Wurzeloberfläche ab, sodass diese entlang des entstandenen Konzentrationsgradienten zur Wurzeloberfläche hin diffundieren. Als Rhizosphäre wird dabei derjenige Bereich des Bodens bezeichnet, der von den Wurzeln unmittelbar beeinflusst wird. Er umfasst nur wenige mm um die Wurzeloberfläche herum (Größenordnung 2–3 mm), da die Diffusionsintensität exponenziell mit dem Abstand abnimmt.

Die Bedeutung von Interzeption, Massenfluss und Diffusion für die Anwesenheit bzw. den Antransport der Nährstoffe an die Wurzeloberfläche ist für die einzelnen Nährstoffe sehr unterschiedlich. Von Einfluss ist die Nährstoffform (vgl. Tab. 1-1), das Entwicklungsstadium der Pflanze, Boden- (Sorptionsstärke, pH) und Umweltfaktoren (Bodenfeuchte, Temperatur). Auch der Nährelementbedarf der Pflanze spielt eine Rolle, da bei hohen Aufnahmeraten die Konzentration an der Wurzeloberfläche stärker abgesenkt wird, wodurch der Konzentrationsgradient steiler wird und damit die Bedeutung der Diffusion zunimmt. Zumeist gilt, dass die Interzeption (Bodenvolumen wird verdrängt von Wurzelvolumen) nur im einstelligen Prozentbereich erklären kann, welche Nährelementmengen die Pflanzen aufgenommen haben, während immer, wenn die Nährstoffkonzentration in der Bodenlösung im Vergleich zum Bedarf hoch ist, der Massenfluss bei der Anlieferung dominiert. In Tabelle 1-3 und Abbildung 1-16 sind für Makronährstoffe nährstoffspezifische Unterschiede der Transportprozesse exemplarisch dargestellt. Was Mikronährstoffe anbelangt, kann oftmals nur für B der Massenfluss den Antransport zur Wurzel hinreichend erklären, während für Fe, Mn, Zn oder Cu der Diffusion die dominierende Rolle zukommt. Damit werden Größen wie die Bodenfeuchte und die Wurzeloberfläche zu dominierenden Einflussfaktoren auf den Antransport und die Aufnahme dieser Mikronährstoffe, was bei den Makronährstoffen in besonderer Weise auch für P zutrifft (vgl. Tab. 1-3, Abb. 1-16). Eine geringe Bodenfeuchte hemmt die Diffusion stärker als den Massenfluss, da bei trockenerem Boden die Wasserfilme zur Wurzel hin weniger werden und Diffusionswege sich verlängern. Bei der exponentiell abnehmenden Diffusionsintensität mit der Wegstrecke wirkt sich das sehr stark aus.

Tab. 1-3: Nährstoffbedarf von Mais und Abschätzung des Nährstoffantransports im Boden durch Interzeption, Massenfluss und Diffusion für K, N, P und Mg nach Barber (1984). Hinzuweisen ist, dass nach Strebel *et al.* (1980) und Strebel und Duynisveld (1989), die Diffusion für Stickstoff aber auch mehr als 50 % des Antransports ausmachen kann.

Nährstoff	Bedarf (kg/ha)	Antransport (kg/ha) durch					
		Interzeption		Massenfluss		Diffusion	
Kalium	195	4	(2 %)	35	(18 %)	156	(80 %)
Stickstoff	190	2	(1 %)	150	(79 %)	38	(20 %)
Phosphor	40	1	(2 %)	2	(5 %)	37	(93 %)
Magnesium	45	15	(33 %)	100	(222 %)	0	(0 %)

(% Anteile am Antransport)

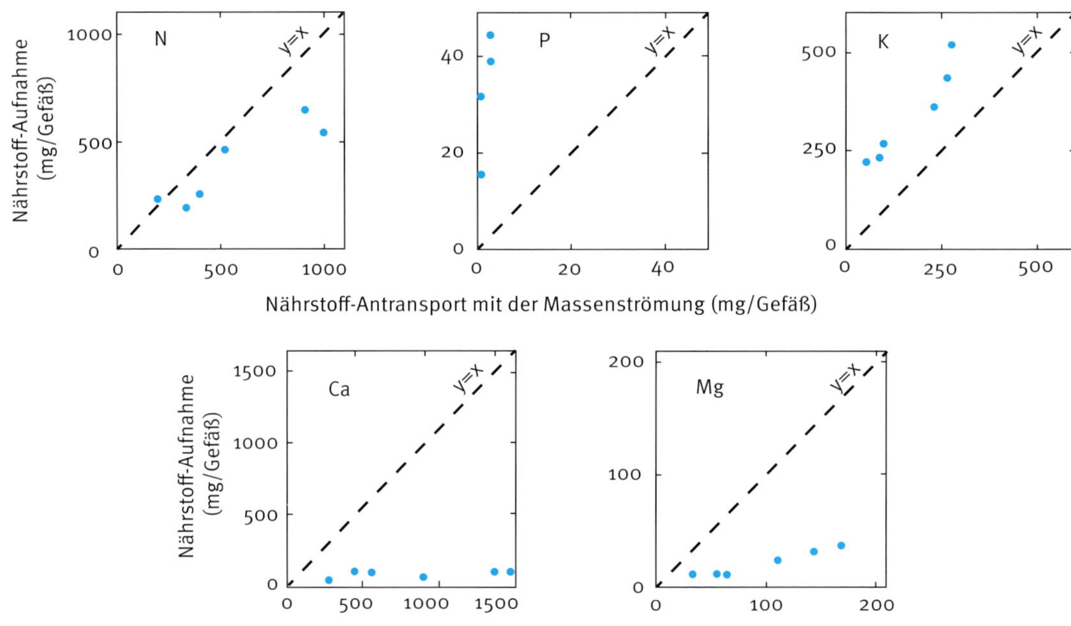

Abb. 1-16: Gefäßversuch mit bis zu 49 Tage alten Weizenpflanzen bei dem für N, P, K, Ca und Mg die gemessene Nährstoffaufnahme dem Antransport der Nährstoffe mit der Massenströmung gegenübergestellt sind. Liegen die Daten oberhalb der y = x Gerade ist die Aufnahme größer als mit dem Antransport über den Massenfluss erklärt werden kann (P, K), liegen die Daten unterhalb der y = x Gerade, reicherten sich die Nährstoffe in der Rhizosphäre an (Ca, Mg). Nach Yanai *et al.* (1997), verändert.

1.2.2 Beziehungen zwischen Nährstoffaufnahmerate und Nährstoffangebot

Die Nährstoffaufnahme in Abhängigkeit der Konzentration des Nährstoffangebots an der Wurzeloberfläche lässt sich in einer belüfteten und hinreichend bewegten Nährlösung gut charakterisieren. Dabei zeigten sich charakteristische Zusammenhänge zwischen Angebot und Aufnahme, die Umsatzkurven enzymatischer Reaktionen entsprechen und in Analogie zu diesen ausgewertet werden können (Abb. 1-17). Demnach lässt sich eine maximale Aufnahmerate eines Nährstoffs für ein gegebenes Wurzelsystem einer Pflanzenart berechnen (V_{max}) und eine Nährstoffkonzentration, bei der die Auf-

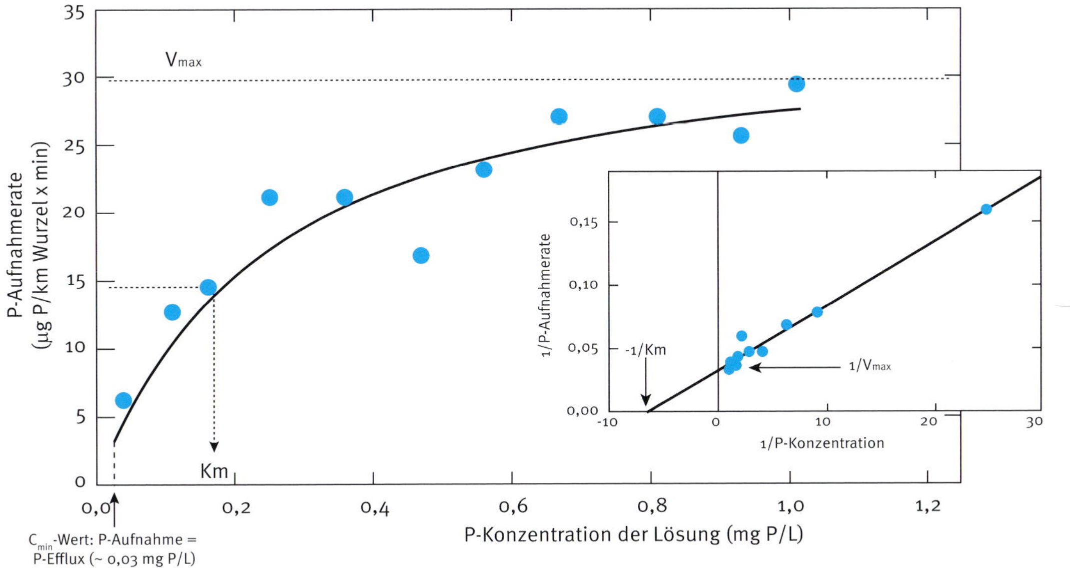

Abb. 1-17: Phosphataufnahmerate von Mais in Abhängigkeit der P-Konzentration der Nährlösung in enzymkinetischer Darstellung (Daten nach Hendriks (1980) verändert und ergänzt).

nahme mit halbmaximaler Geschwindigkeit erfolgt (Km-Wert). Als C_{min}-Wert wird dabei die Nährstoffkonzentration bezeichnet, die überschritten werden muss, damit es netto überhaupt zu einer Nährstoffaufnahme kommt. Bei der Nährstoffkonzentration C_{min} an der Wurzeloberfläche erfolgt keine messbare Aufnahme an der Wurzeloberfläche und man muss davon ausgehen, dass die Nährstoffaufnahme gleich der Nährstoffabgabe aus den Wurzeln ist (Influx = Efflux).

Die ermittelten Sättigungskurven der Nährstoffaufnahme weisen große Ähnlichkeiten mit den Kurven auf, die das Gesetz vom abnehmenden Ertragszuwachs beschreiben und deuten somit auf die gleiche physiologische Basis hin.

1.2.3 Düngebedürftigkeit

Die Nährelemente unterscheiden sich in ihrer Düngebedürftigkeit und damit in ihrer »praktischen Wichtigkeit«. Die Düngebedürftigkeit ergibt sich aus der Differenz zwischen dem Nährelementbedarf einer Kultur und dem pflanzenverfügbaren Angebot des Bodens bis zur Ernte hin. Die Düngebedürftigkeit kann auch einem Wandel mit den Zeiten unterliegen. Beispiel hierfür ist der Schwefel. Seit dem deutlichen Rückgang der atmosphärischen S-Einträge in Deutschland in den 1980er Jahren durch Maßnahmen zur Luftreinhaltung hat die Düngebedürftigkeit für S stark zugenommen.

Keine Hinweise einer gezielten Düngebedürftigkeit unter mitteleuropäischen Bedingungen gibt es bisher für Cl oder Ni. Die natürlich in Böden vorkommende Verbreitung dieser Nährelemente deckt den Bedarf der Pflanzen. Zudem wird Cl zusammen mit K-haltigen Düngemitteln ausgebracht. Düngemittel können auch Spuren von Ni enthalten. Die meist fehlende Düngebedürftigkeit an Cl und Ni trifft selbst für erdelosen Kulturverfahren zu. Anders sind die Zusammenhänge vor allem für die Mehrzahl der in größeren Mengen benötigten Makroelemente.

Aufgrund der sich in den letzten Jahrzehnten veränderten landwirtschaftlichen Praxis tritt zunehmend die Gefahr einer Unterversorgung mit Mikronährstoffen auf. Das wirkt sich dann begrenzend auf die Erzielung einer hohen Flächenproduktivität und einer hohen Nährstoffausnutzung (Nährstoff-Effizienz) anderer Nährstoffe aus. Die wesentlichen Gründe für eine zunehmende ackerbauliche Gefahr für einen Mangel an Mikronährstoffen sind in Infobox 1-3 aufgelistet.

1.3 Nützliche, wertgebende und unerwünschte Mineralstoffe in Pflanzen

Neben den 14 Nährelementen (N, P, K, Ca, Mg, S, Cl, Fe, Mn, B, Zn, Cu, Mo, Ni) gibt es andere Mineralstoffe, die (i) nützlich für des Pflanzenwachstum sein können und/oder (ii) die Qualität oder den Verwendungszweck von Pflanzen beeinflussen können.

Im Sinne der Pflanzenernährung »nützliche Mineralstoffe« sind solche, die

- wachstumsfördernd unter bestimmten Umständen sind, ohne essenziell zu sein, oder
- nur für ganz bestimmte Pflanzenarten essenziell sind, oder
- nur in bestimmten Ernährungssituationen essenziell sind (Infobox 1-4).

Ein Beispiel ist Natrium (Na), dessen wachstumsfördernde Wirkung bei niedrigem Angebot für eine Reihe von Kulturpflanzen belegt ist und dessen Essenzialität bei Halophyten (Salz-liebenden Pflanzen) sowie für bestimmte C_4-Pflanzen beschrieben ist (Kronzucker *et al.*, 2013). Silizium (Si) hat für bestimmte Pflanzenarten, wie z. B. Schachtelhalmgewächse aber auch Reis, Nährstoffcharakter. Bei einem hohen Mn-Angebot kann Si das Wachstum fördern, in dem es Mn-Toxizität verhindert oder einschränkt. Für das ansonsten wurzelgiftige Aluminium (Al) kann in besonderen Fällen bei niedrigem Ca-Angebot Al dessen Funktion teilweise ersetzen und so förderlich auf das Wachstum wirken. Kobalt (Co) ist essenziell für Rhizobien und damit für Leguminosen, die in ihrer N-Ernährung ausschließlich auf die N_2-Fixierung aus der Luft angewiesen sind.

Für die Human- und Tierernährung ist von Bedeutung, dass Pflanzen auch Mineralstoffe aufnehmen, die für diese nicht lebenswichtig sind, wohl aber für Mensch und Tier. Eine Zusammenstellung welche

Infobox 1-3

Gründe warum heute ein Mangel an Mikronährstoffen wahrscheinlicher ist als früher

1. Höhere Erträge bedingen höhere Mikronährstoffentzüge womit der Bedarf steigt
2. Verringerte Zufuhr an Mikronährstoffen
   - Mineraldünger mit geringer Kontamination an Mikronährstoffen
   - Lokaler Rückgang der Viehhaltung und damit verminderter Rückfluss an Mikronährstoffen mit Wirtschaftsdüngern
   - Geringere Einträge über die Luft durch Vorschriften zur Luftreinhaltung
   - Verändertes Spektrum an Pflanzenschutzmitteln(z. B. Verbot metallorganischer Verbindungen)
3. Höheres Düngungsniveau an Makronährstoffen (N, P, K)
   - Gefahr geringerer Durchwurzelung des Bodens ⇢ verminderte Aneignung von Mikronährstoffen durch eingeschränkte Wurzeloberfläche
   - Erhöhte Ionenkonkurrenz bei der Nährstoffaufnahme
4. Ungünstige Beeinflussung der Verfügbarkeit von Mikronährstoffen im Boden durch meliorierende Maßnahmen (Kalkung, Entwässerung oder Bodenlockerung)
5. Ausdehnung der landwirtschaftlichen Nutzfläche in der Regel nur noch auf schlechte Standorte möglich (nährstoffarm, stark sauer, stark alkalische Böden)
6. Neue Sorten mit höherem Harvest-Index (damit geringere vegetative Sprossmasse zur Bevorratung von Nährstoffen, was allerdings für gut verlagerbare Makronährstoffe bedeutender als für schlecht verlagerbare Mikronährstoffe sein dürfte)

Infobox 1-4

»Nützliche« Mineralstoffe

1. Elemente die Wachstum fördern, ohne essenziell zu sein

Si bei Pflanzen, die ohne Si unter Mn-Überschuss leiden würden

Al bei Tee (*Camellia sinensis*)

Na als teilweisen Ersatz für K z. B. bei Zuckerrübe (*Beta vulgaris*)

2. Essenziell nur für bestimmte Pflanzenarten

Na für Halophyten wie *Atriplex vesicaria*

Si bei Reis (*Oryza sativa*), wahrscheinlich auch Zuckerrohr (*Saccharum officinarum*)

3. Essenziell nur unter bestimmten Bedingungen

Co bei Leguminosen, die auf N_2-Fixierung zur N-Ernährung angewiesen sind

Tab. 1-4: Essenzielle Mineralstoffe für Bakterien und niedere Pflanzen, höhere Pflanzen und den Menschen.

Element		**Bakterien, Algen, Pilze, niedere Pflanzen**	**höhere Pflanzen**	**Mensch**
Stickstoff	N	×	×	×
Phosphor	P	×	×	×
Schwefel	S	×	×	×
Kalium	K	×	×	×
Magnesium	Mg	×	×	×
Eisen	Fe	×	×	×
Mangan	Mn	×	×	×
Zink	Zn	×	×	×
Kupfer	Cu	×	×	×
Chlor	Cl	×	×	×
Nickel	Ni	?	×	×
Calcium	Ca	× (nicht Pilze)	×	×
Molybdän	Mo	–	×	×
Bor	B	–	×	((×))
Chrom	Cr	–	–	×
Selen	Se	–	–	×
Lithium	Li	–	–	×
Kobalt	Co	–	–	×
Jod	J	–	–	×
Fluor	F	–	–	×
Silizium	Si	–	–	×
Natrium	Na	–	–	×
Vanadium	V	–	–	×

Mineralstoffe für welche Lebewesen essenziell sind, gibt Tabelle 1-4. Das Wissen über die Gehalte an Mineralstoffen in Pflanzen und Pflanzenteilen ist somit auch für die Verwertung, Nutzung und qualitative Einschätzung pflanzlicher Produkte eine relevante Größe.

Pflanzen nehmen nicht nur die Mineralstoffe auf, die für ihr Wachstum und Entwicklung essenziell sind. In Abhängigkeit vom Angebot im Boden oder Substrat findet sich in pflanzlichen Organen ein über die Nährstoffe hinausgehendes Spektrum an Mineralstoffen. Für die Human- und Tierernährung ist das die Voraussetzung der gemeinsamen Entwicklungsgeschichte von Pflanzen und Tieren. Zu erwähnen sind in diesem Zusammenhang Jod, Selen, Lithium, Silizium, Chrom, Fluor und Kobalt, die für den Mensch als essenziell, also **wertgebend** ausgewiesen sind (McDowell, 2003; Pfannhauser, 1988). Umgekehrt ist B essenziell für Pflanzen, lange Zeit aber bestenfalls als nützlich für Mensch und Tier eingestuft worden (Nielsen, 2000). Aus diesen Zusammenhängen ergibt sich neben der Humanernährung eine Bedeutung der Pflanzenanalyse auch in Form der Futtermitteluntersuchung.

Die nur begrenzte Fähigkeit von Pflanzen Mineralstoffe selektiv aufnehmen zu können, kann – ein entsprechendes Angebot vorausgesetzt – auch dazu führen, dass sich **unerwünschte Mineralstoffe** in Pflanzen und Ernteorganen wiederfinden. Schwermetalle, wie z. B. Cadmium oder Blei, sind hierfür Beispiele. Aktuelle Werte für zulässige Höchstgehalte in pflanzlichen Lebensmitteln an

Blei (Pb) und Cadmium (Cd) finden sich in der EU-Kontaminaten-Verordnung von 2006 (Verordnung (EG) Nr. 1881/2006). Auch Höchstgehalte an Nitrat (NO_3^-) in Spinat und Salaten sind in der EU-Kontaminanten-Verordnung aufgeführt. Heutiger Stand der Erkenntnis ist glücklicherweise, dass von hohen Nitratgehalten in Gemüse in Summe keine negativen gesundheitlichen Gefahren ausgehen (L'Hirondel und L'Hirondel, 2002; Wissemeier, 2008). Die kritische Diskussion über (zu) hohe Nitratgehalte in Böden, Oberflächengewässern und dem Grundwasser rechtfertigt sich aber sehr wohl ökologisch.

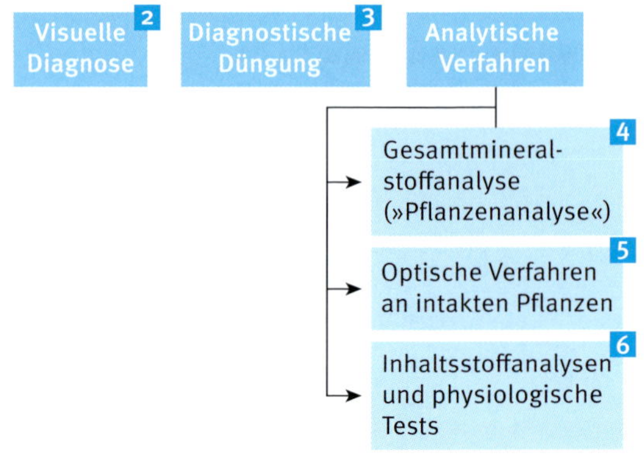

Abb. 1-18: Übersicht über die Diagnosemöglichkeiten von Ernährungsstörungen bei Kulturpflanzen. Die Zahlen bezeichnen die dazugehörigen Kapitel des Buches.

1.4 Möglichkeiten zur Diagnose des Ernährungszustandes

Eine Übersicht über die verschiedenen methodischen Ansätze zur Diagnose von Ernährungsstörungen gibt Abbildung 1-18. Als erstes sei die visuelle Diagnose genannt, die in Kapitel 2 behandelt wird. Darunter versteht man das Erkennen von Nährstoffstörungen als Mangel oder Überschuss anhand sichtbarer Auffälligkeiten des Sprosses. Diese äußern sich je nach Nährstoff mehr oder minder spezifisch an Blättern als Chlorosen (mangelnde Ausbildung von Blattgrün), Nekrosen (Gewebetod), Verbräunungen, Wuchsdeformationen oder in einem veränderten Habitus der Pflanze.

Im Kapitel 3 wird sowohl die gezielte Erzeugung von Nährstoffmangel für Vergleichszwecke besprochen als auch die »diagnostische Düngung«. Dabei werden zur Überprüfung der Hypothese eines Nährstoffmangels über das Blatt oder den Boden der oder die fraglichen Nährstoffe appliziert. Aus dem Vergleich mit Pflanzen ohne diese gezielte Düngungsmaßnahme sind dann Rückschlüsse auf den Ernährungszustand der unbehandelten Pflanzen möglich.

Zentral für die Diagnose des Ernährungszustands von Kulturpflanzen ist die sogenannte Pflanzenanalyse. Dabei werden die Nährelementgehalte im Spross oder ausgewählten Blättern mittels chemischer Analyse bestimmt (Kap. 4). Sofern die Probennahme sorgfältig und standardisiert erfolgt, was in Kapitel 4.2 weiter ausgeführt wird, können für eine Vielzahl von Kulturpflanzen die Ergebnisse der Nährelementanalysen direkt interpretiert werden, da Tabellenwerke vorliegen, die Spannen optimaler Gehalte benennen. Diese Tabellenwerke sind die Ergebnisse vieler Nährstoffsteigerungsversuche, bei denen das Pflanzenwachstum mit den Nährelementgehalten im Spross in Beziehung gesetzt wurde, beinhalten aber auch pflanzenbauliche Erfahrungen.

Während in Kapitel 5 moderne optische und berührungsfreie Methoden dargestellt werden, die potenziell eine Diagnose »just in time« ohne zeitaufwändige Analysen ermöglicht, werden in Kapitel 6 vornehmlich biochemische und physiologische Tests zur Diagnose von Ernährungsstörungen behandelt. Am Fallbeispiel des Waldsauerklees (*Oxalis*) wird für eine ökologische Fragestellung in Kapitel 7 dargestellt, dass es sich lohnt unterschiedliche diagnostische Verfahren einzusetzen, wenn analytische Daten optimaler Nährelementgehalte für eine Pflanzenart fehlen. Die Grenzen, aber auch die Beiträge, der Bodenuntersuchung zur Diagnose von Ernährungsstörungen werden in Kapitel 8 behandelt. Die klassische Bodenuntersuchung kommt in Kapitel 9 zu Wort.

2 Visuelle Diagnose

Alexander H. Wissemeier und Hans-Werner Olfs

2.1 Möglichkeiten und Grenzen der visuellen Diagnose von Ernährungsstörungen

Unter visueller Diagnose versteht man das Erkennen von Ernährungsstörungen als Mangel oder Überschuss anhand von mit dem bloßen Auge sichtbarer Auffälligkeiten zumeist am Spross der Pflanzen. Zur Überprüfung bestimmter Vermutungen wie z. B. von Al-Toxizität am Standort, die sich primär in einer Hemmung des Wurzelwachstums äußert, kann aber auch die Kontrolle des Wurzelwerks Teil der visuellen Diagnose sein. Die Grundlage der visuellen Diagnose ist, dass sich eine Unter- oder Überversorgung mit Mineralstoffen in mehr oder minder **charakteristischen visuellen Veränderungen** an der Pflanze äußert. Die unterscheidende Beurteilung des Sprosses kann sich dabei auf Blätter, Stängel, Blüten und/oder Früchte und Samen beziehen. Im Zentrum der Beurteilung stehen zumeist die Blätter. Dabei werden die unterschiedliche Färbung des Gesamtblattes entlang der Sprossachse oder einzelner Blattareale sowie nur lokale Verfärbungen, Wuchsdeformationen oder abgestorbene Gewebepartien am Einzelblatt beurteilt und interpretiert. Auch Veränderungen und Besonderheiten im Habitus einer Pflanze insgesamt können auf bestimmte Ernährungsstörungen hindeuten (»Starrtracht« bei N- oder S-Mangel, »Welketracht« bei K-Mangel). Damit ist eine visuelle Diagnose einerseits schnell, nicht destruktiv und ohne analytische Geräte möglich, setzt aber auch viel Erfahrung voraus.

Die Grenzen der visuellen Diagnose von Ernährungsstörungen ergeben sich aus deren **eingeschränkter Spezifität** und dadurch, dass insbesondere bei Nährstoffmangel in der Regel bereits vor dem Auftreten visueller Symptome das Wachstum eingeschränkt ist (s. Kap. 4.1, Abb. 4-1). Das Wachstum maximal zu gestalten, ist aber zumeist das pflanzenbauliche Ziel aller ge- oder beernteter Kulturpflanzen und mag allenfalls für Pflanzen mit Zierwert nicht uneingeschränkt zutreffen oder wenn technologische und/oder qualitative Aspekte des Ernteguts von größerer ökonomischer Wichtigkeit sind als die rein quantitative Flächenproduktivität.

Die eingeschränkte Spezifität visueller Symptome betrifft unter anderem:

- Verwechslungsmöglichkeiten mit biogenen Pflanzenkrankheiten, die durch Viren, Bakterien oder Pilze bedingt sind,
- Unterschiede zwischen Pflanzenarten in der Symptomausprägung der gleichen Nährstoffstörung,
- Züchtungen, d. h. genetisch bedingte Chlorosen, die an Nährstoffstörungen erinnern, aber Teil des Zierwerts einer Pflanze sind,
- Störungen, die zwei oder mehr Nährstoffe betreffen, deren Symptome sich dann überlagern und die kaum mehr zuordenbar sind,
- Entwicklungsbedingte andersfarbige juvenile Austriebe,
- Entwicklungsbedingte Seneszenzerscheinungen,
- Symptome, die ursächlich auf agrikulturchemische Maßnahmen wie z. B. unsachgemäße Pflanzenschutzspritzungen oder Blattdüngungsmaßnahmen zurückzuführen sind,
- Verwechslungsmöglichkeiten zwischen Mangel und Überschuss (z. B. Nekrosen an den Blatträndern der ältesten Blätter, die sowohl durch K-Mangel als auch durch Salzanreicherungen bedingt sein können),
- Witterungsverhältnisse wie niedrige Temperaturen, Frost, Trockenheit und starker Wind, die zu Symptomen führen, die mit Ernährungsstörungen verwechselt werden können.

Für einzelne dieser Aspekte finden sich in Abschnitt 2.5 fotographische Beispiele, die auf Verwechslungsmöglichkeiten hindeuten.

Wegen dieser eingeschränkten Spezifität von Symptomen ist bei der visuellen Diagnose ein streng **systematisches Vorgehen** wichtig. Dabei ist das an einer Pflanze mit Nährstoffstörungen typische Auftreten der Symptome entlang eines Gradienten von jüngeren zu älteren oder umgekehrt von älteren zu jüngeren Blättern hin ein wichtiger Hinweis. In Abbildung 2-1 ist versucht, diese für Nährstoffstörungen typischen Gradienten zwischen alten und jungen Blättern schematisch darzustellen und von biogenen (parasitären) oder genetischen Ursachen wie bei Zierpflanzen abzugrenzen. Auch die Berücksichtigung bodenökologischer Gegebenheiten (Kap. 2.2, 2.3 und 8.2) und die Einbeziehung möglicher Managementfehler oder die Berücksichtigung der Witterungsverhältnisse können wichtige Hinweise liefern. In Infobox 2-1 ist ein Basispaket an Fragen aufgelistet, die helfen können, den Ursachenkreis für Schadsymptome einzuengen.

Ein Schema, dass typische Auffälligkeiten an Blättern mit einem Mangel oder einem Überschuss an Nährstoffen in Verbindung bringt, gibt Abbildung 2-2 wieder. Im Fall von Nährstoffüberschuss sind primär zumeist die ältesten Blätter betroffen. Es kann bei einem Überangebot eines Nährstoffes aber auch zu einem induzierten Nährstoffmangel kommen, der dann Nährstoff-typisch die jüngeren Blätter betrifft (z. B. durch Mn-Überschuss induzierter Ca-Mangel, Fe-Mangel-Chlorose durch Zn-Überschuss). Nährstoffmangelsymptome treten für die gut in der Pflanze rückverlagerbaren Nährstoffe in der Regel zuerst und verstärkt an den ältesten Blättern auf.

Die Ursache eines Nährstoffmangels kann entweder in einem absoluten Mangel oder in einem induzierten Mangel begründet sein. Dies ist allerdings an den Symptomen nicht zu unterscheiden. Ein **absoluter Mangel** liegt vor, wenn das pflanzenverfügbare Nährstoffangebot im Boden der Menge nach unzureichend

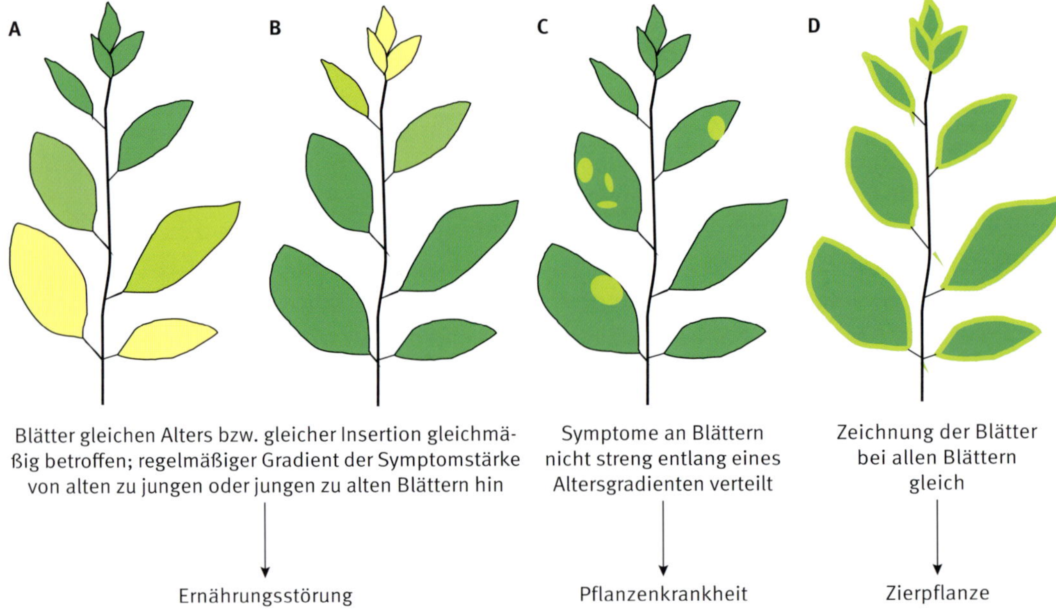

Abb. 2-1: Schematische Darstellung der Verteilung von Auffälligkeiten an Blättern einer Pflanze (Chlorosen, Verfärbungen, Nekrosen), die für Ernährungsstörungen (A, B), Krankheiten, d. h. biogene Ursachen (C) oder den genetisch festgelegten Zierwert einer Pflanze (D) sprechen.

Infobox 2-1

Erscheinungsbild und Umstände des Auftretens von Schadsymptomen, die für oder gegen Ernährungsstörungen sprechen

- Treten die Symptome an einer Pflanze gleichmäßig bzw. gleichmäßig gerichtet zwischen alten und jungen Blättern unterschiedlich auf (vgl. Abb. 2-1)?
  → Wenn ja: Ernährungsstörungen als Ursache wahrscheinlich.

- Ist ein größerer Bereich oder ein ganzer Bestand an Pflanzen gleichmäßig betroffen?
  → Wenn ja: Ernährungsstörung als Ursache wahrscheinlich (wenn es auch Ausnahmen gibt wie z.B. für Fe-Mangel-Chlorosen, für die auch nur einzelne betroffene Pflanzen eines Bestands typisch sein können).

- Stimmt die Verteilung betroffener Pflanzen innerhalb eines Feldes mit topographischen Gegebenheiten wie z. B. Senken (Staunässe!?) oder Hanglage überein, was ein Hinweis auf Unterschiede in der Nährstoffverfügbarkeit (Mobilisierung, Auswaschung, Verlagerung) sein könnte (s. hierzu Kapitel 8.2)?
  → Wenn ja, kann das für Ernährungsstörungen sprechen.

- Können an den Pflanzen mit Lupe oder anderen Hilfsmitteln Hinweise auf phytopathogene Schaderreger gefunden werden?
  → Wenn ja, ist eine Ernährungsstörung als Ursache nicht wahrscheinlich.

- Gab es in letzter Zeit Behandlungen mit Wachstumsregulatoren oder Pflanzenschutzmitteln, insbesondere wenn die klimatischen Umstände der Ausbringung oder deren Mengen nicht optimal angepasst waren?
  → Von anderen Schadursachen als von Ernährungsstörungen ausgehen.

- Kann es sein, dass lokal Fehler bei der Düngung vorgekommen sind (z.B. Überdüngung, Überkalkung, unterbliebene Düngung)?
  → Wenn ja: Ernährungsstörungen als Ursache sehr wahrscheinlich (Möglichkeit von Salzschäden oder induziertem Nährstoffmangel durch einseitig überhöhte Düngung, die zu Konkurrenz zwischen Ionen führt (z. B. Ca/K, Ca/NH_4, Mg/Ca, Zn/P) oder zu einem zu hohem pH-Wert des Boden mit verminderter Verfügbarkeit einzelner Mikronährstoffe).

- Könnten Einträge von Schwermetallen vorliegen oder gasförmige Schadstoffe (z. B. Ozon, SO_2, HF) beteiligt sei? (s. Kap. 2.5)

ist, um im Rahmen der gegebenen Wachstumsfaktoren wie Licht, Temperatur und Wasser maximales Wachstum zu ermöglichen. Durch geeignete Düngungsmaßnahmen kann dieser Mangel behoben werden. Von **induziertem Nährstoffmangel** ist zu sprechen, wenn der Mangel nicht primär im unzureichenden Angebot des oder der Nährstoffe im Boden begründet liegt, sondern durch Überschuss eines oder mehrerer Mineral- oder Nährstoffe die Nährstoffaufnahme und/oder Verlagerung eines Nährstoffs in der Pflanze soweit eingeschränkt ist, dass es zu einem Mangel im Gewebe kommt. Von praktischer Bedeutung ist die Unterscheidung zwischen absolutem und induziertem Mangel, wenn es um die Beseitigung des jeweiligen Mangels geht. Neben der Steigerung des Angebots des betreffenden Nährstoffs (z. B. als Blattdüngung unter Umgehung des Bodens) ist bei induziertem Mangel auch an die Korrektur der primären Ursachen im Boden zu denken.

Beispiele für induzierte Nährstoffstörungen durch Interaktionen von Mineralstoffen sind:

- Niedriger pH des Bodens (pH < 5,5) führt auf Mineralböden zu einer erhöhten Verfügbarkeit des wurzeltoxischen Al^{3+} und damit zu eingeschränktem Wurzelwachstum. Weiterhin erfolgt bei niedrigem pH eine Festlegung von P und ggf. eine relative Verarmung des Bodens an Mg und Ca (verstärkte Desorption in Folge der hohen H^+-Konzentration und nachfolgende Auswaschung im Zusammenhang mit

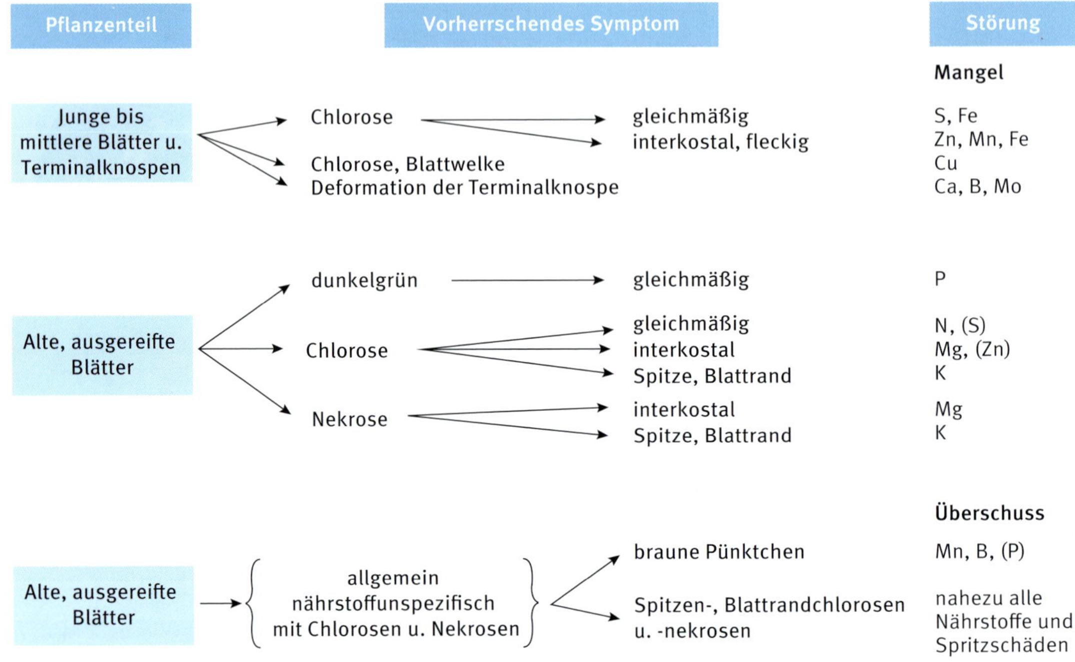

Abb. 2-2: Schema zur visuellen Diagnose von Ernährungsstörungen.

hohen Niederschlägen). Vielfach beschrieben für niedrigen Boden-pH sind unter anderem:
- Ca-Mangel (Edwards und Bell, 1989)
- Mg-Mangel (Tan und Keltjens, 1995)
- Gefahr von P-Mangel.

- Niedriger pH-Wert des Bodens und/oder Wasserüberstau hat stark erhöhte Mn-Verfügbarkeit durch verstärkte Reduktion von unlöslichem Mn^{IV} zu pflanzenverfügbarem Mn^{2+} zur Folge, das neben Mn-Toxizität auch zu induziertem
  - Fe-Mangel (Amberger *et al.*, 1982)
  - Ca-Mangel (Adams und Wear, 1957; Horst und Marschner, 1978a)
  - Zn-Mangel (de Varennes *et al.*, 2001) beitragen kann.
- Hohes Cu-Angebot im Boden z. B. durch langjährige Anwendung von Cu als Fungizid (wie im Bioanbau) kann Fe-Mangel induzieren (Amberger *et al.*, 1982).
- Durch hohes Zn-Angebot induzierter Fe-Mangel (Abb. 2-67, 2-68).
- Durch einen Fe-Mangel induzierter Mn-Überschuss: Durch die Aktivierung wurzelabhängiger Mobilisierungsmechanismen in der Rhizosphäre für Fe kann es im Nebeneffekt auch zu einer verstärkten Mobilisierung für Mn kommen, was bis zur Mn-Toxizität führen konnte (Moraghan, 1979).
- Durch Zn-Mangel induzierte P-Toxizität, wie auch der umgekehrte Fall, dass eine hohe P-Versorgung im Gewebe Zn-Mangel induzieren kann (Cakmak und Marschner, 1986, 1987; Marschner und Cakmak, 1986).
- Hohes NaCl-Angebot kann zu Ca-Mangel auf Gewebeebene führen (Muhammed *et al.*, 1987; Ehret *et al.*, 1990) (Abb. 2-43).

Im Kontinuum der realen Erscheinungen treten die verschiedenen Ursachen eines Mangels oder einer Störung aber oftmals nicht isoliert auf: Überschneidungen und Überlagerungen sind möglich. Insbesondere wenn das Angebot eines Nährstoffs im Grenzbereich zwischen »ausreichend«

und »Mangel« liegt, können Phänomene wie z. B. Kationenkonkurrenz bei der Aufnahme bei Ungleichgewichten im Angebot von Nährstoffen zu Mangelerscheinungen beitragen. In den alten, vor über 100 Jahren formulierten »Gesetzen« der Pflanzenernährung, wie dem »Kalk-Kali-Gesetz« von Ehrenberg (1919; Kalk ist hier auch synonym mit dem Element Ca zu verstehen) oder dem »Gesetz vom Kalkfaktor« (Loew, 1914), wurde bereits auf Kationenkonkurrenzen bei der Aufnahme abgehoben und ein ausgewogenes Ca zu K bzw. Ca zu Mg Verhältnis bei der Düngung zur Vermeidung von Ernährungsfehlern gefordert.

2.2 Bedingungen, unter denen Mangelsymptome einzelner Nährstoffe bevorzugt auftreten

Unter welchen ökologischen Bedingungen ein Mangel wahrscheinlich ist bzw. ein Mangel gehäuft auftreten kann, wird im Folgenden kurz umrissen. Kenntnis und Berücksichtigung dieser Bedingungen können wesentlich dazu beitragen, die Treffsicherheit einer visuellen Diagnose zu erhöhen. Chlorid und Ni können wir unberücksichtigt lassen. Für diese Elemente wurden bei den in Zentraleuropa angebauten Kulturen und Kulturbedingungen bislang keine Mangelerscheinungen im Freiland beschrieben. Übergeordnet ist darauf hinzuweisen, dass Pflanzenarten, aber auch Sorten einer Art, sich in ihren mengenmäßigen Nährstoffansprüchen zum Teil erheblich unterscheiden können (George *et al.*, 2012). Damit unterscheidet sich auch die Wahrscheinlichkeit, mit der visuell wahrnehmbare Mangelerscheinungen bei einzelnen Kulturen – und gegebenfalls auch Sorten – auftreten. Besonders empfindliche landwirtschaftliche Kulturen für Mikronährstoff- oder S-Mangel sind in Tabelle 4-5 aufgelistet.

2.2.1 Stickstoff

Ohne N-Düngung in organischer oder mineralischer Form tritt N-Mangel in der Regel bei allen landwirtschaftlich oder gartenbaulich genutzten Kulturpflanzen auf, sieht man von hinreichend mit Rhizobien infizierten Leguminosen einmal ab (Abb .2-10). Einzig nach Grünlandumbruch kann aufgrund einer verstärkten N-Mineralisation der organischen Masse zuweilen auf eine N-Düngung verzichtet werden. Werden unter zentraleuropäischen Bedingungen über mehrere Jahre hinweg einjährige landwirtschaftliche Kulturen nicht mit Stickstoff gedüngt, sinkt der Ertrag um etwa 50 % ab (Heyn und Olfs, 2018). Der N-Bedarf und damit die Intensität von N-Mangel, sind bei einjährigen Kulturen höher als bei Dauerkulturen.

Anders als bei Kulturpflanzen treten bei Wildpflanzen auch bei unterlassener N-Düngung meist keine Mangelsymptome auf, da Wildpflanzen sich einem begrenzten Nährstoffangebot mit einem verlangsamten Wachstum anpassen (Chapin, 1980).

2.2.2 Phosphor

Über die Wurzeln aufgenommen werden von der Pflanze Phosphat-Anionen ($H_2PO_4^-$, HPO_4^{2-}), deren Konzentration in der Bodenlösung gering ist (< 0,2 mg/L). Die Diffusion ist daher für den Antransport von P an die Wurzeloberfläche, als Voraussetzung zur Aufnahme, die entscheidende Größe. Damit ist auch die Größe des Wurzelsystems, einschließlich der Wurzelhaare, entscheidend für die P-Ernährung der Pflanzen. Bei höherem Boden-pH bilden sich bevorzugt schwer lösliche Ca-Phosphate, während im niedrigen pH Bereich schwer lösliche Fe- und Al-Phosphate dominieren oder das P sorbiert vorliegt. Ein biologisch aktiver Boden im Bereich von pH 6 bis 6,5 bietet im Allgemeinen die besten Voraussetzung für P-Mobilisierungsprozesse und die P-Aufnahme der Pflanzen. Ein hohes P-Fixierungspotenzial und verbreiteter P-Mangel zeigt sich insbesondere bei vielen sauren Böden im Bereich der Tropen und Subtropen (Zheng, 2010).

Bedingungen, unter denen die Wahrscheinlichkeit von P-Mangel erhöht ist, abgesehen von allen Faktoren, die das Wurzelwachstum einschränken, sind:

- Geringe P-Verfügbarkeit im Boden:
  - Niedriger pH
  - Hoher pH

- Geringe Aufnahme von P:
  - Bei Trockenheit durch eingeschränkte P-Diffusion zur Wurzel
  - Kalte Böden
  - Fehlende Mykorrhiza
  - Hohes Angebot an NaCl.

2.2.3 Kalium

Zusammen mit N wird K der Menge nach von Pflanzen am meisten benötigt (Abb. 1-2). Die Aufnahme von K erfolgt als K^+-Kation aus der Bodenlösung. Der Anteil des wasserlöslichen K an der Gesamt-K-Menge ist in Böden in der Regel allerdings sehr gering (< 1 %). Der weitaus überwiegende Teil des Boden-K ist in primären Mineralien und Tonmineralien fixiert und steht in einem dynamischen Fließgleichgewicht zur Fraktion des »austauschbar gebundenen« Kaliums, die die K-Konzentration in der Bodenlösung puffert. Während bei Böden mit hohen Tongehalten daher viel K sorptiv gebunden vorliegt und somit sichergestellt ist, dass auch in Phasen mit hohem K-Bedarf der Pflanzen die K-Konzentration in der Bodenlösung ausreichend hoch ist, ist diese Pufferfähigkeit bei Sandböden nur sehr gering ausgeprägt.

Bedingungen, unter denen die Wahrscheinlichkeit von K-Mangel erhöht ist, sind:

- Geringe K-Vorräte im Boden
  - K-armes Ausgangsgestein
  - Organische Böden, Torf
  - Verstärkte K-Auswaschung (besonders bei hohen Niederschlägen in Verbindung mit sehr sandigen Böden),
- Begrenzte K-Aufnahme aus dem Boden
  - Bei Trockenheit durch eingeschränkte K-Diffusion zur Wurzel
  - Schlechte Durchwurzelbarkeit des Bodens
  - Niedrige Bodentemperatur.

2.2.4 Calcium

Absoluter Ca-Mangel ist bei ackerbaulich genutzten Böden mit einem pH von > 5,5 unwahrscheinlich. Auf stark sauren Böden (z. B. in den feuchten Tropen), insbesondere auch in Verbindung mit einer dann auch pH-bedingten erhöhten Verfügbarkeit des wurzelgiftigen Al, ist absoluter Ca-Mangel aber verbreitet (Edwards und Bell, 1989; Horst und Göppel, 1986b). Auf sauren Böden kann auch eine verstärkte Verfügbarkeit von Mn durch Kationenkonkurrenz zwischen Ca^{2+} und Mn^{2+} bei der Aufnahme und/oder Verlagerung in die jüngsten Blätter zu Ca-Mangel führen (Horst und Marschner, 1978a).

Von absolutem und induziertem Ca-Mangel zu unterscheiden ist physiologischer Ca-Mangel, der bereits in Kapitel 1 angesprochen wurde. Betroffen davon können Früchte oder sehr junge, wenn auch zumeist nicht die allerjüngsten Blättern, sein.

Die Bedingungen, unter denen die Wahrscheinlichkeit von physiologischem Ca-Mangel erhöht ist, sofern die Kultur und/oder Sorte dafür prinzipiell anfällig ist:

- Kurzfristig starke Erhöhung der Wachstumsrate (z. B. Umschlag von trübem oder kaltem Wetter in sonniges und/oder warmes Wetter)
- Ausbildung sehr großer Früchte
- Intensive Belichtung (auch jenseits einer Wirkung auf die Wachstumsrate, wie Wissemeier und Zühlke (2002) für Ca-Mangel bei Kopfsalat (»Innenbrand«) zeigen konnten)
- Hohe Salzkonzentrationen der Bodenlösung, zumindest so lange diese nicht das Wachstum hemmen, was dann wieder zu einem geringeren Auftreten von physiologischen Ca-Mangelerscheinungen führen kann (Wissemeier, 1996).

2.2.5 Magnesium

Magnesium wurde als »vergessenes Element der Pflanzenproduktion« bezeichnet (Cakmak und Yazici, 2010) und kann insbesondere bei intensiver Produktion leicht zu einem Minimumfaktor werden.

Bedingungen, unter denen die Wahrscheinlichkeit von Mg-Mangel erhöht ist, sind:

- Geringe Mg-Vorräte im Boden
  - Mg-armes Ausgangsgestein (Granit ärmer als Basalt, Sand ärmer als Ton, Calcit ärmer als Dolomit)

  - Verstärkte Mg-Auswaschung (besonders bei höheren Niederschlägen in Verbindung mit niedrigem Boden-pH oder H^+ Einträgen)
- Gehemmte Mg-Aufnahme durch die Pflanze bei erhöhtem Angebot an
  - H^+, Al^{3+}, Mn^{2+} (»saurer Boden«, wobei auch alleine schon eine höhere H^+-Konzentration in der Bodenlösung die Mg-Aufnahme hemmt)
  - K^+ oder Ca^{2+} (Kationenkonkurrenz, z. B. bei K-Überdüngung)
- Hoher Mg-Bedarf der Kulturen
  - Grünland > Ackerland
  - Kräuter > Leguminosen > Gräser
  - Hohe Lichtintensität (Cakmak und Kirkby, 2008).

2.2.6 Schwefel

Nachdem die S-Immissionen mit Einführung der Rauchgasentschwefelung in Deutschland von über 40 kg S/ha in den 1970er Jahren auf heute noch etwa 5 kg S/ha zurückgegangen sind, muss S in der Düngeplanung berücksichtigt werden.

Bedingungen, unter denen die Wahrscheinlichkeit von S-Mangel erhöht ist, sind:

- Geringe S-Vorräte im Boden
  - Leichte, sandige Böden
  - Hohe Niederschläge im Winterhalbjahr mit hoher S-Auswaschung
- Umstellung der Düngepraxis auf S-freie Dünger
  - z. B. von SO_4-haltigem Superphosphat auf S-freies Triple-Superphosphat
  - Fehlende Viehhaltung bzw. kaum Düngung mit Wirtschaftsdüngern
- Hoher S-Bedarf der Kulturen
  - Kruziferen > Leguminosen
  - Gemüsearten > Getreide.

Einen Schätzrahmen, ob S-Mangel zu erwarten ist, und damit eine S-Düngung anzuraten ist, haben Zerulla und Kummer (1994) vorgelegt. Dabei werden Gegebenheiten des Bodens, der Witterung und der Bewirtschaftung berücksichtigt.

2.2.7 Eisen

Alle mineralischen Böden enthalten im Vergleich zum Bedarf der Pflanzen eine sehr große Menge an Fe. Entscheidend für eine ausreichende Versorgung der Pflanzen ist daher die Verfügbarkeit von Fe in der Rhizosphäre bzw. an der Wurzeloberfläche. Um diese zu erhöhen, haben Pflanzen unterschiedliche adaptive Anpassungsstrategien ausgebildet: Die sogenannte »Strategie II« alle Süßgräser (*Poales*) und die »Strategie I« alle übrigen höheren Pflanzen (Marschner *et al.*, 1986; Römheld, 1987). Bei allen nicht wasserüberstauten Mineralböden kann Fe-Mangel daher vorkommen, wenn – aus welchen Gründen auch immer – die pflanzeneigenen Mechanismen zur Fe-Mobilisierung boden- oder pflanzenbedingt stark gehemmt sind. Fe-Mangelsymptome lassen sich daher vergleichsweise oft beobachten.

Bedingungen, unter denen die Wahrscheinlichkeit von Fe-Mangel erhöht ist, sind:

- Absoluter Mangel durch geringes Fe-Angebot im Boden (Hochmoor-Böden)
- Gehemmte Anpassungsmöglichkeiten der Pflanze an die Fe-Verfügbarkeit
  - Hohe H^+ Pufferkapazität in der Rhizosphäre (hoher pH, viel »aktiver Kalk«, hohe Konzentration an HCO_3^-)
  - Hemmung des Wurzelwachstums (z. B. durch hohe CO_2 Konzentration, O_2-Mangel, Äthylen-Anreicherung, Bildung von H_2S)
  - Niedrige Bodentemperaturen → gehemmte enzymatische Fe-Reduktion
  - Hohes P-Angebot
  - Hohe Schwermetallkonzentration (Cu, Zn, Mn) (Amberger *et al.*, 1982)
  - Hohe Salzkonzentration
  - Trockenheit → gehemmtes Wurzelwachstum, geringer Wurzel-Bodenkontakt.

Für Fe-Mangel-Chlorosen, insbesondre bei Reben, sind eine Vielzahl beschreibender Ausdrücke wie Schlechtwetterchlorose, Kältechlorose, Kalkchlorose, Schlepperchlorose oder Überlastungschlorose geprägt worden. Damit werden verschiedene Ursachen einer gehemmten Aktivität oder Effektivität der Fe-Mobilisierungsmechanismen angesprochen, die sich dann in einem Fe-Mangel äußern können (Abb. 4-27).

2.2.8 Mangan

Charakteristisch für Mn ist seine Fähigkeit zum Valenzwechsel, was nicht nur für seine physiologischen Funktionen im Stoffwechsel von Bedeutung ist (Kap. 1), sondern auch für dessen Verfügbarkeit im Boden. Das Gleichgewicht zwischen dem nicht pflanzenverfügbaren oxidierten unlöslichen Mn^{IV} (MnO_2) und dem löslichen und damit aufnehmbaren Mn^{2+} lässt sich wie folgt formulieren:

$$MnO_2 + 4\,H^+ + 2\,e^- \leftrightarrow Mn^{2+} + 2\,H_2O$$

Daraus wird ersichtlich, dass sowohl ein höherer Boden-pH (weniger H^+), als auch ein höheres Redoxpotenzial, d. h. eine geringe Verfügbarkeit an Elektronen (e^-), die bei Durchlüftung des Bodens bevorzugt auf den Sauerstoff bei der aeroben Atmung übertragen werden, das Gleichgewicht auf die linke Seite, also weg vom pflanzenverfügbaren Mn^{2+}, verschieben. Dementsprechend wird umgekehrt bei niedrigem pH und hoher Verfügbarkeit von e^-, also reduktiven Bedingungen, die Mn-Verfügbarkeit erhöht. Das lässt sich zuweilen an Getreidefeldern im Frühjahr mittelbar beobachten. Ist ein Bestand in den Fahrspuren mit Bodenverdichtung (relativer O_2-Mangel) dunkler grün als im übrigen Feld, deutet das auf einen Mn-Mangel in der Fläche hin, der in der Fahrspur nicht ist (Goldberg *et al.*, 1983). In Abbildung 2-3A ist dieser Zusammenhang schematisch dargestellt. Sind im Gegensatz dazu die Pflanzen in den Fahrspuren aber heller, kann das u. a. ein Hinweis auf N-Mangel sein (Abb. 2-3B). In den verdichteten Fahrspuren kann durch mikrobielle Denitrifikation als Folge von Sauerstoffarmut Nitrat zu Lachgas und/oder molekularen Stickstoff reduziert worden sein ($NO_3^- \rightarrow N_2O\uparrow, N_2\uparrow$). Aber auch die generelle Fähigkeit zur Nährstoffaufnahme der Wurzeln ist bei Sauerstoffmangel vermindert.

Bedingungen, unter denen die Wahrscheinlichkeit von Mn-Mangel erhöht ist, sind:

- Absoluter Mn-Mangel
  - Mn-armes Ausgangsmaterial (Hochmoore, Sandböden)
  - Verarmung des Bodens an Mn bei alten Landmassen, bei denen es über geologische Zeiträume hinweg zu einer verstärkten Mn-Mobilisierung kam und das Mn dann aus dem Boden ausgewaschen wurde (z. B. bei sauren Böden in Australien und Südamerika)
- Geringe Mn-Verfügbarkeit
  - Hoher Boden-pH (Kalkböden, zu stark aufgekalte Sandböden)
  - Gute Durchlüftung und hoher Gehalt an organischer Substanz (Kalk-Marschen, kalkhaltige Niedermoorböden, Müllkompostdüngung)
  - Trockenheit
- Zunahme der Gefahr von Mn-Mangel
  - durch intensive Bodenlockerung
  - bei überhöhter Kalkung
  - Bodenentwässerung durch Drainage.

2.2.9 Zink

Große Zn-Mangelgebiete befinden sich z. B. in Australien, aber auch in den Mittelmeerländern Türkei, Syrien, Libanon, Israel und Ägypten ist Zn-Mangel verbreitet und hat nach dessen Diagnose in den Regionen zu gezielten Düngungsmaßnahmen geführt (Cakmak *et al.*, 1996). Im Reisanbau ist Zn-Mangel der verbreitetste Mikronährstoffmangel (Wissuwa *et al.*, 2006). In Deutschland ist Zn-Mangel als selten einzustufen, kann aber bei Mais, Hopfen, Obstbäumen, *Phaseolus*-Bohnen oder Flachs auftreten (Tab. 4-5).

Bedingungen, unter denen die Wahrscheinlichkeit von Zn-Mangel erhöht ist, sind:

- Absolut niedrige Zn-Gehalte im Boden (Sandböden, Kalkböden)
- Geringe Verfügbarkeit von Zn im Boden:
  - Hoher pH-Wert (Kalkböden, überkalkte Sandböden)
  - Hohe HCO_3- Konzentration im Boden bei Wasserüberstau

Abb. 2-3: Schematisches Farbmuster eines Getreidebestands im Frühjahr, bei dem die kompaktierten Fahrspuren in A dunkelgrüner sind, als das übrige Feld, was auf Mn-Mangel bei den nicht verdichteten Flächen hindeutet, während in B der Bestand in den Fahrspuren heller grün ist als die umgebende Fläche, was u. a. auf N-Mangel in den Fahrspuren in Folge verstärkter Denitrifikation als Folge der Bodenverdichtung (O_2-Mangel) hinweisen kann.

  - Wasserüberstau (Sumpfreis) → ZnS-Bildung, Zn-Sorption an Fe-Hydroxid, HCO_3^-
- Verminderte Zn-Aneignung
  - Niedrige Wurzelraumtemperatur
  - Geringe Bodenfeuchte (verminderte Zn-Diffussion)
  - Geringes Wurzelwachstum
  - Hohe P-Düngung bzw. sehr hohe P-Versorgung (Zn-Festlegung, geringere physiologische P-Verfügbarkeit, verminderte Ausbildung von VA Mykorrhiza, die zur Zn-Ernährung beiträgt)
- Erhöhter Zn-Bedarf der Pflanzen
  - Hohe Lichtintensität (Marschner und Cakmak, 1989).

2.2.10 Kupfer

Eine Besonderheit von Cu ist dessen stärkere Sorption an die organische Bodensubstanz als bei allen anderen Mikronährstoffen. Cu-Mangel tritt daher häufig auf humusreichen Böden auf (z. B. Moorböden). Die durch Cu-Mangel bedingte »Weißährigkeit« und »Weißspitzigkeit« bei Weizen wird daher auch als »Heidemoorkrankheit« bezeichnet.

Bedingungen, unter denen die Wahrscheinlichkeit eines Cu-Mangels erhöht ist, sind:

- Absolut niedrige Gehalte des Bodens an austauschbarem, nicht okkludiertem Cu
  - Organische Böden (Hochmoor)
  - Hoher Humusgehalt: Podsol (z. B. Norddeutschland), Histosol (z. B. Niedermoorböden in Bayern)
  - Alte, stark verwitterte Böden (z. B. in Australien)
  - Kalkböden (z. B. Frankreich Champagne; England Kreide)
- Geringe Verfügbarkeit von Cu in Verbindung mit niedrigem Cu-Gehalt des Bodens
  - Hoher Gehalt an organischer Bodensubstanz
  - Hoher Gehalt an Mn-, Fe-, Al-Oxiden
  - Hoher Tongehalt
  - Hoher Boden-pH

  - Gehemmtes Wurzelwachstum bei Trockenheit
- Erhöhter Cu-Bedarf der Pflanzen bei hoher N-Düngung durch
  - Erhöhte Bildung an Biomasse
  - Bedeutung von Cu für die Lignifizierung von Gewebe, um einer verstärkten Lagerneigung von Getreide bei einem hohem N-Angebot entgegenzuwirken
  - Gehemmte Retranslokation von Cu durch verzögerten Proteinabbau bei hohem N-Angebot.

2.2.11 Bor

Bor liegt in der Bodenlösung pH-abhängig als undissoziierte Borsäure oder als Borat-Anion vor. Bei einem pH-Wert von 9,25 liegen beide Formen in gleichen Anteilen in wässriger Lösung vor:

$$B(OH)_4^- + H^+ \leftrightarrow H_3BO_3 + H_2O$$

Da die undissoziierte Borsäure besser aufgenommen wird als das Borat-Anion und diese auch weniger stark sorbiert wird, ist bei neutraler bis leicht alkalischer Bodenreaktion B-Mangel wahrscheinlicher als bei sauren Bodenbedingungen.

Bedingungen, unter denen die Wahrscheinlichkeit von B-Mangel erhöht ist, sind:

- Absolut niedrige B-Gehalte (leichte, stark ausgewaschene Böden; Gebiete mit hohen Niederschlägen)
- Geringe B-Verfügbarkeit aufgrund starker B-Sorption
  - Hoher pH-Wert des Bodens (Kalkböden, überkalkte Sandböden)
  - Hoher Fe- und Al-Oxidgehalt, hoher Ton-Gehalt der Böden
- Wechselfeuchte Böden mit Perioden starker Austrocknung (→ Bildung von Polyboraten), eine zunehmende Gefahr, die im Zusammenhang mit klimatischen Veränderungen verstärkt diskutiert wird
- Hohe Ansprüche der Kultur an die B-Versorgung aufgrund hohen B-Bedarfs und hoher Erträge (z. B. Futter- und Zuckerrübe, Mais < Getreide)
- Hohe Luftfeuchte und hohe Lichtintensität.

Da die B-Konzentrationen in Meerwasser vergleichsweise hoch sind, ist in unmittelbarer Küstennähe mit B-Mangel nicht zu rechnen.

2.2.12 Molybdän

Molybdän liegt als Molybdat-Anion (MoO_4^{2-}) in der Bodenlösung vor und wird bei niedrigerem Boden-pH verstärkt an Eisenoxiden und -hydroxiden sorbiert. Es ist somit der einzige Mikronährstoff, dessen Pflanzenverfügbarkeit mit abnehmendem pH sinkt.

Die Bedingungen, bei denen die Wahrscheinlichkeit von Mo-Mangel erhöht ist, sind:

- Absolut niedrige Mo-Gehalte im Boden
  - Hochmoorböden
  - Torfsubstrate
  - Böden aus Sandstein
- Geringe Mo-Verfügbarkeit
  - Stark Mo-fixierende Böden (niedriger pH, hoher Gehalt an aktiven Fe-Oxiden: Podsole, Oxisole, Ferrasole)
- Anbau Mo-bedürftiger Pflanzenarten
  - Dikotyle Pflanzen mit deutlich höherem Mo-Bedarf als monokotyle Pflanzen
  - Kohlarten > Zuckerrübe > Leguminosen = Salat = Spinat > Raps >> Gramineen (Bergmann und Neubert, 1976)
  - Poinsettien (Weihnachtssterne) (Jungk *et al.*, 1970)
- Form der N-Ernährung: N_2-Fixierung > NO_3-N >> NH_4-N (vgl. Kap. 1)
- Wahl der Dünger
  - Sauer wirkende Düngemittel, die über pH-Absenkung die Mo-Sorption erhöhen. (Wenn die versauernde Wirkung maßgeblich durch die Form der N-Ernährung (NH_4^+ versus NO_3^-) bedingt ist, ist aber auch ein geringerer Mo-Bedarf von Pflanzen bei NH_4-Ernährung im Gegensatz zu einer NO_3-betonten Ernährung zu berücksichtigen.)

– Sulfathaltige Düngemittel (z. B. Ammoniumsulfat, Superphosphat) über Anionenkonkurrenz bei der Aufnahme.

2.3 Bedingungen, unter denen Überschuss an Mineral- oder Nährstoffen bevorzugt auftreten

Der Ausdruck »Überschuss« ist wertend und bezeichnet ein Zuviel gemessen an den ökologischen Ansprüchen einer gegeben Pflanzenart oder Sorte. So sind beispielweise die vom Meerwasser beeinflussten Böden von Salzwiesen und Mangroven mit ihren hohen NaCl (und B) Gehalten für angepasste Pflanzenarten deren »normale« Standorte, aber sehr ungeeignet für Kulturpflanzen, die fast alle eine vergleichsweise geringe Salzverträglichkeit besitzen.

Agronomisch relevant umfasst ein Überangebot an Mineralstoffen mit der Folge von Ernährungsstörungen vorrangig die Themenkomplexe:

(i) Bodenversalzung
(ii) Bodenversauerung (zuviel an H^+ und deren Folgen)
(iii) Al-Toxizität
(iv) Mn-Toxizität
(v) B-Toxizität und
(vi) Fe-Toxizität für Sondersituationen wie im Nassreisanbau.

Zn-Toxizität sei nur am Rande erwähnt. Zu Zn-Toxizität kann es beispielsweise kommen, wenn Tropfwasser verzinkter Metallteile Pflanzen erreicht, was z. B. bei alten Gewächshäusern zuweilen noch vorkommen kann.

Von Schwermetallen (definiert als Metalle, die in gediegenem Zustand eine Dichte > 4 g/cm^3 aufweisen) kann, abgesehen von Mn und Fe, mit Blick auf visuelle Schäden abgesehen werden. Eine Zusammenstellung von Daten für die Schwermetalle Arsen, Blei, Cadmium, Chrom, Kupfer, Nickel, Quecksilber, Thallium oder Zink weist aus, dass deren üblicherweise in Pflanzen gefundene Gehalte niedriger liegen als die kritischen Gehalte, ab derer es zu Wachstumsbeeinträchtigungen bei Pflanzen kommen kann (Tab. 2-1). Bei Cadmium und Thallium liegen die kritischen Gehalte für die Tier- und Humanernährung noch unter den kritischen Werten für das Pflanzenwachstum, sodass hier die Qualität der Tier- und Humanernährung und nicht der Pflanzenernährung im Mittelpunkt steht. Einen umfassenden Übersichtsartikel zu Ertragstoxizitätsgrenzwerten von Schwermetalle für 15 Kulturpflanzen hat Sauerbeck (1982) vorgelegt.

Auf den Spezialfall von hohen Cu-Gehalten im Boden über langjährige Einträge als Fungizid mit der möglichen Folge von Cu-induziertem Fe-Mangel, wurde bereits in Kapitel 2.2 hingewiesen.

Tab. 2-1: Spanne an Gehalten von Schwermetallen in den Sprossen von Pflanzen wie sie üblicherweise vorkommen, ab denen sie das Pflanzenwachstum negativ beeinflussen und ab denen die Futterqualität negativ beeinflusst ist (Wilke, 2010).

	Gehalte im Sproß von Pflanzen [mg/kg TM]		
Element	**übliche Gehalte**	**kritisch für Pflanzenwachstum**	**kritisch als Tierfutter**
Arsen	< 0,1–5	10–20	> 50
Blei	1–5	10–20	10–30
Cadmium	< 0,1–1	5–10	0,5–1
Chrom	0,1–1	1–2	50–3000
Kupfer	3–5	15–20	30–100
Nickel	< 0,1–5	20–30	50–60
Quecksilber	< 0,1–0,5	0,5–1	> 1
Thallium	0,5–5	20–30	1–5
Zink	15–150	150–200	300–1000

Da wie bei Nährstoffmangel auch bei Überschusssymptomen die Kenntnis ökologischer Gegebenheiten die Treffsicherheit der Ansprache erhöhen kann, werden nachfolgend einige grundsätzliche Aspekte hierzu thematisiert bevor dann Abschnitt 2.4 eine exemplarische Auswahl an Fotos, sowohl für Nährstoffmangel-, als auch für Überschusssymptomen enthält.

2.3.1 Bodenversalzung

Unter Versalzung versteht man eine überhöhte Anreicherung wasserlöslicher Salze im Boden. Gemessen an den Ansprüchen der meisten Kulturpflanzen finden sich versalzte Böden abgesehen vom direkten Einflussbereich von Meerwasser (Grundwasserversalzung) vor allem in **ariden** und **semi-ariden Gebieten**, wo zu wenige Niederschläge fallen um Salze durch Auswaschung in tiefere Bodenschichten zu verlagern. Die Salzeinträge können dabei über geologische Zeiträume hinweg über die Niederschläge oder als Stäube erfolgt sein (sog. Tagwasserversalzung) oder aber als Salzfracht mit dem kapillaren Wasseraufstieg in obere Bodenschichten durch Evaporation und Transpiration erfolgt sein. Neben diesen Versalzungsgefahren natürlichen Ursprungs stellt der **Bewässerungslandbau** auch immer eine Gefahr zur Versalzung dar, wenn nicht genügend Wasser zur Verfügung steht, zumindest periodisch, durch Überbewässerung auch wieder die mit der Bewässerung zugeführten Salze in tiefere Bodenschichten auswaschen zu können.

Von den weltweit etwa 230 Mio. ha Bewässerungslandbau – Tendenz weiter steigend – werden etwa 45 Mio. ha als versalzt angesehen (Athar und Ashraf, 2009). Gesamtschätzungen salzbelasteter Böden gehen weltweit von fast einer Milliarde ha aus, was etwa 22 % der Gesamtfläche von Ackerland und Weideflächen darstellt (Fageria *et al.*, 2011). Diese letzteren Zahlen umfassen allerdings nicht nur die salzbelasteten Böden im engeren Sinn, von denen hier die Rede ist (saline soils), sondern auch Böden mit sehr hoher Na-Sättigung an den Austauschern und einem sehr hohen pH >8,5 (sodic soils), die in Zentraleuropa nicht vorkommen.

Auftausalze auf Basis von NaCl, die in Deutschland ab den 1960er Jahren auf Straßen und Wegen im Winter eingesetzt werden, können zu Salzschäden an Bäumen im Straßenrandbereich führen (Abb. 2-107).

Salzgehalte sind auch für die **Gießwasserqualität** und bei allen hydroponischen Kulturverfahren von Bedeutung, weswegen im Nachfolgenden etwas ausführlicher auf die Salzthematik eingegangen wird.

Salze sind chemische Verbindungen, die aus positiv geladenen Kationen und negativ geladenen Anionen bestehen. Mit Ausnahme von Harnstoff und Borsäure sind fast alle mineralischen Düngemittel Salze. Ein einfach zu bestimmendes Maß für den Salzgehalt eines Bodens oder des Bewässerungswassers ist dessen **elektrische Leitfähigkeit**. Die elektrische Leitfähigkeit (electrical conductivity, **EC**) wird zumeist in der Einheit dS/m (S = Siemens) angegeben, was numerisch identisch ist mit den gleichbedeutenden Einheiten mS/cm oder millimhos/cm. Da die elektrische Leitfähigkeit von der Temperatur einer Lösung abhängig ist, wird sie zumeist auf 25 °C normiert berichtet. Bei Bodenuntersuchungen wird für Vergleichszwecke und um eine Normierung zu gewährleisten der EC-Wert zumeist im Sättigungsextrakt eines Bodens bestimmt, der dann in der Literatur als EC_e oder EC_{se} ausgewiesen ist.

Von Bodensalinität wird gesprochen, wenn die elektrische Leitfähigkeit im Sättigungsextrakt eines Bodens > 4 dS/m beträgt. Das entspricht etwa einer Konzentration von 40 mM NaCl (Sonneveld *et al.*, 1966).

Ein kritischer Salzgehalt des Bewässerungswassers (EC_w), ab dem es zu Pflanzensalzschäden kommen kann, liegt für eine Reihe von empfindlichen Kulturpflanzen bei etwa 0,75 dS/m.

Nicht nur Wildpflanzen sondern auch Kulturpflanzen unterscheiden sich zum Teil erheblich in ihrer Salzempfindlichkeit bzw. Salztoleranz. Für ausgewählte Kulturen ist das in Tabelle 2-2 an Hand der Salzgehalt des Bodens (EC_{se}) bzw. des Bewässerungswassers (EC_w) aufgelistet, ab denen sich negative Ertrags- bzw. Wachstumsreaktionen einstellen. Der 100 % Wert bezeichnet dabei in etwas den Grenzwert, bis zu welchem Salzgehalt das Wachstum noch nicht eingeschränkt ist. Die in Tabelle 2-2 gelisteten Werte können dabei nur einen Anhaltspunkt für die Salzempfindlichkeit liefern. So ist der EC_{se}-Wert nur ein Summenparameter, der keine Aussage über die aktuelle Zusammensetzung der Salze, und damit der Ionen, zulässt. Auch Umgebungsfaktoren wie Luftfeuchte und Temperatur, die auf die aktuelle Salzempfindlichkeit von Pflanzen Einfluss nehmen, oder der gegebene Wassergehalt des Bodens wird mit dem EC_{se}-Wert nicht erfasst. Als Regel kann man davon ausgehen, dass bei Feldkapazität des Bodens (maximaler Wassergehalt gegen die Schwerkraft) der EC-Wert etwa doppelt so hoch ist, wie der im Sättigungsextrakt gemessene EC_{se}-Wert. Weiterhin spielt bei vielen salzbelasteten Böden auch ein überhöhtes B-Angebot eine wachstumsvermindernde Rolle (s. u.) ohne dass dieses vom EC_{se}-Wert adäquat erfasst wird, da die undissoziierte Borsäure keine Ladung besitzt und damit keinen Beitrag zum EC-Wert leistet. (Der pKs-Wert der Borsäure ist pH 9,5 unterhalb dessen mehr als 50 % der Borsäure undissoziiert vorliegt.) Die Salzempfindlichkeit einer Pflanzenart ist auch von ihrem Entwicklungsstadium abhängig (Maas und Hoffman, 1977). Sortenunterschiede innerhalb einer Pflanzenart in der Salzempfindlichkeit werden in der Pflanzenzüchtung ausgenutzt.

Das primäre und dominierende »**Symptom« von Salinität** und Salzstress ist bei einjährigen Kulturpflanzen eine **Verminderung des Wachstums** und des Ertrags ohne dass spezifische Symptome auftreten (Abb. 2-110; Abb. 4-1). Dabei sinken Wachstum und Ertrag nach dem Überschreiten eines kritischen Grenzwerts (vgl. Tab. 2-2) weitgehend linear mit einem steigenden EC_{se} (Maas und Hoffman, 1977; Greenway und Munns, 1980).

Primär ausgelöst wird durch ein hohes Salzangebot eine Verringerung der physiologischen Verfügbarkeit des Bodenwassers, da der osmotische Gradient zur Wurzel hin abflacht und somit die Wasseraufnahme entlang dieses Gradienten eingeschränkt ist. Die Folge ist physiologischer Wassermangel und salzbedingte Symptome sind kaum von absolutem Wassermangel zu unterscheiden (Abb. 2-109).

Eine direkte Ionentoxizität ist dagegen bei ausdauernden Pflanzen wie Bäumen, die unter Salzstress leiden, wie z. B. durch Auftausalze an Straßenrändern, als Nekrosen vornehmlich an den Blatträndern zu beobachten (Abb. 2-107, 2-108). Verwechslungsgefahr besteht hier mit K-Mangelsymptomen, die ganz ähnlich aussehen (z. B. Abb. 2-36, 2-37, 2-39).

Wenn Überschusssymptome auftreten, was in einer späteren, zweiten Phase des Salzstress auch bei einjährigen Kulturpflanzen auftreten kann (s. hierzu Munns, 1993; Schubert, 2018), aber nicht muss, sind die ältesten Blätter und da oftmals die Blattränder oder bei Gräsern auch die Blattspitzen als Enden der Wasserbewegung im Blatt betroffen (Abb. 2-111). Insbesondere bei dikotylen Pflanzen können durch ein überhöhtes NaCl-Angebot aber auch über die Blattspreite verteilt Nekrosen an den ältesten Blättern beobachtet werden (Abb. 2-112). Bei einem überhöhtem NaCl-Angebot kann je nach Pflanzenart physiologisch eine höhere Überschussempfindlichkeit für Na (**Na-Toxizität**) oder Cl (**Cl-Toxizität**) vorliegen (George *et al.*, 2012; Hütsch *et al.*, 2018), dessen man sich experimentell nur durch weitgehende Isolierung der Faktoren Na (z. B. Angebot als Na_2SO_4) und Cl (z. B. Angebot von KCl und/oder $CaCl_2$) annähern kann.

Ähnlichkeiten in der Symptomausprägung durch ein hohes Na-Angebot (Na-Toxizität) und von K-Mangel sind in Abbildung 2-111 einander gegenübergestellt. Das kann dahingehend interpretiert werden, dass die Nekrosen des Gewebes bei Na-Toxizität nicht nur osmotisch bedingt sein können, indem z. B. die Salzanreicherungen im Zellwandbereich dem Cytosol Wasser entziehen, sondern dass es auch zu einer Verdrängung von K^+ durch Na^+ auf zellulärer Ebene kommen kann. Dann wäre von einem Na-Überschuss-induziertem physiologischen K-Mangel zu sprechen. Salz- und Na-bedingte Ca-Mangelsymptome sind in der Li-

Tab. 2-2: Salzempfindlichkeit ausgewählter Kulturen gemessen an ihrem Ertrags- oder Wachstumspotenzial (100 % = Grenzwert) in Abhängigkeit der elektrischen Leitfähigkeit im Sättigungsextrakt des Bodens (EC_{se} in dS/m) oder der elektrischen Leitfähigkeit des Bewässerungswasser (EC_{w} in dS/m), basierend auf den Daten von Maas und Hoffman (1977) und Maas (1985) zitiert nach Schleiff (2003).

Wachstum bzw. Ertragspotenzial:	**100 %**		**90 %**		**50 %**	
	EC_{se}	**EC_{w}**	**EC_{se}**	**EC_{w}**	**EC_{se}**	**EC_{w}**
Ackerfrüchte						
Gerste (*Hordeun vulgare*)	8,0	5,3	10,0	6,7	18,0	12,0
Baumwolle (*Gossypiun hirsutum*)	7,7	5,1	9,6	6,4	17,0	12,0
Zuckerrübe (*Beta vulgaris*)	7,0	4,7	8,7	5,8	15,0	10,0
Sorghum (Hirse) (*Sorghun bicolor*)	6,8	4,5	7,4	5,0	9,9	6,7
Weizen (*Triticum aestivum*)	6,0	4,0	7,4	4,9	13,0	8,7
Durumweizen (*Triticum turgidum*)	5,7	3,8	7,6	5,0	15,0	10,0
Sojabohne (*Glycine max*)	5,0	3,3	5,5	3,7	7,5	5,0
Cowpea (Augenbohne) (*Vigna unguiculata*)	4,9	3,3	5,7	3,8	9,1	6,0
Erdnuss (*Arachis hypogaea*)	3,2	2,1	3,5	2,4	4,9	3,3
Reis, Nassreis (*Oryza sativa*)	3,0	2,0	3,8	2,6	7,2	4,8
Zuckerrohr (*Saccharum officinarum*)	1,7	1,1	3,4	2,3	10,0	6,8
Mais (*Zea mays*)	1,7	1,1	2,5	1,7	5,9	3,9
Lein (*Linum usitatissimum*)	1,7	1,1	2,5	1,7	5,9	3,9
Ackerbohne (*Vicia faba*)	1,5	1,1	2,6	1,8	6,8	4,5
Gemüse						
Zucchini (*Cucurbita pepo*)	4,7	3,1	5,8	3,8	10,0	6,7
Rote Bete (*Beta vulgaris*)	4,0	2,7	5,1	3,4	9,6	6,4
Kürbis (*Cucurbita pepo*)	3,2	2,1	3,8	2,6	6,3	4,2
Brokkoli (*Brassica oleracea botryis*)	2,8	1,9	3,9	2,6	8,2	5,5
Tomate (*Lycopersicon esculentum*)	2,5	1,7	3,5	2,3	7,6	5,0
Gurke (*Cucumis sativus*)	2,5	1,7	3,3	2,2	6,3	4,2
Spinat (*Spinacia oleracea*)	2,0	1,3	3,3	2,2	8,6	5,7
Sellerie (*Apium graveolens*)	1,8	1,2	3,4	2,3	9,9	6,6
Kohl (*Brassica oleracea capitata*)	1,8	1,2	2,8	1,9	7,0	4,6
Kartoffel (*Solanum tuberosum*)	1,7	1,1	2,5	1,7	5,9	3,9
Zuckermais (*Zea mays*)	1,7	1,1	2,5	1,7	5,9	3,9
Süßkartoffel (*Impomoea batatas*)	1,5	1,0	2,4	1,6	6,0	4,0
Paprika (*Capsicum annuum*)	1,5	1,0	2,2	1,5	5,1	3,4
Salat (*Lactuca sativa*)	1,3	0,9	2,1	1,4	5,1	3,4
Rettich (*Raphanus sativus*)	1,2	0,8	2,0	1,3	5,0	3,4
Zwiebel (*Allium cepa*)	1,2	0,8	1,8	1,2	4,3	2,9
Karotte (*Daucus carota*)	1,0	0,7	1,7	1,1	4,6	3,0
Gartenbohne (*Phaseolus vulgaris*)	1,0	0,7	1,5	1,0	3,6	2,4
Rübsen (*Brassica rapa*)	0,9	0,6	2,0	1,3	6,5	4,3
Obst						
Dattelpalme (*Phoenix dactylifera*)	4,0	2,7	6,8	4,5	18,0	12,0
Grapefruit (*Citrus paradisi*)	1,8	1,2	2,4	1,6	4,9	3,3

Fortsetzung Tab. 2-2

Wachstum bzw. Ertragspotenzial:	100 %		90 %		50 %	
	EC_{se}	EC_w	EC_{se}	EC_w	EC_{se}	EC_w
Orange (*Citrus sinensis*)	1,7	1,1	2,3	1,6	4,8	3,2
Pfirsich (*Prunus persica*)	1,7	1,1	2,2	1,5	4,1	2,7
Apricose (*Prunus armeniaca*)	1,6	1,1	2,0	1,3	3,7	2,5
Weintraube (*Vitis* sp.)	1,5	1,0	2,5	1,7	6,7	4,5
Mandel (*Prunus dulcis*)	1,5	1,0	2,0	1,4	4,1	2,8
Pflaume (*Prunus domestica*)	1,5	1,0	2,1	1,4	4,3	2,9
Brombeere (*Rubus* sp.)	1,5	1,0	2,0	1,3	3,8	2,5
Boysenbeere (*Rubus ursinus*)	1,5	1,0	2,0	1,3	3,8	2,5
Erdbeere (*Fragaria* sp.)	1,0	0,7	1,3	0,9	2,5	1,7

teratur ebenfalls beschrieben (Francois *et al.*, 1991; Maas und Grieve, 1987) und in Abbildung 2-43 an einem Beispiel für Mais dargestellt.

Ein zu hohes Salzangebot (Salzstress) bei Pflanzen kann sich somit auf den drei Ebenen (i) **osmotischer Stress** (»physiologischer Wassermangel«, Wachstumsreduktion), (ii) direkte **Ionentoxizität** und (iii) **induzierter** Nährstoffmangel manifestieren.

Eine besondere Form von Salzstress stellt eine Überdüngung dar. In Abbildung 2-4 ist das an einem Beispiel dargestellt. Eine 5-fach höhere Düngung mit Ammonsulfatsalpeter – jeweils ohne oder mit Zusatz eines Nitrifikationsinhibitors – hat das Sprosswachstum von Zwiebeln im Mittel um etwa 65 % reduziert. Spezifische Überschusssymptome sind nicht erkennbar, da ein paar wenige Blattspitzennekrosen auch an den optimal gedüngten Pflanzen beobachtet werden konnten. Interessant ist, dass der Zusatz eines Nitrifikationsinhibitors, der die mikrobielle Oxidation des gedüngten NH_4^+ zu NO_3^- im Boden verzögert, offenbar den Salzstress etwas verminderte. Salze können auch bei gleicher molarer Konzentration unterschiedlich osmotisch wirksam sein.

2.3.2 Bodenversauerung

Neben der Versalzung ist die Bodenversauerung ein zweiter auch natürlicher Weise ablaufender Prozess, der für den Mineralstoffbestand eines Bodens von

Abb. 2-4: Gefäßversuch mit Zwiebeln links bei optimaler, rechts bei 5-fach überhöhter Düngung mit Ammonsulfatsalpeter (ASS) ohne oder mit Zusatz des Nitrifikationsinhibitors DMPP. Die Sprossmasse der Zwiebeln pro Gefäße betrug zum Zeitpunkt des Fotos von links nach rechts 256, 319, 77 und 125 g Frischsubstanz (Mittelwerte über n = 3 Wiederholungen).

erheblicher Bedeutung ist, und damit das Pflanzenwachstum und die Ausbildung von Symptomen betreffen kann. Von Bodenversauerung spricht man, wenn die oberen Schichten eines Mineralbodens einen pH < 5,5 aufweisen. Davon betroffen sind etwa 30 % der gesamten eis-freien Landoberfläche der Erde (von Uexküll und Mutert, 1995; Eswaran *et al.*, 1997).

Von Versauerung betroffen sind Böden humider Klimate, bei denen durch fortgesetzten Verlust basisch wirksamer Kationen (Ca^{2+}, Mg^{2+}, K^+, Na^+) durch Auswaschung in Folge von Niederschlägen diese an den Austauschern im Boden durch H^+ Ionen ersetzt werden. Die H^+ Ionen werden im Boden u. a. durch die CO_2-Bildung bei der Atmung von Bodenorganismen und Pflanzenwurzeln gebildet ($CO_2 + H_2O \leftrightarrow H_2CO_3 \leftrightarrow HCO_3^- + H^+$), sowie bei der Humifizierung organischer Ausgangssubstanzen zu Humin- und Fulvosäuren. Jede Nutzung eines Bodens mit einem Nettoentzug an organischer Masse (Ernte) ist ebenfalls eine Quelle der Versauerung, da Pflanzen mehr Kationen als Anionen aufnehmen und zum Ladungsausgleich H^+ über die Wurzeln an den Boden abgeben. Der Ladungsausgleich in der Pflanze erfolgt dabei durch die in Folge der Photosynthese gebildeten organischen Säurereste ($R\text{-}COO^-$). Auch die natürlichen Niederschläge mit ihrem CO_2-bedingten pH von etwa 5,6 stellen Einträge an H^+ in jedes Ökosystem dar, das zur Erschöpfung bodeneigener pH-Puffersysteme beitragen kann.

Wird versäumt durch entsprechende Kalkungen einer Bodenversauerung entgegen zu wirken und einen bodenartabhängig optimalen pH-Wert einzustellen (s. hierzu Kapitel 8.2, Abb. 8-4), kann es zu sogenannten »**Säureschäden**« bei Pflanzen kommen (Abb. 2-115, 2-116), denen verschiedene primäre Ursachen oder Kombinationen von Ursachen zu Grunde liegen können:

- H^+-Toxizität
- Al^{3+}-Toxizität
- Mn^{2+}-Toxizität
- Mangel an Mg, Ca (oder K)
- P- und Mo-Mangel

Tiefe pH-Werte unterhalb von 3 bis 4 können zu direkter H^+-Toxizität führen. Dabei sind Schäden an Wurzeln durch die Verdrängung von strukturierendem Ca^{2+} der Zellmembranen durch H^+ maßgeblich beteiligt. Damit ist umgekehrt auch das Ca-Angebot eine wichtige Einflussgröße für das Ausmaß der durch Protonen (H^+) bedingten Schäden wie sich in Nährlösungsversuchen demonstrieren lässt. Für die Schadwirkung des unter pH 5,5 zunehmend in Lösung gehenden wurzeltoxischen Al^{3+} (Abb. 2-114) ist Ca^{2+} ebenfalls, neben der Mg-Versorgung, ein Gegenspieler, sodass zunehmende Wurzelschäden gut mit steigenden Al/Ca-, Al/Mg-Verhältnissen in Boden- oder Nährlösungen beschrieben werden können (Blamey *et al.*, 1992). Wenn von Säureschäden bei Mineralböden gesprochen wird, ist Al-Toxizität mit seiner Hemmwirkung auf das Wurzelwachstum zumeist ein Schlüsselfaktor. (Auf die Bildung von Callose in Wurzelspitzen als empfindliches Symptom bei Al-Toxizität wird in Kapitel 6.2 »Organische Inhaltsstoffe« eingegangen, da dessen Detektion nicht ohne Hilfsmittel möglich ist.) Mn-Toxizität, die sich im Gegensatz zu Al-Toxizität primär im Spross manifestiert, kann hinzukommen. Zum »Säure-Syndrom« (eine Ursache (pH), verschiedenste Auswirkungen) hinzukommen kann eine Unterversorgung an P und Mo durch eine verstärkte Adsorption im Boden der entsprechenden Anionen im sauren Bereich.

Ein gehemmtes Wurzelwachstum hat seinerseits auch negative Rückwirkungen auf die Fähigkeiten zur Nährstoffaufnahme und zur Erschließung tieferer Bodenschichten für die Wasseraufnahme. Besonders empfindlich durch das Säure-Syndrom ist bei Leguminosen deren symbiotische N_2-Fixierung gehemmt.

2.3.3 Mangan-Toxizität

Wie oben unter dem Gesichtspunkt der Bodensäure und in Abschnitt 2.2 unter dem Gesichtspunkt von Mn-Mangel beschrieben, ist das Verhältnis von unlöslichem $Mn^{(IV)}$ zu löslichem, pflanzenverfügbarem Mn^{2+} im Boden ein Gleichgewicht das von der Konzentration an H^+, also dem **pH-Wert**, und dem **Redoxpotenzial**, also der Verfügbarkeit an e^-, im Boden bestimmt wird. Niedriger pH-Wert und wichtiger noch reduktive Bodenbedingungen (z. B. Wasserüberstau) erhöhen die Mn^{2+}-Verfügbarkeit, die dann bei empfindlichen Pflanzen zur Toxizität führen kann. An der Einstellung des Gleichgewichts sind **Mikroorganismen** beteiligt, wobei zwischen Mn-oxidierenden und Mn-reduzierenden Mikroorganismen unterschieden werden kann. Da auch durch die Wurzeln reduzierend wirkende Substanzen abgegeben werden können, ist ein spezieller Befund zu erklären, dass es bei einem alkalischen Boden mit hohen Gehalten an austauschbarem Mn – was normalerweise nicht zu Mn-Toxizität geführt hätte – durch Fe-Mangelbedingungen zu Mn-Toxizität kam: Im Zuge der Anpassung an den Fe-Mangel, wurden von den Pflanzenwurzeln vermehrt **reduzierende Verbindungen** abgegeben (Strategie I Reaktion), wodurch es in der Rhizosphäre zu einer Mn-Mobilisierung bis hin zur Toxizität kam, so ein Befund bei Flachs (Moraghan, 1979).

Veränderungen bei Mn-oxidierenden und Mn-reduzierenden Mikroorganismen im Boden in Verbindung mit der Mn-Reduktionskraft der Wurzeln können auch die häufig gemachten Beobachtungen erklären, dass bei Gewächshausböden nach **Dampfsterilisation** und zu früher Wiederbepflanzung Mn-Toxizitätssymptome auftraten (Wiebe, 1969; Masui und Ishida, 1975).

Die zumeist ersten, mit bloßem Auge sichtbaren Mn-Überschusssymptome sind braune Pünktchen an den ältesten Blättern (Abb. 2-77, 2-78). Diese Verbräunungen werden sowohl auf lokale Ablagerungen an oxidiertem Mangan im Zellwandbereich (Braunstein, MnO_2) als auch auf oxidierte Phenole zurückgeführt (Wissemeier und Horst, 1992). Noch empfindlicher als die braunen Pünktchen wird in Blättern durch überhöhte Mn-Gehalte die Bildung von Callose induziert, was aber nur fluoreszenzmikroskopisch nachweisbar ist und deshalb im Kapitel 6.2 »Organische Inhaltsstoffe« behandelt wird. Das dauerhafte wachstumsbedingte Herunterklappen der älteren Fiederblätter (Epinastie) ist ein weiteres Mn-Toxizitätssymptom, das gut bei Leguminosen beobachtet werde kann. Epinastische Erscheinungen sind allerdings nicht spezifisch für Mn-Überschuss, sondern können z. B. auch bei Sauerstoffmangel im Wurzelraum bei Stauwasser auftreten. Im weiteren Verlauf zunehmender Toxizität vergilben die Blätter und werden seneszent (Abb. 2-79). Zwischen Pflanzenarten wie auch zwischen Sorten (Genotypen) einer Art bestehen ausgesprochen große Unterschiede in der Mn-Überschussempfindlichkeit (Foy *et al.*, 1978, Horst, 1988). Wie am Beispiel von Cowpea (*Vigna unguiculata*) gezeigt wurde, müssen dabei aber die Empfindlichkeitsunterschiede zwischen Sorten im vegetativen Stadium nicht mit den Sortenunterschieden im generativen Ertrag übereinstimmen (Horst, 1982).

Von Bedeutung für die Mn-Überschusstoleranz einer Pflanze ist die Si-Versorgung. Für mono- und dikotyle Pflanzen ist die Mn-Toleranz mit steigendem Si-Angebot und höheren Si-Gehalten der Blätter deutlich erhöht (Williams und Vlamis, 1957; Horst und Marschner, 1978b; Rogalla und Römheld, 2002). Damit dürften auch Pflanzen die in Nährlösung kultiviert werden, sofern diesen nicht Si zugesetzt ist, empfindlicher für Mn-Überschuss sein als Pflanzen, die in einem Mineralboden mit besserer Si-Versorgung wachsen.

Überlegungen von Fernando und Lynch (2015), dass in Folge eines Klimawandels mit erhöhter Sonneneinstrahlungen in Zukunft Mn-Toxizität häufiger zu erwarten ist als in der Vergangenheit, ist eine interessante Hypothese.

2.3.4 Bor-Toxizität

B-Toxizität ist im humiden Klimabereich nur bei Düngungsfehlern zu beobachten. Dagegen ist B-Toxizität eine Ernährungsstörung, die in ariden und semiariden Gebieten oftmals im Zusammenhang mit Salzschäden auftritt, da vielfach neben einer Anreicherung an NaCl in diesen Gebieten auch hohe B-Gehalte im Boden akkumuliert vorliegen. Gebiete, in denen B-Toxizität vermehrt an empfindlichen Kulturpflanzen auftritt, umfassen insbesondere:

- östliche Mittelmeergebiete,
- Teile von Kalifornien und Chile,
- das südliche Australien.

B-Konzentrationen im Bewässerungswasser von über 0,5 mg B/L können bei B-überschussempfindlichen Pflanzen wie Walnuss und Citrus zu Schäden führen, während Konzentrationen von über 2 mg B/L für die meisten Kulturen schädlich sind (George *et al.*, 2012). Neben Walnuss und Citrus gelten auch Pfirsich, Weintrauben, Feigen und *Phaseolus*-Bohnen als B-überschussempfindlich. Mittelempfindlich sind Erbsen, Tomaten, Tabak, Luzerne, Geste und Mais, während Zuckerrüben, Futterrübe und Baumwolle vergleichsweise tolerant gegenüber einem hohen B-Angebot sind (Mengel und Kirkby, 1982).

Hohe B-Konzentrationen von 4–5 mg B/L (370–460 µM B) weist Meerwasser auf. Wurden Komposte aus Meerwasseralgen zur Bodenverbesserung verwendet, sind daher auch schon B-Toxizitätssymptome beobachtet worden. Weiterhin können auch kommunale Komposte hoch mit B belastet sein.

Bei den Pflanzen, die nicht zur sekundären B-Verlagerung befähigt sind (vgl. Kap. 1) treten die B-Überschusssymptome zuerst an den ältesten Blättern und dort bevorzugt an den Blatträndern oder Blattspitzen, also den Endpunkten der Wasserbewegung innerhalb der Pflanzen, auf (Abb. 2-99 bis 2-101). Damit bestehen auch steile Gradienten unterschiedlicher B-Gehalte bei Überschussbedingungen zwischen jungen und alten Blättern und zwischen der Blattmitte und den Blatträndern, was zusammen mit einer leichten Auswaschbarkeit von B aus Blättern (Nable und Moody, 1992) ein Problem für die adäquate Ermittlung von Toxizitätsgrenzwerten durch die Pflanzenanalyse sein kann.

Die klassischen B-Toxizitätssymptome an älteren Blättern sind nicht bei Pflanzen wie z. B. Mandelbäumen beschrieben worden, die B sekundär verlagern können. Hier äußert sich B-Toxizität dann z. B. im Absterben junger Triebe oder als korkige Läsionen an Stängeln und Stielen (Brown und Shelp, 1997).

2.3.5 Eisen-Toxizität

Ähnlich wie bei Mn^{2+} ist auch die Verfügbarkeit des besonders reaktiven und löslichen Fe^{2+} vom pH-Wert und dem Redoxpotenzial des Boden abhängig, wobei es zuerst zur Bildung von Mn^{2+} aus oxidiertem Mn kommt, bevor bei noch niedrigerem Redoxpotenzial die Reduktion von $Fe^{(III)}$ zu Fe^{2+} einsetzt (Tab. 8-1).

$$Fe(OH)_3 + 3\,H^+ + e^- \leftrightarrow Fe^{2+} + 3\,H_2O$$

Eisen-Toxizität kann daher besonders bei längerem Wasserüberstau ein Problem sein (sieht man von zu hohen Aufwandmengen an z. B. $FeSO_4$ bei der Blattdüngung einmal ab). Agronomisch relevant ist Fe-Toxizität beim Anbau von Nass-Reis (*Oryza sativa*), wo Fe-Toxizität neben Zn-Mangel zu den verbreitetsten Ernährungsstörungen zählt. Ursächlich ist ein sehr hohes Angebot von Fe^{2+} in der Bodenlösung bei eingeschränkter Oxidationskapazität der Reiswurzeln (Benckiser *et al.*, 1984). Es wird als multiples Stresssyndrom beschrieben, an dem P-, K- und Zn-Mangel beteiligt sein können, wobei in Folge einer Sulfatreduktion im Boden bei Wasserüberstau auch toxisches H_2S entstehen kann (Becker und Asch, 2005). Ein Zusammenhang mit einem K-Mangel ist naheliegend, da damit eine vermehrte Abgabe niedermolekularer organischer Substanzen durch die Wurzeln einhergehen kann, was zu einem erhöhten Sauerstoffverbrauch durch die erhöhte Aktivität heterotropher Mikroorganismen an der Wurzeloberfläche der Reiswurzeln führt.

Die Fe-Toxizitätssymptome beim Nassreis werden in der englischsprachigen Literatur als »bronzing« bezeichnet, da die älterer Blätter typischerweise kupferfarbene Verbräunungen aufweisen (Abb. 2-70). Diese werden bei der hohen katalytischen Aktivität von Fe^{2+} zur Bildung aktivierter Sauerstoffspezies auf oxidierte phenolische Verbindungen zurückgeführt. Typische Fe-Gehalte der Reisblätter betragen dann 700 mg Fe/kg Trockenmasse und mehr (Yamauchi, 1989).

2.4 Ernährungsstörungen im Bild

Fotos von Ernährungsstörungen von Einzelpflanzen oder Pflanzenbeständen haben in erster Instanz den Vorteil, dem Betrachter einen anschaulichen Eindruck über mögliche Erscheinungsformen der Störungen aufzuzeigen. Nicht verleugnet werden darf allerdings, dass im Zeitalter der Bildbearbeitung oftmals Kompromisse zwischen dem realem Eindruck und einer didaktischen Überzeichnung der Symptomausprägung geschlossen werden. Schon die Auswahl dessen, was fotografiert wird ist ja kaum ein, wie auch immer gearteter »Mittelwert«, sondern sucht zumeist das deutlich-exemplarische zu erfassen. Didaktische Prägnanz und Überzeichnung, mithin also die extreme Ausformung eines Schadens und weniger der »graue Alltag« im Kontinuum der Erscheinungen ist das, was in Büchern oder Bildsammlungen gemeinhin zusammengestellt ist. Eine Bildauswahl, wie die Folgende, unterliegt natürlich auch diesem »Willen zur Deutlichkeit« mit allen Vorbehalten, die man daran knüpfen kann.

Nachfolgende Fotos sollen einen Eindruck vermitteln, wie die einzelnen Ernährungsstörungen sich an Pflanzen äußern können und was als charakteristisch gelten kann wird jeweils einleitend kurz umrissen. An den Fotos werden dann auch ähnliche Symptommuster bei unterschiedlichen Ursachen deutlich (eingeschränkte Spezifität), als auch, dass sich die gleiche Störung an verschiedenen Pflanzenarten unterschiedlich äußern kann. Daher sei auch auf andere Bildquellen verwiesen. Sehr umfängliche Bildersammlungen von Nährstoffstörungen haben Bergmann (1993) und Zorn *et al.* (2016) in deutschsprachigen Büchern vorgelegt. Englischsprachige Bücher mit umfassenden Fotosammlungen liegen u. a. von Bennett (1993) vor.

Internet-gestützte deutschsprachige Angebote von Bilddateien, die gezielte Recherchen nach einzelnen Kulturen und Nährstoffstörungen erlauben, sind z. B.»Visuplant« der Thüringer Landesanstalt für Landwirtschaft (www.tll.de/visuplant) und das Angebot der Deutschen Gesellschaft für Pflanzenernährung e.V. »Bilddatenbank Pflanzenernährung« (http://plantnutrition.iserver-online.de/). Letztere Fotos sind »Public Domain« und können auch frei heruntergeladen und unter Angabe der Quelle verwendet werden.

2.4.1 Stickstoff-Mangel

Pflanzen mit N-Mangel bleiben im Wachstum zurück (»Zwergwuchs«) mit kleineren Blättern, die meist blassgrün oder gelblich sind. Erste Symptome treten bevorzugt an den älteren Blättern auf. Gelbfärbung und ggf. spätere Nekrose beginnen an der Blattspitze und breitet sich zum Spreitengrund aus. Violette Verfärbungen durch Anthozyanbildung können auftreten.

Abb. 2-5: Winterweizen N-Steigerungsversuch; N-Mangelparzelle ist deutlich an hell-gelber Färbung zu erkennen.

Abb. 2-6: Salat oben mit N-Mangel, unten Kontrolle ohne Mangel.

Abb. 2-7: Weizen im Gefäßversuch; links N-Mangel, rechts Kontrolle.

Abb. 2-8: Raps im Feldversuch mit landwirtschaftlicher Fruchtfolge im 18. Jahr ohne N-Düngung im Vordergrund; die Parzellen mit Raps im Hintergrund bei sonst gleichem Management mit N-Düngung.

Abb. 2-9: Raps; N-Mangel erkennbar an Blattaufhellungen und rötlichen Anthozyan-Verfärbungen.

Abb. 2-10: Sojabohnen; links mit N-Mangel durch unterlassene Inokulation mit Rhizobien, rechts dunkel grüne Sojabohnen, die zur Saat mit Rhizobien inokuliert wurden.

Abb. 2-11: Salat (roter Eichblatt) in Nährlösungskultur; optimal ernährte Kontrolle links, rechts N-Mangel mit Kleinwüchstigkeit und dominat roter Farbe der bunten Sorte.

Abb. 2-12: Kohlrabi; deutlicher N-Mangel mit Blattaufhellungen der rechten Pflanze.

Abb. 2-13: Besenheide in Topfkultur; von links nach rechts abnehmendes N-Angebot. Bemerkenswert ist, dass die Besenheide auf N-Mangel ähnlich wie Wildpflanzen kaum mit Blattaufhellungen, sondern mit einem stark verringerten Wachstum reagiert.

N P K Ca N Mg S Fe Mn Zn Cu B Mo

optimale Ernährung starker Mangel an Stickstoff

Abb. 2-14: Weihnachtsstern; links Kontrolle, rechts starker N-Mangel mit Blattaufhellungen und kleinerer Braktee.

Stickstoff-Überschuss

Abb. 2-15: Schwertfarn; links N-Mangel, Mitte optimale N-Ernährung, rechts N-Überschuss.

Kontrolle N-Überschuss

Abb. 2-16: Chrysantheme, links Kontrolle, rechts N-Überschuss.

Kontrolle N-Überschuss

Abb. 2-17: Begonie, links Kontrolle, rechts N-Überschuss.

2.4.2 Phosphor-Mangel

Bei P-Mangel sind die Pflanzen primär im Wachstum gehemmt. In der Regel treten bei P-Mangel nicht wie bei Mangel vieler anderer Nährstoffe Chlorosen auf, sondern die Blätter sind dunkelgrün. Blätter, Blattadern und Stängel weisen häufig rotviolette Anthozyan-Verfärbungen auf. Die Symptome treten zuerst an den älteren Blättern auf, die dann oft vorzeitig altern.

Abb. 2-18: Mais-Feld mit P-Mangel der linken Reihen: kleinere Pflanzen mit Anthozyan-Verfärbungen, rechte Reihen mit P-Unterfußdüngung ohne P-Mangel.

Abb. 2-19: Mais mit Anthozyan-Verfärbungen in Folge von P-Mangel.

Abb. 2-20: Weizen mit Anthozyan-Verfärbungen an der Halmbasis durch P-Mangel.

Abb. 2-21: Feldsalat mit P-Mangel der rechten Pflanze, die im Gegensatz zur gut P-ernährten linken Pflanze kleinere und rötlich verfärbte Blätter aufweist.

Abb. 2-22: Kohlrabi mit P-Mangel der rechten Pflanze, die kleinere und dunkle grünere Blätter, bei etwas starr erscheinendem Habitus aufweist, als die Kontrollpflanze links.

Kontrolle P-Mangel

Abb. 2-23: Fleißiges Lieschen; P-Mangel der rechten Pflanze, die gedrungen Wuchs, etwas kleinere und dunklere Blätter mit leicht struppig wirkendem Habitus aufweist.

Abb. 2-24: Primel mit P-Mangel, der sich hier in Chlorose und beginnender Nekrose an der Blattspitze äußert.

optimale Ernährung starker Mangel an Phosphor

Abb. 2-25: Weihnachtsstern mit starkem P-Mangel und vermehrtem Wurzelwachstum sowie Chlorosen an den ältesten Blättern.

Abb. 2-26: Pelargonie mit P-Mangel, der sich in rötlicher Blattverfärbungen an älteren Blättern äußert.

Phosphor-Überschuss

Abb. 2-27: Schneeflockenblume mit P-Überschuss bei einem P-Gehalt von über 1 % in der Trockenmasse, dessen chlorotische Erscheinung auch mit einer Inaktivierung von Zn auf Gewebeebene zusammenhängen könnte.

2.4.3 Kalium-Mangel

K-Mangelsymptome treten zuerst an den ältesten Blättern auf. Chlorosen und/oder Nekrosen beginnen dabei an den Blatträndern und den Blattspitzen. Im fortgeschrittenen Stadium können auch Interkostalfelder der Blatttspreiten betroffen sein. Im Gegensatz zum Starretracht-Habitus bei N- und P-Mangel ist für K-Mangel »Welketracht« typisch (herabhängende, nach unten gebogene Blätter).

Abb. 2-28: Weizen mit K-Mangel; Chlorosen und Nekrosen an den Blattspitzen der ältesten Blätter.

Abb. 2-29: Sojabohne mit K-Mangel; flächige Chlorosen und Nekrosen der ältesten Blätter, Blätter zum Teil nach unten gebogen.

Abb. 2-30: Weizen mit K-Mangel mit Chlorosen und Nekrosen und eingerollten Blättern.

Abb. 2-31: Rapsblatt mit ausgeprägtem K-Mangel.

Abb. 2-32: Kartoffel mit Blattrandnekrosen durch K-Mangel.

Abb. 2-33: Phaseolus-Bohnen mit K-Mangel als Chlorosen und Nekrosen bevorzugt an den Blattränder und der Fiederblattspitzen.

Abb. 2-34: Feldsalat; linke Pflanze Kontrolle ohne Mangel, rechts mit K-Mangel und beginnenden Nekrosen an der Blattspitze.

Abb. 2-35: Tomate mit durch K-Mangel eingerollten und welk erscheinenden Blätter mit chlorotischen Aufhellungen.

Abb. 2-36: Rote Rebensorte mit K-Mangel was neben Blattrandnekrosen auch zu vermehrt rötlichen Blattverfärbungen führt.

Abb. 2-37: Weiße Rebensorte mit weit fortgeschrittenem K-Mangel.

Abb. 2-38: Weihnachtsstern mit K-Mangel rechts, was sich in Nekrosen und Chlorosen an den Rändern der Laubbätter und kleineren Brakteen zeigt.

Abb. 2-39: Begonie mit K-Mangel als Nekrosen an den Rändern der älteren Blätter.

2.4.4 Calcium-Mangel

Jüngste, aber nicht allerjüngste Pflanzenorgane zeigen zuerst Mangel-Symptome. Das Wachstum der Blattspreiten ist dabei gehemmt, die Blattspitzen und Ränder können nach unten löffelartig gebogen sein. Nekrosen und Risse im Blatt können vorkommen, Stiele können abknicken.

Abb. 2-40: Sonnenblume mit schwerstem Ca-Mangel; Gewebekollaps mit Abknicken der Stiele.

Abb. 2-41: Sonnenblume mit Ca-Mangel; Aufgewölbte Interkostalfelder der jüngeren Blätter durch örtlich gehemmtes Blattwachstum und Verkrüppelung; die allerjüngsten Blätter sind nicht am stärksten betroffen.

Abb. 2-42: Weihnachstern bei dem durch Kultur in Ca-armen Substrat an einem Laubblatt Ca-Mangel-Nekrosen an den Blatträndern auftraten, die zum Teil dem Verlauf der Blattadern folgten.

Abb. 2-43: Mais bei dem in Nährlösung durch hohes NaCl-Angebot als Ca-Mangelsymptom krüppliger Wuchs jüngerer Blatter induziert wurde.

2.4.5 Physiologische Ca-Mangelsymptome

Mangelerscheinungen, die durch Erhöhung des Ca-Angebots über die Wurzeln nicht vermieden werden können, aber bei rechtzeitigen Blatt- oder Fruchtspritzungen mit Ca nicht auftreten.

Abb. 2-44: Römischer Salat ('Romance') mit sog. Innenbrand, der hier erst nach dem entfernen der Umblätter zu erkennen ist.

Abb. 2-45: Apfel 'Jonagold' mit Stippe als klassischem Symptom eines physiologischen Ca-Mangels.

Abb. 2-46: Weihnachtsstern mit Brakteen-Randnekrosen an hierfür anfälliger Sorte.

2.4.6 Magnesium-Mangel

Typisch für Mg-Mangel sind Chlorosen zwischen den Blattadern der älteren Blätter. Hält man die Blätter bei Getreidearten gegen die Sonne, lässt sich oftmals eine perlschnurartige Anordnung des Chlorophylls erkennen. Bei schwerem Mangel können auch Nekrosen am Rand nahe der Blattspitze vorkommen. Bei Dikotylen fangen die Symptome mit gelblichen Aufhellungen der Interkostalfelder am Blattgrund oder -randbereich an. Kennzeichnend sind grüne Blattadern.

Abb. 2-47: Hafer mit Mg-Mangel und sich andeutenden perlschurartigen grüneren Flecken an älteren Blättern.

Abb. 2-48: Gerste mit Mg-Mangel als chlorotischen und nekrotischen Blattflächen längst der Adern.

Abb. 2-49: Weizen mit Mg-Mangel als chlorotischen und nekrotischen Blattflächen längst der Adern.

Abb. 2-50: Brokkoli mit Interkostalchlorosen durch Mg-Mangel.

Abb. 2-51: Phaseolus-Bohne mit sehr starken Mg-Mangelsymptomen an älteren Blättern.

Abb. 2-52: Erbse mit für Mg-Mangel typischen Interkostalchlorosen.

Abb. 2-53: Weinrebe mit Mg-Mangel und scharf abgegrenzten grünen Arealen um die Adern herum.

Abb. 2-54: Gerbera mit Mg-Mangel-Chlorosen zwischen den Blattadern.

2.4.7 Schwefel-Mangel

Pflanzen mit S-Mangel zeigen eine hell-chlorotische, gelbgrüne Farbe und gehemmtes Wachstum. Die Chlorosen sind oft zuerst an den jüngeren Blättern sichtbar im Gegensatz zum N-Mangel, der an den älteren Blättern beginnt.

Abb. 2-55: Weizen mit nestartigem S-Mangel im Feld.

Abb. 2-56: Zuckerrübe im Gefäß mit S-Mangel, der sich in gleichmäßig hellem Grün äußert; im Hintergrund mit S gedüngte Pflanzen.

Abb. 2-57: Zuckerrübe mit S-Mangel-Chlorosen.

Abb. 2-58: Raps mit S-Mangel; an jüngeren Blättern Chlorosen vermehrt an den Blattränder.

2.4.8 Eisen-Mangel

In jungem Gewebe entwickeln sich bei Fe-Mangel Chlorosen zwischen den Hauptadern. Dadurch erscheinen gelbgrüne bis gelbweiße Streifen vor allem an den jüngeren Blättern. Die Blattadern bleiben dabei dunkelgrün. Bei Dikotylen zeigen sich Chlorosen in den Interkostalfeldern der jungen Blätter. Auch hier bleiben die Blattadern zunächst grün. Mit der Zeit wird jedoch das gesamte Blatt chlorotisch und kann einheitlich gelb sein. Nekrosen können bei starkem Fe-Mangel vorkommen.

Abb. 2-59: Radies mit Fe-Mangel-Chlorose.

Abb. 2-60: Sonnenblume mit Fe-Mangel-Chlorose.

Abb. 2-61: Kiwi mit Fe-Mangel, der fast zur Chlorose der ganzen Blattspreite führt.

Abb. 2-62: Weinreben mit Fe-Mangel-Chlorosen; nicht untypisch sind einzelne Pflanzen auch ohne Chlorosen zwischen stark betroffenen Reben.

Abb. 2-63: Zauberglöckchen mit Fe-Mangel-Chlorosen.

Kontrolle

Fe-Mangel

Abb. 2-64: Cyclamen; links Kontrolle mit Fe-Düngung, rechts mit Fe-Mangel an den jüngsten Blättern, die hier aber nicht, wie sonst üblich, die typischen gelben Fe-Mangel-Chlorosen aufweisen.

Abb. 2-65: Dracaena mit Fe-Mangel-Chlorose an jüngeren Blättern.

Abb. 2-66: Heckenrose mit Fe-Mangel-Chlorosen, die typischerweise von Zweig zu Zweig sehr unterschiedlich stark ausfallen können.

Schwermetall-induzierter Fe-Mangel

Abb. 2-67: Habichtskraut mit Zn-induzierten Fe-Mangel-Chlorosen im Harz. Chlorotische Blätter mit ausreichenden Fe- (65 mg/kg TM), aber sehr hohen Zn-Gehalten (320 mg/kg TM).

Abb. 2-68: Petunie mit Zn-Überschuss induzierter Fe-Mangel-Chlorose vorne, Kontrollpflanze ohne Zn-Überschuss hinten.

Fe-Toxizität

Abb. 2-69: Reisfeld in Madagaskar mit Fe-Toxizitätssymptomen (»Bronzing«).

Abb. 2-70: Reis mit Fe-Toxizität (»Bronzing«) an älteren Blättern.

N
P
K
Ca
N
Mg
S
Fe
Mn
Zn
Cu
B
Mo

2.4.9 Mangan-Mangel

Mn-Mangel zeigt sich vor allem an jüngeren und zum Teil auch an mittleren Blättern, nicht aber an den allerjüngsten Blättern als chlorotische Flecken und Streifen. Bei Getreide können sich auch grau-weiße Nekrosen bilden und stark betroffene Blattspreiten abknicken (»Dörrfleckenkrankheit«). Dikotyle Pflanzen oft mit netzförmigen Interkostalchlorosen; später auch Fleckennekrosen. Bei Mn-Mangel treten keine ganzflächigen Chlorosen auf (wie z. T. bei Fe-Mangel). Samen von Leguminosen mit schwarzbraunen Flecken bei Mn-Mangel.

Abb. 2-71: Hafer mit »Dörrfleckenkrankheit« durch starken Mn-Mangel bei dem nekrotisiertes Blattgewebe abknickt.

Abb. 2-72: Hafer mit durch Mn-Mangel bedingtem Abknicken mittlerer Blätter im unteren Drittel.

Abb. 2-73: Gerste mit stark ausgeprägten Mn-Mangelsymptomen.

Abb. 2-74: Blätter der Weinrebe mit Mn-Mangel; Chlorosen mit ersten Nekrosen.

Abb. 2-75: Sojabohne mit Mn-Mangel als Interkostalchlorosen; im weiter fortgeschrittenen Zustand auch Fleckennekrosen möglich.

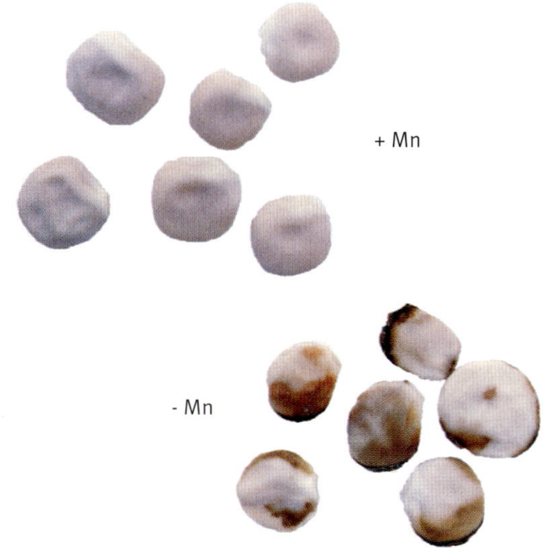

Abb. 2-76: Samen der weißen Lupine, oben ohne, unten mit Mn-Mangelsymptomen.

Mangan-Toxizität

Mn-Toxizitätssysmptome durch Mn-Überschuss treten zuerst an den ältesten Blättern auf. Die ersten Symptome sind zumeist kleine braune Punkte auf den Blattspreiten. Im fortgeschrittenen Stadium zunächst lokale, dann flächige Vergilbungen und Seneszenz der Blätter.

Abb. 2-77: Gerste mit Mn-Toxizitätssymptome durch Bodenversauerung; braune Pünktchen an den ältesten Blättern und Absterbeerscheinungen der Blätter.

Abb. 2-78: Reis mit Mn-Toxizität als braune Pünktchen der ältesten Blätter.

Abb. 2-79: Cowpea mit Mn-Toxizität in Nährlösungskultur mit braunen Pünktchen und Blattvergilbungen; die Fiederblätter weisen von links nach rechts die Mn-Gehalte 358, 485 und 334 mg Mn/kg TM auf.

Abb. 2-80: Möhren mit Mn-Toxizität rechts, linke Pflanzen ohne Mn-Überschuss.

Abb. 2-81: Süßkartoffel mit Mn-Toxizität an älteren Blättern; braune Flecken oftmals umgeben von chlorotischen Aufhellungen.

Abb. 2-82: Blatt der Weinrebe mit Mn-Toxizität.

2.4.10 Zink-Mangel

Bei Zn-Mangel treten Chlorosen je nach Pflanzenart an jungen und/oder auch an älteren Blättern zwischen den Blattadern auf. »Kleinblättigkeit« und gestauchtes Internodienwachstum sind typisch. Stärker lichtexponierte Blätter weisen stärkere Zn-Mangelysmptome auf (z. B. Interkostalchlorosen) als weniger stark belichtete Blätter.

Abb. 2-83: Weizenbestand mit ausgeprägtem Zn-Mangel.

Abb. 2-84: Weizenblatt mit starkem Zn-Mangel.

Abb. 2-85: Citrus mit Zn-Mangel, der sich in Interkostalchlorosen äußert.

Abb. 2-86: Blätter von Rose mit Zn-Mangel-Chlorosen.

2.4.11 Kupfer-Mangel

Die Blätter von Cu-Mangelpflanzen zeigen oftmals trockene, weiße und verdrehte oder eingerollte Blattspitzen (»Weißspitzigkeit«). Junge Blätter welken an der Spitze, ältere bleiben weiterhin dunkelgrün. In Folge von Pollensterilität ist der Samenertrag oft stärker gehemmt als das vegetatives Wachstum. Ein Symptom bei Getreide ist »Weißährigkeit«. Blattspitzen und -ränder können z. T. ohne vorausgehende Chlorose absterben.

Abb. 2-87: Weizen mit Cu-Mangel; junge Blätter sind weißlich verfärbt, eingerollt und zum Teil abgeknickt.

Abb. 2-88: Maiskolben mit starkem Cu-Mangel, sodass durch Pollensterilität nur einzelne Körner entwickelt sind.

Abb. 2-89: Sojabohne mit Cu-Mangel (Chlorosen, Nekrosen) mit einem Cu-Gehalt des Blattes von 2,7 mg Cu/kg TM.

Abb. 2-90: Gerbera mit Cu-Mangel; Nekrosen, Chlorosen der Blattränder sowie deformierte Blätter.

2.4.12 Bor-Mangel

B-Mangelsymptome sieht man zuerst an jüngeren Pflanzenteilen. Die Blätter sind klein, deformiert, gekräuselt und spröde. Sie zeigen chlorotische Flecken und sind an den Blatträndern und -spreiten violett verfärbt. Die jungen Blätter sind bei B-Mangel oftmals verdickt, gekräuselt und von hellbraunem Gewebe umrandet, das sich auf die Interkostalbereiche ausbreitet. Vegetationspunkte und die Sprossspitzen können absterben. Bei starkem Mangel sind die Blattränder zudem löffelförmig eingerollt. Da ohne ausreichende B-Gehalte der Narbe der Pollenschlauch nicht wachsen kann, kommt es bei B-Mangel zu Befruchtungsstörungen.

Abb. 2-91: Zuckerrübe mit B-Mangel und absterbenden Herzblättern und Narben bzw. Nekrosen auf den Blattstielen.

Abb. 2-92: Sonnenblume mit abgestorbenem Vegetationspunkt durch B-Mangel.

Abb. 2-93: Blumenkohl mit typischem Hohlstruck durch B-Mangel.

Abb. 2-94: Bohne mit B-Mangel.

Abb. 2-95: Feldsalat; links ohne, rechts mit B-Mangel mit löffelartig verformten Blättern.

Abb. 2-96: Weinrebe mit B-Mangel deren Trauben die sogenannte »Huhn- und Kückenkrankheit« zeigen, da durch Befruchtungsstörungen sich nur einzelne Beeren voll entwickeln, während andere klein bleiben.

Abb. 2-97: Maiskolben mit B-Mangel und nur einzeln ausgebildeten Körnern in Folge von Befruchtungsstörungen.

Abb. 2-98: Begonie; links ohne, rechts mit B-Mangel und kleineren jungen Blättern mit chlorotischen Aufhellungen und kaum entwickelten Blüten.

Bor-Toxizität

Ein toxisch hohes B-Angebot kann abgesehen durch Ausbringung belasteter Komposte in ariden und semi-ariden Gebieten der Welt im Zusammenhang mit Versalzungsproblemen stehen. Symptome sind oftmals Nekrosen an Blattspitzen und Blatträndern als den Enden der Transpiration an denen B sich anreichert.

Abb. 2-99: Weizen mit B-Toxizität; Nekrosen der Blattspitzen und -ränder.

Abb. 2-100: Weihnachtsstern mit B-Toxizitätsymptomen an älterem Laubblatt; Nekrosen gesäumt von Chlorosen des Blattrands.

Abb. 2-101: Gerste mit B-Toxizitätsymptomen; braune Flecken an älteren Blättern.

2.4.13 Molybdän-Mangel

Bei Mo-Mangel sind vor allem junge Blätter betroffen. Die Blätter sind blassgrün, Blattspitzen und -ränder zeigen Nekrosen. Bei Brassica-Arten sind die Blattflächen grau-grün- bis blaugrün. Weitere Symptome sind »schöpfkellenartige« Blätter, chlorotische und nekrotische Flecken in den Blättern. Die Mittelrippen wachsen oft allein mit stark reduzierten oder ohne Blattspreiten (»Peitschenblättrigkeit«, auch als »Whiptail-Erkrankung« bezeichnet). Der Vegetationspunkt kann unter Verdrehen der Herzblätter absterben (z. B. »Klemmherzigkeit« bei Blumenkohl).

Abb. 2-102: Hafer mit ausgeprägtem Mo-Mangel und blassgrün gefärbten Blättern.

Abb. 2-103: Junge Blätter von Salat mit Mo-Mangel: typisch das ungleichmäßige Wachstum der Blätter.

Abb. 2-104: Zuckerrübe mit Mo-Mangel; reduzierte Blattspreiten und zum Teil nekrotische Blattränder.

Abb. 2-105: Blumenkohl mit starkem Mo-Mangel und typisch verdrehten Blättern mit reduzierten Blattspreiten »Peitschenblättrigkeit« (Whiptail-Symptom).

Abb. 2-106: Weihnachtsstern mit Mo-Mangel, wodurch die Entwicklung der Blattspreiten lokal sehr stark gestört ist.

2.4.14 Bodenversalzung

Symptome können Störungen im Wasserhaushalt wiederspiegeln und in späteren Stadien auch von direkter Ionentoxizität oder durch Verdrängungsreaktionen von Nährstoffen (induzierter Mangel) geprägt sein.

Abb. 2-107: Rosskastanie mit Blattrandnekrosen durch Auftausalze (NaCl).

Abb. 2-108: Mais im Gefäßversuch, der durch hohes NaCl-Angebot Welkeerscheinungen (eingerollte Blätter) aufweist.

Abb. 2-109: Blätter der Linde mit Blattrandnekrosen durch Auftausalze (NaCl).

Abb. 2-110: Mais (Pioneer 3906) in Nährlösungskultur mit steigendem Zusatz an NaCl (von links nach rechts). Dies führt zu deutlich eingeschränktem Wachstum, ohne das spezifische Symptome auftreten.

Abb. 2-111: Maisblätter aus einem Nährlösungsversuch; links: K-Mangel; rechts: Den Pflanzen wurde über einen längeren Zeitraum NaCl angeboten, welches zu ähnlichen Nekrosen führt.

Abb. 2-112: Bohne; Primärblatt weist NaCl-bedingte Schadsymptome aus.

Abb. 2-113: Feldsalat mit Symptomen von Cl-Toxizität.

2.4.15 Bodenversauerung

Durch unterlassene Kalkung suboptimale pH-Werte im Boden wodurch wurzeltoxisches Al in Lösung gehen kann, sowie toxisch hohe Konzentrationen an Mn und Fe in der Bodenlösung vorliegen können und durch Verarmung an Mg, Ca oder K absoluter Mangel sowie durch verstärkte Festlegung im Boden P- und Mo-Mangel an der Ausbildung des Syndroms von »Säureschäden« beteiligt sein können.

Abb. 2-114: Wurzelsysteme von Cowpea nach 7 Tagen in Nährlösung bei pH 4,3 links ohne, rechts mit 50 µM Al-Angebot, was zu gehemmtem Längenwachstum führt.

Abb. 2-115: Weinrebe mit »Säureschaden« auf einem nicht gekalkten, sehr sauren Standort, bei dem sich Mg-Mangel, ein weites K/Mg-Verhältnis, P-Mangel aber auch sehr hohe Mn-Gehalte bei der Symptomausprägung überlagert haben können.

Abb. 2-116: Bei Mais und Erdnuss auf sehr saurem Boden eingeschränktes Wurzelwachtum.

2.5 Pflanzen mit Auffälligkeiten und Symptomen, die nicht auf Ernährungsstörungen zurückzuführen sind

Dieser Abschnitt enthält eine Auswahl an Fotos von Pflanzen und Blättern, deren Auffälligkeiten und Symptome zumindest nicht primär auf eine Unter- oder Überversorgung mit Nährstoffen zurückzuführen sind, aber mit diesen zum Teil verwechselt werden könnten. Diese Beispiele – und es sind nur Beispiele – sollen dazu anregen, den Kreis zu erwägender Ursachen für Auffälligkeiten an Pflanzen über Ernährungsstörungen hinaus zu erweitern. Damit weisen diese Beispiele auch auf die erwähnten Unsicherheiten der visuellen Diagnose hin und regen dazu an, gegebenenfalls pflanzenbauliche Prüfungen (Kap. 3), vor allem aber auch die Pflanzenanalyse zur Diagnose von Ernährungsstörungen bevorzugt einzusetzen (Kap. 4) sowie Bodenuntersuchungen in Erwägung zu ziehen (Kap. 8, 9), um die ökologischen Gegebenheiten der zu diagnostizierenden Pflanzen besser einschätzen zu können.

Die keiner Systematik folgenden Bildbeispiele sind untergliedert in (i) parasitäre Schäden, (ii) witterungsbedingte Schäden, (iii) Zierpflanzen mit nicht einheitlich grünen Blättern (iv) Spritzschäden und (v) Schäden durch Luftschadstoffe.

Dass auch der Neuaustrieb von Blättern völlig anders ausgefärbt sein kann als ältere Laubblätter, ist am Beispiel einer im Frühjahr fotografierten Glanzmispel (*Photinia*) dargestellt (Abb. 2-117). Hier weist u. a. die strenge Regel- und Gleichmäßigkeit im Auftreten der Verfärbungen darauf hin, dass es sich nicht um eine Ernährungsstörung handelt.

Abb. 2-117: Im Frühjahr ausgetriebene, einheitlich rötliche Laubblätter bei *Photinia* (Glanzmispel), die im Verlauf des Jahres entwicklungsbedingt grün werden.

2.5.1 Parasitäre Schäden

Die Abbildungen 2-118 bis 2-122 zeigen virusbedingte Chlorosen und Verfärbungen, Abbildungen 2-123 bis 2-127 Symptome nach Infektionen durch Pilze und die Abbildungen 2-128 und 2-129 Absterbeerscheinungen und Verkrüppelungen, die von Gliederfüßlern herrühren. Auf mehr oder minder naheliegende Verwechslungsmöglichkeiten zu Ernährungsstörungen wird in den Bildunterschriften hingewiesen. Übergeordnet sei nochmals auf die diagnostische Bedeutung des Verteilungsmusters von Symptomen hingewiesen. Gradienten von alten zu jungen oder von jungen zu alten Blättern sprechen im Allgemeinen für ernährungsbedingte Störungen, während parasitäre Schäden sowohl auf einem Blatt als auch zwischen unterschiedlich alten Blättern zumeist keiner Symmetrie oder Regelmäßigkeit folgen (Abb. 2-1). Auch ein nestartiges Auftreten von Schäden in einem Bestand oder Absterbeerscheinungen nur einzelner Pflanzen (Abb. 2-126) ist immer ein deutlicher Hinweis auf parasitäre, das heißt biotische Ursachen und spricht gegen Ernährungsstörungen. Als Ausnahme hiervon mag nur Fe-Mangel gelten, der ebenfalls zuweilen nur einzelne Pflanzen oder auch nur einzelne Zweige stärker betreffen kann (Abb. 2-62, 2-66).

Umfangreiche farbige Bildersammlungen krankheits- und schädlingsbedingter Symptome an Zierpflanzen, Obst, Gemüse, Reben sowie landwirtschaftlichen Kulturen haben z. B. Böhmer und Wohanka (1999), Lohrer (2012), Mohr (2012) und Heitefuss *et al.* (2000) vorgelegt.

Abb. 2-118: Blattrollkrankheit (Erreger Viren der Gattung Closterivirus und Ampelovirus) bei einer Rotweinsorte, die sich in unregelmäßigen dunkelroten Blattverfärbungen äußert, die mit einem K-Mangel verwechselt werden könnten.

Abb. 2-119: Blattrollkrankheit bei einer Weißweinsorte, die mit einem B-Mangel bei dieser Sorte verwechselt werden könnte, wenn auch die Blattrollkrankheit an den ältesten Blättern beginnt, während von B-Mangel die jüngsten Blätter betroffen sind.

Abb. 2-120: Chlorotische Gelbfärbung durch Virusinfektion an Alpenveilchen (*Cyclamen purpurascens*). Hier deutlich, die für nicht-ernährungsbedingte Krankheiten typische nicht systematische Verteilung der Chlorosen zwischen den Blättern.

Abb. 2-121: Virose: Detailaufnahme von Abb. 2-120 mit der deutlich asymetrischen Chlorose auf dem Blatt.

Abb. 2-122: Durch Viren verursachte »Möhrenröte«, die Verwechslung mit P-Mangel erlaubt.

Abb. 2-123: Netzflecken (*Pyrenophora teres* f. *maculata*) bei Gerste (Fleck-Typ der Netzfleckenkrankheit); könnte mit Mn-Toxizität oder B-Toxizität verwechselt werden.

Abb. 2-124: Sojabohnenrost (*Phakapsoca pachyrhizi*), der braune Pünktchen verursacht, die mit Mn-Toxizität oder B-Toxizität verwechselt werden könnten.

Abb. 2-125: Durch den Pilz Falscher Mehltau (*Bremia lactuca*) geschädigter Kopfsalat. Die Symptome an den Blatträndern des Innenkopfs entsprechen der Symptomverteilung von »Innenbrand« (physiologischer Ca-Mangel) bei Kopfsalat.

Abb. 2-126: Durch pilzliche Wurzelfäule bedingte Chlorosen und Verbräunungen einzelner Petersilienpflanzen im Bestand.

Abb. 2-127: Durch pilzliche Infektion mit *Nectria cinnabarina* abgestorbene Triebspitze eine Magnolie; Absterbeerscheinungen des Vegetationspunktes können z. B. auch bei starkem B-Mangel auftreten.

Abb. 2-128: Blattverkrüppelungen an jüngeren Blättern durch phytophage Milben, die das Blattgewebe von außen anstechen, was zu Deformationen führt, die Ähnlichkeiten mit Mo-Mangelsymptomen haben.

Abb. 2-129: Durch den Wurzelfraß von Larven des Dickmaulrüßlers abgestorbene Zweige einer Scheinzypresse; nicht die Folge von z. B. Salzschäden oder K-Mangel.

2.5.2 Witterungsbedingte Schäden

Der Menge nach benötigen die meisten Kulturpflanzen etwa 10 000-mal so viel Wasser wie Stickstoff. Bevor es zu visuell sichtbaren Dürreschäden in Folge eines Wassermangels kommt (eingerollte und/oder schlaffe Blätter), ist zumeist das Wachstum und der Ertrag von Pflanzen beeinträchtigt. Ein Übermaß an Wasser (Wasserüberstau, Staunässe) führt bei nicht angepassten Pflanzen ebenfalls zu Schäden am Spross: Welkeerscheinungen und Epinastie gehören bei krautigen Pflanzen dazu. Weitere Symptome sind eine vorzeitige Seneszenz an älteren Blättern. Beispiele für besonders gegenüber Wasserüberstau empfindliche Pflanzen sind Erbse und Gerste. Ob die Schäden am Spross primär auf einem Sauerstoffmangel der Wurzeln beruhen oder mehr indirekte Folgen von Anreicherungen toxisch hoher Mineralstoffe oder organischer Verbindungen im Boden bei Sauerstoffmangel sind, ist eine Frage des Einzelfalls.

Temperatur: Frostschäden an Blättern der Rebe sind in Abbildung 2-130 zu sehen. In der Landwirtschaft gut bekannt sind im Frühjahr an jungen Maispflanzen Chlorosen bei kühler Witterung in Verbindung mit höherer Einstrahlung (Abb. 2-131). Diese Kältechlorosen beim Mais, die bei Temperaturen von 10–15 °C auftreten, und unabhängig vom Ernährungszustand sind, werden ursächlich mit einem photooxidativen Abbau des Chlorophylls in Verbindung gebracht (Miedema, 1982). Kälteschäden an Rosen gibt Abbildung 2-132 wieder. Beispiele von Blattschäden durch hohe Sonneneinstrahlung und hohe Temperaturen an Reben und Pelargonie sind in den Abbildungen 2-133 und 2-134 dargestellt.

Abb. 2-130: Frostschaden an Blättern der Weinrebe: links in früher, rechts in später Ausprägung.

Abb. 2-131: Kältechlorose bei Mais, die mit N-Mangel verwechselt werden könnte.

Abb. 2-132: Kälteschäden; Chlorosen an Schnittrosen, die ca. vier Wochen nach einer Temperaturabsenkung auf 10 °C Anfang Dezember auftraten.

Abb. 2-133: »Sonnenbrand« bei Reben; unregelmäßige Nekrosen an Blättern und vertrocknete Beeren, die vor allem auftreten, wenn zuvor wenig lichtexponierte Pflanzenteile durch Laubentfernung starker Sonneneinstrahlung ausgesetzt sind.

Abb. 2-134: Hitzestress bei Pelargonien nach mehrwöchigen hohen Sommertemperaturen im südlichen Mittelmeerraum, was zum Ausbleichen der Blätter geführt hat (Aufnahme Mitte September).

2.5.3 Zierpflanzen

Zierpflanzen, wie der Name sagt, sind Kulturpflanzen, die der Zierde dienen. Pflanzen mit einheitlich grünen Blättern zur maximalen photosynthetischen Aktivität, wie bei Verzehrs-, Futter-, Faser- oder Energiepflanzen üblich, sind daher bei Zierpflanzen kein Zuchtziel. Vielmehr werden botanische Besonderheiten genutzt und züchterisch bearbeitet, um ästhetisch besonders ansprechende Pflanzen mit unterschiedlich gemusterten Grün- und Gelbtönen der Blätter anbieten zu können. Die im Allgemeinen strenge Regelmäßigkeit der Farbmusterung aller Blätter einer Pflanze ist, da genetisch verankert, ein Wesensmerkmal von auffällig gefärbten oder gemusterten Zierpflanzenblättern (vgl. Abb. 2-1). Auch eine unterschiedliche Grünheit der Blätter kann zu den sortentypischen Charakteristika gehören, die sich weitgehend unabhängig von der Höhe der Stickstoffernährung einstellt. Eine unterschiedliche Intensität der Grünheit in der Blattfarbe zwischen Sorten ist allerdings kein Phänomen, das auf Zierpflanzen beschränkt ist, sondern betrifft prinzipiell alle Kulturpflanzen, nur dass bei Zierpflanzen die Unterschiede am ausgeprägtesten vorkommen. Die Abbildungen 2-135 bis 2-140 enthalten eine kleine Auswahl an Zierpflanzen mit auffällig gezeichneten Blättern, die nicht ernährungsbedingt sind.

Abb. 2-135: Goldulme (*Ulmus glabra 'wredei'*) mit gelben Blättern, die nicht durch Seneszenz oder durch z. B. einen Mangel an N oder S bedingt sind.

Abb. 2-136: *Ficus maclellandii* links die Sorte 'Allii' mit gleichmäßig grünen Blättern, rechts die Sorte 'Amstel Gold', die genetisch bedingt regelmäßige »chlorotische« Blattaufhellungen an allen Blättern aufweist.

Abb. 2-137: Silberhaargras (*Imperata cylindrica*), dessen Kultur- und Zierformen rot gefärbte Blätter aufweisen können. Rötliche Anthozyanverfärbungen gehören insbesondere auch bei P- oder N-Mangel zu möglichen Symptomausprägungen.

Abb. 2-138: Der immergrüne Kroton (*Codiaeum variegatum*) als Zierpflanze weist ausgesprochen attraktive regelmäßige Blattfärbungen auf, die Gelb- und Rottöne umfassen, wobei oftmals auch nur noch Interkostalfelder grün sind. Die jüngeren Blätter sind oftmals stärker verfärbt als die älteren Blätter.

Abb. 2-139: Gummibaum; links Sorte 'Tineke' mit genetisch bedingten regelmäßig chlorophyllfreien Blattrandbereichen. Sortentypisch ist auch das hellere Grün der chlorophyllhaltigen Blattbereiche im Gegensatz zur einheitlich dunkelgrünen Blattfärbung von Sorte 'Robusta' rechts.

Abb. 2-140: Goldene Efeutute (*Epipremnum aureum*) mit chlorotischen Blattfeldern. Trotz der unregelmäßig erscheinenden Verteilung der chlorotischen Blattbereich liegt hier keine Virose vor. Alle Blätter weisen zumindest gewisse Bereiche mit chlorotischen Feldern auf.

2.5.4 Spritzschäden

Ein weites Feld, das zu lokalen oder auch gegebenenfalls großflächig auf dem Feld auftretenden Nekrotisierungen (»Verbrennungen«) oder Missbildungen an Blättern beitragen kann, sind sogenannte Spritzschäden, die von fehldosierten Pflanzenschutzmitteln herrühren können. Auch Blattdüngungsmaßnahmen können bei hoher Dosierung zu Blattschäden führen. Besondere witterungsbedingte Konstellationen wie starke Einstrahlung oder Trockenheit können dabei die »Stressempfindlichkeit« von Blättern erhöhen und die Ausbildung von Symptomen verstärken. Wiederum nur beispielhaft sind Fotos von Spritzschäden in den Abbildungen 2-141 bis 2-147 dargestellt.

Abb. 2-141: Nekrosen an Blattspitzen, die nach einer hohen Düngungsgabe mit AHL-Lösung bei Getreide großflächig zu beobachten waren.

Abb. 2-142: Blattschäden durch das Herbizid Simazin bei Hafer; kein Mn-Mangel.

Abb. 2-143: Blattschäden durch das Herbizid Glyphosat an Rand eines Getreidebestand nach Abtrieb mit dem Wind.

Abb. 2-144: Chlorotisches Blatt der Weinrebe durch fehlerhafte Applikation des Herbizids Glyphosat; kein Mangel an z. B. Mg, Fe, N oder S.

Abb. 2-145: »Verbrennungen« mit chlorotischem Hof an Blättern der Weinrebe nach Schwefel- und Bittersalz-Blattspritzungen bei großer Hitze. Typisch für den vom Ernährungszustand des Blattes unabhängigen Schaden ist die nicht symmetrische Verteilung der Nekrosen und Chlorosen auf den Blättern.

Abb. 2-146: Schaden durch Pflanzenschutzmittelspritzung bei großer Hitze bei Weinrebe, was zu lokalem Gewebekollaps mit bräunlichen Verfärbungen führte. Formale Ähnlichkeit mit den braunen Pünktchen bei Mn-Überschuss, die sich aber nicht so scharf begrenzt flächig darstellen, wie der hier vorliegende Spritzschaden.

Abb. 2-147: Blattverkrüpplungen jüngerer Blätter bei Cowpea nach Blattspritzungen mit einem Tensid (Triton X-100); die Symptome sind absolutem Ca-Mangel ähnlich.

2.5.5 Luftschadstoffe

Als Beispiele symptomrelevanter Luftschadstoffe seien gasförmige Belastungen mit Fluorid (F^-) und Ozon (O_3) genannt. Die Bedeutung von primär emittierten Luftschadstoffen als Auslöser sichtbarer Symptome ist in Deutschland allerdings in den vergangenen 30 bis 40 Jahren im Zuge der Gesetzgebungen zur Luftreinhaltung deutlich zurückgegangen. Das betrifft auch die punktförmigen Emissionen, bei denen im Zuge industrieller Herstellungsprozesse gasförmige Schadstoffe entstehen. Für Ozon als sekundärem Luftschadstoff wirken sich Maßnahmen zur Minderung der Vorläufersubtanzen allerdings deutlich langsamer aus. Kurzfristige Spitzenkonzentrationen haben sich im Verlauf der letzten Jahre vermindert, während sich Jahresmittel-Konzentrationen in den letzten 20 Jahren in Deutschland kaum verändert haben (Kostka-Rick, 2018, pers. Mitteilung).

Industrielle Prozesse, bei denen Fluoridemissionen verstärkt lokal auftreten können, betreffen die Herstellung von Phosphatdüngern und Phosphorsäure, die Stahl- und Aluminiumherstellung oder das Brennen von Ziegeln sowie die keramische Industrie. Gasförmige Freisetzungen von Fluoriden in die Luft bei der Kohleverbrennung werden heutzutage zusammen mit der Rauchgasentschwefelung (Entfernung von SO_2 in der Abluft) eliminiert. In den Abbildungen 2-148 und 2-149 sind zwei Beispiele an Bohnen gezeigt, wie bei kurzzeitiger Exposition mit vergleichsweise hohen HF Konzentrationen in der Luft massive Schäden aussehen können. Da HF mit Ca^{2+} zu unlöslichem CaF_2 reagieren kann, ist nicht verwunderlich, dass sich zumindest zum Teil an jüngeren Blättern F-Schäden nach HF Begasungen ähnlich wie Ca-Mangel äußern können. Wer an weiteren Fotos zu Fluoridschäden interessiert ist, sei auf die Monographie von Doley (1986) verwiesen. Eine Dokumentation zur Ableitung von maximalen Immissionskonzentrationen für Fluorwasserstoff und eine umfangreiche Artenliste zur HF-Empfindlichkeit von Pflanzen findet sich in VDI 2310 Blatt 3 (VDI, 2011).

Ozon in der bodennahen Luftschicht kann sich vor allem bei starker Sonneneinstrahlung vermehrt während der Sommermonate aus Vorläufersubstanzen bilden (vor allem aus Stickoxiden und Kohlenwasserstoffen). Als starkes Oxidationsmittel kann Ozon bei empfindlichen Pflanzenarten sowohl sichtbare Symptome an Blättern bewirken als auch für Ertragsreduktionen verantwortlich sein. Beispiele von Ozonschäden, die ein Verwechslungspotenzial zu Ernährungsstörungen besitzen, sind in den Abbildungen 2-150 bis 2-152 dargestellt. Eine Zusammenstellung an Fotos mit Ozonschäden bei wichtigen Gemüsearten in Deutschland haben Kostka-Rick *et al.* (2001) vorgelegt.

In der Empfindlichkeit für Symptomausprägungen gegenüber Luftschadstoffen bestehen große Unterschiede zwischen Pflanzenarten und Sorten. Besonders empfindliche Pflanzen können daher zum sogenannten **Biomonitoring** bei der wirkungsbezogenen Überwachung von Luftschadstoffen eingesetzt werden. Hierfür werden diese Pflanzen in der Nähe potenzieller Emittenten ausgebracht, um beim Auftreten von Schadsymptomen ein Frühwarnsystem zu besitzen, das ohne chemische Analyse auskommt. Beispiele hierfür genutzter Pflanzen sind für die Luftschadstoffe HF (und weitere organische Fluoride) bestimmte Zwiebelgewächse, insbesondere ausgewählte Gladiolensorten (Ullah *et al.*, 2016), sowie für Ozon die empfindliche Tabaksorte 'Bel W3' (Kostka-Rick und Hahn, 2005) und einige Sorten der Buschbohne wie 'Pinto' und 'Sanilac' (Stabentheiner *et al.*, 2004). Eine andere Form des Biomonitoring besteht darin, geeignete Pflanzenarten als »Schadstoffsammler« zu benutzen und über deren Gehalte an Schadstoffen nach einer Pflanzenanalyse ein integriertes Maß für Schadstoffbelastungen zu erhalten (Nobel *et al.*, 2005).

Abb. 2-148: F-Toxizität; Nekrosen an den Blatträndern und Verkrümmungen der Blätter nach unten (»cupping«) nach 16-tägiger Begasung von Cowpea mit 182 µg HF/m³ Luft bei Kultur in Nährlösung mit einem hohen Ca-Angebot (1 mM Ca). Die Symptome an den jüngeren Blättern weisen Ähnlichkeiten mit Symptomen von absolutem Ca-Mangel auf.

Abb. 2-149: F-Toxizität; Nekrosen der Interkostalfelder am ältesten Fiederblatt bei Cowpea nach 9-tägiger Begasung mit 199 µg HF/m³ Luft bei Kultur in Nährlösung mit einem niedrigen Ca-Angebot, was den F-Schaden verstärkt.

Abb. 2-150: Kopfsalat nach Ozonbegasung; linke Pflanze mit Interkostalchlorosen der ältesten Blätter als O_3-Schaden, der auch mit z. B. Mg-Mangel verwechselt werden könnte. Rechte Pflanze, Kontrolle, ohne O_3-Belastung; die bei beiden Pflanzen erkennbaren Blattrandnekrosen der ältesten Blätter (sog. Trockenrand) ist bei Salat häufig zu beobachten und wird ursächlich auf (Nähr-)Salzanreicherungen an den Blatträndern in Folge starker Transpiration zurückgeführt.

Abb. 2-151: Ozonschäden an Buschbohne; betroffen von O_3-Schäden sind die ältesten Blätter. Von der Blattzeichnung könnten diese Symptome z. B. mit Mn-Mangelerscheinungen an jüngeren Blättern oder mit Mn-Überschusssymptomen an den ältesten Blättern verwechselt werden.

Abb. 2-152: Ozonschaden an älterem Blatt einer Tomate mit relativ gleichmäßiger Verteilung der interkostalen Nekrosen über die Blattspreite hinweg.

3 Pflanzenbauliche Methoden zur Erzeugung und Ermittlung von Ernährungsstörungen

Alexander H. Wissemeier

Nachdem im vorangegangenen Kapitel die diagnostischen Möglichkeiten aus der visuellen Betrachtung der Pflanzen behandelt wurden, umfasst dieses Kapitel Verfahren, wie mithilfe gezielter Veränderungen im Nährstoffangebot Aussagen über den Ernährungszustand von Pflanzen abgeleitet werden können. Dabei soll zunächst beschrieben werden, wie sich in Wasserkulturversuchen definierte Ernährungsstörungen erzeugen lassen. Nachfolgend werden Verfahren benannt, mit denen sich durch gezielte diagnostische Düngungsmaßnahmen Hypothesen für Ernährungsstörungen überprüfen lassen. Abschließend wird beschrieben, wie durch eine verminderte oder unterlassene N-Düngung (»diagnostische Nicht-Düngung«) Hinweise auf die N-Nachlieferung aus dem Boden ermittelt werden können, um daran z. B. eine geteilte zweite N-Düngung zu bemessen.

Zunächst mag es wie eine Themaverfehlung anmuten, in einem Buch über die Diagnose des Ernährungszustandes von Kulturpflanzen auch Methoden zur Erzeugung von Nährstoffstörungen mit aufzunehmen. In Fortführung der im vorangegangenen Kapitel geführten Diskussion, dass Abweichungen vom erwarteten Aussehen von Pflanzen aber nicht nur auf Ernährungsstörungen zurückzuführen sind, kann es gerade auch diagnostisch wichtig sein, definierte Ernährungsstörungen für Vergleichszwecke experimentell herbeiführen zu können. Fraglos von Bedeutung ist das natürlich auch für Lehr- und Demonstrationszwecke. Zudem können Bildersammlungen notwendigerweise immer nur eine Ansammlung von Einzelfällen und Momentaufnahmen sein. Wie z. B. unterschiedliche Sorten auf eine Unter- oder Überversorgung mit Nährstoffen reagieren oder wie sich bei neu eingeführten Kulturpflanzen (z. B. neuen Zierpflanzen) Nährstoffstörungen äußern, ist zuweilen unbekannt und bedarf deren experimenteller Erzeugung unter kontrollierten Bedingungen. Auch wenn man über den Bereich von Kulturpflanzen hinausgeht und dem Erscheinungsbild von Wildpflanzen mögliche Ernährungsstörungen zuordnen will, bieten sich Wasserkulturversuche unter definierten Bedingungen an. Eine Fallstudie hierzu ist in Kapitel 7 beschrieben. Des Weiteren sind komplexe Ernährungsstörungen, die mehr als ein Nährelement im Mangel oder Überschuss betreffen, in Bildersammlungen kaum darstellbar, da dann bei sich überlagernden Symptomausprägungen das mehr oder minder spezifische einer Nährstoffstörung verloren gehen kann. Auch hierfür können pflanzenbauliche Untersuchungen unter kontrollierten Bedingungen hilfreich sein.

3.1 Wasserkulturversuche zur Erzeugung von Nährstoffstörungen

Historisch betrachtet gehören **Wasserkulturversuche**, bei denen Nährsalze reinem Wasser gezielt zugesetzt oder weggelassen wurden, zu der **zentralen Methodik**, mit der die Essenzialität der 14 Nährelemente bewiesen wurde. Die erste Publikation über pflanzenbauliche Wasserkulturversuche ohne festes Substrat mit Landpflanzen stammt wohl aus England von Woodward (1699). Er untersuchte an Wicke, Kartoffel und Minze vergleichend den Einfluss von Wässern aus Quellen, Flüssen, Kanälen, sowie nach Destillation und von Regenwasser und schloss daraus, dass Wasser lediglich der Träger von

»terrestrial matter« sei, das für das Wachstum der Pflanzen wichtig ist.

Der große Vorteil der Wasserkultur zur Erzeugung von Ernährungsstörungen ist, dass man mit in reinem Wasser gelösten hochreinen Nährsalzen gezielt und selektiv durch Nicht-, Minder- oder Überangebot einzelner Nährstoffe Mangel oder Überschuss erzeugen kann. Umfangreiche Übersichtsarbeiten zur Technik des Wasserkulturversuchs, die bis auf den heutigen Tag Gültigkeit besitzen, haben Hewitt (1966), Asher und Edwards (1983) und Parker und Norvell (1999) vorgelegt. Hewitt listet in seinem Buch von 1966 »Sand and Water Culture Methods used in the Study of Plant Nutrition« – das wahrscheinlich die umfangreichste Abhandlung zum Thema Wasserkultur darstellt – über 100 unterschiedliche Nährlösungen auf. Sie reichen zurück bis zu den ersten modernen »synthetischen Nährlösungen« aus den 1860er Jahren für pflanzenphysiologische Untersuchungen von Julius Sachs (1832–1897) und Wilhelm Knop (1817–1891). Die erste publizierte Standardnährlösung von Sachs (1860), mit der er Pflanzen in Wasserkultur bis zur Fruchtreife kultvieren konnte, enthielt mit KNO_3, $Ca_3(PO_4)_2$, $CaSO_4$, $MgSO_4$ und NaCl sowie Spuren an $FeSO_4$ und $MnSO_4$ nur 9 Nährelemente. Wenn sich in solch einer »einfachen« Nährlösung ohne Zusatz an B, Zn, Cu, Mo und Ni gesunde Pflanzen kultivieren ließen, kann das nur heißen, dass Mineralstoffbestandteile im verwendeten Wasser und/oder »Verunreinigungen« der verwendeten Salze zu einer hinreichenden Nährstoffversorgung der nicht zugesetzten Mikronährstoffe beitrugen, sieht man von atmosphärischen Einträgen ab. So kann man auch heute noch in sogenannten »kompletten Nährlösungen« auf den Zusatz an Ni verzichten, da bei dem geringen Pflanzenbedarf dieses Nährelements unvermeidbare Verunreinigungen und/oder bereits der Ni-Gehalt des Samen gemeinhin ausreichen, den Bedarf zu decken (vgl. Brown *et al.*, 1987). Hinweise auf die Notwendigkeit besonderer Aufwendungen, wie den Einsatz eines Ionenaustauschers, um Spuren an Ni aus Wasser und Stammlösungen entfernen zu können, um Ni-Effekte in Nährlösung darstellen zu können, finden sich z. B. bei Gerendás und Sattelmacher (1997). Die Bedeutung der Samengröße und der darin enthaltenen Nährstoffe für die Anfangsentwicklung von Pflanzen oder deren Bedeutung beim Vergleich unterschiedlich nährstoff-effizienter Sorten ist vielfach beschrieben worden (u. a. Stock *et al.*, 1990). So kann es z. B. auch beim großsamigen Mais etwa 14 Tage dauern, bis nach dem Einsetzen von Keimlingen in eine P-freie Nährlösung erste P-Mangelsymptome sichtbar werden.

Die bis auf den heutigen Tag geführte Diskussion, ob Si nicht vielleicht doch mehr als nur ein »nützlicher Mineralstoff« ist, der nur für einzelne Pflanzenarten essenziell ist (Tab. 1-5), sondern die Kriterien eines Nährelements nach Arnon und Stout erfüllt (s. Infobox 1-2), hängt bei der weiten Verbreitung von Si mit der Schwierigkeit zusammen, eine völlig Si-freie Kontrollnährlösung zu etablieren, gegen die geprüft werden kann. Auch hochreines Wasser weist kaum unter 20 nM Si auf (Werner und Roth, 1983). Die Liste der 14 Nährelemente – oder der 17, wenn man noch C, O und H mit dazuzählen will – kann also, wie alles in der Wissenschaft nur als vorläufig erachtet werden. Als weitgehend sicher kann aber gelten, dass die Liste der düngungsrelevanten Nährelemente wohl kaum noch erweitert werden muss. Das sei auch gesagt vor dem Hintergrund gescheiterter Versuche und Anstrengungen den nützlichen Charakter für ein verbessertes Pflanzenwachstum von Elementen wie Lanthan (La) oder Cerium (Ce), die zu den Seltenen Erden gehören, oder eines geringen Angebots an Schwermetallen wie Cadmium (Cd) oder Chrom (Cr) bei höheren Pflanzen zu belegen (Asher, 1991; Broadley *et al.*, 2012).

Bevor das Rezept einer bewährten »kompletten« Nährlösung mit den 13 Nährelementen (ohne Ni-Zusatz) benannt wird, bei der ein gezielter Mangel erzeugt werden kann, sofern einzelne Komponenten weggelassen werden, sei noch kurz auf ein paar Grundprinzipien der Wasserkultur eingegangen.

Ein grundlegender Unterschied zwischen Wasserkultur und Kultur in Boden, Sand, Kies oder gärtnerischen Substraten besteht darin, dass bei Wasserkultur der Wurzelraum keine **mechanische Verankerung der Pflanzen** gewährleistet. In Wasserkultur liefert gemeinhin die Abdeckung des Kulturgefäßes die primäre Halterung zur Fixierung der Keimlinge oder Pflanzen. Bei allen Pflanzen, die nur eine Sprossachse entwickeln, werden die Keimlinge oberhalb der Wurzeln z. B. mit einem Streifen Schaumstoff umwickelt und in einem Loch des Deckels eingesetzt und so verankert. Bis zur Mitte geschlitzte Korken, die Raum für den gekeimten Samen oder den unteren Teil der Sprossachse bieten, sind eine andere Möglichkeit eine Pflanze zu fixieren. Der Korken kann dann in ein passendes Loch des Deckels gesteckt werden, durch das verletzungsfrei die Wurzeln (Einsetzen von oben) oder der Spross (einsetzen von unten) passen. Auch Materialien wie Styropor können mit ihrem Mix aus Stabilität und Flexibilität, um noch ein gewisses Dickenwachstum der Sprossachse zu gewährleisten, Verwendung finden. Etwas komplizierter ist die beschädigungsfreie Verankerung von Pflanzen, die sich während ihrer Entwicklung noch bestocken können, wie das z. B. bei den Getreidearten der Fall ist. Hierzu haben sich kleine »Körbe« bewährt, die aus einem festen Ring und einem bauchigen Plastiknetz bestehen. In diesen können sich der oder die Samen bzw. die Keimlinge entwickeln, wobei die Wurzeln durch das Netz hindurchwachsen. Mit inerten schwarzen Plastikperlen aus Nylon, Polyethylen oder Polypropylen können die Körbe gefüllt werden, um einen Lichteintritt in den Wurzelraum zu verhindern, worin es anderenfalls zu Algenwachstum kommen würde. Die Körbchen mit den Plastikperlen bieten somit Platz für sich entwickelnde Bestockungstriebe und das Plastiknetz, durch das die Wurzeln wachsen, Verankerung. Fotos wie solche Körbchen zum Einsetzen in Nährlösungsdeckel aussehen können, finden sich bei Asher und Edwards (1983).

Einen Kompromiss zwischen dem definierten Nährstoffangebot einer Wasserkultur mit hochreinen Nährsalzen und reinem Wasser und der Stützfunktion von Substraten stellt eine Sand-Gießkultur dar. Dabei werden Pflanzen in gewaschenem Quarzsand kultiviert, die z. B. zweimal täglich auf Durchfluss mit einer Nährlösung gegossen werden. Vorschriften zum Waschen des Sandes, um diesen von Nährstoffen zu befreien, finden sich z. B. bei Hewitt (1966). Welchen Aufwand man zur Reinigung des Sandes betreiben sollte, hängt dabei vom gewünschten Nährstoffmangel ab. Praktisch ohne Reinigungsschritte sollte z. B. N-Mangel jederzeit darstellbar sein, während es je nach Sand vergleichsweise aufwendig sein kann, diesen von Fe zu befreien, um Fe-Mangel schnell und sicher darstellen zu können.

Vor dem Einsetzten von **Keimlingen** in Nährlösung müssen diese **aus Samen** angezogen werden, sofern man nicht z. B. mit bewurzelten Spross- oder Blattstecklingen arbeiten möchte, die zur Beantwortung bestimmter diagnostischer Fragen auch verwendet werden können (Wissemeier und Horst, 1991).

Jede Samenkeimung von Kulturpflanzen setzt sich aus den Schritten der Wasseraufnahme des Samens, gefolgt von der Mobilisierung von Reservestoffen zur Bildung neuer Zellen im Embryo zusammen. Unter weiterer Wasseraufnahme strecken sich dann die neu gebildeten, sich differenzierenden Zellen und als erstes neues sichtbares Organ durchdringt die Keimwurzel (Radikula) die Samenschale. Daraus folgt, dass ein zur Keimung ausgelegter Samen von Kulturpflanzen jederzeit Wasser und unmittelbar nach der Quellung Sauerstoff für metabolische Umsetzungen benötigt. Die stete nicht limitierte Verfügbarkeit sowohl von Wasser als auch von Sauerstoff bestimmt somit die Güte eines Anzuchtsystems. Weiterhin muss gewährleistet sein, den Keimling verletzungsfrei aus einem Anzuchtmedium herauszulösen.

Je nach Ziel- und Fragestellung der Wasserkulturversuche kann man eine Keimlingsanzucht unterscheiden bei der (i) Substratreste auch noch an den Wurzeln der Keimlinge anhaften dürfen, bevor diese in die Nährlösung überführt werden oder (ii) Keimlinge angezogen werden sollen, deren Wurzeln möglichst wenig mit nutritiven Kontaminationen bei der Anzucht in Kontakt kommen. Letzteres ist praktisch nur bei physiologischen Grundsatzstudien eine Bedingung, zumal wenn es sich um Mikronährstoffmangel handeln soll. Hierbei ist allerdings zu beachten, dass B und Ca die einzigen Nährelemente sind, die den Wurzeln in geringen Konzentrationen jederzeit von außen angeboten werden müssen, um sich störungsfrei entwickeln zu können. Als Größenordnung eines hinreichenden externen Ca- und B-Angebots für die Keimwurzeln können 25 µM Ca und 1 µM B gelten. Um diese Voraussetzung zu erfüllen reicht es aus, z. B. Leitungswasser zu Keimlingsanzucht zu verwenden.

Einen Überblick über Verfahren Samen auszulegen, um nach einigen Tagen Keimlinge in Wasserkultur überführen zu können, gibt Tabelle 3-1. Da es immer um den »Dreiklang« bzw. Kompromiss zwischen Wasser, Luft und der Möglichkeit zur verletzungsfreien Entnahme der Keimlinge aus dem Anzuchtmedium geht, hat jedes der Verfahren seine Vor- und Nachteile. Um pilzliche und bakterielle Infektionen während der Samenkeimung einzuschränken kann man die Samen desinfizieren, indem man sie z. B. in eine 0,5 %ige Calciumhypochlorit ($Ca(OCl)_2$) Lösung für 5 Minuten einlegt, abspült, und dann erst zur Keimung auslegt.

Als anwendungssicher haben sich gut angefeuchtete Torf-Sandmischungen erwiesen, da sie das gute Wasserhaltevermögen des Torfs mit der Durchlüftung des Sandes verbinden. Empfohlen werden kann z. B. eine Mischung aus einem Volumenanteil feinteiligem, aufgekalktem, nähstoffarmen Torf plus zwei Volumenteile an Sand, die in Papp- oder Kunststoffbecher eingefüllt werden. Diese sind am Boden mit Löchern zu versehen, um Wasserüberstau auszuschließen. Durch Aufschneiden der Becher, nachdem sich ein Spross ausgebildet hat oder vorsichtigem Ausleeren und Befreien der Wurzel von Substrat in Wasser, sind so brauchbare Jungpflanzen für Wasserkulturversuche zu erzeugen.

Für jede Anzucht sollten in etwa doppelt so viele Samen ausgelegt werden, wie man später Pflanzen für die Wasserkultur benötigt, um selbst bei gegebener hoher Keimrate des Saatguts genügend gleichmäßig gut entwickelte Keimling auswählen zu können. Je nach Größe des Samens haben sich Ablagetiefen von etwa 1 cm für kleinsamige Arten und von etwa 2 cm bei großsamigen Arten (z. B. Mais, Bohnen) bewährt. Durch Einschlag in Folie oder Abdeckung der Anzuchtgefäße ist Sorge zu tragen, dass es zu keiner zwischenzeitlichen Austrockung

Tab. 3-1: Systeme, um aus Samen Keimlinge zu erzeugen, die ohne Verletzungen in Wasserkultur überführt werden können.

Auslegen von Samen in angefeuchtete Umgebungen zur Keimung	
1. Substrate, bei denen Anhaftungen an Wurzeln nach Auswaschung vorkommen können	
• Torf • Torf/Sand-Gemisch • Sand • Vermiculit	sinkende Wahrscheinlichkeit für Anhaftungen aber auch geringeres Wasserhaltevermögen
2. Erzeugung von Keimlingen ohne Anhaftungen an Wurzeln durch Auslegen zwischen	
• Filterpapier (ohne Nährstoffe: aschefreies Filterpapier) • Küchenpapier • Schaumstoffplatten (gegebenenfalls in Kombination mit Filterpapier)	
3. Sondersystem, um Verpilzung während der Keimung zu unterdrücken durch Ausnutzung des suppressiven Potenzials von Böden	
Samen zwischen Filterpapier auslegen, die auf feuchte Bodenschicht aufgelegt werden	

um den Samen herum kommt. Die Zeitdauer bis sich hinreichend große Keimlinge zum Transfer in die Wasserkultur entwickelt haben, hängt von der Pflanzenart und Temperatur während der Keimung ab. Um die Keimung etwas zu beschleunigen und gleiche Startbedingungen bei der Quellung der Samen zu gewährleisten, kann man diese für ein bis zwei Stunden vor dem Auslegen in Leitungswasser oder z. B. eine 10 mM $CaSO_4$-Lösung legen.

Eine Rezeptur einer bewährten »kompletten« Nährlösung, bei der sich durch das Weglassen einzelner Salze Nährstoffmangelnährlösungen ergeben, gibt Tabelle 3-2 wieder. Die Angaben in Tabelle 3-2 A beziehen sich auf 2 L Nährlösung. Werden größere oder kleinere Volumina angesetzt, sind die Angaben mit den entsprechenden Faktoren zu multiplizieren. Alle Nährlösungen sind zu belüften, um eine hinreichende Wurzelatmung zu ermöglichen, die über die Bereitstellung metabolischer Energie u. a. auch notwendig ist, um eine effiziente Nährstoffaufnahme zu gewährleisten. Eine klassische Ausnahme, bei der man auf eine Belüftung der Nährlösung verzichten kann, ist der Nassreis. Er bildet im Rindenparenchym seiner Wurzeln Zwischenräume aus (Durchlüftungsgewebe, Aerenchym), über die Luft und damit Sauerstoff vom Spross in die im Wasser stehenden Wurzeln gelangen kann. Auch Mais kann bei Sauerstoffmangel im Wurzelraum in begrenztem Maße ein Aerenchym ausbilden. Gelegentlich wurde daher Mais (aber auch andere Pflanzenarten) in Wasserkultur ohne zusätzliche Belüftung der Nährlösung kultiviert. Zu empfehlen ist das aber nicht. Ein geringes »Durchblubbern« einer Nährlösung ist gemeinhin hinreichend eine ausreichende Sauerstoffversorgung einer Nährlösung sicherzustellen. Eine gewisse Zirkulation der Nährlösung im Gefäß durch die aufsteigenden Luftblasen ist ein weiterer Effekt der Belüftung, der die Nährstoffaufnahme fördert. Gesunde Wurzeln in Nährlösung sind weiß, während unter Sauerstoffmangel leidende Wurzeln zumeist leichte Verbräunungen aufweisen. Verbräunungen bei Wurzeln trotz guter Sauerstoffversorgung können aber auch auf andere Hemmungen des Wurzelwachstums hindeuten und sind z. B. ganz typisch für B-Mangel.

Die Angaben in Tabelle 3-2 können natürlich auch die Grundlage liefern mehr als einen Nährstoff im Angebot zu variieren oder durch Steigerungen im Angebot Überschuss und Toxizität zu bewirken. Naheliegend sind auch Versuche mit Steigerungsreihen einzelner Nährstoffe, bei denen ausgehend von einer kompletten Nährlösung mit 100 % des betreffenden Nährstoffs nur noch 50 %, 25 %, 12,5 %, 6,25 % und 0 % eines Nährstoffs angeboten werden. Es bleibt aber darauf hinzuweisen, dass die Nährlösungszusammensetzung wie in Tabelle 3-2 ausgewiesen für einzelne Pflanzenarten gegebenfalls angepasst werden sollte. Zum Beispiel könnte das Mn-Angebot der Nährlösung von 0,025 mM (25 µM) für Mn-überschussempfindliche Kulturen zu Toxizitätssymptomen führen. Gerade für Mn sind große Unterschiede in der Mn-Toleranz zwischen Pflanzenarten aber auch für Sorten innerhalb einer Art beschrieben (Horst, 1988). Dabei weisen in der Regel Pflanzen, die eine hohe Toleranz gegenüber einem hohen Mn-Angebot besitzen, für eine optimale Mn-Ernährung auch ein höheres nötiges Mn-Angebot auf als weniger Mn-tolerante Arten oder Sorten.

Wasserkulturversuche können als

- fließende Nährlösungskultur oder
- stehende Nährlösungskultur geführt werden.

Bei fließenden Nährlösungskulturen (flowing solution culture) wird versucht, den vergleichsweise niedrigen Nährstoffkonzentrationen an der Wurzeloberfläche in der gepufferten Bodenlösungen nahe zu kommen, indem niedrige Nährstoffkonzentrationen beständig, da fließend, an die Wurzeloberfläche herangeführt werden. Zur Etablierung einer fließenden Nährlösungskultur sind vergleichsweise hohe technische Aufwendungen wie große Nährlösungstanks und gegebenfalls Pumpensysteme nötig, sodass hier nur auf weiterführende Literatur zu dieser Technik hinzuweisen ist (Asher und Edwards, 1983).

Tab. 3-2: Synthetische Nährlösungen zur Erzeugung von Nährstoffmangelsymptomen; A als Rezept für 2 L Nährlösung, B die dazugehörigen Angaben der molaren Salzkonzentrationen. (Die Vorschriften zur Herstellung der Stammlösungen finden sich im Anhang.)

Stammlösungen		mL Stammlösung auf 2 L demineralisiertes Wasser												
A	Konzentration (mM)	komplett	-Ca	-S	-Mg	-K	-N	-P	-Fe	-B	-Mn	-Zn	-Cu	-Mo
$Ca(NO_3)_2$	1000	10	–	10	10	10	–	10	10	10	10	10	10	10
KNO_3	1000	10	10	10	10	–	–	10	10	10	10	10	10	10
KH_2PO_4	100	10	10	10	10	–	10	–	10	10	10	10	10	10
$MgSO_4$	1000	4	4	–	–	4	4	4	4	4	4	4	4	4
$NaNO_3$	1000	–	20	–	–	10	–	–	–	–	–	–	–	–
$CaCl_2$	1000	–	–	–	–	–	10	–	–	–	–	–	–	–
KCl	1000	–	–	–	–	–	10	1	–	–	–	–	–	–
$MgCl_2$	1000	–	–	4	–	–	–	–	–	–	–	–	–	–
Na_2SO_4	1000	–	–	–	4	–	–	–	–	–	–	–	–	–
NaH_2PO_4	1000	–	–	–	–	1	–	–	–	–	–	–	–	–
NaCl	100	1	1	–	1	1	–	–	1	1	1	1	1	1
FeEDDHA/FeEDTA	100	2	2	2	2	2	2	2	–	2	2	2	2	2
H_3BO_3	50	2	2	2	2	2	2	2	2	–	2	2	2	2
$MnSO_4$	50	1	1	1	1	1	1	1	1	1	–	1	1	1
$ZnSO_4$	10	2	2	2	2	2	2	2	2	2	2	–	2	2
$CuSO_4$	10	1	1	1	1	1	1	1	1	1	1	1	–	1
$(NH_4)_6Mo_7O_{24}$	1	1	1	1	1	1	1	1	1	1	1	1	1	–
Stammlösungen		**mM Salz in Endnährlosung**												
B	**Konzentration (mM)**	**komplett**	**-Ca**	**-S**	**-Mg**	**-K**	**-N**	**-P**	**-Fe**	**-B**	**-Mn**	**-Zn**	**-Cu**	**-Mo**
$Ca(NO_3)_2$	1000	5,0		5,0	5,0	5,0		5,0	5,0	5,0	5,0	5,0	5,0	5,0
KNO_3	1000	5,0	5,0	5,0	5,0			5,0	5,0	5,0	5,0	5,0	5,0	5,0
KH_2PO_4	100	0,5	0,5	0,5	0,5		0,5		0,5	0,5	0,5	0,5	0,5	0,5
$MgSO_4$	1000	2,0	2,0			2,0	2,0	2,0	2,0	2,0	2,0	2,0	2,0	2,0
$NaNO_3$	1000		10,0			5,0								

Stammlösungen		mM Salz in Endnährlosung												
B	Konzentration (mM)	komplett	-Ca	-S	-Mg	-K	-N	-P	-Fe	-B	-Mn	-Zn	-Cu	-Mo
$CaCl_2$	1000						5,0							
KCl	1000						5,0	0,5						
$MgCl_2$	1000			2,0										
Na_2SO_4	1000				2,0									
NaH_2PO_4	1000					0,5								
NaCl	100	0,050	0,050		0,050	0,050			0,050	0,050	0,050	0,050	0,050	0,050
FeEDDHA/FeEDTA	100	0,100	0,100	0,100	0,100	0,100	0,100	0,100		0,100	0,100	0,100	0,100	0,100
H_3BO_3	50	0,050	0,050	0,050	0,050	0,050	0,050	0,050	0,050		0,050	0,050	0,050	0,050
$MnSO_4$	50	0,025	0,025	0,025	0,025	0,025	0,025	0,025	0,025	0,025		0,025	0,025	0,025
$ZnSO_4$	10	0,010	0,010	0,010	0,010	0,010	0,010	0,010	0,010	0,010	0,010		0,010	0,010
$CuSO_4$	10	0,005	0,005	0,005	0,005	0,005	0,005	0,005	0,005	0,005	0,005	0,005		0,005
$(NH_4)_6Mo_7O_{24}$	1	0,001	0,001	0,001	0,001	0,001	0,001	0,001	0,001	0,001	0,001	0,001	0,001	

Stehende, ständig belüftete Wasserkulturen stellen für experimentelle Zwecke das Standardverfahren dar. Unterscheiden kann man dabei zwischen (i) einem Verfahren, bei dem die **komplette Nährlösung** durch Umsetzen der Pflanzen in frische Nährlösung **periodisch erneuert** wird oder (ii) einem System der **Nährstoffaddition**, bei dem geringe Volumina konzentrierter Lösungen einzelner Nährstoffe den Wasserkulturgefäßen periodisch zugegeben werden, um die Nährstoffverarmung der Nährlösung auszugleichen. Maßstab der Nährstoffaddition kann die analytische Bestimmung der Nährstoffkonzentrationen in der Nährlösung sein oder eine Bestimmung der pflanzlichen Biomasse, aus der die Nährstoffaufnahme bzw. Verarmung der Nährlösung abgeleitet wird. Daten über den Zuwachs der Pflanzen können von destruktiv geernteten Parallelpflanzen stammen, durch Wachstumsmodelle ermittelt werden, deren Grundlage klimatische Daten sind, oder auf Basis nicht-destruktiver Messungen wie z. B. der Blattflächen abgeschätzt werden. Auf die verschiedenen Aspekte und Möglichkeiten den Nährstoffstatus in Nährlösungen einzustellen und zu kontrollieren geht die Arbeit von Parker und Norvell (1999) detailliert ein.

Die Verarmung einer Nährlösung beispielsweise auf 50 % des Ausgangswertes kann auch als Kriterium für den Zeitpunkt eines kompletten Nährlösungswechsels verwendet werden. Man kann z. B. die Konzentration an Nitrat in der Nährlösung als Maßstab heranziehen, wie es Wiesler *et al.* (1997) in ihren Nährlösungsversuchen beschrieben haben. Der Vorteil von Nitrat als Leitnährstoff zur Bemessung der Nährlösungswechsel ist, dass sich dessen Konzentration ohne Laboranalytik hinreichend genau über Nitratteststäbchen bestimmen lässt. Die Messung der elektrischen Leitfähigkeit der Nährlösung – nachdem man die Wasserverluste durch die Transpiration der Pflanzen ausgeglichen hat – ist eine andere einfache Möglichkeit, sich einen summarischen Überblick über die Nährstoffverarmung einer Nährlösung zu verschaffen, um danach einen Nährlösungswechsel auszurichten.

Ein periodisch vorgenommener kompletter Nährlösungswechsel stellt zwar immer ein Nährstoffangebot in mehr oder minder ausgeprägter »Sägezahnform« dar, da die Pflanzen bis zum Nährlösungswechsel die Nährstoffe durch Aufnahme entziehen, hat aber den Vorteil, dass ungewollte Anreicherungen einzelner Nährstoffe oder ein einseitiges Abdriften des pH-Werts der Nährlösung nur in eingeschränktem Maße möglich sind. Solange keine ökologisch relevanten Sonderfragen beantwortet werden müssen und nur eine problemlose Kultur von Pflanzen und/oder deren gezielte Erzeugung von Nährstoffmangel oder Überschuss im kleinen nicht professionellen Rahmen im Vordergrund steht, ist ein Topfsystem mit kompletten Nährstoffwechseln, da einfach und sicher, zu bevorzugen. Das trifft zumindest für die meisten Nährstoffe zu. Wenn hingegen, wie bei Arbeiten zum »Ultramikronährstoff« Ni, alle Kontaminationsquellen minimiert werden müssen, kann eine ausschließliche Nährstoffaddition vorteilhaft sein, um Einschleppungen gering zu halten (Gerendás und Sattelmacher, 1997). Die Nährsalze, mit denen die Nährlösungen angesetzt werden, sollten *p. a.* Qualität besitzen (»analysenrein«), wenn es um die Darstellung eines Mangels an Mikronährstoffen geht. Für Fe ist hierbei zu bemerken, dass Fe-Chelate (FeEDTA, FeEDDHA) im Chemikalienhandel mit »Chemikalienqualität« und nicht im Düngemittelhandel mit »Düngemittelqualität« bezogen werden sollten. Fe-Chelate in Düngemittelqualität können z. B. hinreichend viel Mn als Nebenkomponente enthalten, sodass sich dann kein deutlicher Mn-Mangel mehr darstellen lässt. Wenn es auf sehr hohe Reinheiten ankommt, kann es angezeigt sein, Stammnährlösungen mit einem Ionenaustauscher von Mikronährstoffkontaminationen zu befreien, wie das Gerendás und Sattelmacher (1997) oder Pedas *et al.* (2005) für ihre Mangelversuche mit dem Ionenaustauscher Chelex® getan haben.

3.2 Diagnostische Düngung

Bei der diagnostischen Düngung werden Nährstoffe einem räumlich begrenzten Pflanzenbestand, einzelnen Pflanzen, oder Teilen von Pflanzen gezielt angeboten. In den Tagen nach der Nährstoffapplikation wird vergleichend gegenüber weiterhin ungedüngten Kontrollen festgestellt, ob sich durch Veränderungen im Wachstum oder der Ausfärbung der Blätter die Hypothese eines Nährstoffmangels bestätigen lässt oder nicht. Das einfache Prinzip einer diagnostischen Düngung gibt Abbildung 3-1 wieder. Diagnostische Düngungen von Teilflächen größerer Schläge sind auch entscheidende Werkzeuge, wenn Bestände über optische Verfahren (Kap. 5) in ihrer

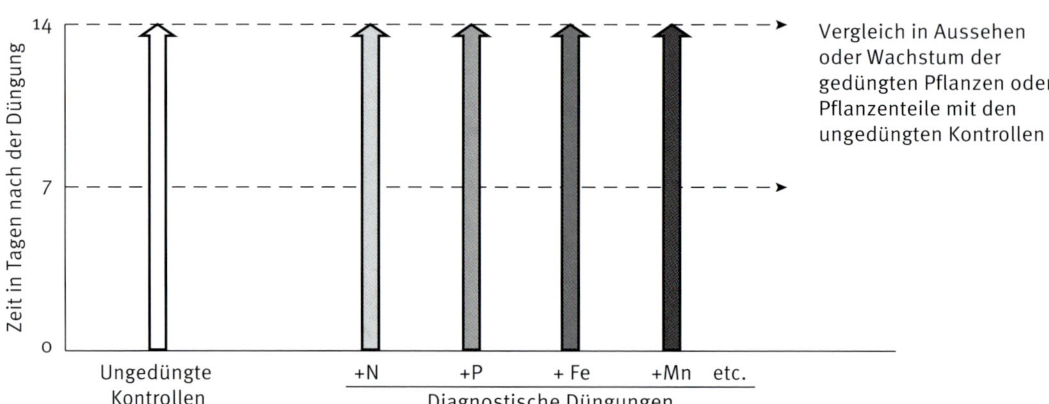

Abb. 3-1: Allgemeines Schema einer diagnostischen Düngung über den Boden oder über das Blatt. Auch wenn sich nach Blattdüngungsmaßnahmen farbliche Veränderungen zum Teil schon nach wenigen Tagen beobachten lassen, haben sich als Beobachtungszeitraum 14 Tage bei Düngung über den Boden bewährt. Sollten sich keine visuellen Veränderungen zur ungedüngten Kontrolle einstellen, kann für den gedüngten Nährstoff die Hypothese eines Mangels verworfen werden.

Entwicklung und N-Düngebedürftigkeit verfolgt und geführt werden sollen (Kitchen *et al.*, 2010; Whelan *et al.*, 2012). Den aktuellen Stand hierzu, auch aus ökonomischer Sicht, haben jüngst Colaço und Bramley (2018) zusammengestellt.

Unter dem Thema »Diagnostische Düngung« seien auch die diagnostischen Verfahren behandelt, die Bouma und Dowling beginnend der 1960er Jahre in Australien entwickelt haben. Sie überführten Pflanzen oder Pflanzenteile mit unbekanntem Nährstoffstatus in Nährlösungen, denen einzelne Nährstoffe fehlten, um so bei einem schlechtem Weiterwachsen auf der Mangelnährlösung auf eine unzureichende Versorgung mit diesem Nährstoff der Ausgangspflanzen schließen zu können.

Bouma und Dowling haben ihre Untersuchungen und Erfahrungen zu dieser Möglichkeit einer semiquantitativen Diagnose auf pflanzenbaulicher Basis, die ohne chemische Analysen auskommt, in einer ganzen Reihe von Veröffentlichungen dokumentiert. Zunächst arbeiteten sie mit ganzen Pflanzen, die modellhaft zum Teil auch in Nährlösungen unterschiedlich ernährt wurden (Bouma und Dowling, 1962, 1966a,b, 1967). Für den Ernährungszustand an P, S oder K, nicht aber für N, konnten sie zeigen, dass sich ein diagnostischer Zusammenhang innerhalb weniger Tage durch das schlechtere Blattwachstum auf einer Mangelnährlösung für ihr Untersuchungsobjekt Erdklee (*Trifolium subterraneum*) etablieren ließ. Abbildung 3-2 gibt das Ergebnis für

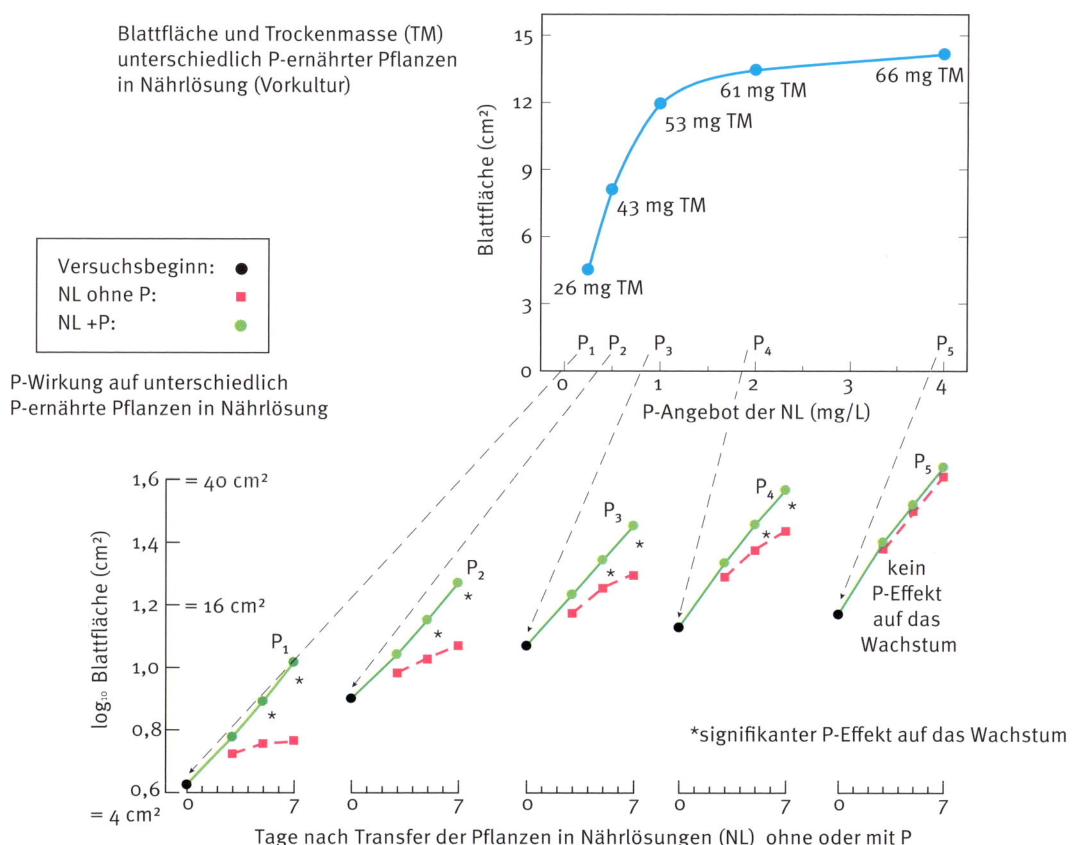

Abb. 3-2: Diagnose der P-Ernährung unterschiedlich P-vorernährter Pflanzen (*Trifolium subterraneum*) nach 14 Tagen in Nährlösung durch Überführung der Pflanzen für 7 Tage in Nährlösung (NL) mit oder ohne Zusatz an P (Bouma und Dowling (1966a), modifiziert).

unterschiedliche P-versorgte Pflanzen wieder. Das Blattflächenwachstum als empfindliches Maß für den Ernährungszustand wurde dabei nicht-destruktiv gegen photographische Standards bekannter Flächen nach einem Vorschlag von Williams *et al.* (1964) abgeschätzt. Es zeigt sich, dass die Zuwachsraten der Blattflächen auf den P-freien Testlösungen (Steilheit der roten Kurven, die beim logarithmischen Auftrag nahezu Geraden darstellen) von P_5 nach P_1 hin deutlich abfallen. Bei den optimal P-ernährten Pflanzen P_5 war die P-Versorgung offensichtlich so gut, dass sich im Beobachtungszeitraum von sieben Tagen auch ohne ein weiteres P-Angebot kein Wachstumsrückgang einstellte, was bei allen anderen P-Varianten der Fall war.

In einer Weiterentwicklung ihres diagnostischen Ansatzes konnten Bouma und Dowling (1976, 1980) schließlich zeigen, dass zumindest für die P-Versorgung bei Erdklee auch mit abgeschnittenen, isolierten Blättern gearbeitet werden kann, die mit den Blattstielen in Nährlösungen getaucht unter kontrollierten Bedingungen über sieben Tage hinweg weiterwachsen. Abbildung 3-3 gibt das Ergebnis von im Feld geernteten Blättern wieder, die je nach ihrem P-Versorgungszustand ohne P-Angebot in Nährlösung nach 7 Tagen umso weniger Blattmasse bildeten, je niedriger die P-Düngung war, was sich auch in deutlichen Ertragseinbußen der Kleeweide bei diesem P-armen australischen Boden auswirkte.

3.2.1 Diagnostische Düngung des Bodens

Besteht der Verdacht, dass eine Unterversorgung mit einzelnen Nährstoffen vorliegt, kann man z. B. ausgesteckte Teilflächen eines Bestandes gezielt

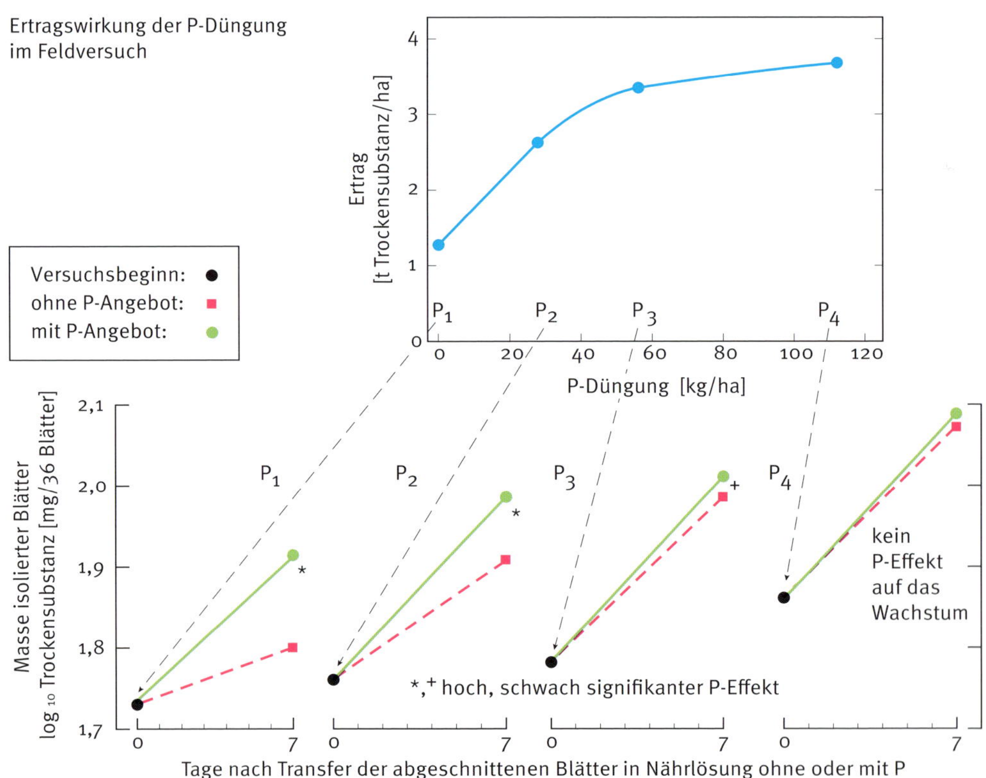

Abb. 3-3: Diagnose der P-Ernährung unterschiedlich P-gedüngter Pflanzen (*Trifolium subterraneum*) in einem Feldversuch bei Canberra, Australien, nach Überführung abgeschnittener Blätter für 7 Tage in Nährlösung unter kontrollierten Bedingungen mit oder ohne Zusatz an P (Bouma und Dowling (1980), modifiziert).

düngen und danach Veränderungen beobachten oder messen. Auch einzelne Pflanzen eines Bestandes können zur Diagnose gezielt gedüngt werden. Durch direkte Platzierung der Nährstoffe in Wurzelnähe, indem diese z. B. in zwei oder drei etwa 5 cm tiefe Löcher (erzeugt mit Pflanzkeil, Stock oder dergleichen) um die Sprossachse herum ausgebracht werden, sollte sich etwa zwei Wochen nach den lokalen Düngungsmaßnahmen nährstoffspezifische Unterschiede im Wachstum und/oder Aussehen der Pflanzen einstellen. Durch Auflösen der Salze in Wasser und/oder die Bewässerung der Applikationslöcher sollte sich die Reaktion der Pflanzen auf das Nährstoffangebot relativ sicher gestalten und weitgehend von der Bodenfeuchte oder Niederschlägen entkoppeln lassen.

Abbildung 3-4 zeigt in Fotos das Ergebnis einer derartigen Untersuchung in einem Hausgarten mit Staudensellerie. Es ist zu erkennen, dass nach 14 Tagen eine grünere Blattfarbe und ein verbessertes Wachstum nur die N- oder NPK-gedüngten Pflanzen, nicht aber die P-, K-, oder Mg-gedüngten Einzelpflanzen aufweisen. Somit kann in diesem Fall von einer Unterversorgung mit N ausgegangen werden.

Um Untersuchungen und Versuche dieser Art zu planen und durchzuführen, mag man von Anhaltspunkten ausgehen wie sie Tabelle 3-3 enthält. Als Startpunkt können die Nährelemententzüge in kg je ha dienen, wie sie im ersten Kapitel in Abbildung 1-2 als pflanzenartlich undifferenzierte Größenordnung aufgelistet sind. Wenn man konkrete Hinweise zur Trockenmasseproduktion kennt, kann man diese Größenordnung von 10 t Trockenmasse pro ha mit einen Faktor entsprechend korrigieren. Sicherlich am kritischsten im Schema von Tabelle 3-3 ist der Hochrechnungsfaktor für die Nährstoff- bzw. Nährelementausnutzung für eine einjährige Betrachtung. Das ist im Wesentlichen eine Frage des Bodens, ist aber auch von Witterungsfaktoren und der Form des Nährelements, d. h. des Düngemittels mit beeinflusst. Die in Spalte D der Tabelle

Abb. 3-4: Diagnostische Düngung von Staudensellerie mit je Pflanze entweder 1,3 g N als NH_4NO_3 (+N), 0,3 g P als $Ca(H_2PO_4)_2$ (+P), 1,1 g K als KCl (+K), 0,2 g Mg als $MgSO_4$ (+Mg) oder 1,3 g N + 0,3 g P + 1,1 g K (+NPK). Zu den Kontrollen (-) wurde nur die Wassermenge appliziert, in der die Nährstoffe gelöst wurden.

Tab. 3-3: Kalkulationsschema, um den maximalen Nährelementbedarf für diagnostische Düngungen über den Boden je m² oder Einzelpflanze zu kalkulieren.

Spalte	A	B	C	D	E	F	
	kg/ha Nährelemententzug bei Biomasse 10 t TM/ha	g/m² Nährelemententzug bei Biomasse 10 t TM/ha	Korrekturfaktor C für weniger oder mehr als 10 t TM/ha: t erwartet/10 t	Hochrechnungsfaktor für Nährstoffausnutzung z. B.	Anzahl Pflanzen pro m²	Diagnostische Düngung in g Nährelement	
						je m² (B × C × D = F)	je Pflanze(F/E)
Nährelement							
N	150	15	C	1,5	E	15 × C 1,5	F/E
K	100	10	C	2	E	10 × C × 2	F/E
Mg	20	2	C	2	E	2 × C × 2	F/E
P	20	2	C	5	E	2 × C × 2	F/E
S	10	1	C	2	E	1 × C × 2	F/E
Fe	1	0,1	C	10	E	0,1 × C × 2	F/E
Mn	0,5	0,05	C	10	E	0,05 × C × 2	F/E
Zn	0,2	0,02	C	10	E	0,02 × C × 2	F/E
B	0,2	0,02	C	10	E	0,02 × C × 2	F/E
Cu	0,06	0,006	C	10	E	0,006 × C × 2	F/E
Mo	0,001	0,0001	C	5	E	0,0001 × C × 2	F/E

genannten Faktoren können daher nur sehr grobe Anhaltspunkte sein. Für den Einzelfall dürften auch Nährstoffverluste, biologische und/oder chemische Festlegungen im Boden und eine gegebenfalls nur eingeschränkte Nährstoffaufnahme, z. B. durch eine sehr lokale Applikation der Nährstoffe zu Einzelpflanzen in einem Bestand von Bedeutung sein. Die sich aus Tabelle 3-3 ergebenden g Nährelement je m² oder Einzelpflanzen müssen dann nur noch mit 100 multipliziert und durch den Nährelementgehalt in % auf Elementbasis (!) des Einnährstoffdüngers oder der verwendeten Chemikalie dividiert werden, um die benötigte Einwaage in g zu erhalten.

3.2.2 Diagnostische Düngung von Blättern oder Blattteilen

Eine diagnostische Blattdüngung mit Fe hat Pflanzenernährungsgeschichte geschrieben. Gris hat 1844 als Erster, nach allem was bekannt ist, experimentell zeigen können, dass eine Blattdüngung mit Fe-Salzen chlorotische Weinreben wieder ergrünen ließ.

Auch heute noch ist insbesondere die Diagnose von Fe-mangelbedingten Chlorosen über Blattdüngungen mit Fe ein, wenn nicht sogar das Mittel der Wahl (Chaney, 1984), da für Fe die klassische Mineralstoffanalyse der Blätter und deren Interpretation an Grenzen stößt, wie in den Kapiteln 4.1 und 6 dargestellt ist. Prinzipieller Vorteil einer diagnostischen Blattdüngung im Vergleich zu einer Düngung über den Boden ist, dass diese schneller wirksam ist und Probleme einer chemischen Nährstofffestlegung im Boden oder eine geringe Verfügbarkeit, wie z. B. durch Trockenheit, dann keine Rolle spielen, wenn wasserlösliche Verbindungen appliziert werden.

Auf der anderen Seite ist begrenzend für eine Düngung über die Blätter, dass zur Vermeidung von Blattschäden nicht beliebig hohe Nährstoffkonzentrationen und damit Nährstoffmengen appliziert werden können, was allerdings zumindest zum Teil

Tab. 3-4: Lösungen, die für diagnostische Blattdüngungen oder zu lokalem Leaf painting verwendet werden können. Wird bei einer diagnostischen Blattdüngung ein Bestand je m² Standfläche mit z. B. 80 mL (= 800 L/ha) gedüngt, ergeben sich aus der Spalte Konzentration in g/L x 800 L geteilt durch 1000 (= Faktor 0,8) die Nährstoffmengen in kg pro ha. Wird zur N-Düngung gebrauchsfertige AHL-Düngelösung verwendet (N-Gehalt je nach Typ zwischen 28 und 32 %) können davon 15 mL auf einen Liter verdünnt werden, um etwa 5 g N/L zu erhalten.

	Düngemittel					
Nähr-element	**Chemikalie bzw. Düngemittel**	**MW**	**Konzentration in der Lösung % (w/w)**	**Einwaage in g/L**	**Konzentration der Nährelemente in der Lösung**	
					g/L	**mM**
N	NH_4NO_3	80,1	1,4	14	N: 4,9	N:350
	Harnstoff	60,1	1,1	11	N: 5,1	N: 366
P	KH_2PO_4	136,1	1,5	15	K: 4,3; P: 3,4	K: 110; P: 110
	$Ca(H_2PO_4)_2$	234,1	2	20	Ca: 3,4; P: 6,7	Ca: 85; P: 171
K	KCl	74,6	0,7	7	K: 3,7; Cl: 3,3	K: 94; Cl: 94
	K_2SO_4	174,3	2	20	K: 9,0; S: 3,7	K: 229; S: 115
Ca	$CaCl_2$	111,0	0,2	2	Ca: 0,7; Cl: 1,3	Ca: 18; Cl: 36
Mg	$MgCl_2$	95,2	0,3	3	Mg: 0,8; Cl: 2,2	Mg: 32; Cl: 63
	$MgSO_4 \times 7\ H_2O$	246,5	2,5	25	Mg: 2,5; S: 3,3	Mg: 101; S: 101
Fe	FeEDTA	367,1	0,15	1,5	Fe: 0,23	Fe: 4
	$FeSO_4 \times 7\ H_2O$	278,0	0,1	1	Fe: 0,2; S: 0,12	Fe: 4; S: 4
Mn	$MnSO_4$	151,0	0,75	7,5	Mn: 3; S: 1,6	Mn: 50; S: 50
	$MnSO_4 \times 4\ H_2O$	223,1	1	10	Mn: 2,5; S: 1,5	Mn: 45; S: 45
Zn	$ZnSO_4 \times 7\ H_2O$	287,6	0,4	4	Zn: 0,9; S: 0,5	Zn: 14; S: 14
Cu	$CuSO_4 \times 5\ H_2O$	249,7	0,3	3	Cu: 0,8; S: 0,4	Cu: 12; S: 12
B	$Na_2B_4O_7 \times 10\ H_2O$	381,4	1	10	B: 1,1	B: 105
Mo	$Na_2MoO_4 \times 2\ H_2O$	241,9	0,1	1	Mo: 0,4	Mo: 4

durch kurzfristig wiederholte Blattdüngungen ausgeglichen werden kann. Weiterhin ist begrenzend, dass die Nährstoffaufnahme auch über das Blatt nur in der wässrigen Phase erfolgen kann. Damit ist die mengenmäßige Effektivität einer Blattdüngung neben dem Haftvermögen der Lösung auch vom Eintrocknungsverhalten der gespritzten Lösung und damit maßgeblich auch von der vorherrschenden Luftfeuchtigkeit nach der Blattapplikation abhängig. Unterhalb welcher Luftfeuchtigkeit eine Salzlösung auf einem Blatt auskristallisiert gibt der Deliqueszenzpunkt an, der mit den hygroskopischen Eigenschaften eines Salzes oder einer Verbindung korreliert ist. Eine hohe Luftfeuchte ist immer zu bevorzugen, womit sich Abendstunden generell als Applikationszeitraum anbieten, auch wenn Licht und Temperatur Faktoren sind, die ihrerseits die Nährstoffaufnahme aus einer Lösung über das Blatt fördern können. Bei schlechter Benetzbarkeit der Blattoberfläche erhöht der Zusatz eines Netzmittels (Größenordnung ≤ 0,1 % Netzmittel in der Applikationslösung) die Kontaktfläche zwischen Spritzlösung und Blatt und damit die Menge der Nährstoffaufnahme. Ist eine gewisse Benetzbarkeit gegeben, hat Netzmittelzusatz keinen positiven Einfluss mehr und kann sich gegebenfalls sogar negativ auswirken, da bei extremer Spreizung eines Tropfens auf einem Blatt sich nur sehr dünne Flüssigkeitsfilme einstellen, was bei gegebener Konzentration eine geringe Nährstoffmenge bedeutet.

Zur diagnostischen Blattdüngung geeignete Salze und Harnstoff sind in Tabelle 3-4 aufgelistet. Deren Einwaagen zum Erhalten gebrauchsfertiger Spritzlösungen für einen Liter Lösung sind nur als grobe Anhaltspunkte zu verstehen. Im Einzelfall könnten auch höhere Konzentrationen noch pflanzenverträglich sein, während bei empfindlichem Blattgewebe Schäden auftreten können! In den Düngungsempfehlungen für die Blattdünger werden daher immer die jeweiligen Zielkulturen benannt, da Empfindlichkeitsunterschiede bestehen und oftmals Spannen an Konzentrationen benannt. Die in Tabelle 3-4 ausgewiesen Lösungen können auch zum sog. Leaf painting verwendet werden (Abb. 3-7, Möglichkeit 4).

Unter Leaf painting ist eine kleinflächige Sonderform der Blattdüngung zu verstehen. Lösungen unterschiedlicher Nährstoffe werden dabei mit einem Pinsel auf die zu diagnostizierenden, z. B. hellgrünen oder chlorotischen Blätter kleinflächig aufgetragen (sowohl auf die Blattober- und Unterseite ist vorteilhaft), um im Falle einer Ergrünung damit einen guten Hinweis auf eine Unterversorgung mit dem applizierten Nährstoff zu erhalten. Leaf painting ist damit gut geeignet, gezielt einzelne Vermutungen eines Nährstoffmangels (oder gegebenfalls die Kombination verschiedener Mängel) zu überprüfen. Es versteht sich, dass immer auch gleichbehandelte Kontrollen, bei denen nur reines Wasser (oder die verdünnte Netzmittellösung) zum Vergleich appliziert wird, vorhanden sein müssen. Bewährt hat sich bei breitblättrigen Pflanzen die Nährstoffe immer nur auf eine Blatthälfte zu applizieren und die andere Blatthälfte zur Kontrastierung als Kontrolle zu betrachten, wie das in Abbildung 3-7 (Möglichkeit 4) angedeutet ist. Selbst gut in der Pflanze verlagerbare Nährstoffe wie N sollten kurzfristig zuerst am Ort der Aufnahme »wirksam« werden, um eine Unterversorgung zu beheben. Die behandelten Blätter sollten daher täglich nach der Applikation in Augenschein genommen werden. Die flächentreue Applikation der Lösungen kann auch nach einem oder zwei Tagen wiederholt werden. In manchen Fällen schon nach zwei Tagen, spätestens aber sieben Tage nach der ersten Applikation, sollten Unterschiede leicht sichtbar sein. In Abbildung 3-5 ist zu erkennen, dass im Falle eines Fe-Mangels mit Fe-EDTA Lösungen auf ein chlorotisches Blatt sich sogar »schreiben« ließ, wie die Ergrünung der Buchstaben Fe ausweisen. Einschränkend ist allerdings zu bemerken, dass der Fe-Mangel nicht zu extrem und zu fortgeschritten sein sollte, da ein Punkt erreicht sein kann, bei dem die Schädigung durch Fe-Mangel so massiv ist, dass eine Wiederergrünung nicht mehr stattfindet.

Die Problematik optimierter Applikationskonzentrationen gilt natürlich auch beim Leaf painting. Für AHL-Lösungen (Ammoniumnitrat-Harnstoff Lösung) unterschiedlicher Konzentrationen, die auf hellgrüne Blätter junger Sojapflanzen appliziert wurde, geben die Blattschäden in Abbildung 3-6 hierzu Auskunft.

Es können natürlich auch Überschusssymptome durch lokal hohe Nährstoffapplikationen erzeugt

Abb. 3-5: Blatt einer Sonnenblume mit Fe-Mangel-Chlorose auf das an der Pflanze mit einem Pinsel mit 0,05 %igem FeEDTA-Gel »Fe« geschrieben wurde (Foto 3 Tage nach dem Leaf painting aufgenommen).

werden. So wurden z. B. von Horst (1982) mit Mn-Applikationen über die Blattstiele Mn-Überschusssymptome erzeugt, die je nach Sorte bei Cowpea (*Vigna unguiculata*) unterschiedlich stark ausgeprägt waren und als Maß der Mn-Überschusstoleranz dienten. Die Mn-Applikation erfolgte dabei wie in Abbildung 3-7 (Möglichkeit 2) dargestellt. Noch einen Schritt weiter gingen Wissemeier und Horst (1991), die mittels ausgestanzter Blattscheiben, die auf $MnSO_4$-Lösungen flotierten, Sortenunterschiede in der Ausprägung von Mn-Toxizitätssymptomen ermitteln konnten, die mit der Mn-Überschussempfindlicheit ganzer Pflanzen im vegetativen Stadium übereinstimmten. Bei Cowpea war das möglich, da deren Blattscheiben sich zum Einen auf einfachen $MnSO_4$-Lösungen über mehrere Tage hinweg ohne Seneszenzerscheinungen kultivieren ließen und zum Anderen, weil bei Cowpea Sortenunterschiede in der Mn-Überschusstoleranz im vegetativen Stadium auf Gewebeebene bestehen. Sortenunterschiede liegen also nicht primär in Unterschieden in der Mn-Aufnahme über die Wurzeln und/oder über die Mn-Verlagerung in den Spross begründet (Horst, 1988).

Verschiedene Möglichkeiten, Nährstoffe lokal oder einzelnen Blättern gezielt anzubieten, sind in Abbildung 3-7 skizziert.

3.3 Diagnostische Nicht-Düngung

Während durch die diagnostische Düngung ein möglicher Nährstoff-Mangel erkannt oder ein Überschuss induziert werden kann, ist dessen Umkehrung die diagnostische Nicht-Düngung geeignet, z. B. ein (noch) ausreichendes Nährstoffangebot zu erkennen. Als praxistaugliches Instrument ist eine unterlassene oder verminderte N-Düngung zur Abschätzung des N-Nachlieferungspotenzials von Rimpau (1984) zur zeitlichen Bestimmung der zweiten N-Düngergabe bei Getreide in die Literatur eingeführt worden. Weier *et al.* (2001) haben später reduzierte N-Düngungsparzellen im Feld zur Bemessung der zweiten N-Gabe bei Gemüsekulturen vorgeschlagen. Schematisch lässt sich das Verfahren, bei dem auf einer oder mehreren repräsentativen Teilflächen eines Schlages zu Diagnosezwecken weniger gedüngt wird, entsprechend Abbildung 3-8 darstellen. Kommt es in

Abb. 3-6: Schäden nach Leaf painting der rechten Blatthälften des mittleren Fiederblatts von Sojabohne mit Ammonium-nitrat-Harnstoff-Lösungen (AHL) unterschiedlicher Konzentrationen. Die dunkelgrünere Farbe der behandelten rechten Blattflächen mit 5 g N/L weist auf einen N-Mangel der Pflanzen hin. Wiederholungen übereinander dargestellt.

Abb. 3-7: Stilisierte Darstellung verschiedener Möglichkeiten Nährstoffe einzelnen Sprossorganen lokal anzubieten: 1. Saugfähiger Faden in einer Nährstofflösung, der mit einer Nähnadel durch den Blattstängel geführt wurde; 2. Mit Nährstoff getränktes Gel oder Fließpapier, das um den Stängel oder einen Blattstiel geschlagen wird und in z.B. Aluminiumfolie eingeschlagen ist, um Austrocknung zu verhindern; 3. Mit Dichtungsmasse auf die Blattspreite aufgeklebter Ring, der mit aufgeklebter Folie abgedeckt ist, in den Nährstofflösung eingefüllt wurde; 4. Mit Pinsel halbseitig auf Blattspreite aufgetragene Nährstofflösung (Leaf painting).

der diagnostischen Teilfläche mit der reduzierten N-Düngung (auch als Düngefenster bezeichnet) zur Aufhellung gegenüber dem Gesamtschlag weiß man wann, und in Abhängigkeit des Entwicklungsstadiums der Pflanzen, wieviel nachgedüngt werden sollte.

Vom Prinzip ist das Verfahren einer diagnostischen Nicht-Düngung auf jeden Nährstoff anwendbar und jede Art des Vergleichs möglich (visuell, analytisch, sensor-basiert). Von praktischer Bedeutung ist ein »Düngefenster« aber hauptsächlich für Stickstoff, da (i) die N-Nachlieferung an pflanzenverfügbarem NH_4^+ und NO_3^- aus der Mineralisation nicht genau vorhergesagt werden kann, da sie unter anderem von der Witterung (Temperatur, Bodenfeuchte) abhängig ist und (ii) Stickstoff der Menge nach ökologisch und ökonomisch besonders bedeutsam ist.

Die seit 2017 in Deutschland gültige Düngeverordnung berücksichtigt die N-Nachlieferung über Tabellenwerte, in dem Art und Menge der organischen Düngung des Vorjahrs, Art der Vorfrucht und Zwischenfrucht, sowie ein Humusgehalt > 4 % des Bodens als Abschläge vom Stickstoffbedarfswert in die erlaubte N-Düngung einer Kultur eingehen (DÜV, 2017).

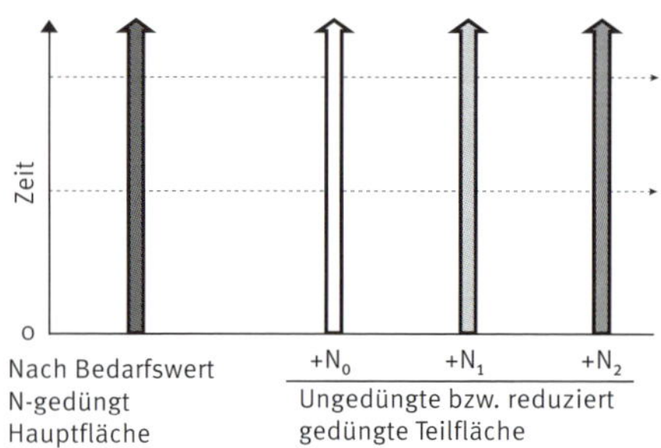

Abb. 3-8: Allgemeines Schema einer diagnostischen Nicht- oder Minder-Düngung, um das standortspezifische N-Nachlieferungspotenzial abzuschätzen.

4 Pflanzenanalyse

4.1 Grundlagen der Pflanzenanalyse

Alexander H. Wissemeier und Hans-Werner Olfs

Unter Pflanzenanalyse versteht man die **chemische Bestimmung der Gehalte** von Nährelementen im Pflanzenmaterial, um dadurch Informationen über den Ernährungszustand der Pflanze zu erhalten. Basis ist die Vorstellung, dass es im pflanzlichen Gewebe einen optimalen Nährstoffgehalt gibt, bei dem die Stoffwechselvorgänge mit größtmöglicher Umsatzrate ablaufen, was anzustreben ist, wenn ein maximales Wachstum das Produktionsziel ist. Bei Nährstoffen, deren wesentliche physiologische Funktion in der Aufrechterhaltung von Strukturen liegt, wie bei Ca oder B für die Stabilität und Integrität von Membranen und Zellwänden, müssen deren Gehalte ausreichend hoch sein, um diese Strukturfunktion vollständig erfüllen zu können. »Das Wachstum der Pflanzen hängt von der Konzentration der Nährionen in der Pflanze ab«, wie es Lundegårdh (1945) in seinem Buch »Die Blattanalyse« kurz und prägnant ausdrückt.

Beginnend im späten 19. Jahrhundert wurden in einer Vielzahl von Nährstoffsteigerungsversuchen empirische Zusammenhänge zwischen Nährstoffgehalten im pflanzlichen Gewebe und dem Wachstums- bzw. Ertragspotenzial der untersuchten Kultur ermittelt. Untersuchungsorgane sind dabei zumeist die Blätter, da sie die wichtigsten Organe der photosynthetischen Stoffwechselaktivitäten sind. Die Begriffe **Pflanzenanalyse** und **Blattanalyse** werden daher oft auch synonym verwendet. Ergebnis dieser Untersuchungen, bei denen die Biomasse oder der Ertrag gegen die Nährstoffgehalte aufgetragen werden, sind **Gehalt-Ertrag-Kurven**. In Abbildung 4-1 ist der Verlauf einer Gehalt-Ertrag-Kurve idealisiert und schematisch wiedergegeben. Dieser Kurvenverlauf erlaubt diagnostische Aussagen. Demnach nimmt die Pflanzenmasse bzw. der Ertrag mit steigenden Nährstoffgehalten zunächst deutlich zu. Der Gehalt, ab dem keine sichtbaren Nährstoffmangelsymptome mehr vorliegen, wird **Symptomgrenzwert** genannt. Die Steigung der Kurve wird zunehmend flacher und der Gehalt, bei dem Wachstum oder Ertrag maximal sind, wird **Ertragsgrenzwert** genannt. In der Literatur wird der Ertragsgrenzwert oft auch als »kritischer Gehalt« angesprochen. Bei Nährstoffgehalten, die darüber liegen, liegt kein Mangel mehr vor.

Dass der Nährstoffgehalt des Symptomgrenzwerts niedriger liegt als der Ertragsgrenzwert, ist die Regel (Abb. 4-1). Für die Mn-Gehalte bei Hafer gibt Finck (1968) z. B. an, dass der Ertragsgrenzwert etwa doppelt so hoch wie der Symptomgrenzwert liegt. Der Bereich zwischen Symptom- und Ertragsgrenzwert wird als der Bereich des »**latenten Mangels**« angesprochen. Dessen Ermittlung ist eine wesentliche Aufgabe und Stärke der Pflanzenanalyse, da in diesem Bereich Ertragspotenzial »verschenkt« wird, ohne dass man es sieht. In Einzelfällen können auch vorübergehend Mangelsymptome beobachtet werden, die sich allerdings nicht auf den Ertrag auswirken, wie Pissarek (1979) z. B. für Mg-Mangel bei Hafer berichtet.

Kurz zur Begrifflichkeit der mineralischen Zusammensetzung von Pflanzengewebe. Der hier verwendete Begriff »Gehalt« ist vorzuziehen, da es sich um Massenverhältnisse handelt (z. B. 60 mg Mn/kg Trockenmasse) und eine Konzentration sich streng genommen auf ein Volumen bezieht (z. B. Nitrat im Presssaft als Konzentration in mg NO_3/L). In der englischsprachigen Literatur findet sich allerdings mittlerweile der Begriff nutrient content weitgehend durch den Begriff nutrient concentration ersetzt (vgl. Marschner (1995) 2. Auflage mit Marschner (2012) 3. Auflage). Dieser angelsächsische Sprachgebrauch wird neuerdings z. T. auch von deutschsprachigen Lehrbüchern übernommen, wenn bei den massenbezogenen

Angaben der Pflanzenanalyse von »Nährstoff-Konzentrationen« gesprochen wird.

Bei einer weiteren Erhöhung der Nährstoffgehalte im Pflanzenmaterial über den Ertragsgrenzwert hinaus zeigt sich kein weiterer Ertragszuwachs. Über einen je nach Nährstoff kleineren (gilt meist bei Mikronährstoffen) oder größeren (gilt meist bei Makronährstoffen) Bereich bleibt der Ertrag unbeeinflusst vom Nährstoffgehalt. Für den rechten Teil der waagerechten Kurve wird oft von »Luxuskonsum« gesprochen. Bei sehr hohen Gehalten wird ein Punkt erreicht, ab dem das Pflanzenwachstum bzw. der Ertrag wieder abnimmt und **Toxizitätssymptome** auftreten. Oftmals können schon vor dem Rückgang des Wachstums Toxizitätssymptome an den ältesten Blättern beobachtet werden. Von Kluge (1990) sind für B-Überschuss für mehrere landwirtschaftliche Kulturen Daten zusammengestellt die ausweisen, dass die Toxizitätssymptomgrenzwerte etwa halb so hoch wie die Toxizitätsertragsgrenzwerte lagen.

Es kann aber auch der umgekehrte Fall vorliegen, dass Wachstum und Ertrag bei hohen Mineralstoffgehalten zurückgehen, ohne dass Symptome sichtbar sind (Abb. 4-1, Kurve zwischen Toxizitätsertragsgrenzwert und Toxizitätssymptomgrenzwert ganz rechts). Das betrifft den Bereich von Salzstress, wozu auch Überdüngung zählt. In Kapitel 2.3 wurde hierauf bereits näher eingegangen. Sieht man von Salzstress ab, der zunächst ein induzierter Wassermangel ist, beruht Überschuss und Toxizität darauf, dass ein Nährstoff bei sehr hohen Gehalten im Gewebe einen anderen aus dessen essenziellen Bindungen verdrängt oder funktionelle Gruppen blockiert, oder über seine katalytischen Aktivitäten zu einer verstärkten Bildung z. B. giftiger Sauerstoffspezies beiträgt und so die Stoffwechselaktivität hemmt. Im Fall von Stickstoff kann es bei Getreide bei hohen N-Gehalten in der Pflanze aufgrund von starkem Längenwachstum und unzureichender Gewebestabilität vermehrt auch zu einem Umknicken der Pflanzen kommen: Sie zeigen »Lager«. Ertragsverluste durch gehemmte Saftströme und eine geringere Photosyntheseleistung durch eine vermehrte Selbstbeschattung der Blätter lagernder Getreidepflanzen sind Folgen. Eine erhöhte Atmungsaktivität im Gewebe bei sehr hohen N-Gehalten kann ein weiterer Grund sein, der zu einer rückläufigen Bildung an Biomasse beiträgt (Alt *et al.*, 2000). Unter Praxisbedingungen kann bei hohen N-Gehalten auch die vermehrte Anfälligkeit gegenüber bestimmten pilzlichen Erkrankungen zusätzlich ertragsmindernd wirken (Datnoff *et al.*, 2007).

Abweichend vom klassischen Verlauf von Gehalt-Ertrag-Kurven kann gelegentlich, insbesondere für Mikronährstoffe, auch beobachtet werden, dass bei sehr starkem Nährstoffmangel und stark eingeschränktem Wachstum die Gehalte auch wie-

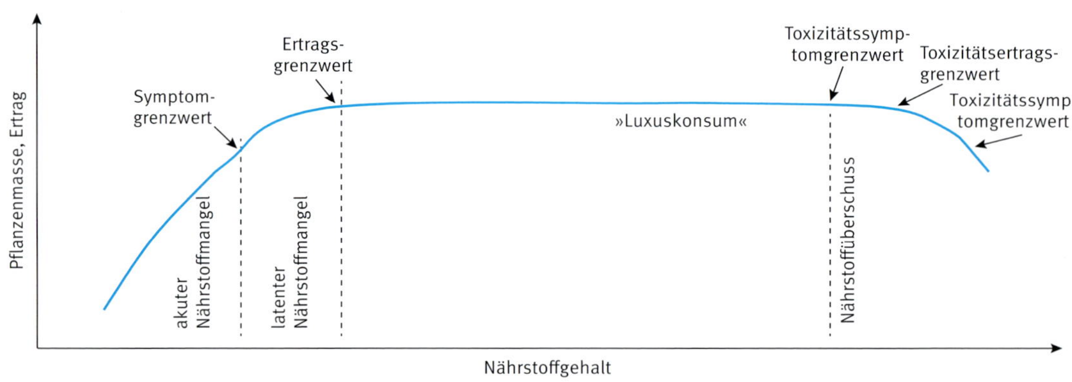

Abb. 4-1: Idealisiert-schematische Beziehung zwischen den Gehalten eines Nährstoffs im Spross und der Pflanzenmasse bzw. dem Ertrag (Gehalt-Ertrag-Kurve). Ob bei Überschuss visuelle Symptome vor oder nach einer Verminderung des Wachstums beobachtet werden können, ist u. a. abhängig vom Element und dem Entwicklungsstadium der Pflanze.

der höher sind als bei einer besseren Nährstoffversorgung. Solche C-förmigen Gehalt-Ertrag- bzw. Gehalt-Wachstum-Kurven, wie an einem klassischen Beispiel für Cu in Abbildung 4-2 dargestellt, sind in der Literatur auch für Zn, Mn, B, S, Mg und P beschrieben (Bates, 1971). Dieses erstmals für Cu beschriebene Phänomen wird als »**Piper-Steenbjerg-Effekt**« bezeichnet (Steenbjerg und Jacobsen, 1963; Wikström, 1994). Eine Ursache kann z. B. sein, dass bei extremem Nährstoffmangel durch Absterben des Vegetationspunktes kein weiteres Wachstum mehr möglich ist, und sich dadurch der Nährstoff im Vergleich zu schwächerem Mangel »anreichert« und nicht mehr durch Wachstum »verdünnt« wird.

Speziell für Fe ist für die »Anomalie« erhöhter Gehalte jüngerer Blätter bei extrem starkem Fe-Mangel der Begriff des »**Chlorose-Paradoxon**« geprägt worden (Morales *et al.,* 1998; Römheld, 2000). Abbildung 4-3 gibt an einem Zahlenbeispiel diesen Zusammenhang wieder. Die Erklärung ist, dass bei sehr starkem Fe-Mangel die jüngsten Blätter so stark geschädigt sind und das Blattwachstum eingeschränkt ist, dass das Fe nicht mehr in Blattwachstum umgesetzt werden kann. Dadurch konzentriert sich Fe bezogen auf die Blattmasse auf. **Konzentrations-** und **Verdünnungseffekte** sind bei der Interpretation von Gehaltsdaten immer zu berücksichtigen, da Nährstoffgehalte immer nur die Augenblicksverhältnisse zwischen Mengen sind (mg Nährstoff/kg Blatttrockenmasse). Damit hängen die Nährstoffgehalte entscheidend auch von den Wachstumsraten der Pflanzen bzw. Blätter ab, die ihrerseits mitbestimmt werden von den konkreten Umweltbedingungen wie Strahlung, Temperatur und der Verfügbarkeit von Wasser. Insbesondere wenn sie außerhalb eines üblichen Bereichs liegen oder toxisch hohe Ionenkonzentrationen im Boden das Wachstum beeinflussen, sind Nährstoffgehalte davon beeinflusst und bei der Interpretation der Daten zu berücksichtigen.

Mit dem Hinweis auf sogenannte physiologische Ca-Mangelerscheinungen sei ein letztes Beispiel genannt, für das die klassischen Zusammenhänge zwischen Gehalten und Mangelsymptomen bzw. der Biomassebildung und dem Ertrag zumeist nicht zutreffen. Von physiologischem Ca-Mangel wird gesprochen, wenn Ca-Mangelsymptome auftreten, die durch eine Steigerung des Ca-Angebots über die Wurzel nicht zu verhindern sind. Beispiele hierfür, wie bereits in Kapitel 1 erwähnt, sind Stippe bei Apfel, Fruchtendfäule bei Tomaten, Innenbrand bei Kopfsalat oder Brakteenrandnekrosen bei Weihnachtssternen (s. Abb. 2-44 bis 2-46).

Diese Symptome sind als Ca-Mangelsymptome anzusprechen, da sie durch Ca-Spritzungen (z. B. als $CaCl_2$) vermeidbar sind. Dennoch bestehen oft keine Beziehungen zu den Ca-Gehalten im Gewebe, wie sie mit der Pflanzenanalyse erfasst werden können.

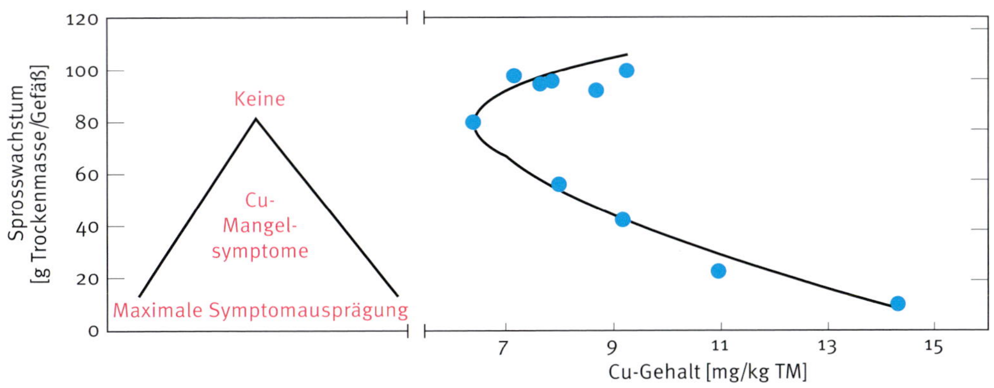

Abb. 4-2: Piper-Steenbjerg-Effekt: C-förmige Ertrag-Gehalt-Kurve bei steigendem Cu-Angebot von extremem Mangel bis hin zu guter Cu-Versorgung bei Gerste (Daten nach Steenbjerg, 1951).

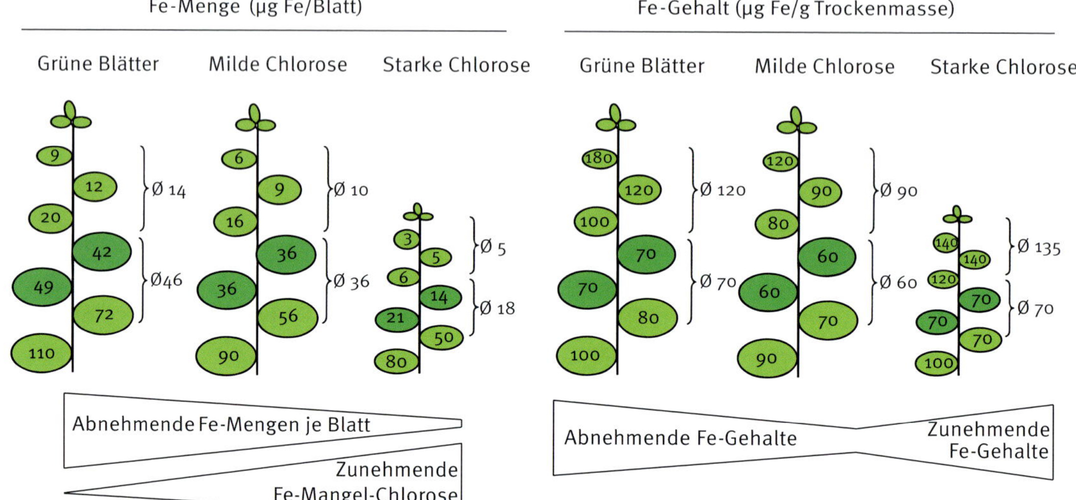

Abb. 4-3: Beispielhafter Zusammenhang zwischen den Mengen an Fe in Blättern (links) und deren auf die Trockenmasse bezogenen Gehalte (rechts) zur Verdeutlichung des Chlorose-Paradoxons: Mit zunehmendem Fe-Mangel, der das Wachstum jüngerer Blätter stärker einschränkt als deren geringe Fe-Einlagerung, die nicht (mehr) in Wachstum umgesetzt werden kann, kommt es zusammen mit der Ausbildung starker Fe-Mangel-Chlorosen wieder zu einem Anstieg der Fe-Gehalte in den jüngsten Blättern (Römheld, 2000).

Das trifft auch zu, wenn Mineralstoffanalysen auf Ca gezielt kleinräumig nur für die gefährdeten Blattränder durchgeführt werden, wie in Abbildung 4-4 A am Beispiel einer für physiologischen Ca-Mangel empfindlichen Sorte eines Weihnachtssterns gezeigt wird. Da nicht auszuschließen ist, dass bei physiologischen Ca-Mangelerscheinungen nicht der absolute Gehalt an Ca im Gewebe ausschlaggebend ist, sondern ein auf Gewebeebene induzierter Ca-Mangel vorliegt, bei dem andere Kationen Ca aus dessen funktionalen Bindungsstellen verdrängen, wird oft auch das Verhältnis der Makronährstoffe Mg plus K zu Ca als Index berechnet. Je größer dieses Verhältnis ist, desto mehr ist Ca im relativen Minimum. Wie für das Beispiel in Abbildung 4-4 B zu sehen ist, ergibt sich aber auch bei Berechnung dieses Nährstoffverhältnisses auf äquivalenter Basis kein Indexwert, der mit dem Auftreten der Brakteenrandnekrosen eng korreliert. (Inwieweit einzelne Ca-Fraktionen indikativer als der bei der Pflanzenanalyse ermittelte Gesamtgehalt an Ca sein könnte, wird in Kapitel 6.1 erörtert.) Weitere Beispiele von physiologischen Ca-Mangelerscheinungen und die Diskussion, dass zum Teil auch höhere Ca-Gehalte in von Ca-Mangel betroffenem Gewebe gemessen werden können, finden sich bei Bangerth (1979) und Wissemeier (1996).

Für den »Piper-Steenbjerg-Effekt« und das »Chlorose-Paradoxon« sei betont, dass diese nur bei extrem starkem Nährstoffmangel beobachtet werden können. Im agronomisch besonders interessanten Bereich der Pflanzenanalyse zur Aufdeckung von latentem Mangel spielen sie zumeist keine Rolle.

Exakte Indexwerte wie Symptom-, Ertrags- oder Toxizitätsgrenzwerte sind mehr theoretische Größen, die für einzelne Versuche und Umwelten ermittelt werden können, aber kaum Allgemeingültigkeit besitzen. Sie täuschen eine diagnostische Trennschärfe vor, die in Praxi nicht gegeben ist. Neben der Nährstoffaufnahme nehmen biologische Variabilität(en) und Wechselwirkungen mit biologischen und abiotischen Umweltfaktoren Einfluss auf das Pflanzen- und Blattwachstum, die Nährstoffaufnahme und -verwertung, sodass hinreichend optimale

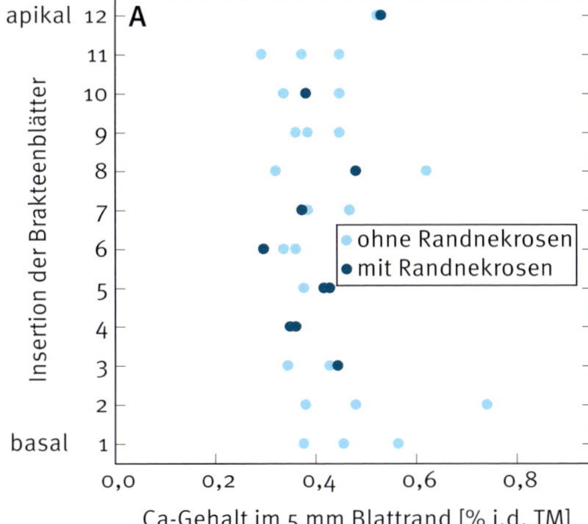

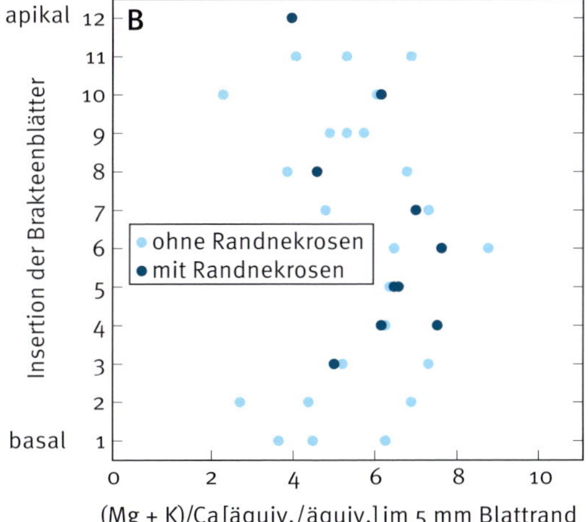

Abb. 4-4: (A) Ca-Gehalte in den 5 mm Blatträndern der roten Brakteenblätter von drei Weihnachtsstern der Sorte 'Angelika' ohne und mit Brakteenrandnekrosen und (B) deren (Mg + K)/Ca-Verhältnisse berechnet auf äquivalenter Basis (für Details siehe Wissemeier 1993, 1996).

Nährstoffgehalte im Einzelfall Modifikationen unterliegen. In Anlehnung an einschlägige Literatur (u. a. Bergmann, 1993) wird daher im Weiteren nicht das Konzept von Ertrags- oder Toxizitätsgrenzwerten verfolgt und berichtet, sondern das Konzept »**ausreichender Nährstoffbereiche**«, die auch als »Spannen optimaler Gehalte« bezeichnet werden können. Bereiche optimaler Nährstoffgehalte, bei denen sowohl Nährstoffmangel als auch -überschuss mit sehr hoher Wahrscheinlichkeit ausgeschlossen werden kann, sind daher für einzelne Pflanzenarten in den nachfolgenden Kapiteln 4.3 bis 4.9 **kulturspezifisch** tabelliert. Diese Spannen decken dann in der Regel auch mögliche Unterschiede in der Nährstoffeffizienz zwischen Sorten ab.

Da zwischen unterschiedlich alten Pflanzen bzw. unterschiedlich alten Blättern die Spannen optimaler Gehalte unterschiedlich hoch sind, ist es notwendig in den Tabellen immer auch die **Entwicklungsstadien** bzw. das zu beprobende **Blattalter** anzugeben. Mit diesem Wissen und unter Berücksichtigung der Hinweise zu Probennahme und -behandlung (Kap. 4.2), kann damit die Pflanzenanalyse zur Ableitung diagnostischer Aussagen angewendet werden.

Gehalt-Ertrag-Beziehungen können sowohl unter sehr kontrollierten Bedingungen wie in Nährlösungsversuchen in Klimakammern oder in Gewächshäusern als auch in Feldversuchen ermittelt werden. Die Aussagekraft solcher Versuche zur Diagnose von Ernährungsstörungen und zur Ableitung von Düngeempfehlungen für die Praxis steigt dabei, je realitätsnaher die Versuchsdurchführungen in Bezug auf die späteren Anbausituationen sind. Ob beispielsweise die Nährstoffversorgung gleichmäßig eingestellt wird oder plötzlich unterbrochen wird, hat Einfluss auf die Höhe optimaler Gehalte bzw. ermittelter Grenzwerte. Im letzten Fall ist die Pflanze wesentlich auf die Mobilisierung und Umverlagerung von bereits aufgenommenen Nährstoffen angewiesen, was zu höheren optimalen Gehalten verschiedener Nährstoffe führt (Burns, 1992).

Da einzelne Nährelemente wie K, Ca, Mg, Mn, B aus Blättern ausgewaschen werden können (Tukey, 1970; Nable *et al.*, 1990), kann es von Bedeutung sein, ob Versuche zur Ermittlung von Grenzwerten und optimalen Gehalten im Freiland mit Niederschlägen oder in Gewächshäusern oder Klimakammern ohne natürliche Niederschläge oder Überkopfberegung durchgeführt werden. Werte ausreichender Gehalte in Freilandversuchen fallen daher oftmals niedriger aus als unter Anbaubedingungen ohne Niederschläge. Auch die Toxizitätsgrenzwerte für B fielen unter Gewächshausbedingen viel höher aus als im Freiland mit Niederschlägen, wo erhebliche Anteile an B aus den Blättern ausgewaschen wurden (Nable *et al.*, 1990).

Ein allgemeinverbindliches Auswertungskonzept zur Ermittlung von Grenzwerten gibt es nicht. Verschiedene methodische Ansätze werden verwendet, wovon einige in Abbildung 4-5 an einem Beispiel dargestellt sind. Man erkennt, dass der ermittelte Grenzwert von der verwendeten Auswertemethode beeinflusst wird. Zum Für und Wieder einzelner Methoden bzw. deren Beschreibung sei auf die Arbeiten von Cate und Nelson (1971), Dow und Roberts (1982), Finck (1968), Heym und Schnug (1995), Kuzyakov *et al.* (1997), Vielemeyer *et al.* (1983) sowie Webb (1972) verwiesen. Da Gehalt-Ertrag-Kurven zum maximalen Ertrag hin zunehmend abflachen (Abb. 4-1, 4-5) ist eine genaue Festlegung des Gehalts, bei dem der maximale Ertrag erreicht ist, letztlich ein statistisches Problem, das maßgeblich von der natürlichen Variabilität beeinflusst wird. Um an einem steileren Ast der Gehalt-Ertrag-Kurve Ableitungen vornehmen zu können, wird daher in der Literatur als Ertragsgrenzwert bevorzugt der Gehalt ausgewiesen bei dem z. B. 90 % des Maximalertrags erreicht sind (gestrichelte Linien in Abb. 4-5).

Der im Allgemeinen wichtigste Einflussfaktor für die Lage des Ertragsgrenzwerts bzw. optimaler Gehalte ist das **Pflanzenalter** bzw. das **Blattalter**. Damit hängt der Verlauf von Gehalt-Ertrag-Kurven auch maßgeblich davon ab, welches Pflanzenorgan (z. B. gesamte oberirdische Pflanzenmasse, Einzelblätter bestimmter Blattetagen, Blüten oder Früchte) für die Nährstoffanalyse beprobt werden.

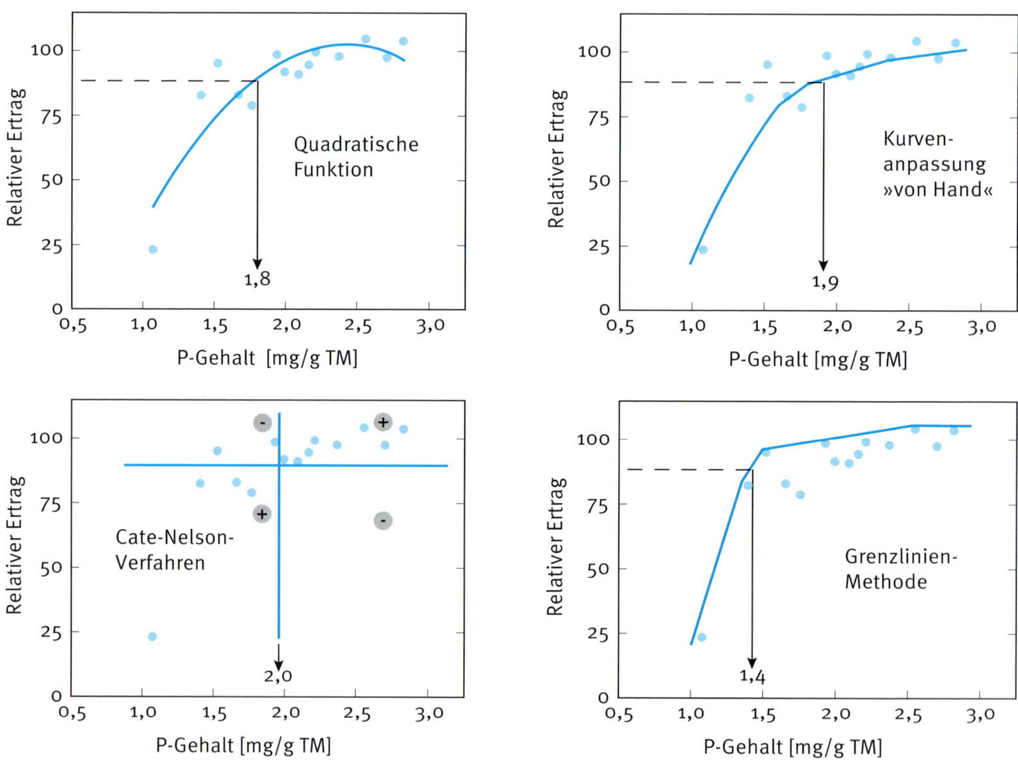

Abb. 4-5: Unterschiedliche Verfahren zur Ermittlung des Ertragsgrenzwertes für P-Gehalte bei Luzerne, bei denen 90 % des Höchstertrages erreicht wurden (Daten in Anlehnung an Dow und Roberts, 1982).

Die Nährstoffgehalte in der Pflanze nehmen in der Regel im Verlauf der Pflanzenentwicklung ab. Ausnahme davon ist oftmals Ca und z. T. auch B, deren Gehalte zunehmen können. Die Abnahme der N-Gehalte im Spross mit zunehmendem Alter ist beispielhaft für Winterweizen aus einer Erhebungsuntersuchung in Thüringen (Zeitraum Entwicklungsstadium BBCH 28–45) dargestellt (Abb. 4-6). Vom Stadium 28 mit etwa 4,5 % N in der Trockenmasse nimmt der Gehalt auf etwa 2 % N im Stadium 42–45 ab, ohne dass N-Mangel vorliegt. Die Tabellenwerke, die ausreichende bzw. optimale Gehalte von Gesamtpflanzen ausweisen (vgl. Kap. 4.3), beziehen sich daher immer nur auf ein bestimmtes Entwicklungsstadium, das bei der Probenahme mit zu erfassen ist, um die Analysenergebnisse einordnen zu können.

Wie für K bei Weizen in einem K-Steigerungsversuch die K-Gehalte des ganzen Sprosses mit zunehmendem Pflanzenalter abnehmen, gibt Abbildung 4-7 wieder. Die Pfeile in Abbildung 4-7 bezeichnen dabei die Ertragsgrenzwerte, die sich von 4,2 % K bei 45 Tage alten Pflanzen über 3,2 % auf 2,1 % bei älteren Pflanzen erniedrigen. Der höhere Anteil strukturbildender Bestandteile (z. B. Lignin) oder an Reservekohlenhydraten (z. B. Stärke) bei älteren Pflanzen ist dabei ein wesentlicher Grund der abnehmenden Nährstoffgehalte, die auf die Trockensubstanz bezogen werden.

Indikativ für den Ernährungszustand bei Nährstoffen, die innerhalb einer Pflanze gut umverlagert werden können (N, P, K oder Mg), ist dabei auch, in welcher Richtung ein Gradient unterschiedlicher Gehalte zwischen alten und jungen Blättern bestehen. Ist das Angebot im Mangelbereich, wird die Pflanze die Nährstoffe in jüngeres noch wachsendes Gewebe umverlagern. Geringe Gehalte in den älteren Blättern, wie in Tabelle 4-1 für K zu erkennen ist, sind die Folge. Besteht bei einem hohen Nährstoffgebot keine Notwendigkeit zu einer Umverteilung, können alte Blätter mit einer längeren Historie zur Nährstoffeinlagerung auf hohem Niveau deutlich höhere Gehalte aufweisen. Aus den Daten in Tabelle 4-1 wird deutlich, dass in diesem Fall die alten Blätter die Unterschiede im K-Angebot am deutlichsten wiederspiegeln. Weiterhin ist hier der Vergleich der Gehalte zwischen alten und jungen Blättern von hohem diagnostischen Wert zur Beurteilung des Ernährungszustands.

Wie ausgeprägt Gehaltsunterschiede zwischen unterschiedlich alten Blättern, aber auch innerhalb eines Blattes, sein können, sei abschließend an einem Kopfsalat beispielhaft aufgezeigt (Abb. 4-8). Dessen insgesamt 54 Blätter wurden zu vierer Blattgruppen zusammengefasst und die Gehalte getrennt für den

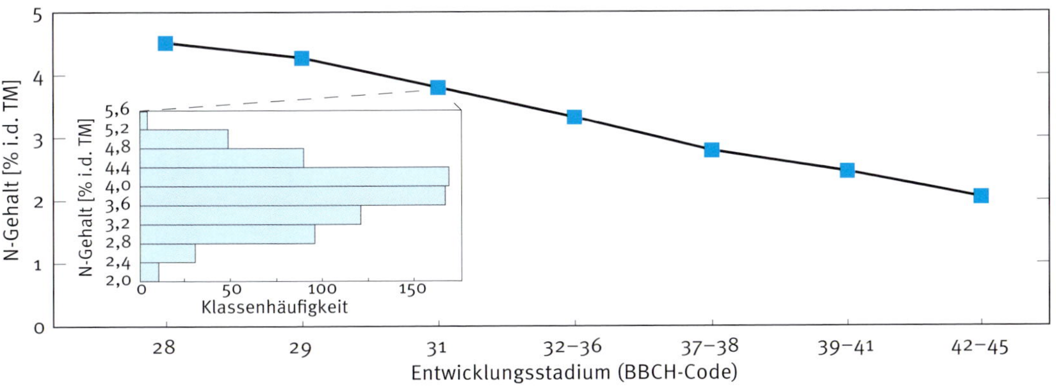

Abb. 4-6: Mittlere N-Gehalte im Spross von Winterweizen in Abhängigkeit vom Entwicklungsstadium (BBCH 28 = Ende Bestockung bis BBCH 45 = Blattscheide des Fahnenblattes geschwollen) aus einer Erhebungsuntersuchung der Thüringer Landesanstalt für Landwirtschaft mit 124 bis 787 Einzelerhebungen je Entwicklungsstadium. Einsatzbild zeigt die Häufigkeitsverteilung der N-Gehalte von 739 Einzelerhebungen im Stadium BBCH 31 (Zorn, 2003, pers. Mitteilung).

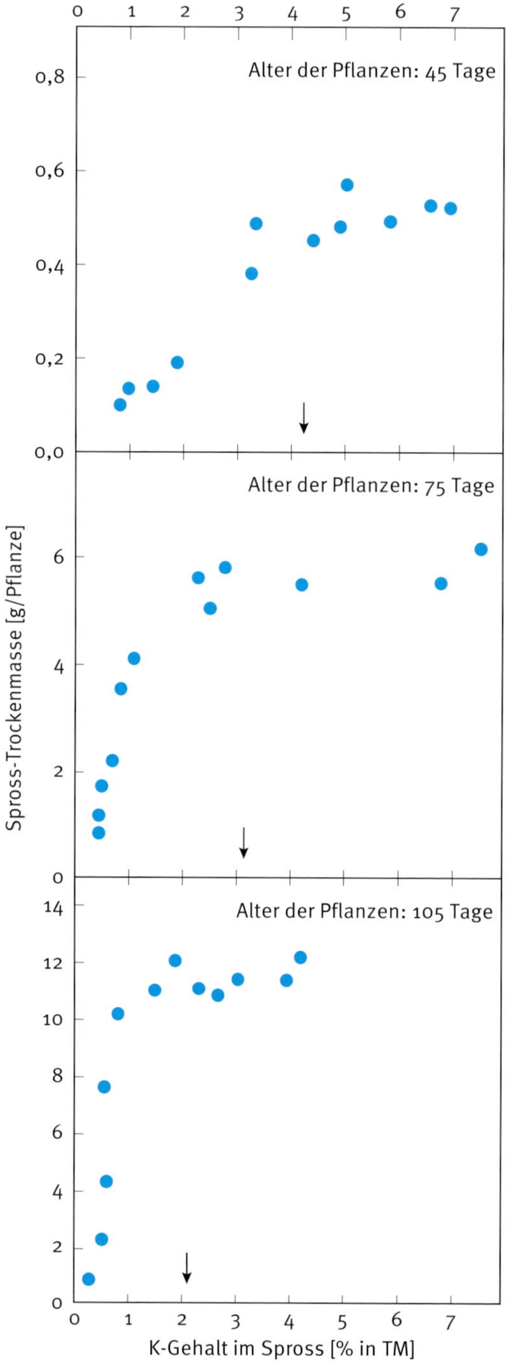

Abb. 4-7: Beziehungen zwischen den K-Gehalten im Spross unterschiedlich K-ernährter Weizenpflanzen und deren Spross-Trockenmasse. Die Pfeile bezeichnen die Ertragsgrenzwerte, wie sie sich aus den Kornerträgen der Varianten am Versuchsende ergaben (Daten nach Rao, 1986).

Tab. 4-1: K-Gehalte in unterschiedlich alten Tomatenblättern – von unten (alt) nach oben (jung) – bei variiertem K-Angebot in der Nährlösung. Die Sprossfrischmasse der Pflanzen mit steigendem K-Angebot betrug 12, 21, 34 und 49 g (Horst, 2003, pers. Mitteilung).

	K-Gehalt [% i. d. TM]			
Jüngste Blätter und Sprossspitze	1,5	1,7	2,2	2,3
Mittlere Blätter	1,2*	2,0	3,3	4,3
Alte Blätter	0,8**	1,6	3,4	4,7
K-Angebot [mmol/L]:	0,1	1	10	25

*schwache, **starke K-Mangelsymptome*

1 cm breiten Blattrand und das Restblatt analysiert. Man erkennt die extrem großen Unterschiede insbesondere bei den Ca-Gehalten der unterschiedlich alten Blätter aber auch bei Ca und Mn zwischen den Blatträndern und dem Restblatt. Am Kopfsalat mit seinen mehr oder minder frei zur Transpiration fähigen lockeren Umblättern und den dicht gepackten weniger transpirierenden Blättern des Innenkopfes wird auch deutlich, wie insbesondere für Ca die Möglichkeit zur Transpiration (alte Umblätter) die Ca-Einlagerung begünstigt. Das scheint auch für das Mn der Umblätter zuzutreffen, das sich in den Blatträndern akkumuliert. Die Gehaltsunterschiede zwischen Blattrand und -mitte waren bei K weniger stark ausgeprägt als bei Mn oder Ca. Auch für andere Mineralstoffe wie Si oder den Nährstoff B ist die Transpirationsintensität ein ganz wesentlicher Umweltfaktor, der die Einlagerung in die Blätter bestimmt (Jones und Handreck, 1969; Michael *et al.*, 1969).

Die Pflanzenanalyse zur Bestimmung des Ernährungszustands versucht, den aufgezeigten großen Unterschieden im Niveau der Gehalte zwischen unterschiedlich alten Pflanzen und Blättern in unterschiedlicher Weise Rechnung zu tragen. Zuallererst ist zu nennen, dass die Probenahme an Pflanzen, bei denen sich Einzelblätter gut ansprechen und ernten lassen, immer für definierte Blattalter bzw. Blattetagen erfolgen muss, für die die in den Versuchen erarbeiteten ausreichenden Gehalte gelten. Als Kompromiss zwischen gut verlager-

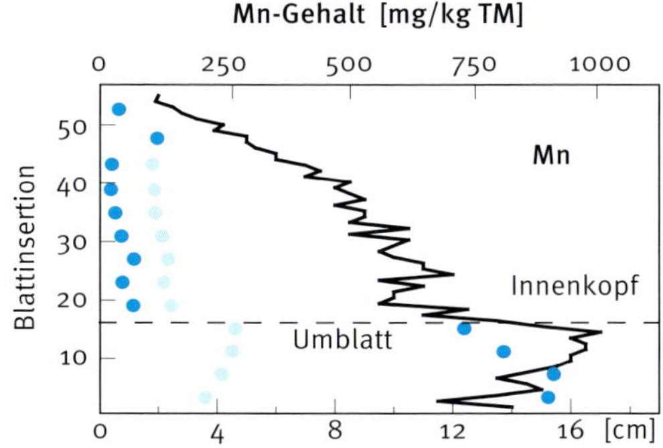

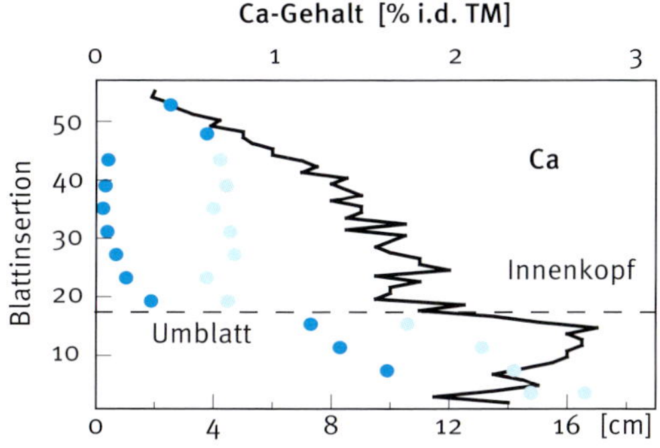

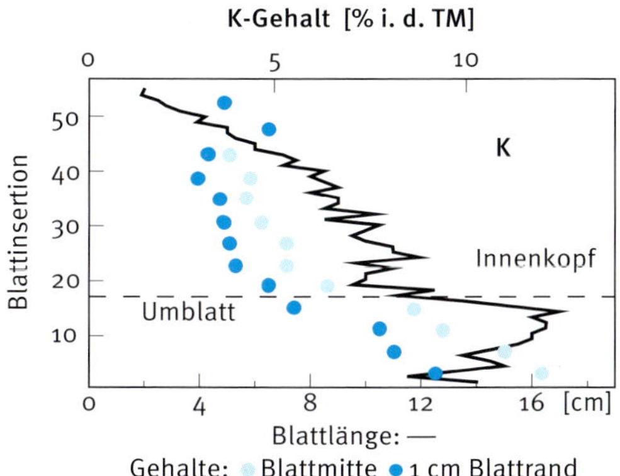

Abb. 4-8: Mn-, Ca- und K-Gehalte unterschiedlich alter Blätter aus Mischproben von je vier aufeinanderfolgenden Blättern getrennt für deren 1 cm breiten Blattrand (dunkelblaue Symbole) und das Restblatt (Blattmitte, hellblaue Symbole) von einem ca. 250 g schweren Kopfsalat der Sorte 'Hudson', der im Gewächshaus kultiviert wurde. Die durchgezogene Linie gibt die Länge der einzelnen Blätter wieder, die gepunktete Linie die Grenze zwischen Umblatt und dem Innenkopf des Salats (Wissemeier, 1996).

baren Makronährstoffen und den nur schlecht rückverlagerbaren Mikronährstoffen wird oftmals das »jüngste gerade ausgewachsen Blatt« als Referenzblatt gewählt. Damit ist relativ unabhängig vom Gesamtalter einer Pflanze auch ein physiologisches Entwicklungsstadium eines Blattes (»gerade ausgewachsen«) umrissen, das Vergleiche und die Übertragbarkeit von Ergebnissen unterschiedlich weit entwickelter Kulturen untereinander möglich macht. Ein »Kompromiss« stellen diese Blätter dar, da für Makronährstoffe wie am Beispiel K gezeigt ggf. ältere Blätter eine noch bessere Differenzierung in den Gehalten anzeigen könnten, während für Mikronährstoffe der diagnostische Fokus auf noch jüngeren Blättern liegen könnte. Auch wenn es nur um die Detektion von Nährstoffüberschuss ginge, wären sicherlich die ältesten Blätter am besten geeignet, da in diesen Blättern frühzeitig die höchsten Gehalte auftreten. Diagnostische Organe müssen auch nicht immer die Blätter (oder Blattstängel) sein. So können z. B. bei Obstbäumen noch zeitlich vor dem Austrieb der Laubblätter die Blütenblätter beprobt werden (Abadia *et al.*, 2000).

Ein weiterer Ansatz die Abhängigkeit der absoluten Gehalte vom Blattalter und der Entwicklung der Pflanzen zu umgehen, besteht darin, **Nährstoffverhältnisse** als Kenngrößen des Ernährungszustands zu verwenden. Die Verhältnisse von einzelnen Nährstoffen zueinander sind oft weniger abhängig vom Blattalter oder dem Entwicklungsstand einer Pflanze als die absoluten Gehalte. Tabelle 4-2 zeigt dieses an einem Beispiel für den Ertragsgrenzwert von S bei Winterweizen, der zwischen Entwicklungsstadien deutlich unterschiedlicher ausfällt als das dazugehörige N/S-Verhältnis. Ein weiteres Argument Nähstoffverhältnisse zu bewerten, besteht darin, dass letztlich eine Vielzahl an Interaktionen aufgenommener Mineralstoffen die physiologische Leistungsfähigkeit einer Pflanze und eines Gewebes bestimmt. Das vor mehr als 100 Jahren formulierte »Gesetz vom Optimum« (Kap. 1) greift diese Einsicht bereits auf. Das N/S-Verhältnis als indikativer Größe zur Bewertung des S-Status von Pflanzen ist mittlerweile gut etabliert und wird daher auch z. T. in den nachfolgen Tabellen »ausreichender Gehalte« aufgeführt. Die zentrale Gemeinsamkeit von N und S als konstitutivem Bestandteil von Aminosäuren und damit von Proteinen und Enzymen dürfte die physiologische Basis dieses Verhältnisses sein.

Zunächst ausschließlich Nährstoffverhältnisse als diagnostische Kenngrößen verwendet das an umfangreichen Datensätzen für einzelne Kulturen von Beaufils (1973) erarbeitete System zur Auswertung und Interpretation von Mineralstoffanalysen »DRIS« (**DRIS** = »Diagnostic and Recommendation Integrated System«). Zur Diskussion der Vor- und Nachteile des auf Nährstoffverhältnissen beruhenden DRIS-Systems sei auf die Arbeiten u. a. von Jones (1981, 1993), Vielemeyer *et al.* (1991), Römheld (2012), sowie Walworth und Sumner (1987) verwiesen. Dieses Auswertungskonzept wurde durch Parent und Dafir (1992) erweitert zu einem multivariatem Ansatz (**CND** = »Compositional Nutrient Diagnosis«), bei dem mehrere Nährstoffgehalte in einer komplexen statistischen Berechnung gemeinsam bewertet werden, um schließlich einen Index zu berechnen, der eine Aussage erlaubt, ob die Pflanzen unzureichend, angemessen oder überversorgt sind. In einem noch weitergehenden Konzept werden neben den »essenziellen« und »nützlichen« Nährstoffen auch die »schädlichen« Elemente berücksichtig. Dieses »Ionom« (Baxter, 2009) oder auch »Nutriom« beschreibt somit die Gesamtheit aller mineralischen Elemente, die zu einem bestimmten Zeitpunkt in einer Pflanze oder einem Pflanzenteil gefunden werden können. Dabei wird davon ausgegangen, dass die Homöostase (d. h. das Gleichgewicht) aller analysierten Elemente durch eine Vielzahl von Interaktionen zwischen den verschiedenen Elementen beeinflusst wird (Salt *et al.*, 2008) und daraus relevante Rückschlüsse auf physiologische und biochemische Veränderungen in der Pflanze möglich werden (van Maarschalkerweerd und Husted, 2015).

Tab. 4-2: Ertragsgrenzwerte für S sowie die dazugehörigen N/S-Verhältnisse von Winterweizen für 90 % des maximalen Kornertrags (Daten nach Blake-Kalff *et al.*, 2000).

	Entwicklungsstadium			
Parameter	**22–25**	**25–30**	**30–31**	**31–32**
S-Gehalt [% i. d. TM]	0,25	0,45	0,19	0,13
N/S-Verhältnis [%/%]	15,4	13,4	14,9	17,5

Zusammenfassend sei festgestellt, dass die Frage, ob Nährstoffverhältnisse oder absolute Gehalte die besseren Indikatoren sind, um den Ernährungszustand zu charakterisieren keine »Glaubensfrage« sein sollte, sondern beide Konzepte ihr Für und Wieder haben. So werden in Weiterentwicklungen des ursprünglichen DRIS-Konzepts mittlerweile auch absolute Nährstoffgehalte mit berücksichtigt (z. B. Sanchez *et al.*, 1991). Umgekehrt enthalten die nachfolgenden Kapitel und Tabellen zu »ausreichenden Gehalte« z. T. auch Nährstoffverhältnisse wie N/S, Cu/N (Krähmer und Sattelmacher, 1997) oder P/Zn als diagnostische Größen.

Bei Ernährungsstörungen, an denen mehrere Mineralstoffe beteiligt sind oder sein könnten, müssen alle fraglichen Mineralstoffe analysiert werden. Grund ist, dass sich jeder Gehalte eines Nährstoffs aus der von der Pflanze (oder dem Pflanzenorgan) aufgenommenen Nährstoffmenge als Quotient zur gebildeten Trockenmasse errechnet, also ein Verhältnis ist. Wird also das Wachstum durch einen anderen Nährstoff deutlich verändert, wirkt sich dies indirekt auch auf den im Fokus stehenden Nährstoffgehalt aus. Einzelgehalte können daher aufgrund sogenannter Konzentrations- oder Verdünnungseffekte bei multiplen Ernährungsstörungen oft nicht eindeutig interpretiert werden.

Wachstumsbedingungen gilt es für die Interpretation von Nährstoffgehalten auch zu berücksichtigen, wenn biotische und abiotische Beeinträchtigungen des Wachstums vorliegen, die nicht ursächlich im Nährstoffangebot begründet liegen. Als ein Beispiel hierfür sei eine starke Bodenversauerung genannt, die zu Aluminium-Toxizität führen kann (Horst und Göppel, 1986a). Dadurch wird primär das Wurzelwachstum eingeschränkt mit vielfältigen Folgen für die Pflanze. Über ein derartiges Standortproblem kann die pH-Bestimmung des Bodens Auskunft geben (Kap. 8.2). Weiterhin verursacht längere Trockenheit insbesondere geringere B-, Mg-, Mn- und P-Gehalte trotz guter Nährstoffversorgung im Boden. Die Gehalte dieser Nährstoffe in der Pflanze verändern sich meist sehr zügig ohne Nährstoffzufuhr nach entsprechenden Niederschlägen. Diese Effekte sind in der Regel stärker ausgeprägt in flachwurzelnden einjährigen Kulturen im Vergleich zu tiefwurzelnden Dauerkulturen (Römheld, 2012).

Die **Aufgaben der Pflanzenanalyse** sind auf drei Bereiche fokussiert.

- Aufdeckung latenter Mangelsituationen und Nährstoffinbalancen:
  Dies gilt insbesondere bei Pflanzenbeständen, die gemäß der Ergebnisse der Bodenuntersuchung als ausreichend versorgt gelten. Hierbei geht es um die Kontrolle von Beständen, um gerade unter ansonsten ökonomisch und ökologisch optimierten Voraussetzungen Produktionspotenziale optimal auszuschöpfen.
- Monitoring-Instrument:
  Hierunter ist zu verstehen, dass an der Pflanze (insbesondere in Dauerkulturen) durch standardisierte Probenahmetermine im Verlauf mehrerer Jahre Veränderungen des Nährstoffstatus verfolgt werden können, auf die dann durch eine modifizierte Düngungspraxis reagiert werden kann.
- Ursachenforschung bei Pflanzenschäden im Sinne einer Schadensdiagnose:
  Hier geht es darum zwischen (i) biogenen bzw. parasitären, (ii) klimatisch-, mechanisch-, oder spritzmittel-bedingten sowie (iii) mineralstoffbedingten Schadursachen differenzieren zu können (vgl. Kap. 2.5).

Die Pflanzenanalyse als direktes diagnostisches Instrument zur Ermittlung des Nährstoffstatus ist ein Instrument von steigender Bedeutung. Dies hängt wesentlich damit zusammen, dass die Anforderungen an eine ökonomisch und ökologisch optimale Bestandesführung und Düngung der gärtnerischen und landwirtschaftlichen Produktion zugenommen haben. Die 2017 in Deutschland erlassene Düngeverordnung, die auf eine höhere Ausnutzung gedüngter Nährstoffe abzielt, ist hierfür ein direkter Ausdruck. Pflanzenanalyse und Bodenuntersuchung sind im Kontext der Planung von Düngungsmaßnahmen als zwei sich ergänzende Methoden zu betrachten. Während die Pflanzenanalyse primär der Diagnose dient, bewertet die chemische Bodenuntersuchung Nährstoffvorräte und besitzt damit einen prognostischen Anspruch, was in Kapitel 8 und 9 näher ausgeführt wird.

Wer sich mit den historischen Grundlagen der Pflanzenanalyse beschäftigen möchte, sei auf die Arbeiten von Macy (1936), Lundegårdh (1945) und Ulrich (1952) hingewiesen. Ein erstes äußerst umfangreiches Tabellenwerk mit diagnostischen Mineralstoffgehalten hat Chapman (1966) herausgegeben. Neuere Gesamtdarstellungen der Pflanzenanalysen mit umfangreichen Tabellen stammen von Bergmann und Neubert (1976), Martin-Prével *et al.* (1984), Bergmann (1993), Mills und Jones (1996) sowie Reuter und Robinson (1997).

4.2 Probenahme und Untersuchungsmethoden

Jörn Breuer

4.2.1 Probenahme

Für interpretierbare Untersuchungsergebnisse zum Ernährungszustand von Pflanzen ist eine sachgerechte Probenahme unabdingbare Voraussetzung. Dazu muss zunächst das Ziel des aktuellen Untersuchungsprojektes klar sein.

Ist der Ernährungszustand eines Bestandes auf einem Schlag oder in einer Versuchsparzelle zu erfassen, so muss die Probenahme repräsentativ für die betrachtete Fläche erfolgen. Je nach Kulturart, dem Zeitpunkt der Probenahme und dem zu beprobenden Pflanzenteil ergeben sich statistisch begründete Anforderungen an Anzahl, Menge und Verteilung von Einzelproben im Bestand.

In der Praxis ist es bei akuten Schäden häufig sinnvoll, geschädigte mit intakten Pflanzen oder Pflanzenteile direkt zu vergleichen. Dazu erfolgt eine selektive Probenahme. Wenn gesunde und geschädigte Pflanzen im selben Bestand vorkommen, kann man diese direkt miteinander vergleichen. Andernfalls ist nur ein Vergleich mit tabellierten Sollwerten oder mit benachbarten Pflanzenbeständen möglich. Im letzteren Fall ist es wichtig, dass die Proben von den jeweils gleichen Pflanzenteilen mit gleichem physiologischem Alter stammen (Reuter und Robinson, 1997). Eine genaue Dokumentation der Probenahme ist stets von herausragender Bedeutung für die Interpretation der Untersuchungsergebnisse (s. Infobox 4-1). Bei Verdacht auf Nährstoffmangel ist es oft sinnvoll, zusätzlich Bodenproben zu nehmen, um diese zur weiteren Interpretation der Situation untersuchen zu lassen (vgl. Kapitel 8).

Die Probenahme muss so erfolgen, dass die Pflanzenproben frei von äußerlich anhaftendem Boden, Staub und Rückständen von Düngemitteln oder Pflanzenbehandlungsmitteln sind. Darüber hinaus muss sichergestellt sein, dass von den Werkzeugen für die Probenahme und den Transportmaterialien für die Proben keine Verunreinigungen ausgehen. Ein nachträgliches Reinigen des Probenmaterials ist oft sehr problematisch und kann eine Fehlerquelle sein, wie z. B. durch den Verlust von gelöst vorliegenden Mineralstoffen.

Infobox 4-1

Dokumentation der Probenahme

Eine sorgfältige Dokumentation der Probenahme ist bei der Pflanzenanalyse Voraussetzung für die spätere Interpretation der Untersuchungsergebnisse. Neben einer Fotodokumentation der beprobten Pflanzenbestände und der Probenahmesituation ist immer festzuhalten:

- Anlass der Probenahme
- Datum der Probenahme
- Pflanzenart und ggf. Pflanzenteil

Geeignete Probenahmegeräte sind saubere und scharfe Schneidwerkzeuge (Messer, Scheren), die keines der zu analysierenden Mineralstoffe an die Probe abgeben dürfen. Eine rostige Gartenschere ist also ungeeignet. Für die Verpackung der Proben eignen sich saubere Beutel aus Kunststoff oder Papier. Wichtig ist, dass eine wasserfeste Beschriftung außen auf der Verpackung erfolgt. Frische wasserreiche Pflanzenproben sind entweder sehr schnell (wenige Stunden) in das Labor zu transportieren oder vor dem Transport zu trocknen (vgl. Kap. 4.2.2).

Repräsentative Probenahme

Zunächst werden mehrere Einzelproben genommen (Gesamtpflanzen oder Pflanzenteile), die anschließend zu einer Sammelprobe vereinigt werden. Diese Sammelprobe kann zu einer Endprobe reduziert werden. Das kann z. B. erforderlich sein, wenn die Sammelprobe aus einer großen Menge Material besteht. Allerdings ist das Homogenisieren und Teilen von Pflanzenproben im Feld oft umständlich und anfällig für Fehler. Es empfiehlt sich, die gesamte Sammelprobe ins Labor zu transportieren, dort zu homogenisieren und dann zu teilen. Generell ist unter statistischen Gesichtspunkten das Teilen einer Sammelprobe im Prinzip nur dann sinnvoll, wenn zuvor eine Zerkleinerung des Pflanzenmaterials erfolgt ist. Das kann bei frischen Pflanzen z. B. durch Zerschneiden oder durch Häckseln erfolgen, bei getrockneten Pflanzen durch Mahlen. Bei diesen Arbeitsvorgängen ist sehr sorgfältig darauf zu achten, dass anderes Pflanzenmaterial, Boden, Staub oder Geräteabrieb das Probenmaterial nicht kontaminieren. Da dieser Arbeitsschritt sehr aufwändig sein kann, ist er sorgfältig zu planen.

Das Ergebnis jeder Pflanzenanalyse und der zugehörigen Vorarbeiten ist mit unvermeidbaren Unsicherheiten behaftet. Es muss jedoch immer Ziel des gesamten Analyseprozesses sein, diese Unsicherheiten möglichst gering zu halten. Nur so lassen sich die Ergebnisse sinnvoll interpretieren. Auch bei sorgfältigstem Arbeiten ist der Anteil der Probenahme an der gesamten Unsicherheit der Messergebnisse meist wesentlich größer als der der folgenden Aufbereitungsschritte und Analyseverfahren im Labor. Die Repräsentanz der Probe nimmt mit steigendem Probenumfang zu, zugleich jedoch auch der damit verbundene Aufwand. Reuter und Robinson (1997) geben die Anzahl der zu beprobenden Pflanzen mit 30 bis 100 an. Die geeignete Anzahl an Einzelproben lässt sich nach Reuter und Robinson (1997) mit einer Rechenformel ermitteln, wenn bekannt sind

- die zu erwartende Streuung der Gehalte an einem bestimmten Nährstoff und
- der Gehaltsunterschied, der vorhanden sein muss, um ausreichend ernährte von unzureichend ernährten Pflanzen unterscheiden zu können.

Angaben zur Probenahme bei einzelnen Pflanzenarten finden sich in den Tabellen der Kapitel 4.3 bis 4.9.

Probenahmezeitpunkt und untersuchte Pflanzenteile

Der optimale Zeitpunkt für die Probenahme ist für die verschiedenen Pflanzenarten unterschiedlich. In den Kapiteln 4.3 bis 4.9 sind für die einzelnen Produktionsbereiche wie z. B. Acker-, Gemüse- und Obstbau detaillierte Angaben gemacht und die Richtwerte zur Beurteilung der Ergebnisse zusammengestellt. Diese beziehen sich in der Regel auf bestimmte Entwicklungsstadien der Pflanzen. Wenn konkret Nährstoffmangelsymptome vorliegen, sollte die Pflanzenanalyse möglichst rasch erfolgen, um eine Ergänzungsdüngung durchführen zu können. Oft ist jedoch eine Unterversorgung erst im Stadium des höchsten Nährstoffbedarfes zu erkennen, sodass eine Ergänzungsdüngung unter Umständen nicht mehr wirtschaftlich ist. Die durch die Pflanzenanalyse gewonnenen Erkenntnisse lassen sich dann erst in der Fruchtfolge zu den Folgekulturen nutzen.

Es gibt systematische Unterschiede der Mineralstoffgehalte zwischen verschiedenen Pflanzenteilen, wie z. B. zwischen Blättern und Stängeln oder Halmen sowie zwischen älteren und jüngeren Blättern. Nähere Angaben zu den einzelnen Kulturen finden sich daher in den Tabellen der Kapitel 4.3 bis 4.9. Jüngere Blätter und Pflanzenteile enthalten auf die Trockenmasse bezogen mehr Stickstoff, Kalium und Phosphor sowie weniger Calcium und Bor als ältere. Liegen sichtbare Pflanzenschäden vor, sollte man zum Vergleich Pflanzen analysieren, die keine Schadsymptome zeigen. Hierbei ist unbedingt auf ein annähernd gleiches Alter bzw. Entwicklungsstadium der beprobten Pflanzenteile zu achten. Abgestorbene (nekrotische) Pflanzenteile sind für eine Untersuchung nicht geeignet. Bei starkem Mangel sollten auch nicht die am stärksten geschädigten Blätter untersucht werden.

4.2.2 Aufbereitung der Proben

Das Probenmaterial ist so aufzubereiten, dass die in den Analysemethoden vorgesehenen Einwaagen homogen und repräsentativ für die Probe sind und der ursprünglichen Zusammensetzung entspricht. Jegliches Verunreinigen ist zu vermeiden. Insbesondere dürfen Schneidwerkzeuge, Häcksler, Mühlen und Probenbehälter keine der zu untersuchenden Mineralstoffe abgeben (z. B. können Schneidwerkzeuge aus kupfer- bzw. eisenhaltigen Legierungen bestehen). Gelangt das Pflanzenmaterial unmittelbar nach der Probenahme ins Labor, lassen sich die folgend beschriebenen Arbeiten dort durchführen. Andernfalls sind sie teilweise vor dem Versand zu erledigen.

Reinigung

Bei Pflanzenproben, die aus dem Boden (z. B. Rüben) oder in geringer Höhe über der Bodenoberfläche entnommen werden, ist oft das Entfernen von anhaftendem Boden notwendig. Das gilt insbesondere wenn Pflanzennährstoffe analysiert werden sollen, deren Gehalte im Boden wesentlich höher sein können als der Gehalt in den darauf gewachsenen Pflanzen (z. B. Eisen). Bei sichtbarer Auflage von Staub oder Agrochemikalien ist zu entscheiden, ob eine Reinigung zweckmäßig ist. Vor allem die Eisen-, Mangan-, Aluminium- und Silizium-Gehalte werden durch anhaftende Boden- oder Staubpartikel beeinflusst (Campbell und Plank, 1998). Je nach Probenmaterial, Art der Verschmutzung und dem vorgesehenen Analysenspektrum ist die Intensität der Reinigung anzupassen. Jede Behandlung birgt das Risiko, die Probe mit zu analysierenden Stoffen zu kontaminieren oder zu analysierende Stoffe zu verlieren. Je intensiver man die Reinigung durchführt, desto größer ist das Risiko einen Teil der Nährstoffe aus dem pflanzlichen Gewebe auszuwaschen und damit das Untersuchungsergebnis zu verfälschen. Daher ist eine solche Behandlung auf das erforderliche Mindestmaß zu reduzieren und muss bei zu vergleichenden Pflanzenproben immer absolut identisch erfolgen. Die Palette möglicher Prozeduren reicht von zügigem oberflächlichem Abspülen grober Partikel mit destilliertem Wasser bis zum Einsatz von Reinigungsmitteln oder verdünnter Säure (Campbell und Plank, 1998; Reuter und Robinson, 1997). Veränderungen analysierter Eisengehalte in Blättern nach Reinigungen sind in Tabelle 4-3 beispielhaft für verschiedene Pflanzenarten nach Literaturangaben zusammengestellt.

Probenteilung

Die Masse einer repräsentativen Sammelprobe ist fast immer sehr viel größer, als zur Analyse benötigt wird. Der Transport ins Labor kann dann aufwändig werden. Hier ist eine Teilung der genommenen Proben vor Ort sinnvoll. Für die Analysen im Labor reicht normalerweise eine Menge von etwa 50 bis 100 g trockenem Probenmaterial aus, was je nach Wassergehalt etwa 500 bis 1000 g Frischmasse entspricht. Erwähnt sei aber, dass bei der Empfindlichkeit heutiger Analyseverfahren auch die Einwaage von einzelnen Blättern oder gar nur von Blattteilen hinreichend sein kann, um deren Mineralstoffgehalte zu bestimmen. Bei Analysen beispielsweise von Kopfkohl, Zuckerrüben oder großen Früchten kann ein Halbieren oder Vierteln entlang der Symmetrieachse erfolgen. Bei großem Probenumfang kann auch das Herausschneiden einzelner Segmente sinnvoll sein. Bei größeren Pflanzen (z. B. Maispflanzen) oder bei großen Probenmengen (z. B. Zwischenfrüchte, Grünlandaufwuchs) ist ein Zerkleinern durch Häckseln oder Zerschneiden sinnvoll. Bei der anschließenden

Tab. 4-3: Eisengehalte von Blättern verschiedener Pflanzenarten vor und nach deren Reinigung (Jones und Wallace, 1992).

Blätter von	Methode der Reinigung	Fe-Gehalt [mg/kg TM]
Apfel[1]	Ungewaschen	77
	Gewaschen mit Detergenzlösung	72
Mais[2]	Ungewaschen	136
	Abgewischt mit Detergenzienlösung	134
Mais[3]	Ungewaschen	96
	Gewaschen mit destiliertem Wasser	85
Citrus[3]	Ungewaschen	186
	Detergenzienlösung	61
	angesäuerte Detergenzienlösung	61
Sojabohne[4]	Ungewaschen	147
	Gewaschen	67
anderen Pflanzenarten[5]	Ungewaschen	236
	Gewaschen mit Detergenzienlösung	110

[1] Ashby (1969); [2] Jones (1963); [3] Labanauskas (1968); [4] Wallace et al. (1982); [5] Sonneveld und van Dijk (1982)

Teilung muss sorgfältig darauf geachtet werden, dass gröbere und feinere Anteile sowie Blätter und Stängel, in den ursprünglichen Verhältnissen in die Endprobe gelangen. Der Aufwand dafür kann beträchtlich sein. Dabei empfiehlt es sich, die Probe auf einer Kunststoffunterlage zu einem Kegel aufzuschütten. Durch Anheben zweier gegenüber liegender Ecken entsteht ein länglicher Wall, von dem die Hälfte verworfen wird. Beim Verfahren der Diagonalteilung wird das zu einem Kegel angehäufte Material in vier Segmente unterteilt, von denen zwei gegenüberliegende Segmente verworfen werden. Diese Arbeitsschritte sind so lange zu wiederholen, bis die für die Endprobe erforderliche Menge erreicht ist.

Im Labor stehen zur Probenteilung meist verschiedene Geräte zur Verfügung (z. B. Rotations- oder Riffelprobenteiler, die jedoch eher für rieselfähiges Probengut geeignet sind). Für das grobe und faserige Probenmaterial für die Pflanzenanalysen geht man daher überwiegend genauso vor wie für die Probenteilung im Feld. Allerdings ist es im Labor einfacher, die geteilte Probe rasch zu konservieren und weiterzuverarbeiten.

Trocknung und Vermahlung

Der Transport zum Untersuchungslabor muss schnell erfolgen. Dabei ist ein Erwärmen der Probe zu vermeiden, vor allem wenn ihr Frischgewicht und der Wassergehalt von Interesse sind. Im Idealfall wird das Frischgewicht der Probe noch am Probenahmeort bestimmt, z. B. mit einer elektronischen Feldwaage.

Wenn mit längeren Transportzeiten zu rechnen ist, lässt sich die Probe eingefroren und in einer Gefrierkette transportieren. Eine gute Möglichkeit um Fäulnis und Atmungsverluste während langer Transportzeiten zu vermeiden, ist das Vortrocknen in einem Ofen (z. B. Backofen). Die Trocknungstemperatur sollte bei guter Belüftung zwischen 50 und 60 °C liegen. Bei Temperaturen oberhalb von 65 °C sind Verluste an Nitrat-N möglich. Zu geringe Trocknungstemperaturen können dagegen den Abbau von organischer Substanz (z. B. Proteinen) befördern und sind daher ebenfalls zu vermeiden. Im Laborbedarf sind spezielle Gazesäcke oder sogenannte Crispac-Beutel mit entsprechender Lochung erhältlich, in die die frische Probe abgefüllt werden kann und sich ohne erneutes Umfüllen auch trocknen lässt.

Im Untersuchungslabor erfolgt die Trocknung im Trockenschrank oder in einer Gefriertrocknungsanlage. Im Anschluss wird das Material gemahlen. Dabei ist darauf zu achten, dass keine Abtrennung faseriger oder verholzter Pflanzenteile, wie z. B. über das Sieb einer Schlagkreuzmühle, erfolgt. Die verwendeten Geräte dürfen zudem keine Kontamination der Probe mit den zu untersuchenden Analyten verursachen. Zudem muss darauf geachtet werden, dass beim Mahlen keine Erwärmung der Probe auf mehr als 60 °C erfolgt. Gegebenenfalls sind ausreichend lange Pausen zum Abkühlen der Mühle zwischen den Proben einzuhalten oder die Mühle ist auf geeignete Weise zu kühlen. Nach dem Vermahlen kann – falls erforderlich – eine erneute Probenteilung erfolgen. Auch bei vermahlenem Probenmaterial ist z. B. beim Einwiegen einer Teilprobe sicherzustellen, dass sich die Probe nicht entmischt hat. Besteht die Probe aus Partikeln mit unterschiedlichen physikalischen Eigenschaften, sammelt sich oft die feinere Fraktion am Boden, sodass ein erneutes Homogenisieren erforderlich ist.

4.2.3 Analyseverfahren

Eine Übersicht über geeignete Methoden für die Pflanzenanalyse, die sich in den Laboren der Landwirtschaftlichen Untersuchungs- und Forschungsanstalten bewährt haben, gibt Tabelle 4-4. Zum Verständnis der Verfahren und zur kritischen Bewertung der Analysenergebnisse werden im Folgenden Messprinzipien und bestimmte Parameter, wie z. B. die Höhe der Einwaage, beschrieben.

Bestimmung des Wassergehaltes

Die Pflanzenanalyse wird bei den meisten Methoden an getrocknetem und gemahlenem Probenmaterial vorgenommen und die Ergebnisse sind in % oder mg/kg Trockensubstanz angegeben. Da das Mahlgut

Tab. 4-4: Bewährte Verfahren für die Pflanzenanalyse.

	Eigenschaft / Gehalt	Referenz
1.	**Wassergehalt:**	
	Bestimmung der Feuchtigkeit	[1] VDLUFA III, Methode 3.1
2.	Aufschlußverfahren:	
	Mikrowellenbeheizter Druckaufschluss	VDLUFA III, Methode 10.8.1.2
3.	**Simultane Bestimmungsmethoden:**	
	Bestimmung von ausgewählten Elementen in pflanzlichem Material und Futtermitteln mit ICP-OES	[2] VDLUFA VII, Methode 2.2.2.6
	Bestimmung von ausgewählten Elementen in Pflanzen sowie in Grund- und Mischfuttermitteln mittels Massen¬spektrometrie mit induktiv gekoppeltem Plasma (ICP-MS)	VDLUFA VII, Methode 2.2.2.5
	Bestimmung von ausgewählten Elementen in pflanzlichem Material und Grundfuttermitteln mittels Röntgenfluoreszenzanalyse (RFA)	VDLUFA VII, Methode 2.2.2.7
4.	**Gesamtgehalte an N, P, S, Mo, K, Na, Ca, Mg, Fe, Mn, Cu, Zn:**	
	Bestimmung von Rohprotein mittels Dumas-Verbrennungsmethode	VDLUFA III, Methode 4.1.2
	Bestimmung von Gesamt-N (Kjeldahl-Methode)	VDLUFA III, Methode 4.1.1
	Bestimmung von Phosphor	VDLUFA III, Methode 10.6.1
	Bestimmung von Schwefel	VDLUFA III, Methode 10.7.1
	Bestimmung von Molybdän	VDLUFA VII, Methode 2.2.2.5
	Bestimmung von Kalium	VDLUFA III, Methode 10.2.1
	Bestimmung von Natrium	VDLUFA III, Methode 10.1.1
	Bestimmung von Eisen	VDLUFA III, Methode 11.1.2
	Bestimmung von Mangan	VDLUFA III, Methode 11.4.2
	Bestimmung von Kupfer	VDLUFA III, Methode 11.3.2
	Bestimmung von Zink	VDLUFA III, Methode 11.5.2
5.	**Wasserlösliche Gehalte an Nitrat, Sulfat und Chlorid:**	
	Bestimmung von Nitrat (Ionenchromatographie)	VDLUFA VII, Methode 2.2.2.2
	Bestimmung von Nitrat (Fließanalytik CFA)	[3] DIN ISO 15923-1
	Bestimmung von Chlorid (Titration mit Silbernitrat)	VDLUFA III, Methode 10.5.2
	Bestimmung der Chlorid (ionensensitive Elektrode)	[4] DIN 38405-1

[1] VDLUFA (1976), [2] VDLUFA (2011), [3] Beuth (2014), [4] Beuth (1985)

üblicherweise eine Restfeuchte von etwa 5 bis 10 % aufweist, ist diese grundsätzlich zur Korrektur der gemessenen Nährstoffgehalte zu bestimmen. Je nach Umgebungsbedingungen kann beim Lagern von getrockneten Proben auch eine Wasseraufnahme erfolgen, sodass vor der Verwendung des Probenmaterials eine erneute Trocknung notwendig sein kann. Ist der Wassergehalt der Probe von Interesse, wird dieser zusätzlich vor der Vermahlung bestimmt und mit der Restfeuchte verrechnet.

Aufschlussverfahren

Für viele gängige Analyseverfahren ist es erforderlich, dass die Analyten gelöst (»mineralisiert«) vorliegen. Um dies zu erreichen, kommen Aufschlussverfahren zum Einsatz, bei denen die Proben z. B. mit starken Säuren und/oder Laugen behandelt werden. Möglich ist auch ein thermischer Aufschluss (Verbrennung des Pflanzenmaterials) mit anschließendem Auflösen der Asche. Bei diesem Verfahren gehen normalerweise die Elemente Kohlenstoff und Stickstoff mit den Verbrennungsgasen verloren und können daher nicht mehr analysiert werden.

Am meisten verbreitet sind Druckaufschlussverfahren, bei denen die fein gemahlene Probe mit Oxidationsmitteln (meist Salpetersäure) unter erhöhtem Druck (mehrere Bar) und bei hoher Temperatur (180 °C und mehr) in geschlossenen sowie druckfesten Gefäßen mineralisiert wird. Die Probengefäße bestehen aus inerten Kunststoffen oder Quarzglas und sind von einem druckfesten Schutzmantel aus Kunststoffen, Keramik oder Metall umgeben. Beheizt wird mit einem Mikrowellenofen oder Heizschrank. Bei diesen Verfahren sind die Einwaagen normalerweise relativ gering (0,1 bis 1 g), sodass die Proben gut homogenisiert sein müssen. Vorteile dieser Verfahren sind der hohe Probendurchsatz und der geringe Verbrauch an Chemikalien.

Als klassisches Aufschlussverfahren für pflanzliches Material gilt die trockene Veraschung in einem sogenannten Muffelofen. Dabei wird die Asche anschließend in einer verdünnten Säure aufgenommen. Dieses Verfahren erlaubt relativ hohe Probeneinwaagen von 1 bis 10 g. Da jedoch für die Durchführung viel Handarbeit erforderlich ist, durch die offene Arbeitsweise ein erhöhtes Kontaminationsrisiko besteht und der hohe Chemikalienverbrauch unter Umwelt- sowie Wirtschaftlichkeitsgesichtspunkten nachteilig ist, werden solche Verfahren in der Pflanzenanalyse nur mehr wenig eingesetzt. Bei der Bestimmung von Eisen, Mangan, Kupfer und Zink ist besonders auf die Gefahr von Verunreinigungen zu achten. Zur Zerstörung von Siliziumverbindungen ist gegebenenfalls eine Nachbehandlung mit Flusssäure notwendig.

Bestimmung von Gesamtgehalten in Pflanzenproben

Zur Beurteilung der Nährstoffversorgung von Pflanzen werden meist die Gesamtgehalte der Nährstoffe in der Pflanze herangezogen. Das Standardverfahren für die Routineuntersuchung von pflanzlichen Materialien auf die Gesamtelementgehalte ist heute die Optische Emissionsspektrometrie mit induktiv gekoppeltem Plasma (ICP-OES). Mit der Technik der ICP-OES lassen sich die Nährelemente Bor, Calcium, Kupfer, Eisen, Kalium, Magnesium, Mangan, Phosphor, Schwefel, Zink, Molybdän und Nickel, aber auch Natrium simultan bestimmen, sodass eine sehr effiziente Arbeitsweise möglich ist. Zunehmend wird auch die Massenspektrometrie mit induktiv gekoppeltem Plasma (ICP-MS) für die Analyse von Pflanzenproben eingesetzt, zumal sich dieses Verfahren durch deutlich niedrigere Bestimmungsgrenzen auszeichnet und sich zusätzliche Spurenelemente wie Molybdän analysieren lassen. Die ICP-MS ermöglicht auch die zuverlässige Analyse unerwünschter Elemente wie z. B. Cadmium, Blei und Thallium in sehr niedrigen Gehaltsbereichen. Beide Verfahren ergänzen sich in vielen Laboren, indem die Mengenelemente mit ICP-OES und die Spurenelemente mit ICP-MS analysiert werden.

Für die Einzelbestimmung der meisten der o. g. Elemente kann auch die Technik der Atomabsorptionsspektrometrie (AAS) oder der Atomemissionsspektrometrie (AES) verwendet werden. Wegen verschiedener Einschränkungen (z. B. im Normalfall keine Simultanbestimmung möglich bzw. manche Elemente lassen sich nicht bestimmen) ist die Verbreitung dieser Geräte rückläufig und nur bei geringen Probenzahlen wirtschaftlich.

Bei der Röntgenfluoreszenzanalyse (RFA) ist das Aufschließen der Proben nicht erforderlich. Das fein gemahlene Probenmaterial wird zu Tabletten gepresst oder mit einem Schmelzmittel zu Tablet-

Infobox 4-2

ICP-OES und ICP-MS

Bei diesen Messverfahren wird die flüssige Probe über ein Zerstäubersystem als feiner Nebel in ein Argonplasma eingebracht. Ein Plasma ist ein ionisiertes Gas. Die Plasmatemperatur in den marktüblichen Messsystemen liegt bei 5000 bis 7000 K. Die Elemente in der Probenlösung werden bei diesen hohen Temperaturen atomisiert, ionisiert und zur Emission eines jeweils charakteristischen Lichtspektrums angeregt. Nun kann man mit geeigneten Geräten entweder das emittierte Licht messen (Optische Emissionsspektrometrie – OES) oder in einem Massenspektrometer die entstandenen Ionen nach dem Verhältnis von Masse zu Ladung auftrennen und messen (Massenspektrometrie – MS). Um die einzelnen Mineralstoffe (Elemente) zu quantifizieren werden die Geräte mit einer Reihe von Lösungen mit bekannter Elementkonzentration kalibriert.

ten verschmolzen, die dann mit Röntgenstrahlen definierter Energie bestrahlt werden. Dabei wird Fluoreszenzstrahlung induziert, die für die Elemente charakteristisch ist und gemessen werden kann. Die RFA hat ein ähnlich großes Anwendungsspektrum wie die ICP-OES und eignet sich wegen der relativ einfachen Probenvorbereitung gut für große Probenzahlen.

Für die Analyse großer Probenzahlen besonders gut geeignet und weit verbreitet sind Verfahren der Nahinfrarotspektroskopie (NIRS). Hier werden Moleküle in der Probe durch elektromagnetische Energie zu charakteristischen Schwingung angeregt. Die gemessenen Schwingungen werden über Computermodelle mit denen von bekannten Proben verglichen und ausgewertet. Diese Verfahren sind bei der Analytik ähnlicher Proben in großen Serien weit verbreitet, z. B. zur Bestimmung von Wassergehalt und Protein bei der Erfassung von Getreide. Auch für Probenserien aus dem landwirtschaftlichen Versuchswesen kommen solche Verfahren umfangreich zum Einsatz. Von Vorteil ist, dass oft keine Probenvorbereitung erforderlich ist bzw. sich die Probenvorbereitung auf das Mahlen der Proben beschränkt. Zuverlässige quantitative Analysen mit diesen Verfahren erfordern jedoch sehr gute Kalibrationsmodelle, die auch laufend gepflegt werden müssen.

Für die Bestimmung von Stickstoff wird heutzutage überwiegend die Verbrennungsmethode nach Dumas (Elementaranalyse) angewandt. Je nach Gerätetyp werden hier etwa 100 bis 500 mg trockene Pflanzenprobe im Sauerstoffstrom bei hoher Temperatur verbrannt. Den Stickstoff misst man dann nach Reduktion gebildeter Stickoxide und Reinigung der Verbrennungsgase z. B. mit einem Wärmeleitfähigkeitsdetektor. Das klassische nasschemische Verfahren nach Kjeldahl zur N-Bestimmung (Aufschluss mit Schwefelsäure, Destillation und titrimetrische Bestimmung von NH_3) ist nur mehr wenig verbreitet. Die üblichen Einwaagen liegen hier in der Größenordnung von 1 g Trockensubstanz.

Bestimmung von löslichen Gehalten in Pflanzenproben

Für bestimmte Fragestellungen kann es sinnvoll sein, lösliche Gehalte an Nährstoffen in der Pflanze zu analysieren (vgl. Kap. 6.1). Bei der Ionenchromatografischen Bestimmung von Nitrat, Sulfat und Chlorid wird die Pflanzenprobe meist mit heißem Wasser extrahiert. Der Wasserextrakt wird dann vorgereinigt und säulenchromatografisch aufgetrennt. Für die Bestimmung von Nitrat gibt es eine Reihe von photometrischen Methoden, wobei über eine chemische Reaktion ein Farbstoff gebildet wird, dessen Konzentration dann proportional zum Nitratgehalt der Probe ist. Bei der kontinuierlichen Fließanalytik (CFA) wird z. B. häufig die Probenlösung mit einer Pufferlösung vermischt, Nitrat mit geeigneten Reduktionsmitteln zu Nitrit reduziert und nach Zugabe eines entsprechenden Farbreagenzes photometrisch bestimmt. Die betreffenden Messgeräte sind mit automatischen Probengebern ausgestattet und für Serienuntersuchungen besonders geeignet. Verschiedene Verfahren zur Chlorid-Bestimmung beruhen auf der Ausfällung von Silberchlorid nach Zugabe von Silbernitrat oder der potentiometrischen Bestimmung mit ionensensitiven Elektroden.

4.3 Landwirtschaft

Volkmar König und Wilfried Zorn

4.3.1 Aufgaben und Grenzen der Pflanzenanalyse

Grundlegende Arbeiten zur Anwendung der Pflanzenanalyse bei allen in der landwirtschaftlichen Praxis relevanten Makro- und Mikronährstoffe wurden in Deutschland vor allem seit den 1960er Jahren vorgenommen (Neubert *et al.*, 1970; Bergmann und Neubert, 1976) und im ehemaligen Institut für Pflanzenernährung Jena fortgeführt (Vielemeyer *et al.*, 1983). Ab 1985 fand diese sogenannte »Komplexe Pflanzenanalyse« breite Anwendung auf den Landwirtschaftsbetrieben der ehemaligen DDR (Vielemeyer *et al.*, 1988; Vielemeyer *et al.*, 1991). Mittels der dabei umfangreich ermittelten Daten ließen sich die Richtwerte zur Bewertung des Ernährungszustandes präzisieren (Vielemeyer und Hundt, 1991; Vielemeyer *et al.*, 1991).

Die Pflanzenanalyse im landwirtschaftlichen Bereich erstreckt sich im Wesentlichen auf die Nährstoffe N, P, K, Mg, S, B, Cu, Mn, Mo und Zn. Für einzelne Kulturpflanzenarten sind auch Ca und Na von Bedeutung. Dabei ist zu beachten, dass der Ca-Gehalt der Pflanzen bzw. einzelner Pflanzenteile stark durch die Aufnahmebedingungen aus dem Boden und die Verlagerung in der Pflanze beeinflusst wird. Dieser steht deshalb in keinem Zusammenhang mit dem pH-Wert bzw. der Kalkversorgung des Bodens. Die Bestimmung des Fe-Gehaltes landwirtschaftlicher Kulturpflanzenarten ist meist nicht erforderlich in Deutschland. Ein Mangel tritt im Ackerbau relativ selten auf und resultiert dann aus einer physiologischen Störung, nicht aber aus einer absoluten Hemmung der Fe-Aufnahme aus dem Boden. Pflanzen bzw. Pflanzenteile weisen bei physiologischem Mangel häufig höhere Fe-Gehalte auf als gesunde Pflanzen(teile). Aus dem Fe-Gehalt lässt sich deshalb in der Praxis nicht auf den Fe-Ernährungszustand schließen. Bei Bedarf ist es bei der Pflanzenanalyse auch möglich, die Analytik auf pflanzentoxische Elemente (z. B. Schwermetalle) auszudehnen.

Die Pflanzenanalyse bei landwirtschaftlichen Kulturen sollte ein Bestandteil der schlagbezogenen Flächenbewirtschaftung sein. Ihre Hauptaufgabe dabei ist die Kontrolle des Ernährungszustandes im Zeitraum des intensivsten Wachstums (Bergmann, 1990; Bergmann, 1993; Vielemeyer *et al.*, 1991). Mithilfe der Pflanzenanalyse lässt sich erkennen, ob

- die für hohe Erträge erforderliche, ausgewogene Versorgung der Feldfrüchte mit Makro- und Mikronährstoffen gewährleistet ist. Neben der optimalen Ernährung der Pflanzen mit allen wichtigen Nährstoffen spielen dabei auch die Verhältnisse verschiedener Nährstoffe untereinander eine große Rolle. Zum Beispiel ist bei Winterweizen das wichtige ertragsbestimmende Merkmal »Kornzahl je Ähre« vom N- und Cu-Gehalt in der Pflanze abhängig (Krähmer, 1988; Krähmer und Sattelmacher, 1997). Eine hohe Kornzahl je Ähre erreicht der Weizen, wenn bei ausreichender N-Ernährung ein optimales Cu/N-Verhältnis während des Bestockens und Schossens vorliegt (s. Tab. 4-9).
- trotz ungünstiger Witterungsperioden (z. B. trockenes oder nass-kaltes Frühjahr; zeitweilige Staunässe) die Pflanzen ausgewogen ernährt sind. So kann es z. B. auf leichten diluvialen oder alluvialen Böden nach einer Periode mit intensiven Niederschlägen im Frühjahr zu B- und Mo-Mangel bei Raps, Futterkohl, Rüben, Luzerne oder den Kleearten kommen.
- Düngungsmaßnahmen (z. B. Mikronährstoff-Bodendüngung auf Flächen mit Düngebedarf) die angestrebte ausreichende Nährstoffversorgung der Feldfrüchte bewirkt haben.
- beim Anbau von Kulturen mit hohem spezifischen Nährstoffbedarf (z. B. Zn bei Mais) auf Schlägen mit mittleren, optimalen Gehalten im Boden und hohem Ertragspotenzial eine ausreichende Nährstoffversorgung gewährleistet ist.
- auf Flächen mit hohen bis sehr hohen Nährstoffvorräten (Gehaltsklassen D und E) nach Einsparung der Mineraldüngung eine ausreichende Nährstoffversorgung der Pflanzen gegeben ist und in welchem Maße die Pflanzen auf belasteten Böden Schadstoffe aufgenommen haben.

Ein weiterer Schwerpunkt für die Nutzung der Pflanzenanalyse ist die Aufklärung der Ursachen ernährungsbedingter Wachstumsstörungen. Hierbei hat sich die Kombination aus visueller Symptomdiagnose, Pflanzen- und Bodenuntersuchung bewährt. Diese zusammenfassende Bewertung ermöglicht es, kurzfristige Korrekturdüngungsmaßnahmen abzuleiten und Aussagen zu geeigneten Düngemaßnahmen der Nachfrüchte zu treffen.

Ein weiteres Einsatzgebiet der Pflanzenanalyse stellt die Nutzung der Daten in Beratungsringen dar. Dabei wertet dann der Berater die Ergebnisse der von Landwirten beauftragten Pflanzenanalysen unter Berücksichtigung des Standortes und der Bewirtschaftung aus.

Daraus ergeben sich **Empfehlungen zur Anwendung der Pflanzenanalyse** als Ergänzung zur Bodenuntersuchung. Der Einsatz ist sinnvoll

- auf Standorten mit erfahrungsgemäß niedrigen Bodennährstoffgehalten und als Ergänzung zur Bodenuntersuchung (Bergmann, 1993; Kerschberger und Franke, 2001; Schilling, 2000). Das sind bei
  - **S** leichte diluviale- und sandige Verwitterungsböden, skelettreiche flachgründige und grundwasserferne Böden in Regionen mit hohen Niederschlägen,
  - **B** leichte alluviale- und sandige Diluvialböden in Regionen mit hohen Niederschlägen, gekalkte leichte und humusarme, ursprünglich saure Böden sowie Buntsandsteinböden und Schieferverwitterungsböden,
  - **Cu** Anmoor- und Moorböden, humose Sandböden, leichte und mittlere Buntsandsteinböden sowie Keuper- und Muschelkalkböden,
  - **Mn** kalkhaltige anmoorige und humose Sandböden, Moorböden mit pH > 6,5, überkalkte leichte und mittlere Böden sowie humusreiche, gut durchlüftete Böden bei Trockenheit,
  - **Mo** diluviale Böden, leichte und mittlere Buntsandsteinböden sowie versauerte Löss- und Schwarzerdeböden,
  - **Zn** diluviale mittelschwere Böden, leichte und mittlere Buntsandsteinböden, Keuperböden und Böden mit sehr hohen P- und Humusgehalten in Verbindung mit hohen pH-Werten,
- bei Feldfrüchten mit hohem und mittlerem Nährstoffbedarf (Tab. 4-5):
  - **S**: Raps, Lein, Winter- und Sommergetreide, Zucker- und Futterrüben,
  - **B**: Winterraps, Sonnenblume, Zucker- und Futterrüben, Luzerne, Kohlarten,
  - **Cu**: Winter- und Sommergetreide, Lein, Sonnenblume, Ackerbohne,
  - **Mn**: Weizen, Hafer, Zucker- und Futterrüben, Erbsen, Bohnen,
  - **Mo**: Raps, Luzerne, Rotklee, Erbse, Ackerbohne, Lupine, Hanf,
  - **Zn**: Mais, Lein, Ackerbohne, Hafer
- bei Feldstücken mit hoher Ertragserwartung und Nährstoff-Gehaltsklasse C,
- bei ungünstiger Jahreswitterung (lang anhaltende Frühjahrsvernässung der Böden; trockene Hauptwachstumsperiode).

Landwirte sollten sich darüber hinaus über die Jahre verteilt einen Überblick über die Nährstoffversorgung ihrer Schläge durch Beprobung nährstoffintensiver Feldfrüchte (Raps, Winterweizen) und durch Untersuchung aller Makro- sowie Mikronährstoffe verschaffen. Wichtig ist, die Ursachen ernährungsbedingter Wachstumsstörungen aufzuklären. Dazu hat sich die Kombination der Pflanzenanalyse mit der Symptomdiagnose und der Bodenuntersuchung bewährt.

Grenzen für die Nutzung der Pflanzenanalyse sind

- der eingeschränkte zeitliche Handlungsspielraum für Düngungsmaßnahmen. Der optimale Zeitraum für die Nutzung der Pflanzenanalyse (Probenahme, Untersuchung und Korrekturdüngung) beschränkt sich in der Regel auf die Hauptwachstumsphase der Nutzpflanzen. Außerdem erfordert die optimale Wirkung einer Korrekturdüngung nach der Applikation Witterungsbedingungen, die eine zügige Nährstoffaufnahme durch die Pflanzen gewährleisten (vor allem ausreichende Wasserversorgung).
- die Abhängigkeit der Treffsicherheit der Pflanzenanalyse von der oft nicht vorhersehbaren Nährstoffaufnahme nach der Analyse. So kann zum Beispiel ein Mangan-Mangel bei Wintergetreide nach dem klüftigen Hochfrieren des Bodens während des Winters in einem trockenen Frühjahr vorliegen. Dieser Effekt ist nach einer Niederschlagsperiode nicht mehr vorhanden, weil nach der Bodensetzung schwerlösliches Mangan^{IV}-Oxid zu pflanzenverfügbarem Mn^{2+} reduziert wird.

Tab. 4-5: Fruchtarten und Untersuchungsempfehlungen für die Kontrolle der S- und Mikronährstoffversorgung wachsender Pflanzenbestände (nach Kerschberger und Franke, 2001; Kerschberger *et al.*, 2001; Podlesak *et al.*, 1989; ergänzt).

Kultur	S	B	Cu	Mn	Mo	Zn
Getreide und Mais						
Winter- und Sommerweizen	*	–	**	**	–	*
Winter- und Sommergerste	*	–	**	*	–	*
Winterroggen	*	–	*	*	–	*
Wintertriticale	*	–	*	*	–	*
Hafer	*	–	**	**	–	*
Körner-, Silo- und Grünmais	–	*	*	*	–	**
Sorghum-Hirsen	–	*	*	*	–	*
Körnerleguminosen						
Erbse	–	–	–	**	*	–
Ackerbohne	–	*	*	–	*	*
Sojabohne	–	*	–	*	*	*
Öl- und Faserpflanzen						
Raps	**	**	–	*	*	–
Lein	**	*	**	–	–	**
Sonnenblume	–	**	**	*	–	–
Hackfrüchte						
Kartoffel	–	*	–	*	–	*
Zucker- und Futterrübe	*	**	*	**	*	*
Futterpflanzen						
Luzerne	–	**	**	*	**	*
Rotklee	–	*	*	*	**	*
Wiesen- und Weidegräser	*	–	*	*	–	–
Sonderkulturen						
Hopfen	–	*	–	*	–	**
Tabak	–	*	–	*	–	*

** = *vordringlich zur Untersuchung empfohlen bzw. hoher Bedarf*
* = *zur Untersuchung empfohlen bzw. mittlerer Bedarf*
– = *nicht zur Untersuchung empfohlen bzw. niedriger Bedarf*

- eine mögliche Fehlbewertung des Ernährungszustandes der Pflanzen, wenn Randbedingungen nicht berücksichtigt werden (z. B. Befall durch Pflanzenkrankheiten, vorausgegangene Applikation von mikronährstoffhaltigen Dünge- oder Pflanzenschutzmitteln).
- die begrenzte Aussagekraft bei bestimmten Entwicklungsstadien.
- die zum Teil eingeschränkte Prognose einer Düngebedürftigkeit für pflanzenphysiologisch wenig mobile Nährstoffe (z. B. Ca), sowie Nährstoffe, die in Pflanzen physiologisch immobilisiert werden können (z. B. Fe).

4.3.2 Probenahme

Die Anwendung der Pflanzenanalyse erfordert eine pflanzenspezifische Probenahme als wesentliche Voraussetzung für zutreffende Diagnosen. Bei der Entnahme der Pflanzenproben ist zu berücksichtigen, dass die Richtwerte zur Beurteilung der

Pflanzenanalysewerte ausschließlich für definierte Probenahmetermine und Pflanzenorgane zutreffen. Deshalb müssen bei den Probenahmen die optimalen Zeitspannen eingehalten und geeignete Probenahmeorgane entnommen werden. Die Tabelle 4-6 enthält dazu eine Übersicht für wichtige landwirtschaftliche Kulturpflanzen. Die Beurteilung des Entwicklungsstadiums der Pflanzen anhand des BBCH-Codes ist für viele landwirtschaftliche Kulturen möglich (Meyer *et al.*, 2001).

Dabei ist die Beprobung der vorgegebenen Pflanzenteile von zentraler Bedeutung, weil diese den aktuellen Ernährungszustand am besten widerspiegeln. Das sind in der Regel die gesamte oberirdische Pflanze bzw. gerade ausgewachsene Blätter. Die Probenahmetermine liegen in der Zeit des intensivsten Wachstums bzw. höchsten Nährstoffbedarfs. Es empfiehlt sich, die frühen Termine zu nutzen, damit sich korrigierende Düngungsmaßnahmen noch rechtzeitig realisieren lassen (z. B. bei Getreide BBCH

Auftraggeber

Name, Vorname: .... E-Mail: ....

Straße: .... PLZ, Ort: ....

Telefon: .... Fax: ....

Probenbezeichnung

Probe-Nr.	Feld		Kultur	Sorte	Entwicklungs-stadium (BBCH-Code)	Probenahme-termin (Datum)
	Name	Nr.				
1						
2						
3						
4						

Besonderheiten

Probe-Nr.	Bestandshöhe (cm)		Bestandsdichte (niedrig, normal, hoch)	Weitere wichtige Informationen (z. B. Bodenart, Witterung, org./min. Düngung, Pflanzenschutz)
1				
2				
3				
4				

Untersuchungsauftrag

Probe-Nr.	Gewünschte Untersuchungsparameter (generell einschließlich Trockenmasse) Bitte ankreuzen										
	N	P	K	Ca	Mg	S	B	Cu	Mn	Mo	Zn
1											
2											
3											
4											

Abb. 4-9: Probenbegleitschein zur Pflanzenanalyse für die Diagnose des Ernährungszustandes bei Kulturpflanzen.

30–32/37; Winterraps BBCH 53–57). Eine Pflanzenanalyse in späteren Vegetationsstadien (Ende des in Tabelle 4-6 empfohlenen Bereiches) ermöglicht es zwar den Ernährungszustand der Pflanzen zu beurteilen, jedoch ist eine Düngungsmaßnahme zu diesem Zeitpunkt deutlich weniger ertragswirksam als in früheren Wachstumsabschnitten.

Da man meist die Untersuchungsergebnisse der Mischprobe für die Herkunftsfläche verallgemeinert, muss die Repräsentanz der Proben für die beprobte Gesamtfläche gewährleistet sein. Für repräsentative Pflanzenproben sind die angegebenen Pflanzenteile entlang eines Zickzack oder Diagonalweges über die gesamte Fläche an mindestens 20 Stellen zu entnehmen (Weissert *et al.*, 1982). Bei vermuteten Wachstumsstörungen ist die Untersuchung an je einer repräsentativen Probe aus dem gesunden und geschädigten Pflanzenbestand erforderlich. Diese Einzelproben sind zu einer Mischprobe von mindestens 500 g (bis max. 1000 g) zu vereinigen. Dabei ist darauf zu achten,

Tab. 4-6: Fruchtarten, Probenahmezeiträume und -organe für die Kontrolle der Nährstoffversorgung wachsender Pflanzenbestände.

Fruchtart	Zeitraum der Probenahme (Entwicklungsstadien mit BBCH-Code)	Probenahmeorgan
Winterweizen Sommerweizen Wintergerste Sommergerste Winterroggen Wintertriticale Hafer	Ende Bestockung bis Ende Schossen • 8./9. Bestockungstrieb sichtbar (BBCH 28/29) • Bestockungstriebe stark aufgerichtet (BBCH 30) • Halmknoten wahrnehmbar (BBCH 31) • 2.–4. Halmknoten wahrnehmbar (BBCH 32–34) • Fahnenblatt erscheint (BBCH 37) • Blatthäutchen des Fahnenblatts gerade sichtbar (BBCH 39) • Blattscheide des Fahnenblattes verlängert sich (BBCH 41) • Blattscheide des Fahnenblattes schwillt an und öffnet sich (BBCH 43–45)	gesamte oberirdische Pflanze
Mais	40–60 cm Bestandeshöhe (BBCH 33–36) Rispenschieben (BBCH 51–59) Blüte (BBCH 61–69)	mittlere Blätter mittlere Blätter Kolbenblätter
Sorghum-Hirse	Blüte	Kolbenblätter
Erbse	30–40 cm Bestandeshöhe (BBCH 35–39) Blühbeginn (BBCH 61–62)	gesamte oberirdische Pflanze
Ackerbohne	Blühbeginn (BBCH 61–62)	gerade vollentwickelte Blätter
Winterraps	Knospenstadium (BBCH 53) bis Blüte (BBCH 64)	gerade vollentwickelte Blätter
Lein	Knospenbildung bis Blühbeginn	oberes Sprossdrittel
Sonnenblume	Blühbeginn (BBCH 61–62)	obere vollentwickelte Blätter
Kartoffel	Knospenstadium bis Knollenbildung	gerade vollentwickelte Blätter
Zucker- und Futterrübe	Ende Juni bis Ende August	Spreiten von gerade vollentwickelten Blättern
Luzerne	Knospenstadium bis Blüte	gesamte oberirdische Pflanze
Rotklee	Knospenstadium bis Blüte	gesamte oberirdische Pflanze
Wiesen- und Weidengräser	Blühbeginn 1. Aufwuchs	gesamte oberirdische Pflanze
Hopfen	Vegetationsmitte	gerade vollentwickelte Blätter
Tabak	Vegetationsmitte	gerade vollentwickelte Blätter

dass die Pflanzenteile nicht verschmutzt sind. Um Getreide- oder Futterpflanzen etwa 2 cm über der Bodenoberfläche abzutrennen, empfiehlt sich daher die Verwendung eines scharfen Messers. Keinesfalls sollten Pflanzen mitsamt der Wurzel (z. B. junge Pflanzen) aus dem Boden entnommen werden.

Für die Verpackung und den Versand an das Untersuchungslabor sind die im Kapitel 4.2 enthaltenen Hinweise zu beachten. Das gilt auch für die Richtlinien der Probenahme zur Aufklärung von Ernährungsstörungen. Für die dabei unerlässliche Bodenuntersuchung genügt bei landwirtschaftlichen Kulturen in der Regel die Beprobung der obersten 20-cm-Bodenschicht.

Von besonderer Bedeutung für die Ableitung einer sicheren Diagnose ist die Angabe wesentlicher Begleitinformationen. Dazu sollte ein Untersuchungsauftrag (Probenbegleitschein) beigefügt werden, der die wichtigsten Kenndaten enthält (Abb. 4-9). Angaben zum Witterungsverlauf 2 bis 3 Wochen vor der Probenahme sind erforderlich, da Trockenheit, starke Niederschläge und Staunässe die Nährstoffaufnahme und -gehalte der Pflanzen erheblich beeinflussen (Bergmann, 1993).

Für die Auswahl der Untersuchungsparameter sind die unterschiedlichen Nährstoffansprüche der landwirtschaftlichen Kulturen zu beachten. Alle haben einen hohen Bedarf an den Makronährstoffen N, P, K und Mg und sollten deshalb generell auf den Gehalt an diesen Elementen untersucht werden. Bei den Mikronährstoffen haben Pflanzenarten dagegen einen unterschiedlichen Bedarf (Kerschberger *et al.*, 2001). So wird beispielsweise zwischen Kulturen mit niedrigem, mittlerem und hohem Mikronährstoff-Düngebedarf unterschieden. Dementsprechend ist auch die Düngewirkung zu bewerten, woraus je nach Kultur verschiedene Empfehlungen für die Dringlichkeit der Pflanzenanalyse und Düngebedarf (Tab. 4-5) resultieren.

4.3.3 Beurteilung der Pflanzenanalyseergebnisse anhand von Richtwerten

Den Richtwerten in den Tabellen 4-9 bis 4-31 (s. am Ende des Kap. 4.3) liegen umfangreiche und langjährige Feldversuche und Praxiserhebungen (Podlesak *et al.*, 1989; Vielemeyer *et al.*, 1991; Zorn, unveröffentlicht) zugrunde. Damit ist sichergestellt, dass Standort und Jahreswitterung als wesentliche Einflussfaktoren auf die Nährstoffaufnahme und -gehalte in den Pflanzen berücksichtigt sind. Weiterhin liegen Angaben aus umfangreichen Literaturauswertungen vor (Bergmann, 1993).

Die in diesen Tabellen angegebenen Gehaltsbereiche umfassen die Spanne sogenannter ausreichender Gehalte. Mit der Angabe von Bereichen ist berücksichtigt, dass es eine natürliche Schwankungsbreite der Gehalte bei derselben Pflanzenart gibt. Diese ist durch die Variation der Wachstumsfaktoren und Sortenreaktion bedingt. Gehalte unterhalb des ausreichenden Bereiches sind zu niedrig und eine Düngung ist somit erforderlich. Dabei sind in der Regel erst bei sehr niedrigen Gehalten visuell sichtbare Mangelsymptome zu erwarten. Im Grenzbereich zum ausreichenden Bereich ist mit latentem Mangel zu rechnen. Allerdings muss dabei beachtet werden, dass durch Witterungseinflüsse die Nährstoffaufnahme zeitweilig behindert sein kann und deshalb manchmal Gehalte geringfügig unterhalb des ausreichenden Bereiches festgestellt werden. Das kann z. B. bei Trockenheit die P-, Mg-, B- und Mn-Gehalte in Pflanzen betreffen, obwohl im Boden ausreichende Gehalte vorhanden sind. Bei feuchter Witterung verändert sich der Nährstoffstatus der Pflanze in der Regel sehr schnell. Niedrige Mikronährstoffgehalte bei Kulturen mit niedrigem Bedarf an dem betreffenden Mikronährstoff weisen keinesfalls auf einen Mangelzustand hin. Zum Beispiel weisen die Getreidearten einen niedrigen Borbedarf auf (vgl. Tab. 4-5).

Für ein optimales Wachstum der Pflanzenbestände ist auch ein ausgewogenes Nährstoffverhältnis notwendig. Pflanzenphysiologisch bedeutsam ist z. B. das Cu/N-Verhältnis bei Weizen. Diesbezügliche Vorgaben sind in der entsprechenden Richtwerttabelle 4-9 enthalten. Weitere beachtenswerte Verhältnisse sind z. B. N/P, K/N, K/Ca, Mg/P, P/Zn, Fe/Mn und Cu/Mn. Nach Angaben von Trier und Bergmann (1974) weisen folgende P/Zn-Verhältnisse (bezogen auf mg/kg TM) auf eine ausreichende Zn-Versorgung hin:

Mais:	200–50
Sonnenblume:	200–80
Kartoffel:	200–100

Bei N-Mangel nehmen die Pflanzen alle anderen Nährstoffe auch in geringerem Maße auf. Unter diesen Bedingungen ist die Diagnose des Ernährungszustandes für alle Nährelemente – außer N – erschwert, da die Ursache häufig festgestellter niedriger Gehalte in der Pflanze nicht eindeutig einem zu niedrigem Nährstoffangebot oder einer unzureichenden Nährstoffaufnahme aus dem Boden infolge N-Mangelernährung zugeordnet werden kann.

Für die Mehrzahl der landwirtschaftlichen Kulturpflanzenarten gibt es zurzeit noch keine experimentell abgesicherten Richtwerte für ausreichende S-Gehalte. Dennoch wird die Untersuchung auf den S-Gehalt bei vielen Pflanzenarten empfohlen (vergl. Tab. 4-5). Zur Beurteilung kann in diesen Fällen das N/S-Verhältnis herangezogen werden. In der Regel deutet ein N/S-Quotient um 10 auf eine optimale S-Ernährung, ein Quotient > 15–17 auf S-Mangel hin.

Stark erhöhte Mn-Gehalte in Pflanzen können nach Zorn und Prausse (1993) auf nicht bewässerten bzw. Böden ohne Staunässe auf Pflanzenschädigungen durch Bodenversauerung hindeuten, wenn folgende Mn-Gehalte festgestellt werden:

Sommergerste (BBCH 28–37):	› 140 mg/kg TM
Wintergerste (BBCH 28–37):	› 150 mg/kg TM
Winterweizen (BBCH 28–37):	› 160 mg/kg TM
Winterroggen (BBCH 28–37):	› 200 mg/kg TM
Mais(ca. 50 cm Wuchshöhe):	› 350 mg/kg TM
Zucker- und Futterrüben (Mitte Juni–Ende Juli):	› 800 mg/kg TM

Zur genauen Diagnose sowie zur Ermittlung des Kalkdüngebedarfes ist hier die Durchführung einer Bodenuntersuchung erforderlich.

Die Beurteilung der Ergebnisse erfolgt in der Regel mittels einer grafischen Darstellung (Abb. 4-10). Diese sollte für die analysierten Elemente die Gehalte, den ausreichenden Bereich und ein graphisches Vergleichsdiagramm enthalten. Auf diese Weise ist sofort zu erkennen, welche Nährstoffe ausreichend, unzureichend oder im Überschuss aufgenommen wurden. Bei niedrigen Nährstoffgehalten ist eine Korrekturdüngung vorzunehmen.

Ergebnisse der Pflanzenanalyse für Probe 1

Schlag:	136	Probenahmedatum:	02.05.2017
Kultur:	Wi-Raps	Stadium:	Blühbeginn (BBCH 62)
		Probenehmer:	Auftraggeber

Bestimmung			ausreichender Bereich		Vergleichsdiagramm (Gehalte)		
Element	**Einheit**	**Gehalt**	**von**	**bis**	**niedrig**	**ausreichend**	**hoch**
Gesamt-Stickstoff	% der TM	6,52	4,00	5,40	==========	==========	=====*
Phosphor (P)	% der TM	0,54	0,32	0,66	==========	=====*	
Kalium (K)	% der TM	2,64	2,40	4,90	==========	=*	
Magnesium (Mg)	% der TM	0,16	0,19	0,39	========*		
Schwefel (S)	% der TM	0,95	0,50	0,90	==========	==========	*
Bor (B)	mg/kg TM	16,9	19,0	60,0	========*		
Mangan (Mn)	mg/kg TM	68,6	22,0	150	==========	====*	
Molybdän (Mo)	mg/kg TM	1,78	0,32	0,90	==========	==========	======›

Abb. 4-10: Graphische Darstellung des Ergebnisses einer Pflanzenanalyse.

Gleichzeitig lassen sich die relativen Unterschiede zwischen den Nährstoffen abschätzen. Ein Überschreiten der ausreichenden Gehalte charakterisiert hohe, für das optimale Wachstum nicht notwendige Gehalte (»Luxuskonsum«). Die Toleranz gegenüber den in erhöhtem Umfang aufgenommenen Nährstoffen ist verschieden. Bei N, P, K, Ca und Mg führt eine überschüssige Aufnahme in der Regel häufig zu antagonistischen Wirkungen der Nährstoffe untereinander und auch auf die Mikronährstoffe, die Wachstum und Ertrag begrenzen können, ohne dass spezifische Überschusssymptome erkennbar sind. Bei den Mikronährstoffen bewirkt eine über den ausreichenden Gehaltsbereich hinausgehende Aufnahme in der Regel noch keine Wachstumsbeschränkung. Ausgesprochene Nährstofftoxizität aufgrund sehr hoher Gehalte ist vor allem bei B, Cu und Mn bekannt (z. B. Bor-Überschuss mit deutlich erkennbaren Blattrandnekrosen; Fe-Mangel-Chlorose durch Cu-Überschuss). Bei einer unzureichenden N-Aufnahme durch die Pflanzen ist zumeist die Aufnahme aller anderen Nährstoffe stark reduziert. Dieser Zusammenhang ist bei der Bewertung der Ergebnisse der Pflanzenanalyse zu berücksichtigen.

4.3.4 Düngung

Stickstoff ist der Nährstoff, dessen Ausbringung auch noch während der Vegetation effektiv ist. Die Ableitung des Düngebedarfes kann anhand der Mehrelementanalyse vorgenommen werden. Problematisch ist jedoch häufig der Zeitaufwand für das klassische Pflanzenanalyseverfahren, weil für Entnahme, Transport und Untersuchung der Proben mehrere Tage erforderlich sind. Deshalb haben sich bei der N-Düngung insbesondere zu Wintergetreide Schnelltestmethoden durchgesetzt (s. Kap. 5), obwohl auch der Gesamt-N-Gehalt zur Bemessung der 2. N-Gabe erfolgreich eingesetzt werden kann (Neubert *et al.*, 1973; Vielemeyer und Hundt, 1972; Vielemeyer und Neubert, 1980; Vielemeyer *et al.*, 1980).

Bei den Hauptnährstoffen P, K und Mg ist es bei Kulturen mit langer Vegetationszeit und bei mehrschnittigen Futterpflanzen möglich, auch in wachsenden Pflanzenbeständen den Ernährungszustand der Pflanzen über eine Bodendüngung zu verbessern. Dazu sind ausschließlich schnell pflanzenverfügbare Düngemittel geeignet. Damit die eingesetzten Dünger gut wirken, ist eine ausreichende Bodenfeuchte Voraussetzung. Dazu werden folgende Gaben empfohlen:

P: 20–30 kg P/ha

K: 100 kg K/ha nur auf trockenem Pflanzenbestand (Verätzungsgefahr)

Mg: 20 kg Mg/ha

S: 20–30 kg S/ha

Dabei ist auch die Anwendung von Düngerlösungen als NP-Dünger oder NK-Dünger möglich. Die Ausbringung sollte nur mit bodennaher Applikationstechnik (z. B. Schleppschläuchen) erfolgen. Bei Mikronährstoffmangel sind in der Regel während der Vegetationszeit nur Blattdünger wirksam. Meist genügt eine einmalige Blattdüngung. Eine Wiederholung nach etwa einer Woche kann den Effekt verstärken bzw. sicherer machen. Die optimalen Zeiträume für die Korrekturdüngung sind in Tabelle 4-7 enthalten.

Bei der Berechnung der erforderlichen Blattdüngermenge sind die in Tabelle 4-8 dargestellten Nährstoffmengen zu veranschlagen.

Bei der Auswahl des Blattdüngers ist zunächst von den Nährstoffen auszugehen, die nach der Pflanzenanalyse als niedrig eingestuft wurden. Es ist aber meist nicht ratsam, nur die anhand der Pflanzenanalyse als kritisch ermittelten Nährstoffe mit niedrigen Gehalten auszubringen, da durch die Blattdüngeranwendung in den behandelten Pflanzenteilen eine Verschiebung der Nährstoffzusammensetzung erfolgen kann. Dadurch können eventuell andere Nährstoffe ins Minimum geraten, die zunächst noch ausreichend vorhanden waren. Deshalb sollte ein Mehrnährstoffdünger mit Hauptanteil des am meisten benötigten Nährstoffs eingesetzt werden. Während früher meist Multi-Spurennährstoff-Spritzung mit Chelaten empfohlen wurden, zeigen neuere Untersuchungen, dass bei sogenannten formulierten Produkten auf Basis anorganischer Nährstofflösungen meist eine gleich gute Pflanzenverträglichkeit zu erzielen ist.

Die Kombination von Blattdüngung mit einer Pflanzenschutzbehandlung ist häufig vorteilhaft. Dabei ist jedoch auf die Hinweise der Hersteller bezüglich der Mischbarkeit der Komponenten zu achten. Das Risiko hinsichtlich der Pflanzenverträglichkeit solcher Mischungen verbleibt jedoch letztendlich beim Anwender.

Bei S- oder Mg-Mangel ist eine Blattdüngung der Bodendüngung häufig überlegen. Für die S- oder Mg-Blattdüngung können jedoch keine einheitlichen Richtwerte für erforderliche Nährstoffmengen angegeben werden, da der Gesamtnährstoffbedarf deutlich höher ist als bei Mikronährstoffen und der Düngebedarf von der Stärke des Mangels abhängt. Die Mg- oder S-Zufuhr einer Blattapplikation ergibt sich aus der pflanzen-verträglichen Düngemittelkonzentration und der Brüheaufwandmenge je Hektar.

Tab. 4-7: Optimale Zeitspannen für eine Korrekturdüngung (Vanselow und Böhme, 1988; ergänzt).

Pflanzenart	Nährstoff	optimaler Zeitraum	keinesfalls nach
Wintergetreide	P, K, Mg Cu Mn	BBCH 29–31 BBCH 29–31 BBCH 31–37	BBCH 32 BBCH 45 BBCH 45
Kartoffel	P, K, Mg B, Mn, Zn	Knospenstadium bis Blühbeginn	Blühbeginn Blühende
Zuckerrübe	P, K, Mg B, Cu, Mn, Mo, Zn	BBCH 37–41 BBCH 37–41	BBCH 41 BBCH 44
Winterraps	P, K, Mg B, Mn, Mo, Zn	Knospenstadium Knospenstadium	Blühbeginn Blühbeginn

Tab. 4-8: Erforderliche Nährstoffmengen für die Blattdüngung (Kerschberger *et al.*, 2001; Schilling, 2000).

Nährstoff	Nährstoffmenge
B	0,3–0,5 kg/ha[1)]
Cu	0,5–1,5 kg/ha
Mn	1,0–2,0 kg/ha[2)]
Mo	0,3 kg/ha
Zn	0,4 kg/ha

[1)] *höhere Menge für mikronährstoffintensive Kulturen mit hohem Bedarf*

[2)] *Ausbringung durch 2 Blattapplikationen mit je 1 kg Mn/ha im Abstand von 14 Tagen*

Tab. 4-9: Ausreichende Nährstoffgehalte für **Winterweizen** (gesamte oberirdische Pflanze) (Bergmann, 1993; Vielemeyer und Hundt, 1991; ergänzt).

Entwicklungs-stadium (BBCH)	N	P	K	Ca	Mg	N/S
	% i. d. TM					
24/28	3,6–5,5	0,39–0,62	3,4–5,1	0,52–0,78	0,08–0,15	<17
29/30	3,2–5,2	0,36–0,57	3,3–5,1	0,44–0,72	0,08–0,16	<17
31	2,8–4,8	0,33–0,52	3,2–5,1	0,38–0,66	0,08–0,17	<17
32/36	2,4–4,3	0,30–0,48	3,0–4,8	0,33–0,61	0,08–0,17	<17
37/38	2,2–3,8	0,28–0,44	2,8–4,5	0,30–0,56	0,08–0,16	<17
39/41	2,0–3,3	0,26–0,39	2,5–4,0	0,30–0,52	0,08–0,15	<17
42/45	1,8–2,7	0,25–0,35	2,2–3,3	0,31–0,48	0,08–0,13	<17

1) Bei Vorliegen des Cu/N-Quotienten (Angabe der Konzentration bei Cu in mg Cu/kg bzw. bei N in % N) wird dieser zur Bewertung des Cu-Ernährungszustandes verwendet.

Tab. 4-10: Ausreichende Nährstoffgehalte für **Sommerweizen** (gesamte oberirdische Pflanze) (Bergmann, 1993; Vielemeyer und Hundt, 1991; ergänzt).

Entwicklungs-stadium (BBCH)	N	P	K	Ca	Mg	N/S	B	Cu	Mn	Zn
	% i. d. TM						mg/kg i. d. TM			
28	3,7–5,6	0,34–0,69	3,6–5,2	0,40–1,13	0,10–0,25	<17	2,5–8,0	5,5–17,0	40–160	28–80
29	3,2–5,1	0,29–0,64	3,6–5,2	0,36–1,10	0,09–0,24	<17	2,5–8,0	5,2–16,5	35–155	25–80
31	2,8–4,6	0,25–0,59	3,5–5,2	0,30–1,08	0,08–0,24	<17	2,5–8,0	5,0–16,0	30–150	22–70
32–36	2,3–4,0	0,22–0,54	3,3–5,1	0,29–1,03	0,08–0,23	<17	2,5–8,0	4,6–15,0	28–150	19–70
37–38	2,2–3,5	0,20–0,50	3,1–4,8	0,28–0,97	0,07–0,22	<17	2,5–8,0	4,3–14,0	25–150	18–65
39–41	1,8–3,1	0,20–0,46	2,8–4,4	0,28–0,92	0,07–0,20	<17	2,0–7,0	4,0–13,5	20–140	17–65
42–45	1,6–2,8	0,20–0,43	2,5–3,9	0,28–0,85	0,06–0,18	<17	2,0–7,0	3,8–13,0	20–140	16–65

Tab. 4-11: Ausreichende Nährstoffgehalte für **Wintergerste** (gesamte oberirdische Pflanze) (Bergmann, 1993; Vielemeyer und Hundt, 1991; ergänzt).

Entwicklungs-stadium (BBCH)	N	P	K	Ca	Mg	N/S	B	Cu	Mn	Zn
	% i. d. TM						mg/kg i. d. TM			
28	3,2–5,7	0,37–0,59	3,4–5,2	0,36–0,90	0,08–0,16	<17	2,5–8,0	4,1–10,6	27–84	26–43
29	2,8–5,4	0,36–0,61	3,3–5,6	0,30–0,88	0,08–0,18	<17	2,5–8,0	3,8–11,6	22–88	24–49
31	2,5–5,0	0,34–0,60	3,2–5,7	0,28–0,84	0,08–0,18	<17	2,5–8,0	3,6–12,0	19–88	23–52
32–36	2,3–4,6	0,33–0,58	3,0–5,6	0,26–0,80	0,07–0,19	<17	2,5–8,0	3,6–11,9	16–82	22–51
37–38	2,0–4,1	0,31–0,53	2,9–5,2	0,25–0,76	0,07–0,17	<17	2,5–8,0	3,6–11,1	15–71	21–47
39–41	1,9–3,5	0,29–0,46	2,6–4,6	0,24–0,70	0,07–0,15	<17	2,0–7,0	3,6–9,8	15–55	20–40
42–45	1,7–2,9	0,26–0,38	2,4–3,8	0,24–0,66	0,07–0,13	<17	2,0–7,0	3,3–7,8	16–34	19–29

B	Cu	Mn	Zn	Cu/N-Quotient[1)]
mg/kg i. d. TM				
2,5 -8,0	4,9–11,3	33–116	23–34	≥1,1
2,5 -8,0	4,4–11,2	31–100	21–34	≥1,2
2,5 -8,0	4,0–10,9	29–88	19–34	≥1,2
2,5 -8,0	3,6–10,6	28–77	18–33	≥1,3
2,5 -8,0	3,5–10,1	28–70	17–31	≥1,3
2,0 -7,0	3,4–9,5	28–65	17–28	≥1,4
2,0–7,0	3,5–8,8	30–63	17–24	≥1,4

Tab. 4-12: Ausreichende Nährstoffgehalte für **Sommergerste** (gesamte oberirdische Pflanze) (Bergmann, 1993; Vielemeyer und Hundt, 1991; ergänzt).

Entwicklungs-stadium (BBCH)	N	P	K	Ca	Mg	N/S	B	Cu	Mn	Zn
	% i. d. TM						mg/kg i. d. TM			
28	3,5–6,4	0,36–0,76	3,6–5,5	0,50–1,40	0,11–0,22	<17	2,5–8,0	5,0–16,5	28–150	25–75
29	2,9–5,5	0,34–0,71	3,2–5,6	0,45–1,30	0,10–0,20	<17	2,5–8,0	4,7–16,0	27–145	22–75
31	2,4–4,7	0,33–0,67	2,9–5,5	0,40–1,25	0,09–0,19	<17	2,5–8,0	4,5–15,5	26–140	19–65
32–36	2,1–4,3	0,32–0,64	2,6–5,3	0,36–1,20	0,08–0,18	<17	2,5–8,0	4,3–15,0	25–140	17–65
37–38	1,9–3,8	0,31–0,59	2,3–5,0	0,34–1,15	0,08–0,16	<17	2,5–8,0	4,0–14,5	24–135	16–60
39–41	1,8–3,5	0,30–0,56	2,1–4,6	0,30–1,10	0,08–0,15	<17	2,0–7,0	3,7–14,0	23–130	15–60
42–45	1,7–3,3	0,30–0,52	2,0–4,2	0,30–1,00	0,07–0,15	<17	2,0–7,0	3,7–13,0	22–130	14–60

Tab. 4-13: Ausreichende Nährstoffgehalte für **Winterroggen** (gesamte oberirdische Pflanze) (Bergmann, 1993; Vielemeyer und Hundt, 1991; ergänzt).

Entwicklungs-stadium (BBCH)	N	P	K	Ca	Mg	N/S	B	Cu	Mn	Zn
	% i. d. TM						mg/kg i. d. TM			
28	3,3–6,1	0,47–0,79	3,2–4,8	0,39–0,64	0,10–0,20	<17	2,5–8,0	6,4–10,4	33–107	28–40
29	2,9–5,6	0,45–0,77	3,0–4,9	0,33–0,61	0,09–0,20	<17	2,5–8,0	5,6–10,0	24–102	28–40
31	2,6–5,0	0,42–0,73	2,9–4,8	0,28–0,57	0,08–0,19	<17	2,5–8,0	5,1–9,6	19–98	25–39
32–36	2,3–4,5	0,40–0,69	2,8–4,7	0,25–0,53	0,08–0,18	<17	2,5–8,0	4,8–9,2	14–92	23–38
37–38	2,1–4,0	0,37–0,62	2,6–4,4	0,24–0,49	0,07–0,18	<17	2,5–8,0	4,7–8,8	14–86	22–38
39–41	1,9–3,5	0,33–0,55	2,5–4,0	0,24–0,44	0,08–0,17	<17	2,0–7,0	4,8–8,2	17–80	22–37
42–45	1,8–3,0	0,30–0,45	2,3–3,6	0,25–0,39	0,08–0,16	<17	2,0–7,0	5,1–7,7	24–74	23–36

Tab. 4-14: Ausreichende Nährstoffgehalte für **Wintertriticale** (gesamte oberirdische Pflanze) (Kerschberger und Franke, 2001; ergänzt).

Entwicklungs-stadium (BBCH)	N	P	K	Ca	Mg	N/S	B	Cu	Mn	Zn
			% i. d. TM					mg/kg i. d. TM		
28	3,5–5,6	0,36–0,76	3,4–4,9	0,39-0,64	0,10–0,24	‹17	2,5–8,0	5,5–17,0	35–155	27–80
29	3,0–5,2	0,31–0,70	3,4–5,0	0,33-0,61	0,09–0,23	‹17	2,5–8,0	5,2–16,5	32–150	24–80
31	2,6–4,6	0,27–0,65	3,3–5,0	0,28-0,57	0,08–0,22	‹17	2,5–8,0	5,0–16,0	30–145	21–70
32–36	2,2–4,1	0,24–0,60	3,2–4,9	0,25-0,53	0,08–0,22	‹17	2,5–8,0	4,6–15,0	27–145	18–70
37–38	1,9–3,5	0,22–0,54	3,0–4,6	0,24-0,49	0,07–0,21	‹17	2,5–8,0	4,3–14,0	24–140	17–65
39–41	1,8–3,1	0,21–0,48	2,8–4,3	0,24-0,44	0,07–0,20	‹17	2,0–7,0	4,0–13,5	22–135	16–65
42–45	1,5–2,8	0,20–0,44	2,5–3,9	0,25-0,39	0,06–0,18	‹17	2,0–7,0	3,8–13,0	19–135	15–65

Tab. 4-15: Ausreichende Nährstoffgehalte für **Hafer** (gesamte oberirdische Pflanze) (Bergmann, 1993; Vielemeyer und Hundt, 1991; ergänzt).

Entwicklungs-stadium (BBCH)	N	P	K	Ca	Mg	N/S	B	Cu	Mn	Zn
			% i. d. TM					mg/kg i. d. TM		
28	3,0–5,4	0,36–0,68	3,7–6,7	0,45–1,10	0,11–0,24	‹17	2,5–8,0	5,0–16,5	35–150	25–75
29	2,6–5,0	0,32–0,66	3,6–6,7	0,38–1,05	0,10–0,22	‹17	2,5–8,0	4,7–16,0	32–145	22–75
31	2,2–4,6	0,29–0,64	3,5–6,6	0,36–1,00	0,10–0,22	‹17	2,5–8,0	4,5–15,5	29–140	19–65
32–36	2,0–4,0	0,26–0,59	3,3–6,5	0,33–0,90	0,10–0,20	‹17	2,5–8,0	4,3–15,0	26–140	17–65
37–38	1,8–3,5	0,22–0,54	3,1–6,2	0,32–0,84	0,09–0,18	‹17	2,5–8,0	4,0–14,5	23–135	16–60
39–41	1,7–3,0	0,20–0,48	2,8–5,6	0,31–0,77	0,09–0,17	‹17	2,0–7,0	3,7–14,0	20–130	15–60
42–45	1,7–2,6	0,18–0,40	2,5–4,8	0,30–0,70	0,08–0,15	‹17	2,0–7,0	3,7–13,0	18–130	14–60

Tab. 4-16: Ausreichende Nährstoffgehalte für **Silomais** (bis zum Fahnenschieben: mittlere Blätter; zur Blüte: Kolbenblätter) (Bergmann, 1993; Vielemeyer und Hundt, 1991; ergänzt).

Entwicklungs-stadium (BBCH)	N	P	K	Ca	Mg	N/S	B	Cu	Mn	Zn
			% i. d. TM					mg/kg i. d. TM		
40–60 cm	3,5–5,0	0,30–0,50	3,1–5,0	0,30–1,00	0,16–0,50	‹17	7–30	6,0–17,0	40–160	22–70
Rispenschieben	3,3–4,0	0,22–0,40	2,5–4,5	0,25–0,80	0,20–0,50	‹17	7–20	7,0–16,5	35–150	22–70
Blüte	2,8–3,5	0,16–0,35	2,0–4,0	0,25–0,80	0,20–0,50	‹17	8–20	8,0–16,0	20–150	22–60

Tab. 4-17: Ausreichende Nährstoffgehalte für **Sorghum-Hirse** (Kolbenblätter) (Bergmann, 1993; ergänzt).

Entwicklungs-stadium (BBCH)	N	P	K	Ca	Mg	N/S	B	Cu	Mn	Zn
			% i. d. TM					mg/kg i. d. TM		
Blüte	2,8–3,5	0,25–0,50	2,0–3,0	0,30–0,60	0,20–0,50	‹17	5–15	5–12	25–100	25–70

Tab. 4-18: Ausreichende Nährstoffgehalte für **Erbse** (gesamte oberirdische Pflanze) (Bergmann, 1993; Vielemeyer und Hundt, 1991; ergänzt).

Entwicklungs-stadium (BBCH)	N	P	K	Ca	Mg	N/S	B	Cu	Mn	Mo	Zn
	% i. d. TM						mg/kg i. d. TM				
30–40 cm	3,2–4,7	0,27–0,44	2,3–4,1	0,60–2,20	0,18–0,36	‹15	18–37	6,0–10,0	32–82	0,50–1,50	28–65
Blühbeginn	2,6–4,2	0,20–0,39	1,6–3,4	0,50–2,00	0,15–0,30	‹15	16–30	4,6–9,0	24–72	0,40–1,00	22–55

Tab. 4-19: Ausreichende Nährstoffgehalte für **Ackerbohne** (gesamte oberirdische Pflanze) (Bergmann, 1993; Vielemeyer und Hundt, 1991; ergänzt).

Entwicklungs-stadium (BBCH)	N	P	K	Ca	Mg	N/S	B	Cu	Mn	Mo	Zn
	% i. d. TM						mg/kg i. d. TM				
Blühbeginn	2,8–4,5	0,20–0,45	2,1–3,6	0,50–2,00	0,20–0,50	‹15	30–80	7,0–15,0	40–100	0,40–1,00	30–70

Tab. 4-20: Ausreichende Nährstoffgehalte für **Sojabohne** (oberirdische Blätter ohne Blattstiel) (Bergmann, 1993; ergänzt).

Entwicklungs-stadium (BBCH)	N	P	K	Ca	Mg	N/S	B	Cu	Mn	Mo	Zn
	% i. d. TM						mg/kg i. d. TM				
Blühende	4,5–5,5	0,35–0,60	2,5–3,7	0,60–1,50	0,20–0,50	‹15	25–60	10–15	30–100	0,5–1,0	25–70

Tab. 4-21: Ausreichende Nährstoffgehalte für **Winterraps** (gerade vollentwickelte Blätter) (Bergmann, 1993; Vielemeyer und Hundt, 1991).

Entwicklungs-stadium (BBCH)	N	P	K	Ca	Mg	S	B	Cu	Mn	Zn
	% i. d. TM						mg/kg i. d. TM			
Knospe klein (53)	4,2–5,5	0,40–0,74	2,3–4,8	0,18–0,36	1,25–2,00	0,45–0,90	15–50	30–150	0,38–1,00	25–75
Knospe mittel (55)	4,1–5,5	0,39–0,73	2,3–4,8	0,18–0,37	1,25–2,00	0,45–0,90	16–60	28–150	0,36–1,00	22–75
Knospe groß (57)	4,1–5,5	0,36–0,70	2,4–4,9	0,18–0,38	2,00–3,00	0,50–0,90	18–60	25–150	0,34–1,00	19–65
Blühbeginn (62)	4,0–5,4	0,32–0,66	2,4–4,9	0,19–0,39	2,00–3,00	0,50–0,90	19–60	22–150	0,32–0,90	17–65
Blüte (64)	3,9–5,3	0,27–0,59	2,3–4,6	0,21–0,42	2,00–3,00	0,50–0,90	20–50	20–150	0,30–0,90	16–60

Tab. 4-22: Ausreichende Nährstoffgehalte für **Lein** (gesamtes oberes Sprossdrittel) (Bergmann, 1993; Vielemeyer und Hundt, 1991; ergänzt).

Entwicklungs-stadium	N	P	K	Ca	Mg	N/S	B	Cu	Mn	Mo	Zn
	% i. d. TM						mg/kg i. d. TM				
Knospen-bildung bis Blühbeginn	2,6–4,0	0,35–0,50	2,5–3,5	0,50–1,00	0,20–0,50	‹15	30–60	10–15	30–100	0,30–1,00	30–80

Tab. 4-23: Ausreichende Nährstoffgehalte für **Sonnenblume** (obere vollentwickelte Blätter) (Bergmann, 1993; ergänzt).

Entwicklungs-stadium	N	P	K	Ca	Mg	N/S	B	Cu	Mn	Mo	Zn
	% i. d. TM						mg/kg i. d. TM				
Blühbeginn	3,0–5,0	0,25–0,50	3,0–4,5	0,80–2,00	0,30–0,80	‹15	35–100	10–20	25–100	0,30–1,00	30–80

Tab. 4-24: Ausreichende Nährstoffgehalte für **Kartoffel** (gerade vollentwickelte Blätter) (Bergmann, 1993; Vielemeyer und Hundt, 1991; ergänzt).

Entwicklungsstadium	N	P	K	Ca	Mg	N/S	B	Cu	Mn	Mo	Zn
	% i. d. TM						mg/kg i. d. TM				
Knospenstadium	5,1–6,8	0,35–0,70	4,5–7,0	0,66–2,20	0,22–0,50	‹17	20–60	7,5–16	40–200	0,25–0,60	23–80
Blühbeginn	4,5–6,0	0,30–0,61	4,0–6,4	0,60–2,00	0,24–0,60	‹17	25–70	7–15	35–200	0,20–0,50	20–80
Blühende	3,9–5,2	0,27–0,55	3,7–6,1	0,55–2,00	0,27–0,68	‹17	21–50	6–12	35–200	0,18–0,45	18–70
Knollenbildung	3,2–4,6	0,25–0,55	3,5–5,7	0,50–1,80	0,29–0,72	‹17	21–50	5–10	30–200	0,15–0,40	15–70

Tab. 4-25: Ausreichende Nährstoffgehalte für **Zuckerrübe** (gerade vollentwickelten Blättern) (Bergmann, 1993; Vielemeyer und Hundt, 1991; ergänzt).

Entwicklungsstadium	N	P	K	Ca	Mg	N/S	B	Cu	Mn	Mo	Zn
	% i. d. TM						mg/kg i. d. TM				
Mitte Juni	4,5–6,0	0,35–0,65	3,7–6,8	0,75–2,00	0,33–1,10	‹15	28–90	5,7–17,5	42–200	0,17–1,50	27–80
Ende Juni	4,3–5,9	0,32–0,62	3,5–6,6	0,70–2,00	0,30–1,10	‹15	31–100	5,5–17,0	40–200	0,15–1,50	25–80
Ende Juli	3,7–5,3	0,30–0,54	2,7–5,7	0,60–1,80	0,30–1,10	‹15	35–120	5,2–16,5	35–200	0,15–1,50	22–70
Ende August	3,4–4,9	0,28–0,50	2,4–5,4	0,50–1,80	0,30–1,10	‹15	31–100	5,0–16,0	30–200	0,15–1,40	18–60

Tab. 4-26: Ausreichende Nährstoffgehalte für **Futterrübe** (Blattspreiten von gerade vollentwickelten Blättern) (Bergmann, 1993; Vielemeyer und Hundt, 1991; ergänzt).

Entwicklungsstadium	N	P	K	Ca	Mg	N/S	B	Cu	Mn	Mo	Zn
	% i. d. TM						mg/kg i. d. TM				
Knospenstadium	3,2–4,5	0,30–0,65	2,0–4,0	1,20–2,80	0,25–0,90	‹15	30–80	7,0–20,0	35–150	0,35–1,40	25–70
Blühbeginn	2,8–4,0	0,25–0,60	1,8–3,5	1,00–2,50	0,20–0,80	‹15	33–80	6,0–18,0	30–150	0,30–1,40	22–70
Blüte	2,3–3,3	0,20–0,50	1,5–3,0	0,80–2,00	0,17–0,70	‹15	30–80	6,0–18,0	28–140	0,28–1,40	20–70

Tab. 4-27: Ausreichende Nährstoffgehalte für **Luzerne** (Spross 1. Aufwuchs) (Bergmann, 1993; Vielemeyer und Hundt, 1991; ergänzt).

Entwicklungsstadium	N	P	K	Ca	Mg	N/S	B	Cu	Mn	Mo	Zn
	% i. d. TM						mg/kg i. d. TM				
Ende Juni	4,0–5,5	0,34–0,60	4,0–8,0	0,60–1,50	0,65–1,10	‹15	28–200	5,0–15,0	40–200	0,20–1,50	20–80
Ende Juli	3,8–5,2	0,22–0,46	2,2–6,5	0,50–1,40	0,55–1,00	‹15	33–200	4,8–12,0	35–200	0,18–1,50	18–70

Tab. 4-28: Ausreichende Nährstoffgehalte für **Rotklee** (Spross etwa 10 bis 15 cm über der Erde) (Bergmann, 1993; Vielemeyer und Hundt, 1991).

Entwicklungsstadium	N	P	K	Ca	Mg	N/S	B	Cu	Mn	Mo	Zn
	% i. d. TM						mg/kg i. d. TM				
Knospenstadium	2,5–4,0	0,26–0,55	2,0–3,5	1,20–2,80	0,25–0,70	‹15	20–60	7,0–20,0	35–150	0,35–1,40	25–70
Blühbeginn	2,2–3,5	0,22–0,50	1,8–3,0	1,00–2,50	0,20–0,60	‹15	24–60	6,0–18,0	30–150	0,30–1,40	22–70
Blüte	1,9–3,0	0,18–0,45	1,8–3,0	0,80–2,00	0,18–0,50	‹15	20–60	6,0–18,0	28–140	0,28–1,40	20–70

Tab. 4-29: Ausreichende Nährstoffgehalte für **Wiesen- und Weidegräser** (Spross 1. Aufwuchs) (Bergmann, 1993; Vielemeyer und Hundt, 1991; ergänzt).

Entwicklungsstadium	N	P	K	Ca	Mg	N/S	B	Cu	Mn	Mo	Zn
	% i. d. TM						mg/kg i. d. TM				
Blühbeginn	2,4–4,0	0,25–0,60	2,0–4,0	0,60–1,20	0,10–0,60	‹15	–	5,0–15,0	28–140	–	–

Tab. 4-30: Ausreichende Nährstoffgehalte für **Hopfen** (gerade vollentwickelte Blätter zur Vegetationsmitte) (Bergmann, 1993).

Entwicklungsstadium	N	P	K	Ca	Mg	B	Cu	Mn	Mo	Zn
	% i. d. TM					mg/kg i. d. TM				
Blühbeginn	2,5–3,5	0,35–0,60	2,8–3,5	1,00–2,50	0,30–0,60	25–70	6–12	30–100	0,20–0,50	35–80

Tab. 4-31: Ausreichende Nährstoffgehalte für **Tabak** (gerade vollentwickelte Blätter zur Vegetationsmitte) (Bergmann, 1993).

Entwicklungsstadium	N	P	K	Ca	Mg	B	Cu	Mn	Mo	Zn
	% i. d. TM					mg/kg i. d. TM				
Blühbeginn	2,2–2,5	0,25–0,45	2,5–4,5	1,30–2,40	0,40–0,80	30–80	8–15	50–120	0,20–0,60	25–70

4.4 Grünland

Christof Kluß und Friedhelm Taube

4.4.1 Aufgaben und Grenzen der Pflanzenanalyse

Die Pflanzenanalyse auf Makro- und Mikronährstoffe in der Grünlandwirtschaft hat in den letzten 20 Jahren aus mehreren Gründen deutlich an Bedeutung gewonnen. Zum einen hat mit zunehmender Leistung der Milchrinder der Anspruch an eine exakte Rationsgestaltung deutlich zugenommen und damit auch der Anspruch, die Nährstoffzusammensetzung der eingesetzten Grobfuttermittel exakt zu kennen. Des Weiteren sind Erkenntnisse über Nährstoffdefizite auf dem Grünland z. B. bei der S-Versorgung erst vor etwa 20 Jahren in Deutschland bekannt geworden, die nur mithilfe der Pflanzenanalyse als solche eingeordnet werden können (Gierus *et al.*, 2005; Taube *et al.*, 1995). Schließlich stellen die aktuell im Entscheidungsprozess befindlichen neuen gesetzlichen Rahmenbedingungen zur guten fachlichen Praxis der Düngung im Futterbau erhöhte Ansprüche an die Dokumentation der schlagspezifischen Nährstoffabfuhren von der Fläche. Diese sind nur mit der Pflanzenanalyse exakt zu ermitteln, wenn nicht auf unbefriedigende Faustzahlen zurückgegriffen werden soll.

Grundsätzlich kann mithilfe der Kombination aus den Ergebnissen der Pflanzenanalyse und einer genauen Charakterisierung des phänologischen Entwicklungsstadiums auf den aktuellen Nährstoffstatus eines Grünlandbestandes geschlossen werden. Beide Informationen sind deshalb notwendig, weil insbesondere die Makronährstoffe Stickstoff und Kalium in der Pflanze während der phänologischen Entwicklung einem deutlichen Verdünnungseffekt unterliegen. Fehlen diese Informationen zur Phänologie, so kann dennoch über Hilfsgrößen mittels der Pflanzenanalyse auf Nährstoffdefizite geschlossen werden, indem der aktuelle Trockenmasseertrag mit in die Bewertung einbezogen wird. Lemaire *et al.* (1989) haben auf dieser Basis für verschiedene Kulturartenbestände und Pflanzeninhaltsstoffe das System des »Nährstoffindex« etabliert. Dabei wird eine jeweils optimale Konzentration des betrachteten Nährstoffs für den maximalen Zuwachs in Abhängigkeit der vorhandenen Biomasse definiert. Die daraus resultierende Exponentialfunktion entspricht dem jeweils kritischen Nährstoffgehalt für maximalen Zuwachs, der Nährstoffindex nimmt den Wert 1 an. Unterschreitet die Nährstoffkonzentration den kritischen Wert, so ergibt sich aus dem Quotienten von aktuellem und kritischem Wert der aktuelle Nährstoffindex und damit das Ausmaß des Defizits. Interessanterweise sind die daraus abgeleiteten Beziehungen über weite Standortgradienten vergleichsweise robust, wie Herrmann und Taube (2004) am Beispiel des Silomaises zeigen konnten.

Voraussetzung für eine überzeugende Anwendung dieses Konzeptes der Nährstoffindices ist die genaue Kenntnis der botanischen Zusammensetzung der Grünlandbestände, da in Abhängigkeit der Ertragsanteile der funktionellen Gruppen Gräser, Kräuter und Leguminosen im Bestand ganz unterschiedliche Nährstoffaneignungsvermögen zu berücksichtigen sind. Die in der Literatur dokumentierten Exponentialfunktionen für Nährstoffindices von Grünlandbeständen sind zumeist an Reinsaaten bestimmter Futtergräser kalibriert worden und gelten damit nur sehr begrenzt für artenreichere Grünlandbestände. Typische Nährstoffgehalte der funktionellen Gruppen Gräser, Kräuter und Leguminosen zeigt Tabelle 4-32. Leguminosen und krautartige Pflanzen können deutlich erhöhte Gehalte an zweiwertigen Kationen und an Mikronährstoffen aufweisen im Vergleich zu Gräsern. Das Konzept der kritischen Nährstoffgehalte in Abhängigkeit von der vorhandenen Biomasse lässt sich somit verlässlich nur für Gräser dominierte Bestände – also in der Regel für Bestände der Pflanzengesellschaft der Weidelgras-Weißklee-Weiden – anwenden.

Neben der Nährstoffversorgung der Pflanzenbestände ist bei der Pflanzenanalyse von Grünlandaufwüchsen immer auch der Nährstoffbedarf der Tiere zu berücksichtigen. Tabelle 4-33 zeigt den typischen Tagesbedarf eines Hochleistungsmilchrindes an Mineralstoffen.

Während der Bedarf der Tiere teilweise deutlich höher ist als der der Pflanze (z. B. bei Na, Cl, Se),

Tab. 4-32: Typische Mineralstoffgehalte der funktionellen Gruppen des Grünlands.

Pflanzengruppe	Na	P	K	Ca	Mg	Cl	Cu	Mn	Fe	Zn
	% i. d. TM					mg/kg i. d. TM				
Gräser	0,01	0,30	0,20	0,45	0,18	5,5	7	60	60	25
Leguminosen	0,04	0,45	0,35	0,17	0,45	6,5	12	55	110	35
Kräuter	0,03	0,55	0,22	0,15	0,40	4,0	9	40	90	25

Tab. 4-33: Empfehlungen für die Versorgung von Milchkühen mit Makro- und Mikronährstoffen (GfE, 2001; Meyer, 2005).

Milch	Futter-aufnahme	Makronährstoffe				Mikronährstoffe						
		Na	P	Ca	Mg	Co	I	Se	Cu	Mn	Fe	Zn
kg/Tag	kg/Tag	g/Tag				mg/Tag						
Trockenstehend	10,5	10	22	34	16	2,1	5,3	2,1	105	525	525	525
10	12,5	14	32	50	18	2,5	6,3	2,5	125	625	625	625
15	14,5	18	42	66	22	2,9	7,3	2,9	145	725	725	725
20	16,0	21	51	82	25	3,2	8,0	3,2	160	800	800	800
25	18,0	25	61	98	29	3,6	9,0	3,6	180	900	900	900
30	20,0	28	71	115	32	4,0	10,0	4,0	200	1000	1000	1000
35	21,5	32	81	130	33	4,3	10,8	4,3	215	1075	1075	1075
40	23,0	35	90	146	34	4,6	11,5	4,6	230	1150	1150	1150
45	24,5	38	99	162	36	4,9	12,3	4,9	245	1225	1225	1225
50	26,0	41	109	177	37	5,2	13,0	5,2	260	1300	1300	1300

stellt sich die Situation bei den Makronährstoffen N und K umgekehrt dar. Zusätzlich sind antagonistische Effekte der Nährstoffaufnahme durch das Tier zu berücksichtigen, die zum Beispiel für Na, K und Mg eine Rolle spielen, aber auch für S und Se. Mithilfe der Pflanzenanalyse können die Nährstoffe, die in zu niedriger Konzentration im Futter vorliegen, identifiziert werden und durch Additive in der Rationsgestaltung ausgeglichen werden.

4.4.2 Probenahme

Die Pflanzenanalyse von Grünlandaufwüchsen (wie auch von Silomais) erfolgt in der landwirtschaftlichen Praxis in der Regel in Form einer Futteranalyse aus dem jeweiligen Silostock. Mithilfe eines standardisierten Probenahmeverfahrens (z. B. VDLUFA, 1976) wird ein vertikales Transekt über die ganze Tiefe des Siliergutes genommen und dann im Labor untersucht. Neben dem energetischen Futterwert (MJ ME/kg TM bzw. MJ NEL/kg TM) werden dort standardmäßig die Rohproteingehalte (N × 6,25) und weitere Inhaltsstoffangaben ausgewiesen, die für die Rationsgestaltung, den Konservierungserfolg (Zuckergehalte, Aschegehalte) und die Analyse der Nährstoffversorgung der Bestände relevant sind. Diese Art der »*ex post*« Analyse nach der Ernte des Futtermittels erlaubt in der Regel keine direkte Einflussnahme auf die Düngung im aktuellen Jahr. Sie gibt aber neben den direkten Informationen für die Rationsgestaltung indirekte Hinweise für die Anpassung der Düngung im Folgejahr. Aufgrund der zunehmenden Standardisierung der Anbausysteme im Grünland (intensive Schnittnutzung in physiologisch zumeist ähnlich jungen Wuchsstadien) können inzwischen sehr gute Rückschlüsse auf den jeweiligen Nährstoffversorgungsstatus gräserdominierter Bestände gezogen werden. Dies insbesondere deshalb, weil in der Regel zumindest die Nummer des silierten Futteraufwuchses im Jahr angegeben wird (1., 2. bzw. 3. Aufwuchs) und damit jeweils gewisse Zu- und Abschläge einkalkuliert werden können. Grundsätzlich ist der erste Aufwuchs stängelreicher und damit etwas ärmer an Mineralstoffen (stärkerer Verdünnungseffekt), während sich die blattreichen Folgeaufwüchse diesbezüglich kaum unterscheiden. Über die Standardfuttermittelanalyse der Grobfuttersilagen steht somit umfangreiches Datenmaterial zur Bewertung der Nährstoffgehalte von Grünlandaufwüchsen bereit. Jenseits dieser Standardnutzungssysteme (intensive Grassilageerzeugung) sind Probenahmen entsprechend klar zu kennzeichnen (z. B. »Heu, 1. Schnitt in Blüte« oder »Weideaufwuchs jung«), um entsprechend der Verdünnungsfunktion die Werte der Nährstoffgehalte grob einordnen zu können. Doch selbst wenn keinerlei Angaben zu Wuchsstadien etc. vorliegen, kann z. B. anhand der Beziehungen zwischen einzelnen Nährstoffgehalten und dem Rohproteingehalt als Schätzgröße für das Alter der Bestände eine Einordnung der vorliegenden Größenordnungen weiterer Pflanzeninhaltsstoffe vorgenommen werden. Ergänzend bzw. zum Teil sogar alternativ zur Bodenanalyse (z. B. K-Analyse auf Sand- und Moorstandorten) steht mit der Pflanzenanalyse im Futterbau ein Werkzeug bereit, das landwirtschaftliche Betriebe für eine vollständige Prozesskontrolle nutzen können.

4.4.3 Beurteilung der Pflanzenanalyse anhand von Richtwerten

Rohproteingehalt

Grundsätzlich wirkt im Laufe des Ertragszuwachses nach einer Düngung der Verdünnungseffekt, der dazu führt, dass die Konzentrationen der Makronährstoffe N, P, K und S, nach kurzem raschen Anstieg infolge einer Düngung, kontinuierlich abnehmen. In der Regel erreichen Grünlandbestände etwa 3 Wochen nach der Düngung die maximalen täglichen N-Aufnahmeraten von bis zu 6 kg/ha/Tag (Taube, 1990). Das führt dazu, dass bei nur 30 % des möglichen Trockenmasseertrages eines Aufwuchses mehr als 90 % des aufnehmbaren Stickstoffs in die Pflanzen aufgenommen wurden. Daraus resultieren die in Abbildung 4-11 dargestellten Verlaufskurven für Rohprotein in Abhängigkeit von Aufwuchszeitraum und N-Düngungsniveau.

Lemaire *et al.* (1989) haben anhand dieser grundsätzlichen Zusammenhänge das Konzept des »*Nitrogen Nutrition Index (NNI)*« für verschiedene Kulturarten entwickelt. Dies zielt darauf ab, den optimalen N-Gehalt in der Pflanze in Abhängigkeit vom Trockenmasseertrag abzuleiten. Unter der Voraussetzung, dass das Wuchsstadium zur Ernte und damit die daraus resultierende Nutzungshäufigkeit im Jahr bekannt bzw. fixiert ist, kann so abgeleitet werden, ob der aktuelle Rohproteingehalt im Aufwuchs für den Maximalertrag ausgereicht hat oder nicht. Intensivgrünland mit mindestens 4 Schnitten pro Jahr (und daraus resultierendem Ertragsniveau von > 9 t TM/ha) sollte somit Rohproteingehalte von ~ 16–17 % i. d. TM im Mittel der Aufwüchse aufweisen, um ein Ertragsniveau nah am Optimum für den Biomassezuwachs zu gewährleisten. Diese Größenordnung erfüllt auch die Anforderungen der Tierernährung insbesondere in Grünlandgebieten mit Gras bzw. Grassilage als dominierender Grobfutterkomponente. So lässt sich ein erheblicher Anteil des Proteinbedarfs hochleistender Tiere aus dem Grobfutter abdecken, wobei insbesondere Werte von nutzbarem Rohprotein am Dünndarm von etwa 14 % i. d. TM anzustreben sind. Aber auch höhere Rohproteingehalte von bis zu 20 % i. d. TM in Konserven vom Grünland können effizient durch das Tier umgesetzt werden, solange die ruminale N-Bilanz der Ration durch proteinarme Grobfutterkomponenten wie Mais ausgeglichen werden kann (Herrmann *et al.*, 2014). Ein deutschlandweit durchgeführter N-Steigerungsversuch auf Intensivgrünland zeigt, dass der Rohproteingehalt zur Ernte als zusätzlicher Indikator für die optimale Bemessung der N-Düngung berücksichtigt werden muss, um eine optimale N-Verwertungseffizienz durch das Nutztier zu gewährleisten.

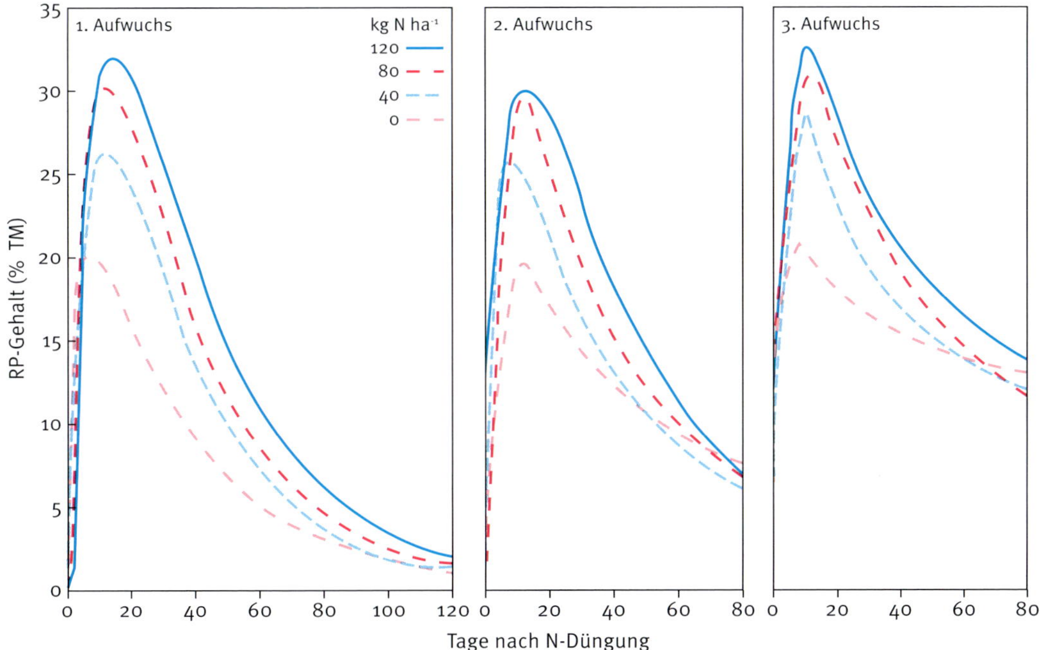

Abb. 4-11: Entwicklung der Rohprotein-Gehalte (RP) im Zuwachsverlauf des Primäraufwuchses, des 2. Aufwuchses nach später 1. Nutzung und des Herbstaufwuchses in Abhängigkeit von der N-Düngung (Mittel 3 Jahre, 2 Standorte, 4 Sorten; Wulfes, 1993).

Daraus resultiert, dass die optimale N-Düngung des Grünlands nicht nur für bestimmte Standortverhältnisse aus der Produktionsfunktion abzuleiten ist, sondern dass das Anbauverhältnis verschiedener Grobfutterkomponenten mittels der Pflanzenanalyse in die Ableitung der optimalen N-Düngungsintensität eingehen sollte.

Kalium- und Magnesiumgehalte

Die K-Gehalte in Futterpflanzen können stark variieren (< 1 bis > 5 % i. d. TM). Sie unterliegen aufgrund ähnlich hoher maximaler Aufnahmeraten wie beim Stickstoff von bis zu mehr als 4 kg /ha/Tag (Taube *et al.*, 1995) einer ausgeprägten Dynamik im Zuwachsverlauf.

Kalium ist zudem das Nährelement, das auf vielen futterbaulich genutzten Standorten (Sand- und Moorböden) aufgrund der geringen Kationenaustauschkapazität dieser Böden unter humiden Bedingungen schnell über das Sickerwasser im Winter ausgewaschen wird. Bodennährstoffanalysen im Spätsommer und Herbst lassen somit keine Aussage über den Düngebedarf im Frühjahr zu, sodass die Pflanzenanalyse das zentrale Element zur Abschätzung des Düngebedarfs darstellt. In intensiven Grünlandsystemen korrespondieren optimale Rohproteingehalte zum Nutzungszeitpunkt von 16–17 % id. d. TM mit optimalen K-Gehalten von 1,8–2,2 % i. d. TM. Diese K-Gehalte entsprechen dem Ertragsgrenzwert bei Intensivnutzungssystemen. Deutlich erhöhte K-Gehalte (> 2,5 % i. d. TM) im Weideaufwuchs bzw. in Grassilagen sind unbedingt zu vermeiden, da der K-Bedarf der Wiederkäuer selbst im Hochleistungsbereich von Milchrindern ~ 0,7 % i. d. TM nicht überschreitet. Eine erhöhte K-Konzentration im Futter reduziert hingegen die Resorption von Magnesium und anderen zweiwertigen Kation im Darm (Taube *et al.*, 1995). Problematisch ist insbesondere das im intensiven Futterbau häufig zu beobachtende gleichzeitig hohe Angebot an Stickstoff und Kalium durch den Einsatz von hohen Gaben an Rindergülle plus zusätzlicher mineralischer N-Düngung. Aufgrund des Kationen/Anionen-Gleichgewichts bei der Nährstoffaufnahme durch die Pflanze kann eine steigende N-Düngung und somit eine erhöhte Nitrat-Konzentration in der Bodenlösung bei sehr hohem K-Angebot zu übermäßiger K-Aufnahme führen (Abb. 4-12; »Kalium-Luxuskonsum«). Dies trägt zu induziertem Mg-Mangel beim Nutztier bei. In diesem Fall ist der Mg-Gehalt im Pflanzenmaterial (Optimalbereich ~ 0,13 % i. d. TM) nicht mehr aussagekräftig. Die K-Gehalte in der Pflanze haben somit eine übergeordnete Bedeutung auch für die Verfügbarkeit anderer Nährelemente (Na, Mg) in der Futterration.

Phosphorgehalt

Phosphor ist das Nährelement, das in deutlichster Weise für den Paradigmenwechsel der Düngung in den letzten 50 Jahren steht. Zunächst gerade auch im Grünland als ertragslimitierendes Element verantwortlich für niedrige Erträge bis in die 1970er Jahre, danach bis in die 1990er Jahre über Vorratsdüngungsstrategien auf höchste Nährstoffversorgungszustände des Bodens angehoben und schließlich in den letzten 20 Jahren zunehmend kritisch gewürdigt im Hinblick auf die Eutrophierung von Gewässern gerade auch im Grünland in Europa (Ulen *et al.*, 2007). Im Jahr 2018 hat der VDLUFA nach der Re-Evaluation der Ergebnisse langjähriger P-Steigerungsversuche die Empfehlung ausgesprochen, die anzustrebenden Boden-P-Gehalte auch für Grünlandstandorte abzusenken (Wiesler *et al.*, 2018). Damit gewinnt die Pflanzenanalyse für Phosphor aus folgenden Gründen auch auf dem Grünland eine erhöhte Bedeutung: (1) mit der gleichzeitig durchgeführten Pflanzenanalyse der P- und Ca-Gehalte im Futter ist die notwendige Abschätzung der optimalen Ca/P-Versorgung der Nutztiere gewährleistet und (2) der P-Ertragsgrenzwert in der Pflanze und damit die optimale P-Versorgung ist maßgeblich durch den pH-Wert des Bodens beeinflusst. Unter den Bedingungen günstiger pH-Werte im Boden hat sich in vielen Feldexperimenten ein Mindest-P-Gehalt in der Pflanze zwischen 0,20 und 0,24 % i. d. TM als ausreichend für maximale Ertragszuwächse in Gräser dominierten Grünlandbeständen bei hoher Nutzungsfrequenz (~ 4 Schnitte) erwiesen (Amberger, 1996; Smith *et al.*, 1985; Whitehead, 2000). Wird berücksichtigt, dass einerseits leguminosen- und kräuterreiche Bestände erhöhte P-Gehalte aufweisen und andererseits die notwendige P-Versorgung der Nutztiere einen P-Gehalt von bis zu 0,30 % i. d. TM rechtfertigt (Meyer, 2005), so können in der intensiven Grünlandwirtschaft P-Gehalte zwischen 0,20–0,30 % i. d. TM als erstrebenswert angesehen werden. Die Pflanze nimmt Phosphor im Gegensatz zum Kalium in gleichmäßigerer Rate auf, sodass der Verdünnungseffekt von geringer Bedeutung ist und die P-Grenzertragswerte damit weniger abhängig vom Wuchsstadium bzw. der Nutzungshäufigkeit der Bestände sind (Taube *et al.*, 1995). Gleichwohl zeigen Untersuchungen in Praxisbetrieben zum Beispiel aus Bayern eine deutliche Abhängigkeit der mittleren P-Gehalte von der Nutzungshäufigkeit: Intensivgrünland (4 bzw. 5 Schnitte) zeigt dabei

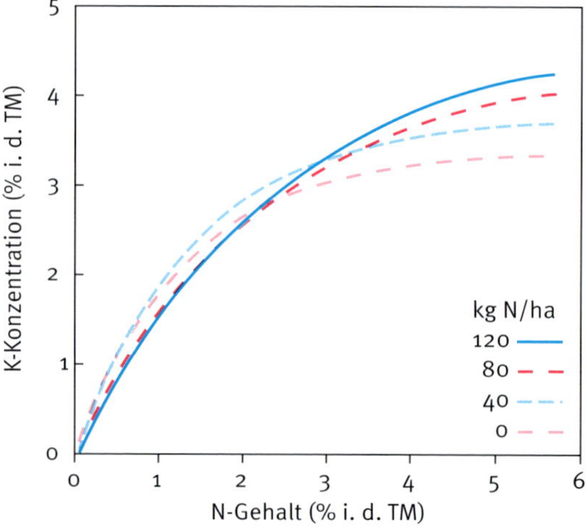

Abb. 4-12: Einfluss der N-Düngung auf die Beziehungen zwischen N- und K-Gehalt in der Pflanze im 1. Aufwuchs (Mittel aus 2 Genotypen) (Taube *et al.*, 1995).

tendenziell eine sehr hohe P-Versorgung deutlich über dem Bedarf. Häufig korrespondieren diese hohen P-Pflanzenwerte mit erhöhten Boden-P-Werten (Diepolder und Raschberger, 2013; Köhler *et al.*, 2017; Tab. 4-34).

Schwefelgehalt

Schwefelmangel auf dem Grünland ist seit etwa 25 Jahren in Deutschland nachgewiesen (Taube *et al.*, 2000). Zu erwarten ist Schwefelmangel nur unter folgenden Voraussetzungen: Intensive Schnittnutzung (mind. 3 Schnitte) mit hoher N-Düngung (mind. > 250 kg N/ha) auf Standorten mit ungünstigen Mineralisationsbedingungen. Schwefelmangel ist zudem meist im ersten Teil der Vegetationsperiode (hohes Zuwachspotenzial) dokumentiert, vornehmlich im zweiten Aufwuchs. Im ersten Aufwuchs reichen die S-Immissionen aus Heizungsanlagen über Winter in der Regel noch aus, um den Bedarf zu decken. Ab dem dritten Aufwuchs sinkt der S-Bedarf aufgrund geringerer Ertragsleistungen und die Mineralisationsrate steigt aufgrund höherer Bodentemperaturen.

Schwefel ist ein klassisches Beispiel für die Notwendigkeit der Pflanzenanalyse, um den aktuellen Status in der Pflanze und potentiellen Mangel, aber auch potentiellen Überschuss zu identifizieren. Die Bodenanalyse (Sulfatgehalte im Oberboden im Frühjahr) liefert ebenso unbefriedigende Ergebnisse wie die visuelle Beurteilung der Bestände, da die S-Mangelsymptome in Grünlandbeständen nicht eindeutig von N-Mangel zu unterscheiden sind (Abb. 4-13). Die Besonderheit an der S-Pflanzenanalyse ist, dass sie nur in Kombination mit der N-Analyse verlässliche Ergebnisse liefert. Die S-Gehalte allein geben keinen ausreichenden Befund über den Ernährungszustand des Bestandes. Als sehr robust hat sich in diesem Zusammenhang das N/S-Verhältnis in der Pflanze erwiesen. Bereits in den 1960er Jahren von Dijkshoorn und van Wijk (1967) etabliert, ist dies in der jüngeren Vergangenheit vielfach bestätigt worden. Die Abbildung 4-14 zeigt die »Ampel« für gute (< 12:1), kritische und unzureichende (> 15:1) N/S-Verhältnisse in der Pflanze und die Abbildung 4-15 die Beziehung zwischen dem N/S-Verhältnis von Beständen des Deutschen Weidelgrases und der damit verbundenen relativen Abnahme der Erträge im Vergleich zur Optimalsituation.

Eine weitere, jedoch deutlich aufwändigere Möglichkeit, S-Mangel in Pflanzenbeständen zu identifizieren, ist eine Aminosäureanalyse des Ernteguts. Bei S-Mangel wird die Vorstufenaminosäure Asparaginsäure deutlich akkumuliert, während die schwefelhaltigen Aminosäuren Methionin, Cystein und Lysin deutlich reduzierte Gehalte aufweisen. Aus Sicht der Tierernährung gelten für Milchrinder ähnliche Ansprüche wie für die Pflanzen im Hinblick auf das N/S-Verhältnis, allerdings mit der Einschränkung, dass S-Gehalte > 3 g/kg TM in der Ration zu vermeiden sind, um toxischen Effekten in den Vormägen vorzubeugen (Meyer, 2005). Steigt

Tab. 4-34: Mittlere P-Gehalte (% i. d. TM) und Streuung (Variationskoeffizient) von bayerischen Grünlandaufwüchsen bei unterschiedlicher Nutzungsintensität (Diepolder und Raschberger, 2013).

Aufwuchs	Schnitte pro Jahr							
	2		3		4		5	
1	0,301	(0,26)	0,335	(0,30)	0,393	(0,20)	0,417	(0,25)
2	0,381	(0,32)	0,386	(0,22)	0,403	(0,18)	0,429	(0,18)
3			0,450	(0,28)	0,447	(0,19)	0,438	(0,18)
4					0,473	(0,20)	0,492	(0,16)
5							0,518	(0,22)

Abb. 4-13: Deutsches Weidelgras ohne (links) und mit Schwefel-Düngung (rechts) in einem Parzellenversuch im 3. Aufwuchs in Ostenfeld 1998 (Taube *et al.* 2000).

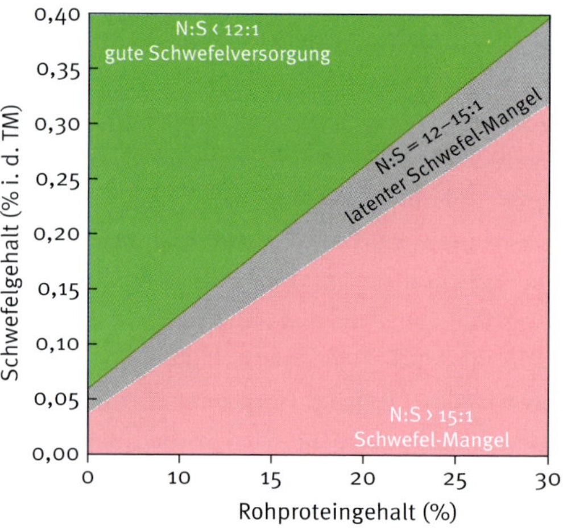

Abb. 4-14: Verhältnis von Rohprotein- zu Schwefelgehalten im Aufwuchs von Grünlandbeständen (Taube *et al.*, 2000).

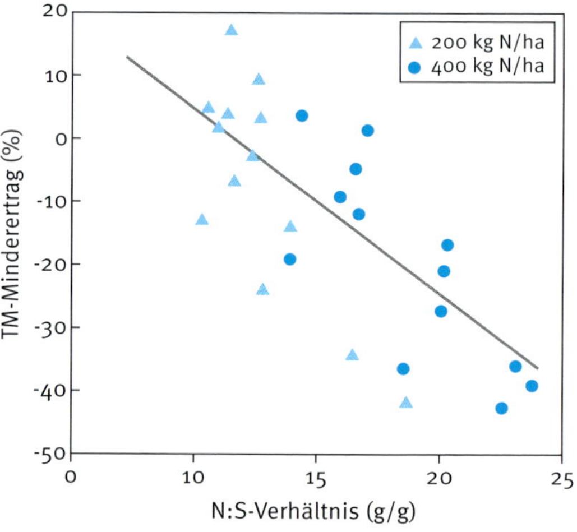

Abb. 4-15: Beziehung zwischen dem Stickstoff:Schwefel-(N:S)-Verhältnis und dem Trockenmasse-(TM)-Minderertrag ohne Schwefel-Düngung (1993–1995; vier Aufwüchse, zwei N-Stufen, S-gedüngter Bestand = 0) (Taube *et al.*, 2000).

die S-Versorgung über diesen Wert an, kommt es unter den reduzierenden Bedingungen im Pansen zu einer erhöhten Anflutung toxisch wirkenden Sulfids. Zunehmende Bedeutung bekommen die Gehalte an schwefelhaltigen Aminosäuren nach neueren Erkenntnissen als Maß für eine adäquate Eiweißversorgung von Hochleistungsmilchrindern (Bonsels und Grünewald, 2015).

Mikronährstoffgehalte

Seit den 1990er Jahren hat sich in Deutschland eine gewisse Zweiteilung in der Entwicklung der Grünlandbewirtschaftung vollzogen. In den Gunstlagen der Milcherzeugung im norddeutschen Tiefland und im Voralpengebiet wurde die Bewirtschaftung eher intensiviert mit der Konsequenz, dass Mikronährelemente schon allein über die Rückführung der organischen Dünger auf die Flächen in aller Regel weder für die Pflanzenbestände noch für die Nutztiere im Mangel vorliegen. Ganz anders ist die Situation in den Regionen, die durch ungünstige Standortverhältnisse keine Weidelgrasdominanz in den Beständen zulassen. Das sind vor allem die nordostdeutschen Moorgebiete und die Mittelgebirgsstandorte mit geringer Bodenauflage bzw. Austrocknungsgefährdung. In diesen Regionen haben sich häufig extensive Mutterkuhhaltungssysteme etabliert, die vielfach unter den Rahmenbedingungen des ökologischen Landbaus wirtschaften und so per se mit geringem Betriebsmitteleinsatz von außen agieren. Solche Systeme können – über längere Zeit in humiden Klimaten praktiziert – zu Aushagerungseffekten führen, die häufig zunächst an Mangelsymptomen beim Nutztier zu erkennen sind (z. B. Kupfer). Eine zusätzliche Pflanzenanalyse ist dann hilfreich, um die Defizite zweifelsfrei zu belegen.

4.4.4 Düngung

An Hand der dargelegten Zusammenhänge lässt sich ableiten, dass die regelmäßige Pflanzenanalyse von Grünlandaufwüchsen nicht nur für eine optimale Rationsgestaltung in der Tierernährung ihre positiven Wirkungen entfaltet, sondern auch essenziell für die Bemessung einer optimalen Düngung auf dem Grünland ist. Die Kombination der mehrjährigen »*ex post*« Pflanzenanalyse, der Standortbedingungen, der Bodennährstoffgehalte und der Ansprüche der Ration für die Nutztiere steuern somit die Düngebedarfsermittlung in einem aktuellen Jahr. Diese Feinjustierung im Sinne einer guten fachlichen Praxis der Düngung geht damit deutlich über die gesetzlich in der Düngeverordnung (DüV, 2017) vorgeschriebenen Ansätze hinaus. Ein weiterer Unterschied zu Ackerkulturen des Marktfruchtbaus ist der, dass in erheblichem Umfang organische Dünger (Gülle) aus der Tierhaltung zur Verfügung stehen, sodass die mineralische Düngung in aller Regel nur ergänzenden Charakter haben sollte. Dies auch deshalb, weil in der Gülle auch die Nährstoffe aus Zukauffuttermitteln (Getreide, Raps, Soja, etc.) enthalten sind, die über diesen Pfad in den Betriebskreislauf eingehen. So beträgt zum Beispiel allein der N-Import über diese Zukauffuttermittel im spezialisierten Milchvieh-Futterbaubetrieb häufig mehr als 100 kg/ha pro Jahr.

Wie oben dargestellt, wird danach die **optimale N-Düngung** auf dem Grünland maßgeblich durch den optimalen Rohproteingehalt für die Nutztiere gesteuert. Im Sinne der Prozesskontrolle sollte somit jeder Aufwuchs, der zur Silagebereitung genutzt wird, auf den Rohprotein- und Energiegehalt untersucht werden, um die optimale N-Düngungsintensität im intensiven Futterbau abzuleiten. Im Idealfall werden so in Grünlandregionen (ohne den Einsatz von Silomais in größerem Umfang) Energiedichten von mehr als 6,4 MJ NEL/kg TM erreicht, die bei Rohproteingehalten zwischen 16–18 % i. d. TM und einer optimalen Silierung bei hohen Anwelkgraden einen nXP-Wert von über 14 % i. d. Trockenmasse ermöglichen. Weicht der mehrjährige Zielrohproteingehalt bei diesen Energiedichten um jeweils 10 g Rohprotein/kg TM nach oben oder unten vom Zielwert ab, ist die Jahres-N-Düngung je 10 g Rohproteinabweichung um 20 kg/ha anzuheben (bei zu niedrigen RP-Gehalten) bzw. abzusenken (bei zu hohen RP-Gehalten).

In der Regel stellt die Rindergülle auf dem Grünland die zentrale Düngerform dar und ist bei langjähriger Anwendung mit »Best Practise« Methoden der Applikation mit 75–80 % N-Ausnutzung anzusetzen. Bei Ausschöpfung der gesetzlich erlaubten N-Applikationsmenge von 170 kg/ha aus organischen Düngern auf Hochertragsstandorten sind maximal zusätzlich 100–120 kg/ha aus Mineraldünger notwendig, um die Zielrohproteingehalte zu erreichen.

Einen Sonderfall stellt die N-Düngung zur Weide dar. Aufgrund des physiologisch sehr jungen Pflanzenmaterials werden die genannten Rohproteinzielwerte der Silagen in aller Regel im Weidefutter nicht erreicht, sondern sind deutlich höher. Dies führt zu einer verringerten N-Verwertung durch das Tier, erhöhten Harnstoffausscheidungen und so aufgrund der punktuellen Urindepositionsflecken zu Nitratverlusten mit dem Sickerwasser (vgl. Wachendorf *et al.*, 2004). In der Konsequenz sind Rohproteinwerte von maximal 22 % anzustreben, was zu deutlich reduzierten N-Gaben im Vergleich zur Schnittnutzung führt (Trott *et al.*, 2004).

Die **K-Düngung** erfolgt im Milchvieh-Futterbaubetrieb nahezu ausschließlich über die Rindergülle, da dieser organische Dünger zu allererst ein K-Dünger ist. Der Ertragsgrenzwert im Grünlandaufwuchs (1,8–2,2 % i. d. TM) entspricht in diesem Fall gleichzeitig dem anzustrebenden Maximalwert im Aufwuchs, um antagonistische Effekte für die Mg- und Na-Aufnahme in die Pflanze zu unterbinden. Daraus resultiert, dass Kalium und somit in der Regel die Rindergülle in einem festen N:K-Verhältnis von ~1,8:1 zu einzelnen Aufwüchsen appliziert werden sollte. Kalium-Vorratsdüngung im Frühjahr für das gesamte Jahr mündet dagegen immer in zu hohen K-Gehalten des ersten Aufwuchses (Taube *et al.*, 1995).

Die **P-Düngung** des Grünlands kann hingegen nur begrenzt durch alleinige Gülleapplikation ausreichend gestaltet werden. Dies wird insbesondere durch die sehr unterschiedlichen P-Gehalte wichtiger Konzentratfuttermittel verursacht. Allerdings dürften die vorgeschlagenen neuen Boden-P-Versorgungsstufen (Wiesler *et al.,* 2018) dazu führen, dass mineralische P-Dünger eingespart werden können, solange die P-Gehalte in der Silage im optimalen Korridor zwischen 0,2 und 0,3 % i. d. TM liegen.

Zur **S-Düngung** des Grünlands sind in den letzten Jahren viele Befunde vorgelegt worden, die darauf hindeuten, dass die sogenannte »scheinbare S-Düngerausnutzung« aus Rindergülle mit weniger als 10 % im Jahr (Gierus *et al.*, 2005) den zusätzlichen Einsatz mineralischen Schwefels in der Größenordnung von maximal 20 kg/ha/Jahr in Intensivnutzungssystemen des Grünlands notwendig erscheinen lassen. In vielen Fällen bietet sich dazu ein NS-Handelsdünger an, insbesondere wenn kein mineralischer K-Bedarf besteht. Ansonsten können auch kombinierte K- und S-Dünger eingesetzt werden.

In vielen Situationen sind darüber hinausgehende Düngungsmaßnahmen auf dem Grünland neben der notwendigen Kalkung für einen optimalen pH-Wert und eine ausreichende Ca-Verfügbarkeit nicht notwendig. Viele weitere Nährstoffe (z. B. Mg, Cu, Mn) werden über die Gülleapplikation bereitgestellt. Zudem ist bei einem vornehmlichen Bedarf der Nutztiere (Na, Cl, Se) eine direkte Supplementierung in der Fütterung sinnvoller als eine Düngung der Pflanzenbestände.

4.5 Gemüsebau

Bernd Steingrobe

4.5.1 Besonderheiten im Gemüsebau

Im Vergleich zur Landwirtschaft zeichnet sich der Gemüsebau in der Regel durch eine Vielfalt an Kulturen, Sätzen und unterschiedlichen Kulturweisen wie Feldgemüsebau oder Unterglasanbau aus. Dies macht eine Kontrolle der Nährstoffversorgung aufwändig. Andererseits erwirtschaften Gemüsekulturen meist hohe Deckungsbeiträge, sodass Mindererträge oder Qualitätseinbußen aufgrund einer nicht ausgewogenen Nährstoffversorgung hohe wirtschaftliche Schäden verursachen können. Der Übergang von einem ausreichenden Ernährungszustand zum Mangel ist bei Gemüsepflanzen in kurzer Zeit möglich, da diese häufig schnell wachsen, was einen zeitweilig sehr hohen Nährstoffbedarf zur Folge hat.

Für die Steuerung der N-Düngung im Feldanbau existieren Beratungssysteme wie beispielsweise das KNS-System (Lorenz *et al.*, 1989) oder Computerprogramme wie N-Expert (Fink und Scharpf, 1992; Fink und Feller, 1997). Im KNS-System wird ähnlich wie im N_{min}-Sollwertsystem die Düngung anhand eines Sollwertes bestimmt, der kulturbegleitend abhängig vom Entwicklungsstand der Pflanzen und dem zu erwartenden N-Bedarf bis zur Ernte abgeschätzt wird. Für die Bestimmung der Düngehöhe wird der N_{min}-Gehalt des Bodens auf den Sollwert angerechnet. Dies erfordert in einem vielseitigen Betrieb eine häufige Bodenbeprobung, was die Akzeptanz des KNS-Systems in der Praxis mindert. In den Computerprogrammen wird versucht, den zeitlichen Verlauf des mineralischen N-Gehaltes im Boden zu errechnen und hieraus den Düngebedarf abzuleiten. Auch diese Programme sollten anhand von Bodenanalysen justiert und kontrolliert werden.

Auch der Düngebedarf anderer Nährstoffe wird üblicherweise mittels Bodenanalyse bestimmt. Hierbei besteht das Problem, dass mit der Bodenanalyse nur eine bestimmte Fraktion des betreffenden Nährstoffes gemessen wird, die aber nicht unbedingt mit der pflanzenverfügbaren Nährstoffmenge im Boden übereinstimmt. Die Pflanzenverfügbarkeit kann aufgrund schlechter Durchwurzelung, Auswaschung, ungünstiger pH-Werte, Trockenheit oder hoher Sorptionsfähigkeit des Bodens eingeschränkt sein. Dies gilt besonders für Mikronährstoffe, sodass die Bodenanalyse bei Gemüsekulturen mit hohem Mikronährstoffbedarf oft keine befriedigenden Ergebnisse liefert. So reagieren beispielsweise Sellerie, Rote Rübe und Kohlarten empfindlich auf B-Mangel sowie Blumenkohl und Leguminosen auf Mo-Mangel. Die Pflanzenverfügbarkeit kann aber auch höher sein als die Bodenanalyse aussagt. Mineralisation organischer Substanz oder Wurzelausscheidungen, die die Nährstoffverfügbarkeit erhöhen (z. B. bei Brassicaceen), erschließen Nährstoffquellen, die mit der Bodenanalyse nicht erfasst werden. Es ist deswegen sinnvoll, den aktuellen Ernährungszustand der Pflanzen mittels der Pflanzenanalyse zu erfassen. Allerdings lässt sich hieraus keine Prognose über den Bodenvorrat ableiten. Auch im Gemüsebau können sich also Boden- und Pflanzenanalyse nicht ersetzen, sondern nur ergänzen.

Je nach Wirtschaftsweise kann die Pflanzenanalyse im Gemüsebau in drei Richtungen genutzt werden. Der klassische Einsatz ist die Schaddiagnose, mit der überprüft wird, ob sichtbare Schadsymptome auf einen Nährstoffmangel oder Überschuss zurückzuführen sind. Weiterhin kann anhand des Ernährungszustandes zu bestimmten Kulturabschnitten die Düngepraxis überprüft und teilweise auch korrigiert werden. Eine Steuerung der Düngung bedarf einer wiederholten Pflanzenanalyse. Dies ist vor allem mithilfe von Schnelltests möglich.

Schaddiagnose

Bei Auftreten von Schäden im Pflanzenbestand kann mittels der Pflanzenanalyse geklärt werden, ob diese durch einen Nährstoffmangel oder Überschuss hervorgerufen werden. Hierfür werden von geschädigten Pflanzen Proben genommen und der Mineralstoffgehalt analysiert. Dabei ist es wichtig, möglichst viele Elemente zu bestimmen, da es zu Wechselwirkungen der Nährstoffe in der Pflanze kommen kann. So kann ein vermeintlicher Stickstoffmangel in Leguminosen durch einen Mo-Mangel verursacht werden (vgl. Abb. 1-13). Für eine Bewertung der Analysenergebnisse sind Vergleichswerte unerlässlich, die in entsprechenden Erhebungen (z. B. Vergleichspflanzen in der Nachbarschaft ohne Symptome) oder Versuchen ermittelt wurden. Wie in Kapitel 4.1 näher ausgeführt, lassen sich unterschiedliche Gehaltsbereiche festlegen, die vom Symptom-, Ertrags- und Toxizitätsgrenzwert abgegrenzt werden. Eine genaue Zuordnung der Messwerte in die Gehaltsbereiche 'akuter Mangel', 'latenter Mangel', 'ausreichender Gehalt' und 'Überschuss' wird aber dadurch erschwert, dass die Nährstoffgehalte in der Pflanze oder in den betroffenen Pflanzenorganen nicht ausschließlich vom Versorgungszustand abhängen. Je nach Mobilität des Nährstoffes in der Pflanze reagieren alte oder junge Pflanzenteile schneller auf einen eintretenden Nährstoffmangel. Dies kann zu einer nährstofftypischen Symptomausprägung führen, die eine erste visuelle Schaddiagnose ermöglicht (vgl. Kapitel 2). Die Nährstoffgehalte ändern sich zudem je nach Pflanzenalter, Wachstumsbedingungen, der Pflanzenart und vermutlich auch der Sorte. Es liegen deshalb nur für wenige Kulturarten alle Grenzwerte oder Gehaltsbereiche vor, die sich zudem deutlich unterscheiden können, je nach den Bedingungen, unter denen sie erhoben wurden. Aus diesem Grund wird in den Tabellen 4-36 bis 4-64 (s. Ende des Kapitels 4.5) nur der ausreichende Gehaltsbereich zu verschiedenen Wachstumsstadien (soweit bekannt) angegeben. Starke Abweichungen der gemessenen Gehalte von den hier dargestellten Gehalten lassen auf einen Mangel oder Überschuss schließen.

Die Vergleichswerte in den Tabellen beziehen sich meist auf einen bestimmten Entwicklungsabschnitt der Pflanzen. Dies muss berücksichtigt werden, da sich die Gehalte mit dem Pflanzenalter verändern. Eine Unsicherheit in der Interpretation der Werte kann darin liegen, dass keine Vergleichswerte für das Wachstumsstadium vorliegen, zu dem die Schadsymptome auftreten. Einen besseren Vergleichswert liefern dann Analysedaten von gesunden Pflanzen des gleichen Schlages, falls die Schadsymptome ungleichmäßig im Feld verteilt sind.

Wenn die Pflanzenanalyse erst durchgeführt wird, nachdem bereits sichtbare Schadsymptome aufgetreten sind, erfolgt die Düngungsreaktion meist zu spät. Die Pflanzen sind oft bereits geschädigt und werden in ihrer Entwicklung zurückbleiben, selbst wenn sie auf die Düngung noch ansprechen. Allerdings kann die Pflanzenanalyse wertvolle Hinweise für die Versorgung der Folgekulturen bieten. Hierfür ist dann aber auch eine parallele Bodenuntersuchung notwendig, um die Ursachen des Nährstoffmangels näher zu untersuchen. Dies muss nicht immer ein absoluter Mangel im Boden sein, sondern kann beispielsweise bei ungünstigen pH-Werten auch in einer starken Festlegung bestimmter Nährstoffe begründet liegen. Hieran orientieren sich die einzuleitenden Maßnahmen wie Düngung, Kalkung, Blattspritzung etc.

Düngungskontrolle

Die Bemessung einer kulturbegleitenden Düngung (»Kopfdüngung«) hängt neben dem Ernährungszustand der Pflanzen zu diesem Termin auch vom zukünftigen Wachstumsverlauf bis zur Ernte und der Nachlieferung von Nährstoffen aus dem Boden in diesem Zeitraum ab. Die Pflanzenanalyse als diagnostisches Instrument gibt den Ernährungszustand wieder und kann eine Düngebedürftigkeit aufzeigen. Für eine Prognose der verfügbaren Nährstoffmengen im Boden ist sie nicht geeignet. Die notwendige Düngungshöhe kann durch eine Pflanzenanalyse allenfalls abgeschätzt aber nicht exakt abgeleitet werden. Liegen die gemessenen Werte am oberen Ende oder oberhalb der ausreichenden Gehalte, wie sie in den Tabellen 4-36 bis 4-64 angegeben sind, sind die Nährstoffspeicher der Pflanze gefüllt und die Nährstoffverfügbarkeit im Boden war zumindest bis zum Probenahmetermin hoch. Entsprechend knapp kann eine Kopfdüngung kalkuliert werden. Liegen die Messwerte im unteren Teil oder sogar unterhalb des ausreichenden Bereiches, muss die Kopfdüngung erhöht werden.

Auch im Gemüsebau empfiehlt sich eine Kontrolle des Ernährungszustandes besonders für Nährstoffe, die als Fruchtfolgedüngung in Abständen von mehreren Jahren gegeben werden, da sie der Boden gut abpuffert. Auch bei längerem Aussetzen einer P- und K-Düngung, um die Bodengehalte von den Gehaltsklassen D und E (hoch und sehr hoch versorgt) in die erwünschte Gehaltsklasse C (anzustreben) zu führen, ist eine Kontrolle des Ernährungszustandes ratsam, da häufig nicht bekannt ist, wie schnell der Bodenvorrat absinkt.

Der Zeitpunkt der Probenahme sollte möglichst früh sein. Am Beginn der Phase des größten Wachstums stellen die Pflanzen die höchsten Ansprüche an die Nährstoffversorgung und zu diesem Zeitpunkt kann mit einer Kopfdüngung meist noch reagiert werden, bevor eine Wachstumsverzögerung einsetzt. Dies gilt besonders im Gemüsebau, da die Kulturzeiten teilweise sehr kurz sind. Das »Zeitfenster« für eine Kopfdüngung ist entsprechend klein. Hier liegt aber auch eine Schwäche der Pflanzenanalyse. Da zwischen Probenahmetermin und Übermittlung der Analyseergebnisse meist mehrere Tage vergehen, verstreicht gerade zu Zeiten des größten Wachstums wertvolle Zeit, eine Mangelsituation mit einer Düngemaßnahme abzuwenden.

Eine langfristige Kontrolle der Düngestrategie (Monitoring) ist möglich, wenn regelmäßig zur Ernte eine Pflanzenanalyse durchgeführt wird, die einen latenten Mangel oder eine Überversorgung aufzeigen kann. Deshalb sind in den Tabellen auch Gehaltsbereiche zur Ernte aufgeführt, allerdings liegen die Daten nicht für jede Kultur vor. Eine Korrektur dieser Fehlernährung ist für die laufende Kultur natürlich nicht mehr möglich, die Ergebnisse können aber genutzt werden, um die Düngestrategie für Folgekulturen zu überdenken. Ein Monitoring der Nährstoffgehalte in den Pflanzen erlaubt auch eine Abschätzung der langfristigen Entwicklung der Nährstoffverfügbarkeit im Boden. Dies kann besonders für Mikronährstoffe von Bedeutung sein.

Steuerung der Düngung

Eine ständige Kontrolle des Ernährungszustandes mit dem Ziel die Nährstoffversorgung zu steuern ist nur sinnvoll bei einer kontinuierlichen Düngung, wie sie in hydroponischen Verfahren oder bei Bewässerungsdüngung/Fertigation stattfindet. Hierfür ist eine regelmäßige Probenahme alle 7–14 Tage nötig. Die Analyseergebnisse müssen kurzfristig zur Verfügung stehen, was eine Einsendung der Proben in ein Analyselabor meist ausschließt. Kurzfristige Ergebnisse liefern nur Schnelltestmethoden. Es existieren Schnelltestmethoden für eine Reihe von Nährstoffen (z. B. Merckoquant Teststäbchen), allerdings wird in Deutschland allenfalls der Nitratgehalt im Blattstielpresssaft bestimmt (Nitsch, 2001; Schacht und Schenk, 1994). Zur Durchführung einer Düngungssteuerung muss zudem bekannt sein, in welchen Bereichen die Nährstoffgehalte zu allen Entwicklungsstadien der Pflanze liegen sollen und in welcher Weise eine Veränderung des Nährstoffangebots die pflanzlichen Nährstoffgehalte beeinflusst. Gehaltsbereiche sind bislang nur für wenige Kulturen und auch nur für Nitrat und teilweise Kalium empirisch erhoben (Hochmuth, 1994; Taber, 2001). Die Eignung dieser Gehaltsbereiche für eine Düngungssteuerung ist noch nicht überprüft.

4.5.2 Probenahme

Die generellen Anweisungen zur Probenahme, wie sie in Kapitel 4.2 beschrieben wurden, gelten in gleicher Weise für den Gemüsebau. Zur Messung der Nährstoffgehalte im Rahmen einer Schaddiagnose sollten geschädigte Pflanzenteile (nicht nekrotisch) herangezogen werden. Da sich die Tabellenwerte der ausreichenden Gehalte meist auf bestimmte Pflanzenorgane und Wachstumsstadien beziehen, ist ein direkter Vergleich der für die geschädigten Pflanzenteile gewonnen Messwerte mit den hier vorgelegten Tabellen oft nicht möglich. Als Vergleichwerte können dann gesunde Pflanzen im gleichen Bestand dienen. Besonders im Fall einer Schaddiagnose sollten zusammen mit den Proben Begleitinformationen eingesendet werden, die neben der Anschrift des Einsenders auch Pflanzenart und Sorte, Entwicklungsstadium, visuelle Beobachtungen, Fruchtfolgedaten, Bodenart, Klimabesonderheiten der letzen zwei Wochen, besondere Kulturmaßnahmen, wie Pflanzenschutz, Blattdüngung etc. enthalten sollten. Es wird zudem empfohlen, eine Bodenprobe mit einzusenden, die allerdings mit der Pflanzenprobe nicht in Kontakt kommen darf.

Bei Einsatz der Pflanzenanalyse zur Bemessung der Kopfdüngung sollten nur gesunde, für den Bestand repräsentative Pflanzen beprobt werden. Gerade bei schnellwachsenden Gemüsekulturen mit kurzer Wachstumsperiode bekommt die frühe Probenahme eine große Bedeutung, damit die Kopfdüngung rechtzeitig zum Beginn der Phase mit dem größten Wachstum und Nährstoffbedarf erfolgen kann. Bei der Zusammenstellung der Tabellen wurde deswegen darauf geachtet, auch Werte für frühe Wachstumsstadien zu erfassen. Da die Nährstoffgehalte mit dem Pflanzenalter variieren, ist auf die Einhaltung dieser Wachstumsstadien bei der Probenahme zu achten.

Bedingt durch die unterschiedliche Mobilität von Nährstoffen in der Pflanze, ist nicht jedes Pflanzenorgan gleichermaßen geeignet, den Ernährungszustand der Pflanze wiederzugeben. Gerade im Gemüsebau mit seiner Vielzahl an Kulturen kommen sehr unterschiedliche Organe in Betracht. Häufig wird das jüngste vollentwickelte Blatt beprobt, also meist das 3.–5. Blatt von oben. Es kommen aber auch andere Organe zum Einsatz wie Hüllblätter bei kopfbildenden Pflanzen, mittlere Blätter oder teilweise auch ganze Sprosse (besonders bei sehr jungen Blattgemüsepflanzen). Meist werden die ganzen Blätter entnommen, teilweise aber auch nur die Blattspreite ohne Blattstiele und -rippen. Für Schnelltestverfahren auf Nitrat werden dagegen häufig nur Blattstiele genutzt. Früchte, Wurzeln und andere Organe eignen sich zur Bestimmung des Ernährungszustandes in der Regel nicht.

4.5.3 Beurteilung der Pflanzenanalyse anhand von Richtwerten

Die in den Tabellen 4-36 bis 4-64 aufgeführten Werte beschreiben den ausreichenden Nährstoffgehalt in Gemüsepflanzen. Die angegebenen Werte stellen hierbei nur einen Orientierungsrahmen dar, da die Nährstoffgehalte je nach Sorte, Wachstumsbedingungen und Erhebungsart schwanken können. Leider liegen nur wenige Untersuchungen aus Deutschland vor, sodass auf Beratungssysteme der USA und Überblicksarbeiten aus Australien (Reuter und Robinson, 1997) zurückgegriffen wurde. Bei anderen Autoren (Bergmann, 1993) wird die Herkunft der Daten nicht genannt. Allerdings liegen die angegebenen Gehalte der unterschiedlichen Autoren häufig nahe beieinander, sodass von einer generellen Übertragbarkeit auf deutsche Sorten und Wachstumsverhältnisse ausgegangen werden kann. Für in Deutschland neue Kulturen wie Süßkartoffel musste allerdings gänzlich auf nicht-europäische, vornehmlich unter australischen Bedingungen ermittelte Daten, zurückgegriffen werden. In den Tabellen werden für einzelne Gemüsekulturen mehrere Datensätze gezeigt. Diese Art der Darstellung ist gewählt worden, weil sich die Datensätze hinsichtlich der Nährstoffe und/oder Probenahmeorgane und -termine ergänzen. Die Wachstumsstadien, auf die sich die Tabellenwerte beziehen, sind in der Originalliteratur häufig nur sehr ungenau beschrieben. Auf eine Angabe der entsprechenden BBCH-Stadien wird deswegen verzichtet. Die Stadien können aus den BBCH-Skalen, wie sie vom Julius-Kühn-Institut (JKI) (https://ojs.openagrar.de (April 2017)) oder von Meier und Bleiholder (2016) veröffentlicht sind, abgelesen werden. Die Angabe mehrerer Datensätze zeigt auch die mögliche Spannweite der Gehaltsbereiche auf, die sich durch die unterschiedlichen Wachstumsbedingungen und Erhebungsmethoden ergeben können.

Messwerte, die leicht unterhalb der Spanne ausreichender Gehalte liegen, können auf einen latenten Mangel hinweisen. Eine Düngung und vor allem bessere Nährstoffversorgung der Folgekulturen ist anzuraten. Messwerte, die deutlich unterhalb der Tabellenwerte liegen, zeigen einen starken Mangel auf, der u. U. schon zu Schadsymptomen geführt hat. Eine Bodenuntersuchung sollte aufzeigen, ob dieser Mangel auf einen zu geringen Nährstoffgehalt im Boden oder auf eine schlechte Verfügbarkeit der Nährstoffe durch beispielsweise einen ungünstigen pH-Wert zurückgeführt werden kann. Auch andere Faktoren, speziell die Witterung, können die Nährstoffverfügbarkeit und -aufnahme beeinflussen. Notwendige Maßnahmen müssen sich daran orientieren. Leicht erhöhte Gehalte sind in der Regel kein Problem, oft kann die Düngung für Folgekulturen gesenkt werden. Stark überhöhte Werte können besonders bei Mikronährstoffen zu Toxizität führen und auch andere Nährstoffe in Mangel bringen. Wenn eine extreme Überdüngung ausgeschlossen werden kann, sollte auch in diesem Fall eine parallele Bodenuntersuchung genutzt werden, um entsprechende Maßnahmen einzuleiten.

4.5.4 Schnelltestmethoden

Eine laufende Kontrolle der Düngung, besonders bei Nährlösungskulturen oder Bewässerungsdüngung, ist nur durch eine häufige Probenahme und kurze Analysezeit möglich. Hierfür sind Schnelltestmethoden geeignet, die der Gärtner vor Ort selber durchführen kann und die ohne großen Aufwand in kurzer Zeit eine Einschätzung des Ernährungszustandes gestatten. Voraussetzung für Schnelltests ist, dass analytische Methoden existieren, den Gesamtgehalt eines Nährstoffs oder einer Nährstofffraktion einfach zu bestimmen und dass diese Nährstofffraktion auch den Ernährungszustand wiederspiegelt. Dies ist derzeit nur für Nitrat und Kalium anwendbar, wobei der Test auf Kalium in Deutschland noch nicht gebräuchlich ist. Nitrat ist im Prinzip gut geeignet den N-Ernährungszustand zu beschreiben. Es liegt gelöst im Pflanzensaft vor und wird in dieser Form im Leitungsbahnengewebe der Pflanzen gespeichert. Bei beginnender Mangelsituation wird dieser Speicher geleert. Eine Abnahme des Nitratgehaltes im Presssaft deutet somit auf eine abnehmende Versorgung der Pflanze hin, ohne dass eine Mangelsituation mit Entwicklungsstörungen schon vorliegt. Eine Anpassung der N-Versorgung kann deshalb rechtzeitig erfolgen.

Nitrat und auch Kalium können mit unterschiedlichen Methoden gemessen werden. Es existieren ionenselektive Elektroden und einfache Färbetests (Scaife und Stevens, 1983). Gebräuchlich sind Teststäbchen, die für wenige Sekunden in den Pflanzenpresssaft getaucht werden und sich entsprechend des Nitrat- oder Kaliumgehaltes verfärben. Nach 1 min kann an Hand von Farbtafeln oder mittels eines Handreflektometers der Nitratgehalt geschätzt werden (Nitsch, 2001). Das Verfahren hat nicht die Genauigkeit von Laboranalysen, ist aber für die Abschätzung des Ernährungszustandes hinreichend genau.

Da der Nitratgehalt in der Pflanze sehr variabel ist, sind einige Vorschriften zu beachten. Die Nitratgehalte der Blattspreite schwanken stark mit der Lichteinstrahlung. Deswegen ist es besser, nur Blattstiele bzw. Blattrippen zu verwerten, deren Gehalte weniger auf die Einstrahlung reagieren. Auch sollte die Probenahme möglichst morgens stattfinden, wenn die Einstrahlung noch nicht ihren Höhepunkt erreicht hat. Es sollten an 20–30 Pflanzen die Blattstiele (in der Regel vom jüngsten vollentwickelten Blatt) entnommen werden. Die Stiele trocken reinigen, um anhaftenden Boden und andere Verschmutzungen zu entfernen. Ein Abwaschen würde Nitrat auswaschen und zur Verdünnung des Presssaftes führen. Die Proben sollen möglichst schnell verarbeitet und gemessen werden, da sich die Gehalte rasch verändern. Ein Einfrieren der Proben ist möglich und wird teilweise sogar empfohlen, da die Presssaftgewinnung nach dem Auftauen erleichtert ist (Vielemeyer und Weissert, 1990). Der Presssaft kann auf unterschiedliche Weise gewonnen werden, z. B. können die Stiele mit einer Knoblauchpresse ausgepresst werden oder sie werden in einer Plastiktüte mit dem Hammer oder einer Presse zerquetscht. Der Presssaft muss in der Regel verdünnt werden, da die Gehalte meist oberhalb des Messbereiches der Teststäbchen (500 mg NO_3/L, ppm) liegen. Hierzu wird mit einer Spritze 1 mL Presssaft aufgenommen und mit 9 mL (10-fache Verdünnung) oder mit 19 mL (20-fache Verdünnung) destilliertem oder entionisiertem Wasser gemischt. Dies entfernt durch Verdünnung auch die Eigenfärbung des Presssaftes, die die Messung beeinflussen kann. Falls der verdünnte Saft dennoch weiterhin zu stark gefärbt ist (beispielsweise bei Roter Rübe) muss ein Blindteststäbchen ohne Reagenz genutzt werden, das nur die Eigenfarbe des Saftes prüft oder der Saft wird durch Aktivkohlefilter gefiltert. Nach dem Verdünnen wird das Teststäbchen für wenige Sekunden in den Saft getaucht und der Nitratgehalt entsprechend der Anweisungen auf der Verpackung der Stäbchen oder gemäß der Gebrauchsanleitung des Reflektometers bestimmt. Die Messwerte müssen mit dem Verdünnungsgrad multipliziert werden, um den Gehalt im Presssaft zu errechnen.

Der ausreichende Nitratgehalt verändert sich mit dem Pflanzenalter. Für eine Kontrolle der Düngemaßnahmen sind also Vergleichswerte für die gesamte Pflanzenentwicklung notwendig. Solche Vergleichswerttabellen liegen für gemüsebauliche Kulturen kaum vor. Es gibt Untersuchungen aus den USA (Hochmuth, 1994) und Australien (Reuter und Robinson, 1997), die in Tabelle 4-35 angegeben sind. Ihre Übertragbarkeit auf deutsche Verhältnisse ist nicht überprüft. Dennoch sollten diese Werte einen guten Anhaltspunkt darstellen.

4.5.5 Düngung

Ist mittels der Pflanzenanalyse ein latenter oder akuter Nährstoffmangel diagnostiziert worden, sollte eine Düngung erfolgen. Bei den Makronährstoffen (N, P, K, Mg) kann meist eine Düngung über den Boden stattfinden. Hierbei sollten nur schnelllösliche Düngemittel Verwendung finden, da sie sofort den Pflanzen zur Verfügung stehen. Die Düngermenge orientiert sich am Gesamtbedarf der Pflanzen und der noch verbliebenen Zeit bis zur Ernte. Eine Blattdüngung ist meist nur bedingt möglich, da die notwendigen Nährstoffmengen nur über zahlreiche Blattapplikationen verabreicht werden können. Beregnungsdüngung bzw. Fertigation stellt gerade im Gemüsebau oft eine gute Alternative dar. So können beispielsweise ausreichende N-Mengen in Form von Harnstoff oder Kalksalpeter in den wachsenden Bestand appliziert werden.

Liegt ein Mikronährstoffmangel vor, ist dies selten durch einen absoluten Mangel im Boden bedingt als vielmehr durch eine starke Festlegung des entsprechenden Elementes. Eine Bodendüngung hilft dann nur wenig, da auch die gedüngten Nährstoffe schnell festgelegt werden. In diesem Fall ist eine Blattdüngung zu empfehlen. Die geeigneten Mengen können sich an den Werten der Landwirtschaft in Tabelle 4-8 orientieren. Wird dennoch einer Düngung über den Boden der Vorzug gegeben, sollten nur Dünger zum Einsatz kommen, die auch bei fixierenden Böden ausreichend pflanzenverfügbar bleiben. Dies sind in der Regel Dünger auf Chelatbasis. Darüber hinaus kommen aber auch speziell formulierte Produkte in Frage, die aufgrund von Additiven eine ausreichende Verfügbarkeit der anorganisch vorliegenden Nährstoffe nach Bodenapplikation gewährleisten sollen.

Bei Auftreten von Mangelsymptomen oder einem langsamen Absinken der Nährstoffgehalte während einer langfristigen Düngungskontrolle muss generell die Düngungsstrategie überdacht werden. Hierfür sind auch Bodenanalysen heranzuziehen um die Ursache des Mangels besser eingrenzen zu können.

Tab. 4-35: Ausreichende Nährstoffgehalte im Presssaft von Blattstielen verschiedener Pflanzenarten.

Art	Zeitpunkt	NO_3-N mg/L	K mg/L	Quelle
Brokkoli	6-Blatt Stadium	800–1000		Hochmuth (1994)
Eissalat (cv. Montello)	7 Tage n. Pflanzung	1100		Huett und White (1992)
	14 Tage	700		Huett und White (1992)
	21 Tage	1000		Huett und White (1992)
	35 Tage	1400		Huett und White (1992)
	49 Tage (Kopf)	1600		Huett und White (1992)
	56 Tage (Erntereif)	1500		Huett und White (1992)
Gurke	Erste Blüte	800–1000		Hochmuth (1994)
	Frucht 8 cm lang	600–800		Hochmuth (1994)
	Ernte	400–600		Hochmuth (1994)
Paprika	Erste Blütenknospen	1400–1600	3200–3500	Hochmuth (1994)
	Erste offene Blüte	1400–1600	3000–3200	Hochmuth (1994)
	Frucht halbe Größe	1200–1400	3000–3200	Hochmuth (1994)
	Erste Ernte	800–1000	2400–3000	Hochmuth (1994)
	Zweite Ernte	500–800	2000–2400	Hochmuth (1994)
Kopfkohl (cv. Rampo)	14 Tage n. Pflanzung	3760		Huett und Rose (1989)
	28 Tage	2440		Huett und Rose (1989)
	42 Tage	2200		Huett und Rose (1989)
	56 Tage	1660		Huett und Rose (1989)
	70 Tage (Kopf)	3500		Huett und Rose (1989)
	84 Tage (erntereif)	4210		Huett und Rose (1989)
Tomate (Feld)	erste Knospe	1000–1200	3500–4000	Hochmuth (1994)
	erste offene Blüte	600–800	3500–4000	Hochmuth (1994)
	Fruchtdurchmesser 2 cm	400–600	3000–3500	Hochmuth (1994)
	Fruchtdurchmesser 5 cm	400–600	3000–3500	Hochmuth (1994)
	Erste Ernte	300–400	2500–3000	Hochmuth (1994)
	Zweite Ernte	200–400	2000–2500	Hochmuth (1994)
Tomate (Gewächshaus)	Pflanzung → 2. Cluster	1000–1200	4500–5000	Hochmuth (1994)
	2. Cluster → 5. Cluster	800–1000	4000–5000	Hochmuth (1994)
	Erntezeit	700–900	3500–4000	Hochmuth (1994)
	frühe Blüte	2140		Coltman (1987)
	kleine Frucht	1090		Coltman (1987)
	Erntereife	640		Coltman (1987)
Tomate (cv. Floradade) (Sandkultur)	14 Tage nach Pflanzung	1240		Huett und Rose (1988)
	28 Tage (1. Fruchtansatz)	1170		Huett und Rose (1988)
	42 Tage (Blüte 4. Infloreszenz)	1210		Huett und Rose (1988)
	56 Tage	1190		Huett und Rose (1988)
	70 Tage (1. reife Frucht)	1790		Huett und Rose (1988)
	84 Tage	2152		Huett und Rose (1988)
	98 Tage	1600		Huett und Rose (1988)
	112 Tage (letzte Ernte)	2070		Huett und Rose (1988)

Tab. 4-36: Ausreichende Nährstoffgehalte für **Blumenkohl**.

Probenahme		N	P	K	Ca	Mg	S	Fe	Mn	Zn	Cu	B	Mo
Organ	**Zeit-punkt**	**% i.d.TM**						**mg/kgTM**					
JVB [1]	BA	3,0–5,0	0,40–0,70	2,0–4,0	0,8–2,0	0,25–0,60	0,6–1,0	30–600	30–80	30–50	5–10	30–50	
JVB [2]	BA	3,0–4,5	0,50–0,70	3,0–3,7	0,7–0,8	0,24–0,26				43–59			
JVB [3]	BA	5,0–7,0		1,5–2,8	1,0–2,0	0,15–0,30							
JVB [4]	BA	3,3–4,5	0,30–0,80	2,6–4,2	2,0–3,5	0,27–0,50		30–200	25–250	20–250	4–15	30–100	0,5–0,8
JVB [1]	BB	2,2–4,0	0,30–0,70	1,5–3,0	1,0–2,0	0,25–0,60		30–600	50–80	30–50	3–5	30–50	
JVB [2]	BB		0,50–0,70		2,0–3,5				50–80		5–10	30–60	
mittlere Blätter [5]	BB	3,0–4,5	0,40–0,70	3,0–4,2	1,0–1,5	0,25–0,50			30–100	30–70	5–12	30–80	0,5–1,0
Hüllblatt [3]	Ernte	2,5–3,5	0,45–0,50	2,8–3,5		0,40–0,45							
Blume [3]	Ernte	3,2–4,0	0,75–0,80	4,2–4,5	0,35–0,4	0,24–0,30							

JVB = Jüngstes vollentwickeltes Blatt; BA = Blumenanlage; BB = Blumenbildung

[1] Campbell (2000); [2] Geraldson et al. (1973); [3] Reuter und Robinson (1997); [4] Rosen und Eliason (2005); [5] Bergmann (1993)

Tab: 4-37: Ausreichende Nährstoffgehalte für **Bohnen** (*Phaseolus vulgaris*).

Probenahme		N	P	K	Ca	Mg	S	Fe	Mn	Zn	Cu	B	Mo
Organ	**Zeitpunkt**	**% i.d.TM**						**mg/kg TM**					
JVB [1]	Blühbeginn	3,0–6,0	0,25–0,50	2,0–3,0	0,5–2,0	0,20–0,70			40–100	30–70	7–15	25–80	0,4–1,0
JVB [2]	Blühbeginn	3,0–6,0	0,25–0,50	1,8–2,5	0,8–3,0	0,25–0,70		300–450	30–300	30–60	15–30	40–60	
JVB [3]	Knospen-stadium	4,0–6,0	0,32–0,50	1,8–2,5	0,8–3,0	0,25–0,70		300–450	30–300	30–60	15–30	40–60	
JVB [4]	nach Blüte	3,0–6,0	0,25–0,75	1,8–4,0	0,8–3,0	0,25–1,00	0,23	50–400	30–300	20–200	5–30	20–75	0,12

JVB: Jüngstes vollentwickeltes Blatt

[1] Bergmann (1993); [2] Geraldson et al. (1973); [3] Reuter und Robinson (1997); [4] Mills und Jones (1996)

Tab. 4-38: Ausreichende Nährstoffgehalte für **Brokkoli**.

Probenahme		N	P	K	Ca	Mg	S	Fe	Mn	Zn	Cu	B	Mo
Organ	**Zeitpunkt**	**% i.d.TM**						**mg/kg TM**					
JVB [1]	BB	3,0–4,5	0,30–0,50	1,5–4,0	1,2–2,5	0,23–0,40	0,2	40–300	25–150	45–90	5–10	30–50	
JVB [2]	BB	3,2–5,5	0,30–0,70	2,0–4,0	1,2–2,5	0,23–0,40	0,3–0,75	50–150	25–150	20–80	4–10	30–100	0,3–0,5
VB [3]	BB	3,2–5,5	0,30–0,75	2,0–4,0	1,0–2,5	0,23–0,75	0,3–0,75	70–300	25–200	20–200	4–15	30–100	0,3–0,5

JVB = Jüngstes vollentwickeltes Blatt
VB = Voll entwickeltes Blatt
BB = Blumenbildung

[1] Campbell (2000); [2] Rosen und Eliason (2005); [3] Mills und Jones (1996)

Tab. 4-39: Ausreichende Nährstoffgehalte für **Eisbergsalat**.

Probenahme		N	P	K	Ca	Mg	S	Fe	Mn	Zn	Cu	B	Mo
Organ	Zeitpunkt	% i.d.TM						mg/kg TM					
JVB [1]	14 Tage nach Pflanzung	5,4		7,1									
JVB [1]	21 Tage	5,2		7,4									
JVB [1]	35 Tage	4,5		8,4									
JVB [1]	49 Tage (Kopf)	4,3		10,4									
JVB [1]	56 Tage (Erntereif)	4,3		10,6									
Hüllblatt [2]	Kopfbildung	3,2–5,5	0,3–0,7	2,0–4,0	1,2–2,5	0,23–0,4			25–100	45–95	1–5	30–200	
JVB [3]	Kopfbildung	2,5–4,0	0,4–0,6	6,0–8,0	1,4–2,0	0,5–0,7	0,2–0,4	50–200	30–90	25–100	7–10	30–100	0,1–0,4
Hüllblatt [3]	Erntereif	3,8–5,0	0,45–0,6	6,6–9,0	1,5–2,25	1,5–2,25		50–100	25–250	25–250	7–25	23–50	

JVB: Jüngstes vollentwickeltes Blatt

[1] Huett und White (1992); [2] Reuter und Robinson (1997); [3] Mills und Jones (1996)

Tab. 4-40: Ausreichende Nährstoffgehalte für **Endivie**.

Probenahme		N	P	K	Ca	Mg	S	Fe	Mn	Zn	Cu	B	Mo
Organ	Zeitpunkt	% i.d.TM						mg/kg TM					
Ältestes Blatt [1]	8-Blatt Stadium	4,3–5,0	0,4–0,7	5,0–6,0	1,5–2,5	1,5–2,5	0,25–0,5	40–150	12–250	30–250	5–25	25–75	

[1] Mills und Jones (1996)

Tab. 4-41: Ausreichende Nährstoffgehalte für **Erbse**.

Probenahme		N	P	K	Ca	Mg	S	Fe	Mn	Zn	Cu	B	Mo
Organ	Zeitpunkt	% i.d.TM						mg/kg TM					
JVB [1]	Blühbeginn	4,0–6,0	0,30–0,80	2,0–3,5	1,2–2,0	0,30–0,70	0,2–0,4	50–300	30–400	25–100	5–10	25–60	>0,6
JVB [2]	Blühbeginn	3,0–4,0	0,25–0,50	2,2–3,5	0,5–2,0	0,25–0,60			30–100	25–70	7–15	30–70	0,4–1,0
JVB [3]	Blühbeginn	4,0–5,0	0,30–0,80	2,0–3,5	1,2–2,0	0,30–0,70		50–300	25–400	25–400	7–100	5–60	>0,6
Blättchen [4]	Blühbeginn	4,8	0,33	2,4	1,15	0,24			45	53	7,4		
Schoten [4]	Frühe Kornfüllung	2	0,20	1,2	1,61	0,19			14	25	4		
Samen [4]	Ernte	4,8	0,35	1,2	0,85	0,13	0,23		14	61	8,3		

JVB: Jüngstes vollentwickeltes Blatt

[1] Rosen und Eliason (2005); [2] Bergmann (1993); [3] Mills und Jones (1996); [4] Peck et al. (1982)

Tab. 4-42: Ausreichende Nährstoffgehalte für **Gurke (Freiland)**.

Probenahme		N	P	K	Ca	Mg	S	Fe	Mn	Zn	Cu	B	Mo
Organ	Zeitpunkt	% i.d.TM						mg/kg TM					
mittl. voll entw. Blatt [1]	Blüte ⇢ Fruchtansatz	2,8–5,0	0,30–0,60	2,5–5,4	5,0–9,0	0,50–1,00			60–120	35–80	7–15	40–80	0,8–2,0
JVB, 4.–5. Blatt von oben [2]	Fruchtansatz	4,5–6,0	0,30–1,25	3,5–5,0	1,0–3,5	0,30–1,00	0,3–0,7	50–300	50–300	25–100	5–20	25–60	
JVB, 4.–5. Blatt von oben [3]	alle Stadien	4,0–5,0	0,30–1,00	3,0–4,0	1,2–2,0	0,25–1,00	0,2–0,75	50–300	25–250	20–200	5–60	25–85	
5. Blatt von oben [4]	Fruchtansatz	4,5–6,0	0,34–1,25	3,9–5,0	1,4–3,5	0,30–1,00	0,4–0,7	50–300	50–300	25–100	7–20	25–60	0,8–3,3
5. Blatt von oben [4]	Kleine Frucht ⇢ Ernte	3,5–6,0	0,25–1,25	3,5–5,5	1,5–5,5	1,50–4,00	0,3–1,0	50–300	50–400	25–300	5–20	25–100	0,8–4,0

JVB: Jüngstes vollentwickeltes Blatt

[1] Bergmann (1993); [2] Rosen und Eliason (2005); [3] Campbell (2000); [4] Mills und Jones (1996)

Tab. 4-43: Ausreichende Nährstoffgehalte für **Gurke (Gewächshaus)**.

Probenahme		N	P	K	Ca	Mg	S	Fe	Mn	Zn	Cu	B	Mo
Organ	**Zeitpunkt**	**% i.d.TM**						**mg/kg TM**					
5. Blatt von oben [1)]	Blüte ⇢ 1. kleiner Frucht	4,5–6,0	0,34–1,25	3,9–5,0	1,4–3,5	0,30–1,00	0,4–0,7	50–300	50–300	25–100	7–20	25–60	0,8–3,3
5. Blatt von oben [1)]	1. voll entw. Frucht	4,3–6,0	0,30–1,00	3,1–5,5	2,5–4,0	0,35–1,00	0,4–0,7	50–300	50–300	25–200	8–10	30–100	0,8–3,3
5. Blatt von oben [1)]	Kleine Frucht ⇢ Ernte	4,0–5,5	0,25–1,00	3,5–4,5	1,5–4,0	0,30–1,20	0,3–1,0	50–300	50–400	25–300	8–20	30–100	0,8–3,3
JVB, 3.–4. Blatt von oben [2)]	alle Stadien	4,5–6,0	0,30–0,70	3,5–4,5	1,2–1,5	0,45–0,75	0,2–0,7	50–300	20–300	20–70	5–35	25–85	0,1–1,0
JVB [3)]	Sommer	4,3–6,0	0,30–1,00	3,1–5,5	2,4–4,0	0,35–1,00	0,32–0,7	50–300	50–300	30–100	8–10	25–200	0,8–5,0

JVB: Jüngstes vollentwickeltes Blatt

[1)] Jones et al. (1991); [2)] Campbell (2000); [3)] Mills und Jones (1996)

Tab. 4-44: Ausreichende Nährstoffgehalte für **Karotte**.

Probenahme		N	P	K	Ca	Mg	S	Fe	Mn	Zn	Cu	B	Mo
Organ	**Zeitpunkt**	**% i.d.TM**						**mg/kg TM**					
JVB [1)]	60 Tage nach Aussaat	1,8–2,5	0,20–0,40	2,0–4,0	2,0–3,5	0,20–0,50		30–600	30–60	20–60	4–10	20–40	
JVB [2)]	Entwicklungsmitte	2,0–3,5	0,20–0,35	2,5–4,5	1,4–3,0	0,33–0,55		120–350	190–350	20–50	5–7	29–35	
JVB [3)]	Entwicklungsmitte	2,5–3,5	0,20–0,30	2,8–4,3	1,4–3,0	0,30–0,50		50–300	60–200	25–250	5–15	30–100	0,5–1,5
gesamter Sproß [4)]	Entwicklungsmitte	2,0–3,5	0,30–0,50	2,7–4,0	1,2–2,0	0,40–0,80			50–120	30–80	7–15	30–80	0,5–1,5
JVB [1)]	Ernte	1,5–2,5	0,20–0,40	1,4–4,0	1,0–1,5	0,40–0,50		20–300	30–60	20–60	4–10	20–40	
JVB [5)]	Entwicklungsmitte	2,1–3,5	0,20–0,50	2,5–4,3	1,4–3,0	0,30–3,00		50–350	60–300	25–250	5–15	30–100	0,5–1,5
voll entw. Blatt [5)]	Ernte	3,0–3,5	0,20–0,40	2,9–3,5	1,0–2,0	0,25–0,60		50–300	50–200	20–250	5–15	30–75	0,5–1,4

JVB: Jüngstes vollentwickeltes Blatt

[1)] Campbell (2000); [2)] Reuter und Robinson (1997); [3)] Rosen und Eliason (2005); [4)] Bergmann (1993); [5)] Mills und Jones (1996)

Tab. 4-45: Ausreichende Nährstoffgehalte für **Knoblauch**.

Probenahme		N	P	K	Ca	Mg	S	Fe	Mn	Zn	Cu	B	Mo
Organ	**Zeitpunkt**	**% i.d.TM**						**mg/kg TM**					
JVB, ohne weiße Blattteile [1)]	Vor Knollenbildung	4,4–5,0	0,30–0,60	3,9–4,8	0,8–1,5	0,15–0,25							
JVB, ohne weiße Blattteile [1)]	Knollenbildung	3,4–4,5	0,28–0,50	3,0–4,5	1,0–1,8	0,23–0,30							
JVB, ohne weiße Blattteile [2)]	Nach Knollenbildung	2,9–3,5	0,26–0,40	1,8–2,8	1,5–2,5	0,25–0,35			50–100	20–60	5–12	30–80	0,4–0,7

JVB: Jüngstes vollentwickeltes Blatt

[1)] Jones et al. (1991); [2)] Mills und Jones (1996)

Tab. 4-46: Ausreichende Nährstoffgehalte für **Kohlrabi**.

Probenahme		N	P	K	Ca	Mg	S	Fe	Mn	Zn	Cu	B	Mo
Organ	**Zeitpunkt**	**% i.d.TM**						**mg/kg TM**					
JVB [1)]	Vor Ernte	4,0–5,0	0,30–0,60	3,0–4,0	1,0–3,0	0,25–0,50			50–100	20–60	5–12	30–80	0,4–0,7
JVB [2)]	Entwick-lungsmitte	2,9–5,0	0,30–0,70	2,5–4,5	1,9–3,5	0,26–0,50	0,34–0,8	50–300	30–250	23–250	3–30	16–75	2,3

JVB: Jüngstes vollentwickeltes Blatt

[1)] Bergmann (1993); [2)] Mills und Jones (1996)

Tab. 4-47: Ausreichende Nährstoffgehalte für **Kopfkohl**.

Probenahme		N	P	K	Ca	Mg	S	Fe	Mn	Zn	Cu	B	Mo
Organ	**Zeitpunkt**	**% i.d.TM**						**mg/kg TM**					
JVB [1]	2.–8. Woche	3,1–4,4	0,49–0,60	4,0–6,8	1,9–2,7	0,40–0,60	1,4–1,9						
ganze oberird. Pflanze [2]	2.–6. Woche	3,0–3,9	0,41–0,64	3,18–4,39	1,52–2,51	0,21–0,36	0,6–0,7	76–209	40–52	20–36	3–5	25–35	1,37–5,0
voll entw. Blatt [3]	Kopf-ansatz	3,7–4,5	0,30–0,50	3,0–4,0	1,5–2,0	0,25–0,50			30–100	20–60	5–12	25–80	0,4–0,7
Hüllblatt [4]	Kopf-ansatz	3,0–4,6	0,25–0,50	2,0–4,0	1,5–3,0	0,20–0,60		60–200		20–200	5,2	20–60	
JVB [2]	Entwick-lungsmitte	4,0–5,0	0,30–0,70	3,0–4,5	3,0–4,0	0,25–0,75		50–150	30–250	20–100	4–20	30–100	
JVB [2]	Entwick-lungsmitte	3,1–5,5	0,30–0,70	2,0–4,0	1,3–2,5	0,25–0,70		60–300	30–250	30–250	4–25	30–100	0,1–0,15
junges Hüllblatt [5]	50 % Erntegröße	3,0–4,0	0,30–0,50	3,0–4,0	1,5–3,5	0,25–0,45		30–60				30–40	
junges Hüllblatt [6]	50 % Erntegröße	3,6–5,0	0,33–0,75	3,0–5,0	1,1–3,0	0,40–0,75	0,3–0,75	30–200	25–200	20–200	5–15	25–75	0,4–0,7

JVB: Jüngstes vollentwickeltes Blatt

[1] Huett und Rose (1989); [2] Mills und Jones (1996); [3] Bergmann (1993); [4] Reuter und Robinson (1997); [5] Geraldson et al. (1973); [6] Rosen und Eliason (2005)

Tab. 4-48: Ausreichende Nährstoffgehalte für **Kopfsalat (Gewächshaus)**.

Probenahme		N	P	K	Ca	Mg	S	Fe	Mn	Zn	Cu	B	Mo
Organ	**Zeitpunkt**	**% i.d.TM**						**mg/kg TM**					
JVB [1]	alle Stadien	4,5–6,5	0,30–0,80	6,0–10,0	1,0–2,0	0,35–0,75	0,2–0,6	50–200	20–200	20–75	5–15	25–80	0,2–1,0
JVB [2]	Kopfansatz	4,2–5,6	0,60–0,80	7,8–13,7	0,8–1,2	0,24–0,73	0,26–0,32	170–220	55–110	30–200	6–16	32–43	0,3–0,6

JVB: Jüngstes vollentwickeltes Blatt

[1] Campbell (2000); [2] Mills und Jones (1996)

Tab. 4-49: Ausreichende Nährstoffgehalte für **Kopfsalat (Freiland)**.

Probenahme		N	P	K	Ca	Mg	S	Fe	Mn	Zn	Cu	B	Mo
Organ	**Zeitpunkt**	**% i.d.TM**						**mg/kg TM**					
ältestes Blatt [1]	8-Blatt Stadium	4,7–5,5	0,50–1,00	7,5–9,0	2,0–3,0	0,50–0,80		50–100	15–250	25–250	8–25	23–50	
mittl. voll entw.Blatt [2]	Kopfansatz	4,0–5,5	0,45–0,70	4,2–6,0	1,2–2,1	0,35–0,60			30–100	30–80	7–15	25–60	0,2–1,0
Hüllblatt [3]	Kopfansatz	3,3–4,0	0,40–0,60	5,0–8,0	1,4–2,0	0,30–0,70			30–200	25–150	10–80	25–55	
Hüllblatt [4]	50 % Erntegröße	2,5–4,0	0,40–0,60	6,0–8,0	1,4–2,0	0,50–0,70						25–45	
Hüllblatt [5]	50 % Erntegröße	2,5–4,0	0,40–0,60	6,0–8,0	1,4–2,0	0,50–0,70		50–500	30–90	26–100	7–10	30–100	>0,1
JVB [1]	Erntereif	4,0–5,0	0,40–0,60	6,0–7,0	2,3–3,5	0,50–3,50		50–100	15–250	25–250	8–25	25–60	

JVB: Jüngstes vollentwickeltes Blatt

[1] Mills und Jones (1996); [2] Bergmann (1993); [3] Reuter und Robinson (1997); [4] Geraldson et al. (1973); [5] Rosen und Eliason (2005)

Tab. 4-50: Ausreichende Nährstoffgehalte für **Meerrettich**.

Probenahme		N	P	K	Ca	Mg	S	Fe	Mn	Zn	Cu	B	Mo
Organ	**Zeitpunkt**	% i.d.TM						mg/kg TM					
JVB [1]	Wachstumsmitte	2,0–3,0	0,2–0,35	2,4–3,8	2,0–3,0	0,25–0,5			60–120	35–70	8–12	40–60	0,3–1,0
JVB [2]	Wachstumsmitte	2,0–3,5	0,2–0,50	2,5–4,5	2,3–3,0	0,25–3,0		50–200	50–250	25–200	8–25	25–60	

JVB: Jüngstes vollentwickeltes Blatt

[1] Bergmann (1993); [2] Mills und Jones (1996)

Tab: 4-51: Ausreichende Nährstoffgehalte für **Spargel**.

Probenahme		N	P	K	Ca	Mg	S
Organ	**Zeitpunkt**	% i.d.TM					
voll ausg. Wedel [1]	45–90 cm hoch	2,4–4,8	0,30–0,35	1,5–2,4	0,4–0,5	0,15–0,20	
voll ausg. Wedel [2]	45–90 cm hoch	2,4–3,8	0,25–0,50	1,5–2,4	0,4–1,0	0,25–0,30	
voll ausg. Wedel [3]	45–90 cm hoch	2,4–3,8	0,30–0,50	1,5–2,4	0,4–0,8	0,15–0,30	
oberer Wedel [4]	Mitte Sommer	4,5–5,5	0,35–0,50	3,5–4,5			
oberer Wedel [5]	Aug/Sept	2,5–4,0	0,25–0,50	1,5–2,8	0,6–1,0	0,25–0,30	
oberer Wedel [4]	Spätsommer	2,4–4,0	0,20–0,50	1,5–2,8	0,4–1,0	0,15–0,30	
keine Angabe [6]	keine Angabe	2,2–2,93	0,10–0,20	2,95–3,11	0,7–1,0	0,76–1,35	0,16–0,18

[1] Geraldson et al. (1973); [2] Rosen und Eliason (2005); [3] Bergmann (1993); [4] Mills und Jones (1996); [5] Jones et al. (1991); [6] Haag und Belfort (1985)

Tab. 4-52: Ausreichende Nährstoffgehalte für **Süßkartoffel**.

Probenahme		N	P	K	Ca	Mg	S
Organ	**Zeitpunkt**	% i.d.TM					
7.–9. Blatt von oben [1]	4–6 Wochen	4,2–5,0	0,26–0,45	2,6–6,0	0,9–1,2	0,15–0,35	0,3–0,4
JVB [2]	mittler. Stadium	3,2–4,2	0,20–0,30	2,9–4,3	0,7–1,0	0,40–0,80	
JVB [3]	mittler. Stadium	3,3–4,5	0,20–0,50	3,1–4,5	0,7–1,2	0,35–1,00	
ges. Spross [4]	Ernte	2,3–3,3	0,30–0,50	4,5–5,4	0,7–0,8	0,36	

JVB: Jüngstes vollentwickeltes Blatt

[1] O'Sullivan et al. (1997); [2] Geraldson et al. (1973); [3] Uchida (2000); [4] Reuter und Robinson (1997)

	Fe	Mn	Zn	Cu	B	Mo
			mg/kg TM			
			20–60	10–160	50–100	
	40–250	25–160	20–60	5–25	40–100	
		25–100	20–60	6–12	40–100	0,15–0,5
	40–250	25–200	20–100	5–25	40–100	0,15–0,5
	40–250	10–200	20–100	5–25	25–100	
					82–108	

	Fe	Mn	Zn	Cu	B	Mo
			mg/kg TM			
	45–80	26–500	30–60	5–14	50–200	0,5–7,0
		40–100				
	40–100	40–250			25–75	
		175–185	41–45			

Tab. 4-53: Ausreichende Nährstoffgehalte für **Rettich**.

Probenahme		N	P	K	Ca	Mg	S	Fe	Mn	Zn	Cu	B	Mo
Organ	Zeitpunkt	% i.d.TM						mg/kg TM					
JVB [1]	Wachstumsmitte	3,0–5,0	0,30–0,70	4,0–7,5	3,0–4,5	0,50–4,50		50–200	50–250	25–100	5–25	25–125	

JVB: Jüngstes vollentwickeltes Blatt

[1] Mills und Jones (1996)

Tab: 4-54: Ausreichende Nährstoffgehalte für **Rosenkohl**.

Probenahme		N	P	K	Ca	Mg	S	Fe	Mn	Zn	Cu	B	Mo
Organ	Zeitpunkt	% i.d.TM						mg/kg TM					
obere Blätter [1]	keine Angabe	2,2–4,2	0,26–0,45	2,4–3,4	0,3–2,2	0,23–0,40						30–40	
JVB [2]	Frühe Rosenbildung				1,4–2,6	0,25–0,32			88–274	26–35	5–12		
JVB [3]	Rosenbildung	2,2–4,2	0,25–0,50	2,4–3,4	0,4–2,0	0,25–0,50			40–100	20–60	5–12	30–80	0,4–0,7
JVB [4]	Reife	3,1–5,5	0,30–0,75	2,0–4,0	1,0–2,5	0,25–0,75	0,3–0,75	60–300	25–200	25–200	5–15	30–100	0,25–1,0

JVB: Jüngstes vollentwickeltes Blatt

[1] Geraldson et al. (1973); [2] Cutcliff (1988); [3] Bergmann (1993); [4] Rosen und Eliason (2005)

Tab: 4-55: Ausreichende Nährstoffgehalte für **Rote Rübe**.

Probenahme		N	P	K	Ca	Mg	S	Fe	Mn	Zn	Cu	B	Mo
Organ	Zeitpunkt	% i.d.TM						mg/kg TM					
JVB [1]	keine Angabe	3,5–5,0	0,25–0,50	2,8–5,0	1,5–2,5	0,30–0,80			50–120	20–60	7–15	35–80	0,2–1,0
JVB [2]	Reife	3,5–5,0	0,20–0,30	2,0–4,0	2,5–3,5	0,3–0,80		70–200	70–200	15–30		60–80	
JVB [3]	Sommer	3,5–5,5	0,25–0,50	3,0–4,5	2,5–3,5	0,30–1,00		50–200	50–250	15–200	5–15	30–85	

JVB: Jüngstes vollentwickeltes Blatt

[1] Bergmann (1993); [2] Geraldson et al. (1973); [3] Mills und Jones (1996)

Tab. 4-56: Ausreichende Nährstoffgehalte für **Sellerie (Bleichsellerie)**.

Probenahme		N	P	K	Ca	Mg	S	Fe	Mn	Zn	Cu	B	Mo
Organ	Zeitpunkt	% i.d.TM						mg/kg TM					
äußerer Blattstiel [1]	6 Wo. nach Pflanzung	1,5–1,7	0,30–0,60	6,0–8,0	1,3–2,0	0,30–0,60		20–300	5–10	20–40	4–6	15–25	
JVB [2]	6 Wo. alte Pflanzen	1,6–2,0	0,30–0,60	8,6–10	2,2–3,5	0,25–0,50		30–100	10–100	25–50	5–15	25–100	
JVB [3]	Entwicklungsmitte	2,5–3,5	0,30–0,50	4,0–7,0	0,6–3,0	0,20–0,50		30–70	100–300	20–70	5–8	30–60	
JVB [4]	Entwicklungsmitte	3,0–6,0	0,70–0,90	3,8–8,0	0,8–2,5	0,25–0,50		80–200	20–50	40–100	10–40	30–60	
JVB [1]	Reife	1,5–1,7	0,30–0,60	5,0–7,0	1,3–2,0	0,30–0,60		20–300	5–10	20–40	3–5	15–25	
JVB [2]	Reife, keine Blüte	2,5–3,5	0,30–0,50	4,0–7,0	0,6–3,0	0,20–0,50	0,2	30–70	100–300	20–70	5–8	30–60	

JVB: Jüngstes vollentwickeltes Blatt

[1] Campbell (2000); [2] Mills und Jones (1996); [3] Rosen und Eliason (2005); [4] Reuter und Robinson (1997)

Tab. 4-57: Ausreichende Nährstoffgehalte für **Sellerie (Knollensellerie)**.

Probenahme		N	P	K	Ca	Mg	S	Fe	Mn	Zn	Cu	B	Mo
Organ	**Zeitpunkt**	**% i.d.TM**						**mg/kg TM**					
mittl. voll entw. Blatt [1]	Entwicklungsmitte	2,8–4,0	0,30–0,60	3,5–6,0	0,4–1,5	0,25–0,60			40–100	30–70	6–12	30–80	0,5–1,5

[1] Bergmann (1993)

Tab. 4-58: Ausreichende Nährstoffgehalte für **Paprika (Freiland)**.

Probenahme		N	P	K	Ca	Mg	S	Fe	Mn	Zn	Cu	B	Mo
Organ	**Zeitpunkt**	**% i.d.TM**						**mg/kg TM**					
JVB [1]	Vor Blüte	4,0–5,0	0,30–0,50	5,0–6,0	0,9–1,5	0,35–0,60	0,3–0,6	20–150	30–100	25–80	5–10	20–50	
JVB [1]	1. Blüte offen	3,0–5,0	0,30–0,50	2,5–5,0	0,9–1,5	0,30–0,50	0,3–0,6	30–150	30–100	25–80	5–10	20–50	
JVB [1]	Fruchtansatz	2,9–4,0	0,25–0,40	2,5–4,0	1,0–1,5	0,30–0,40	0,3–0,4	30–150	30–100	25–80	5–10	20–50	
JVB [2]	Fruchtansatz	2,9–4,6	0,30–0,50	2,6–5,5	1,3–3,7	0,25–1,20			26–300	35–260	10–20	30–100	
JVB [3]	Entwicklungs-mitte	3,0–4,5	0,30–0,60	4,0–5,4	0,4–1,0	0,30–0,80			30–100	20–60	8–15	40–80	0,2–0,6
JVB [1]	Erntebeginn	2,5–3,0	0,20–0,40	2,0–3,0	1,0–1,5	0,30–0,40	0,3–0,4	30–150	30–100	25–80	5–10	20–50	

JVB: Jüngstes vollentwickeltes Blatt

[1] Campbell (2000); [2] Reuter und Robinson (1997); [3] Bergmann (1993)

Tab. 4-59: Ausreichende Nährstoffgehalte für **Spinat**.

Probenahme		N	P	K	Ca	Mg	S	Fe	Mn	Zn	Cu	B	Mo
Organ	**Zeitpunkt**	**% i.d.TM**						**mg/kg TM**					
JVB [1]	alle Stadien, GH	4,0–6,0	0,30–0,50	3,0–8,0	1,0–1,5	0,40–1,00	0,2–0,8	50–200	25–200	20–75	5–15	25–60	0,2–1,0
JVB [2]	30–50 Tage alt, FL	4,2–5,2	0,30–0,60	5,0–8,0	0,6–1,2	0,60–1,00		60–200	30–250	25–100	5–25	25–60	› 0,5
JVB [3]	keine Angabe, FL	3,8–5,0	0,40–0,60	3,5–5,3	0,6–1,2	0,35–0,80			40–100	20–70	7–15	40–80	0,3–1,0
JVB [4]	30–50 Tage, FL	4,2–5,2	0,48–0,58	3,8–5,3	0,6–1,2	1,60–1,80		220–245	50–85	50–75	45–65	42–63	
JVB [4]	Erntereif, FL	4,0–6,0	0,30–0,50	3,0–4,0	0,6–1,0	1,60–1,80		220–245	30–60	50–75	5–7	40–60	
JVB [5]	Reife Pflanzen, FL	3,5–5,5	0,25–0,58	4,0–5,5	0,6–1,5	0,70–1,80		60–245	30–250	25–100	5–25	25–63	›0,5

JVB: Jüngstes vollentwickeltes Blatt; GH: Gewächshaus; FL: Freiland

[1] Campbell (2000); [2] Reuter und Robinson (1997); [3] Bergmann (1993)

Tab. 4-60: Ausreichende Nährstoffgehalte für **Tomaten**.

Probenahme		N	P	K	Ca	Mg	S
Organ	**Zeitpunkt**	% i.d.TM					
JVB [1]	alle Stadien, GH	3,5–5,0	0,30–0,65	3,5–4,5	1,0–3,0	0,35–1,00	0,2–1,0
JVB [2]	Fruchtansatz, GH	2,8–4,2	0,31–0,46	3,52–5,08	1,6–3,21	0,36–0,49	1,28
Blatt gegenüber oberstem Blütenansatz [2]	Vollblüte, FL	4,0–6,0	0,25–0,80	2,5–5,0	1,0–3,0	0,40–0,90	0,3–1,2
JVB [3]	Fruchtansatz, FL	4,0–5,5	0,40–0,65	3,0–6,0	3,0–4,0	0,35–0,80	
JVB [4]	1. reife Frucht, FL	4,0–6,0	0,40–0,80	3,0–5,0	1,4–4,0	0,40–0,90	
JVB [1]	alle Stadien, FL	3,5–5,0	0,30–0,70	3,0–4,5	1,0–2,0	0,30–0,80	0,2–0,8

JVB: Jüngstes vollentwickeltes Blatt; GH: Gewächshaus; FL: Freiland

[1] Campbell (2000); [2] Mills und Jones (1996); [3] Bergmann (1993); [4] Reuter und Robinson (1997)

Tab. 4-61: Ausreichende Nährstoffgehalte für **Zuckermais**.

Probenahme		N	P	K	Ca	Mg	S
Organ	**Zeitpunkt**	% i.d.TM					
5. Blatt von der Spitze [1]	Pflanzen 30–50 cm hoch	4,0–4,5	0,60–1,00	3,5–4,5	0,5–0,8	0,20–0,50	0,21–0,7
5. Blatt von der Spitze [1]	5–6 Wochen alt	3,5–4,5	0,30–0,50	2,8–3,8	0,5–0,9	0,20–0,50	0,21–0,7
5. Blatt von der Spitze [1]	7–8 Wochen alt	2,7–3,5	0,30–0,50	2,5–3,5	0,7–1,0	0,20–0,50	0,21–0,7
5. Blatt von der Spitze [1]	Vollblüte	2,5–3,5	0,25–0,40	1,5–2,8	0,6–2,5	0,20–0,80	0,21–0,7
5. Blatt von der Spitze [1]	Fruchtansatz	2,2–2,7	0,25–0,40	1,4–2,5	0,6–1,1	0,20–0,50	0,21–0,7

[1] Mills und Jones (1996)

Tab. 4-62: Ausreichende Nährstoffgehalte für **Zwiebel**.

Probenahme		N	P	K	Ca	Mg	S
Organ	**Zeitpunkt**	% i.d.TM					
JVB [1]	vor Zwiebelwachstum	3,1–4,27	0,26–0,48	1,98–4,22	0,9–1,84	0,16–0,32	0,15–0,57
obere Blattteile, grün [2]	Entwicklungsmitte	5,0–6,0	0,35–0,50	4,0–5,5	1,5–3,5	0,30–0,50	0,5–1,0
Blätter [3]	Entwicklungsmitte	2,0–3,0	0,25–0,40	2,5–3,0	0,6–1,5	0,25–0,50	
JVB [4]	Entwicklungsmitte	2,5–3,5	0,25–0,40	2,5–5,0	1,5–3,5	0,30–0,50	
ganzer grüner Sproß [5]	1/3 bis 1/2 Größe	5,0–6,0	0,35–0,50	4,0–5,5	1,0–2,0	0,25–0,40	0,5–1,0
ganzer grüner Sproß [5]	1/2 Größe bis Erntereife	4,5–5,5	0,30–0,45	3,5–5,0	1,5–2,2	0,25–0,40	0,5–1,0

JVB: Jüngstes vollentwickeltes Blatt

[1] Campbell (2000); [2] Rosen und Eliason (2005); [3] Bergmann (1993); [4] Reuter und Robinson (1997); [5] Jones et al. (1991)

Fe	Mn	Zn	Cu	B	Mo
		mg/kg TM			
50–300	25–200	18–80	5–35	30–75	0,1–1,0
84–112	55–165	39	6	45–76	2,9–5,8
40–300	40–500	20–50	5–20	25–75	>0,6
	40–100	30–80	6–12	40–80	0,3–1,0
100–300	50–100		5–10	30–100	
45–300	30–300	18–75	5–30	30–75	

Fe	Mn	Zn	Cu	B	Mo
		mg/kg TM			
50–350	31–300	20–150	5–25	8–25	0,9–10
50–350	31–300	20–150	5–25	8–25	0,9–10
50–350	31–300	20–150	5–25	8–25	0,9–10
50–350	20–300	20–150	5–25	8–70	0,2–10
50–350	31–300	20–150	5–25	8–25	0,9–10

Fe	Mn	Zn	Cu	B	Mo
		mg/kg TM			
	51–149	16–45	5–28	6–15	
60–300	50–60	20–55	5–10	30–45	
	40–100	20–70	7–15	30–50	0,15–0,3
		20–55	6–20	30–45	
60–300	50–250	25–100	15–35	22–60	
60–300	50–250	25–100	15–35	25–75	

Tab. 4-63: Ausreichende Nährstoffgehalte für weitere Gemüse.

Probenahme		N	P	K	Ca	Mg	S	Fe	Mn	Zn	Cu	B	Mo
Organ	Zeitpunkt	% i.d.TM						mg/kg TM					
Speiserübe													
JVB [1)]	Entwicklungs-mitte	3,5–5,0	0,30–0,60	3,5–5,0	1,5–4,0	0,30–1,00	0,54	40–300	40–250	20–250	6–25	40–100	2,5
Chinakohl													
JVB [1)]	Reife Pflanzen	3,0–4,0	0,40–0,70	4,5–7,5	1,9–6,0	0,20–0,70	0,40–0,80	40–300	25–200	19–200	5–25	26–100	2,8–5,6
Pak Choi													
JVB [1)]	Sommer	2,4–5,5	0,40–0,80	2,9–5,7	1,3–3,2	0,19–0,35	0,41–0,77	85–363	35–52	14–38	3–7	19–39	1,5–6,4
Aubergine													
JVB [1)]	Knospenbildung bis Fruchtansatz	4,0–5,0	0,30–0,60	3,5–5,0	1,0–2,5	0,30–1,00		50–300	40–250	20–250	5–10	25–75	

JVB: Jüngstes vollentwickeltes Blatt

[1)] Mills und Jones (1996)

4.6 Obstbau

Werner Dierend und Elmar Stimpfl

4.6.1 Möglichkeiten und Grenzen der Pflanzenanalyse

Die Pflanzenanalyse (Blattanalyse) wird im Obstbau als Ergänzung zur Bodenanalyse durchgeführt. Während die Bodenanalyse als Standardmethode zur Ermittlung der Nährstoffmenge im Boden eingesetzt wird, erfasst die Pflanzenanalyse den aktuellen Zustand der Nährstoffversorgung in der Kulturpflanze selbst. Das Analysenspektrum der Pflanzenanalyse im Obstbau umfasst im Wesentlichen die Nährstoffe N, P, K, Ca, Mg, B, Fe, Mn, Cu und Zn. Gelegentlich können auch S und Mo von Interesse sein.

Die größte Bedeutung hat die Blattanalyse im Apfelanbau erlangt. Aufgrund langjähriger Erfahrungen wird die Blattanalyse in diesem Bereich sehr erfolgreich zur Kontrolle des Ernährungszustandes bzw. als Grundlage für Düngeempfehlungen noch während der Vegetationsperiode eingesetzt. Die Blattanalyse wird auch gerne angewandt, um Informationen über den Verlauf der Nährstoffkonzentrationen im Blatt bzw. über die Nährstoffverfügbarkeit während der gesamten Vegetationsperiode zu erlangen.

Auch für die Birne sowie für das Steinobst wie Pflaume, Pfirsich, Aprikose, Süß- und Sauerkirsche gibt es Richtwerte. Allerdings sind die Erfahrungen mit der Blattanalyse bei diesen Kulturen nicht so groß. Im Beerenobstbau spielt die Blattanalyse bislang eine geringere Rolle. Sie wird aber durch die Intensivierung des Beerenobstanbaus und die Zunahme des Anbaus im Substrat (Erd-, Him-, Heidel-, Brombeere) zukünftig an Bedeutung gewinnen.

Die Blattanalyse hat den großen Vorteil, dass sie Ernährungsstörungen aufzeigt, bevor diese sichtbar werden. Sie ist vor allem dann aussagekräftig, wenn es darum geht, ernährungsbedingte Mangel- oder Überschusssymptome zu identifizieren. Insbesondere bei Mikronährstoffmangel ermöglicht die Blattanalyse meist eine eindeutige Diagnose, weil sich die Mangelsymptome der einzelnen Elemente oft ähneln und visuell nicht einfach zu unterscheiden sind. So können beispielsweise Blattaufhellungen zwischen den Blattadern auf Mn- oder Mg-Mangel oder auch auf einen Mangel an verfügbarem Fe zurückgeführt werden. Im Apfelanbau wird bei einzelnen Sorten immer wieder der frühe Blattfall beobachtet. Meist ist die Ursache ein zu hoher K-Gehalt und zu geringe Mg- und Mn-Gehalte. Durch eine frühzeitige Blattanalyse kann dem Blattfall durch gezielte Blattdüngungen mit Mangan oder Magnesium noch rechtzeitig vorgebeugt werden.

In vielen Gebieten treten vor allem bei Dauerkulturen Chlorosen auf, die auf einen Mangel an verfügbarem Eisen zurückzuführen sind. Leider ist die Blattanalyse in diesem Falle nicht aussagekräftig (vgl. Kap. 6.1), weil dabei das Gesamt-Fe (bezogen auf die TM) bestimmt wird, das nicht immer in direkter Korrelation zum Ausmaß der Chlorose steht. Bislang werden in der Routineanalytik kaum Methoden angewandt, um das verfügbare Eisen im Blatt zu bestimmen. In der Praxis kann Fe-Mangel dadurch identifiziert werden, dass die Blätter mehrmals mit einer Fe-haltigen Lösung betupft werden (1 %ige Fe-Sulfatlösung oder 0,1 bis 0,4 %ige organische Fe-Lösung; Bergmann, 1993). Erfolgt Ergrünen, auch nur fleckenweise, dann liegt Eisenmangel vor. Bei Nichtergrünen kann die Ursache ein Mangel an anderen Mikronährstoffen sein. Diese können jedoch durch die Blattanalyse leicht identifiziert werden.

Eine besondere Rolle im Apfelanbau spielt das Calcium. Die Blätter sind zwar ausreichend mit diesem Nährstoff versorgt, dennoch kann es zu Ca-Mangel in der Frucht und infolgedessen zu Stippe während der Lagerung kommen. Anstelle der Blattanalyse wird daher die Fruchtanalyse entweder im Sommer oder im Herbst durchgeführt. Ein erhöhtes K/Ca-Verhältnis bzw. Mg/Ca-Verhältnis in der Frucht gibt dabei Hinweise, ob bei den Äpfeln Stippegefahr besteht (Bergmann, 1993). Der Ca-Gehalt in der Frucht sollte zur Vermeidung von Stippe über 5 mg/100 g FM liegen (Quast, 1986). Einflüsse von Ca-Blatt- und -Fruchtapplikationen auf die Fruchtfleischfestigkeit von Äpfel und Erdbeeren wurden ebenfalls untersucht. Ein positiver Effekt ließ sich allerdings nicht nachweisen (Faby und Dierend, 2005a,b; Eckhoff *et al.*, 2009).

4.6.2 Probenahme

Die Aussagekraft der Blattanalyse hängt im Wesentlichen davon ab, wie sorgfältig und repräsentativ die Probenahme durchgeführt wird. Entsprechend müssen der Zeitraum für die Probenahme und die richtigen Probenahmeorgane genau definiert werden (s. auch Kap. 4.2). Im Obstbau sind jedoch einige Besonderheiten zu beachten, die im Folgenden beschrieben werden.

Für die Analyse der Basalblätter von Apfel zur Zeit der Blüte werden etwa 200 Blätter benötigt. Bei Probenahmen zu späteren Terminen (Juni bis August) sollten rund 100 Blätter entnommen werden (Abb. 4-16). Die Frischmasse der Mischprobe soll zwischen 500 und 1000 g betragen.

Folgende Termine und Pflanzenteile werden für die Entnahme von Blattproben empfohlen:

- aus der Mitte von Langtrieben, 1 oder 2 Blätter pro Langtrieb Mitte Juli bis Ende August bei Apfel, Birne, Pflaume, Zwetschge, Pfirsich, Aprikose und Juni bis Juli bei Sauer- und Süßkirschen,
- gerade voll entwickelte Blätter zur Blüte bis zur Fruchtreife bei Johannis-, Stachel-, Brom-, Heidelbeeren,
- voll entwickelte Blätter aus der Mittelregion der Pflanze zur Blüte bei Erdbeeren (Blätter ohne Stiel, da der Stiel sehr kaliumreich ist).

In der Regel sollen nur Bäume bzw. Pflanzen beprobt werden, die einen durchschnittlichen Behang aufweisen. Diese Pflanzen sollen möglichst gleichmäßig über die Anlage verteilt sein. Bei zu geringem Behang sind die Analysenergebnisse oft nicht mit den Richtwerten zu vergleichen. Beim Stickstoff können in diesem Fall die Gehalte um 0,2 bis 0,3 % niedriger und beim Kalium um 0,2 bis 0,4 % höher liegen. Falls Wachstumsstörungen bei einzelnen

Abb. 4-16: Schema zur Entnahme von Blattproben im Kern- und Steinobstbau (Probenahme Juni bis August) (Versuchszentrum Laimburg).

Pflanzen vorliegen oder einzelne Teilflächen sich vom Durchschnitt der gesamten Anlage unterscheiden, empfiehlt es sich, jeweils getrennte Proben zu entnehmen. Unmittelbar nach starken Regenfällen, nach intensiver Bewässerung oder nach Behandlungen mit Blattdünger und Pflanzenschutzmittel sollten keine Probenahmen erfolgen, weil dadurch das Analysenergebnis verfälscht werden kann.

Für erfolgreiche Düngeempfehlungen ist das genaue Ausfüllen eines Probenbegleitformulars von großer Bedeutung. Folgende Angaben sollten für Obstkulturen darin enthalten sein:

- Anschrift des Betriebes
- Probenummer
- Schlagbezeichnung (Feldname, -nummer)
- Kulturart
- Tag der Vollblüte
- Probenahmetermin
- Sorte
- Unterlage
- Alter
- Blattbehandlungen (Anzahl und Behandlungstermine)
- Beschreibung der Anlage (Triebwachstum, Blattfarbe, Blattfall, Ertrag im Vorjahr, Fruchtansatz, Alternanz, Behang, Bodenpflege und beobachtete Mangelsymptome).

4.6.3 Beurteilung der Analysenwerte anhand von Richtwerten

Durch die Analyse der Basalblätter kann die Reserveeinlagerung der Nährstoffe im Herbst abgeschätzt werden, um bereits zur Blütezeit auf eventuelle Nährstoffmängel reagieren zu können. Ausreichende Gehalte für die Basalblattanalyse zur Zeit der Blüte sind in Tabelle 4-64 angeführt. Bei der Interpretation dieser Referenzwerte ist zu berücksichtigen, dass die Konzentrationsänderungen im Blatt in diesem Vegetationsstadium aufgrund des starken Wachstums besonders groß sind. Die ausreichenden Gehalte gelten somit nur für den Zeitraum um die Vollblüte.

Die ausreichenden Gehalte für den Zeitraum Juni/August sind in der Tabelle 4-65 dargestellt. In diesem Zeitraum ist das Wachstum der Blätter gering, d. h. die Nährstoffkonzentrationen im Blatt bleiben annähernd konstant. Die Aussagekraft der Blattanalyse ist daher zu dieser Zeit besonders gut. Für Düngungsmaßnahmen ist der Termin im Juni/August jedoch bereits zu spät, d. h. in der Praxis kann man nicht mehr rechtzeitig reagieren. Aus diesem Grunde wurden für das Südtiroler Obstanbaugebiet Referenzkurven entwickelt, die den Verlauf der Nährstoffkonzentrationen im Apfelblatt während der gesamten Vegetationsperiode wiederspiegeln (Aichner und Stimpfl, 2002). In den Abbildungen 4-17 bis 4-25 sind diese Referenzkurven dargestellt. Der Bereich zwischen den beiden Kurven entspricht dabei dem ausreichenden Bereich und die entsprechenden Gehalte können zum jeweiligen Zeitpunkt abgelesen werden. Somit ist es möglich, ab drei Wochen nach der Blüte bis nach der Ernte Blattanalysen durchzuführen. Die Gültigkeit dieser Referenzkurven für andere Regionen ist allerdings zu überprüfen.

4.6.4 Düngung

Ist laut Pflanzenanalyse eine Kulturpflanze mit einzelnen Nährstoffen unterversorgt, dann kann eine Korrekturdüngung vorgenommen werden. Während der Vegetationsperiode geschieht dies im Obstbau in der Regel durch die Anwendung von Blattdüngern. Diese sind meist schnell wirksam. Wird eine Blattanalyse zu einem besonders frühen Zeitpunkt durchgeführt, dann können leicht lösliche Dünger auch noch über den Boden gegeben werden, wie z. B. bei einer Düngung mit Stickstoff oder Kalium. In Tabelle 4-66 sind die Mindestaufwandmengen einzelner Nährstoffe für wirksame wiederholte Blattspritzungen angegeben.

Im Folgenden soll kurz auf die Blattdüngung im Apfelanbau eingegangen werden (Quast, 1993).

Stickstoff wird oft in Form von Harnstoff zwischen Nachblütezeit und Juli ausgebracht. Harnstoff hat zwar keine Vorteile in der Wirkungsgeschwindigkeit im Vergleich zu Nitrat, reduziert aber mögliche Probleme mit Blattverätzungen. Zu beachten ist die Harnstoff-Qualität, da einige Apfelsorten schon bei

Tab. 4-64: Ausreichende Mineralstoffgehalte im Apfelanbau, Basalblätter zur Zeit der Vollblüte (Versuchszentrum Laimburg).

N	P	K	Ca	Mg	B	Cu	Fe	Mn	Zn
% i. d. TM					mg / kg TM				
3,60–4,20	0,35–0,45	1,60–2,20	0,80–1,20	0,30–0,40	35–70	10–20	80–240	50–150	35–70

Tab. 4-65: Optimalbereiche für Nährstoffgehalte in Blättern von Obstkulturen (Klopp 2016).

Obstart	N	P	K	Mg	Ca	Mn	Cu	Fe	Zn	B
	% i. d. TM					mg / kg TM				
Apfel	2,2–2,6	>0,15	1,1–1,4	>0,20	>0,80	60–400	>5	>60	>20	20–70
Birne	2,0–2,4	>0,15	1,1–1,4	>0,20	>0,80	60–400	>5	>60	>20	20–70
Süßkirsche	2,6–2,8	>0,15	1,5–2,0	>0,25	>0,80	60–400	>5	>60	>20	20–70
Sauerkirsche	2,8–3,2	>0,15	1,5–2,0	>0,25	>0,80	60–400	>5	>60	>20	20–70
Pflaume / Zwetschge	2,6–2,8	>0,15	1,5–2,0	>0,25	>0,80	60–400	>5	>60	>20	20–70
Stachelbeere	2,2–2,6	>0,15	1,5–2,5	>0,25	>0,80	60–400	>5	>60	>20	20–70
Erdbeere	2,5–3,2	>0,25	1,5–2,5	>0,25	>0,80	60–400	>5	>60	>20	20–70
Himbeere / Johannisbeere	2,8–3,2	>0,25	1,5–2,5	>0,25	>0,80	60–400	>5	>60	>20	20–70
Heidelbeere	1,6–2,0	>0,09	0,4–0,65	>0,10	>0,40	60–400	>5	>60	>10	20–70

geringen Formaldehydverunreinigungen im Harnstoff mit Berostung reagieren. Vorteile der Nitrat-Form zeigen sich insbesondere bei der gleichzeitigen Applikation von Calcium (s. u.), da durch die Aufnahme des Anions Nitrat im Zuge des Ladungsausgleichs die Aufnahme des Ca^{2+} gefördert wird. Während der Zeit der Blüte bringen hingegen Harnstoffspritzungen nicht viel, da wegen der geringen Blattoberfläche zu wenig Stickstoff aufgenommen werden kann. Vielmehr haben sich die Harnstoffspritzungen im Herbst bei Bäumen mit nicht zu hohem Fruchtbehang bewährt (Quast, 1993). Dadurch wird die Stickstoffeinlagerung ins Holz gefördert, und im darauffolgenden Frühjahr steht der Pflanze zur Zeit der Blüte mehr Stickstoff zur Verfügung.

Phosphormangel findet sich in der Obstbaupraxis relativ selten. Daher hat die P-Düngung übers Blatt zumeist auch keine Bedeutung.

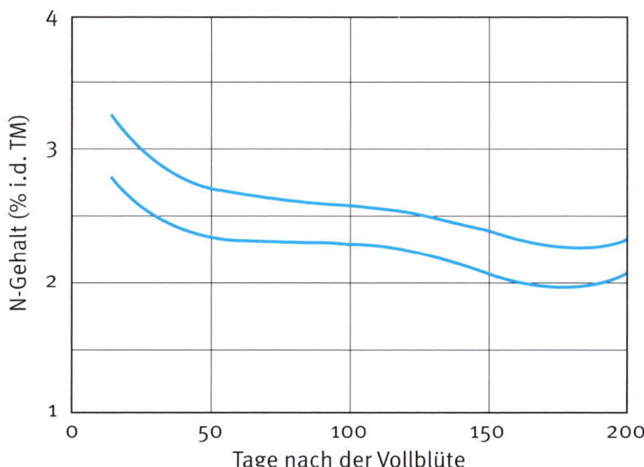

Abb. 4-17: Referenzkurven für Stickstoff im Blatt des Apfelbaumes (Versuchszentrum Laimburg).

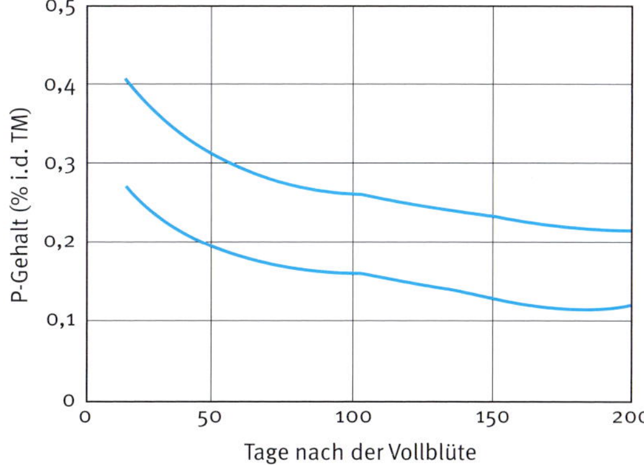

Abb. 4-18: Referenzkurven für Phosphor im Blatt des Apfelbaumes (Versuchszentrum Laimburg).

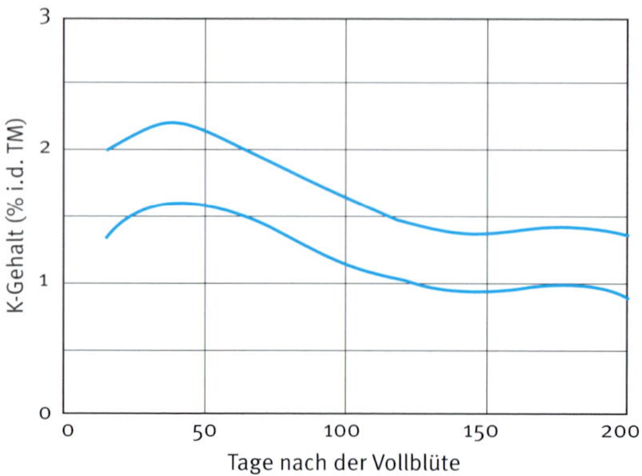

Abb. 4-19: Referenzkurven für Kalium im Blatt des Apfelbaumes (Versuchszentrum Laimburg).

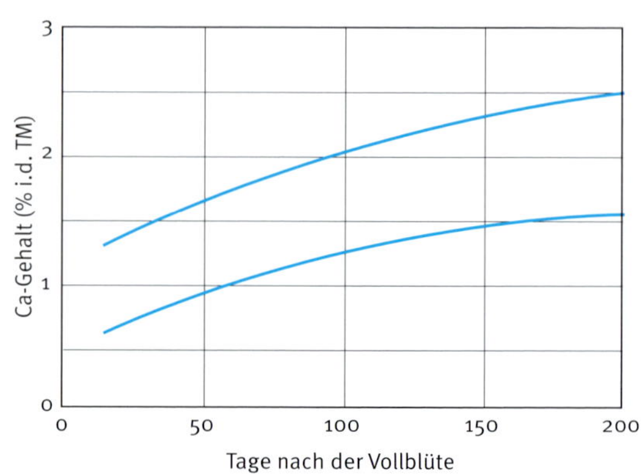

Abb. 4-20: Referenzkurven für Calcium im Blatt des Apfelbaumes (Versuchszentrum Laimburg).

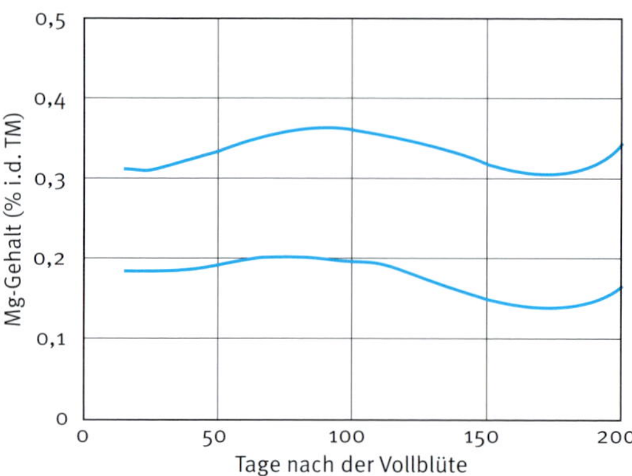

Abb. 4-21: Referenzkurven für Magnesium im Blatt des Apfelbaumes (Versuchszentrum Laimburg).

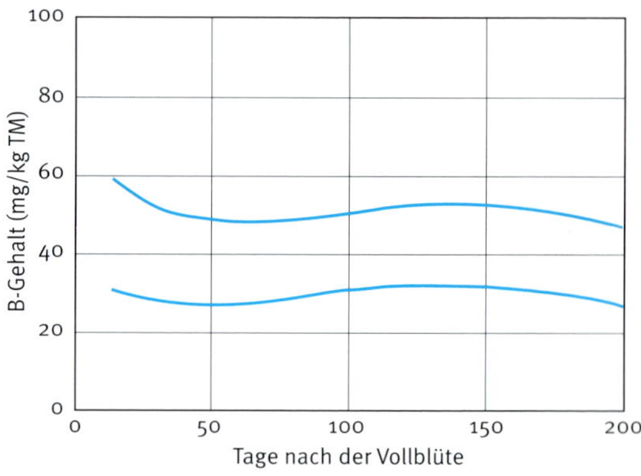

Abb. 4-22: Referenzkurven für Bor im Blatt des Apfelbaumes (Versuchszentrum Laimburg).

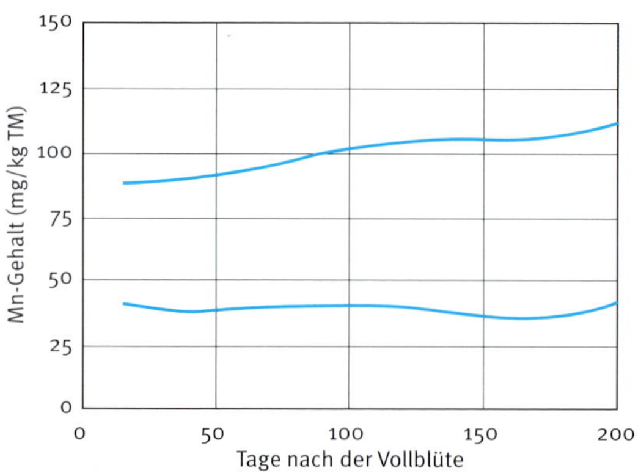

Abb. 4-23: Referenzkurven für Mangan im Blatt des Apfelbaumes (Versuchszentrum Laimburg).

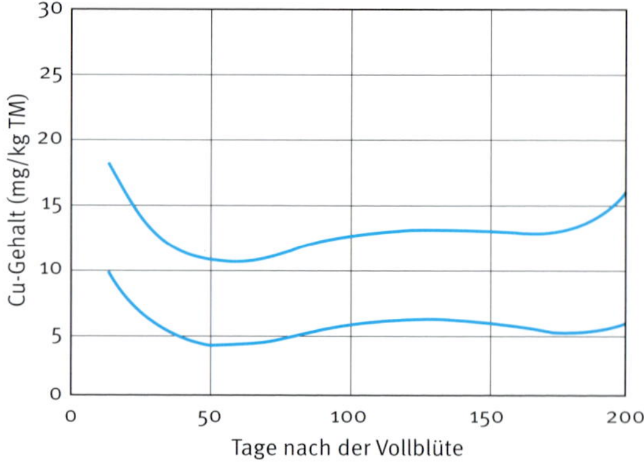

Abb. 4-24: Referenzkurven für Kupfer im Blatt des Apfelbaumes (Versuchszentrum Laimburg).

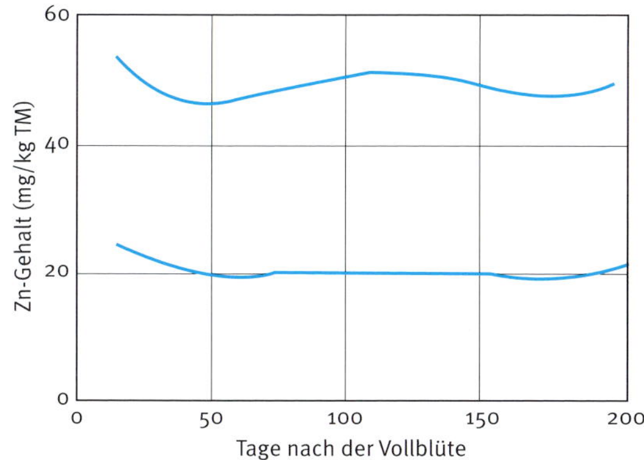

Abb. 4-25: Referenzkurven für Zink im Blatt des Apfelbaumes (Versuchszentrum Laimburg).

Tab. 4-66: Wirksame Aufwandmengen pro Spritzung, um durch 3–5 Anwendungen die Nährstoffgehalte im Blatt bei Mangelsituationen zu verbessern (bei Calcium findet eine Verbesserung der Gehalte nur in der Frucht statt) (mod. nach Quast, 1993).

Element	Mindestaufwand pro Spritzung bei mehrmaliger Blattbehandlung
Stickstoff	4 kg/ha
Phosphor	3,5 kg/ha
Kalium	6,6 kg/ha
Calcium	2,1 kg/ha
Magnesium	1,8 kg/ha
Bor	100–200 g/ha
Eisen	50–100 g/ha
Mangan	100–200 g/ha
Kupfer	10–20 g/ha
Zink	20–50 g/ha

Von größerer Bedeutung hingegen sind Behandlungen mit **Kalium** (Quast, 1995). Wenn K-Mangel in einem frühen Vegetationsstadium diagnostiziert wird, dann können mehrmalige K-Spritzungen sinnvoll sein. Noch wirksamer ist meist allerdings eine entsprechende Düngung über den Boden. Diese Wirkung kann noch im selben Jahr gegeben sein, kommt vor allem aber im darauffolgenden Jahr zur Geltung.

Bei **Magnesium** sind Blattspritzungen deutlich erfolgreicher als eine Bodendüngung (Quast, 1993). Besonders wenn die K-Gehalte bzw. das K/Mg-Verhältnis zu hoch sind, können Mg-Behandlungen wirksam gegen »frühen Blattfall« eingesetzt werden. Bei Bedarf sollten etwa 2 oder 3 Spritzungen durchgeführt werden, und zwar hauptsächlich nach der Blüte bis zu Beginn der Ca-Spritzungen. Zu späte Mg-Behandlungen hingegen fördern die Stippigkeit (Quast, 1991).

Gegen Stippe beim Apfel werden sehr effektiv Spritzungen mit **Calcium** durchgeführt (Quast, 1993). Je nach Sorte, Behang und Witterung können zwischen 4 und 10 Ca-Spritzungen notwendig sein. Als Präparate kommen vor allem Kalksalpeter ($Ca(NO_3)_2$) und Calciumchlorid ($CaCl_2$) in Frage. Das Calcium wird bei der Behandlung direkt vom Apfel aufgenommen. Die Aufnahme über das Blatt hat keine Bedeutung, weil Calcium nicht vom Blatt in den Apfel transportiert wird. Daher müsste zur Beurteilung der Ca-Versorgung sinnvollerweise die Fruchtanalyse herangezogen werden, die jedoch wegen des hohen Aufwandes nur selten angewandt wird.

Bei einem Mangel an **Mikronährstoffen** ist eine Düngung meist nur über das Blatt sinnvoll. Obwohl die Aufnahme von Mikronährstoffen aus Einzel- bzw. Mix-Blattdünger durch das Blatt gleich ist, ist meist der Einsatz von Einzelblattdüngern effektiver, da in Mix-Produkten der im Mangel befindliche Nährstoff häufig nicht in ausreichender Menge vorhanden ist.

Weil die Anwendung von mikronährstoffhaltigen Fungiziden in den letzten Jahren immer mehr zurückgegangen ist, gewinnt die Blattdüngung insbesondere von Mangan und Zink zunehmend an Bedeutung. Diese beiden Mikronährstoffe werden entweder in Form von anorganischen Salzen oder als Chelate ausgebracht. Bei der B-Düngung kommen heutzutage Borax oder Solubor zur Anwendung. Eisen zeigt als Chelat die beste Wirkung und kann sowohl über das Blatt (Fe-EDTA) als auch über den Boden (Fe-EDDHA) gedüngt werden. Formulieradditive (wie Dispergiermittel, Netzmittel, Haftmittel) verbessern die Pflanzenverfügbarkeit und die Aufnahmeeffizienz.

4.7 Weinbau

Nikolaus Merkt und Christian Zörb

4.7.1 Besonderheiten des Weinbaus

Die Rebe ist eine von den antiken Römern nach Mitteleuropa eingeführte Kulturpflanze. Bei den unterschiedlichen Rebarten spielen im Anbau in Deutschland fast ausschließlich die »Kulturrebe« oder »Europäerrebe« *Vitis vinifera* oder deren Kreuzungsprodukte eine Rolle. Die Anbauzone der Kulturrebe liegt aufgrund eines entsprechenden Meso- und Mikroklimas auf der nördlichen Halbkugel etwa zwischen dem 30. und 50. Breitengrad. Die Anbaufläche in Deutschland beträgt etwa 100 000 ha, wobei der Anbau von Qualitätswein an 13 Anbaugebiete gekoppelt ist. Eine genaue Regelung der Wein-Qualitätsstufen findet sich im deutschen Weingesetz bzw. in Durchführungsverordnungen der einzelnen Bundesländer. Das größte Anbaugebiet ist mit etwa 26 000 ha Rheinhessen, gefolgt von der Pfalz mit etwa 23 000 ha und Baden mit etwa 15 000 ha. In Deutschland sind etwa 50 000 Winzer im Haupt- oder im Nebenerwerb tätig. Sie bauen im Mittel pro Jahrgang durchschnittlich 9,25 Millionen Hektoliter (hL) Wein aus (Deutsches Weininstitut, 2014). Der Durchschnittsertrag liegt bei 90–100 hL pro Hektar, was 0,9–1 L pro m^2 entspricht. Allerdings gibt es in vielen Anbauregionen Beschränkungen mit Regelungen zu Ertrags-Höchstmengen. Von den durchschnittlich 9,25 Millionen hL Wein werden 1,0 Millionen hL exportiert: In die USA etwa 0,187 Millionen hL, in die Niederlande 0,164 Millionen hL und nach Großbritannien 0,093 Millionen hL (Deutsches Weininstitut, 2018). Die Wertschöpfung im Weinbau ist sehr hoch. Eine deutsche Winzerfamilie kann im oberen Segment des Qualitätsanbaus von einer Rebfläche von 5–10 ha gut leben. Im Jahr 2010 betrug die durchschnittliche Rebfläche im Haupterwerb 6,9 ha, die durchschnittliche Rebfläche je Weinbaubetrieb lag 2009 bei 2,2 ha.

Der vernachlässigte Teil der Rebe, die Wurzeln

Da die Wurzel von *Vitis vinifera* nicht Reblaus-tolerant ist – die Reblaus wurde im 19. Jahrhundert aus Amerika nach Mitteleuropa eingeschleppt – muss *Vitis vinifera* auf Reblaus-tolerante Unterlagen gepfropft werden, um einen Befall zu verhindern. Hierzu gibt es auch gesetzliche Regelungen, die in der Verordnung zur Bekämpfung der Reblaus (Bundesministerium der Justiz und für Verbraucherschutz) geregelt sind. Die Pfropfung auf Unterlagen birgt einige Besonderheiten des Weinbaus. In Deutschland werden nur einige wenige Unterlagssorten, wie z. B. Kreuzungen der *Vitis berlandieri* x *Vitis riparia* Arten (Kober 5 BB, Teleki 5 C, Kober 125 AA, Selektion Oppenheim Nr. 4 (SO4), Teleki 8 B), verwendet. Diese wurden zumeist zur Jahrhundertwende des 19. zum 20. Jahrhundert etabliert und bringen neben der Resistenz gegen Reblausbefall und einer Veredelungs- (Verträglichkeit von Unterlage und Edelreis) und Ertragsaffinität auch unterschiedliche Nährstoffeffizienzen mit sich. Letztere sind leider weitgehend unerforscht. Es gibt sehr wenige Daten, was die Anfälligkeit der Rebunterlage gegen Fe-Mangel, die Mg-Aufnahmekapazität oder die N-Aufnahme bei Angebot von Ammonium, Nitrat oder Harnstoff angeht. Zudem ist die Weiterentwicklung der Rebunterlagen in der Unterlagenzüchtung vernachlässigt worden, sodass hier zwar reblaustolerante, jedoch keine für Nährstoffe effizienten Unterlagen bekannt sind. Dagegen ist vielfach beschrieben, wie Rebunterlagen die Wüchsigkeit, Fruchtbarkeit, Ertragshöhe, Beerenmetaboliten und die Lebensdauer der Reben beeinflussen.

Menge-Güte-Regel im Weinbau

Reben sind Dauerkulturen, die im deutschen Erwerbsweinbau in der Regel auf 10–20 Augen (Knospen) pro Stock vor dem Neuaustrieb zurückgeschnitten werden. Standweite, Erziehungssystem, Rebschnitt und Laubarbeiten sind Maßnahmen, mit denen die Reben- und Traubengesundheit beeinflusst werden können und die zur Ertragsregulierung eingesetzt werden. Anders als bei den meisten anderen Kulturen ist im Weinbau **nicht** eine **einseitige Ertragsmaximierung** das **oberste Ziel** des Anbaus, sondern eine Optimierung zwischen dem Flächenertrag und der Qualität der Trauben, vor allem dann, wenn sie zur Weinerzeugung verarbeitet werden sollen. In einem weiten Bereich besteht bei Reben eine negative Beziehung zwischen der Ertragshöhe und der Konzentration wertgebender Inhaltsstoffe der Trauben. In Abbildung 4-26 ist diese Menge-Güte-Regel schematisch dargestellt. Allgemein gilt, dass im Durchschnitt etwa 10–15 Blätter am einjährigen Trieb zur Verfügung stehen müssen, um 2 bis 3 Trauben (Rispen) gut mit Photoassimilaten versorgen zu können. Die Einlagerung von Zuckern in die Beeren korreliert dabei – zusammen mit dem Einfluss von Temperatur und Licht – direkt mit der Blattfläche. Der »Zuckerertrag« steht damit in direkter Verbindung zur photosynthetisch aktiven Blattfläche der Rebe. Die Zuckerkonzentration der Beeren wird im deutschen Weinbau in »Grad Öchsle« gemessen. Die aromaaktiven Metabolite und Anthozyane der roten Sorten befinden sich überwiegend in der Beerenschale. Diese aroma- und geschmacksaktiven Substanzen sind für die Weinqualität außerordentlich wichtig und werden sowohl von genetischen als auch von Umweltfaktoren beeinflusst.

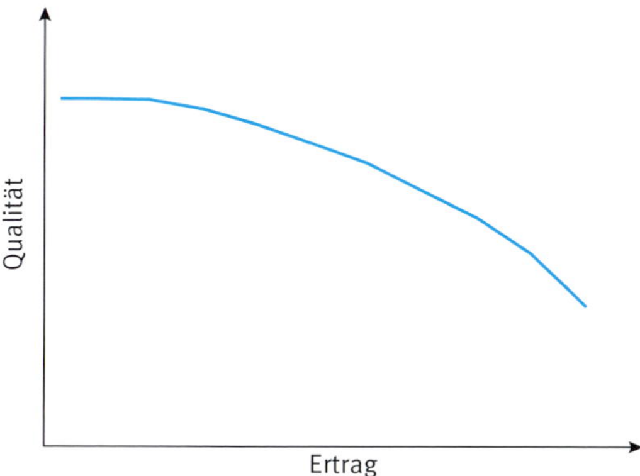

Abb. 4-26: Die Menge-Güte-Regel im Weinbau: Schematische Darstellung der gegenläufigen Beziehung zwischen der Ertragshöhe und der Qualität der Beeren zur Weinerzeugung.

4.7.2 Ernährung der Rebe

Der Einfluss der Mineralstoffernährung auf die Weinqualität ist zwar in Grundzügen bekannt, es gibt jedoch wenig Literatur zum Einfluss von Makro- und Mikronährstoffen auf die Ausbildung von aromaaktiven Substanzen in der Beerenschale, die letztendlich die Weinqualität bestimmen. Diese Wissenslücke betrifft selbst den Stickstoff. So ist bisher wenig bekannt wie sich die Form der N-Ernährung als Nitrat, Ammonium oder Harnstoff auf die Weinqualität auswirkt oder ob gar – und, wenn ja in welchem Ausmaß – z. B. bestimmte Aminosäuren aus dem Boden von der Rebe aufgenommen werden.

Die Nährstoffentzüge der Reben sind im Allgemeinen recht niedrig, da nur die Trauben geerntet werden, während die Blätter und Schnittreste im Bestand verbleiben. Als Dauerkultur kann die Rebe im Altholzanteil und in den Wurzeln Nährstoffe speichern sowie bei Bedarf auch wieder mobilisieren. Trotzdem müssen Ertragsreben ausreichend mit Nährstoffen versorgt werden, auch um diese Reserven zu bilden. Mittelfristig kann aber nicht mit einem vollständigen Rückfluss der Nährstoffe aus den Reserven gerechnet werden, zumal Nährstoffe auch von Begrünungspflanzen der Zwischenreihen aufgenommen oder sogar zeitweise festgelegt werden. Bei einer üblichen Begrünung der Zwischenreihen verbleibt die Biomasse mit den Nährstoffen nach dem Mulchen auf der Fläche, d. h. die Nährstoffe werden nach Mineralisierung in der Regel dann wieder pflanzenverfügbar. Die Rebkultur sollte jedoch längerfristig, auch bezüglich der Mikronährstoffe, keine negativen Nährstoffsalden aufweisen. Richtwerte zur Düngung von Ertragsreben sind der Tabelle 4-67 zu entnehmen.

Die N-Versorgung ist für die Traubenentwicklung, die Qualität der Trauben und des Weines sehr wichtig. Zum einen sollte die N-Versorgung der

Tab. 4-67: Größenordnungen der Nährelemententzüge mit dem Traubenertrag und Richtwerte zur Düngung von Ertragsreben (nach a) Rupp, 2002; b) Bauer *et al.*, 2018).

Nährelement	Entzug [kg/ha/a] bei Traubenertrag von 10 t/ha	Düngung [kg/ha/a]	Bemerkung
N	40–60	50–70	als Ammonium, Nitrat, Harnstoff
P	4,4–7,4	4,4–11,0	bei Gehaltsklasse C [a]
K	33–58	42–75	bei Gehaltsklasse C [a]
Mg	6–12	6–24	bei Gehaltsklasse C [a]
Ca	29–38	29–43	
Fe	0,43–0,88	0,5–1,0	
B	0,08–0,15 durch Trester	0,5–2,0	leichte–schwere Böden [b]
Zn	0,10–0,20	0,1–0,3	
Mn	0,08–0,16	–	
Cu	0,06–0,12	–	

Anmerkung: Gesetzliche Vorgaben der neuen Düngeverordnung (DüV, 2017) in Deutschland: Betriebsinhaber mit mehr als 1 ha Gemüse, Hopfen oder Erdbeeren oder mindestens 10 ha landwirtschaftlich genutzter Fläche (einschließlich Rebfläche) müssen einen betrieblichen Nährstoffvergleich erstellen.

Hefen während der Gärung des Mostes gesichert sein, zum anderen sind N-haltige Verbindungen, wie z. B. Methoxypyrazine im Sauvignon Blanc, für das »grüne-Paprika-Aroma« verantwortlich.

Die Aminosäuren Cystein und Methionin enthalten die Komponente Schwefel. Beim Abbau von Beerenproteinen, zumal unter reduktiven Bedingungen, können höhere Konzentrationen an diesen Aminosäuren oder anderen schwefligen Verbindungen zu einem Geruch nach faulen Eiern führen, was natürlich unerwünscht ist. Die Nuance zwischen »zu viel« und »zu wenig« Nährstoffzufuhr spiegelt sich bei der Rebe im Wachstum, bei der Entwicklung der Beere sowie später in der Weinqualität wieder und ist für viele Nährstoffe damit janusköpfig.

Die nicht umfangreiche Literatur zu den optimalen Gehalten an Nährelementen in den Blättern der Rebe ist in Tabelle 4-68 zusammengestellt. Anzumerken ist, dass von den Autoren für unterschiedliche Sorten zum Teil deutlich unterschiedliche Bereiche als ausreichend oder optimal zu nennende Blattgehalte benannt werden. In Tabelle 4-68 ist diese Sortenspezifität nicht ausgewiesen. Die angegeben Spannen weisen vielmehr die jeweils niedrigsten und höchsten Wert der Optimalbereiche aus, auch wenn sie für unterschiedliche Rebsorten ermittelt wurden. Für eine orientierende Einschätzung des optimalen Ernährungszustandes der Reben anhand von Blattanalysen erscheint das als gerechtfertigt und hinreichend.

Häufige Mangelerscheinungen der Rebe

Die Fe-Aufnahme ist stark vom Boden-pH-Wert und vom Wasserstatus des Bodens abhängig. Fe-Mangel oder die Fe-Chlorose sind in manchen Jahren ein häufig anzutreffendes Symptom an jüngeren Rebblättern. Ein zusammenfassendes Schema der boden- und witterungsbedingten Umstände, die zu **Fe-Mangel-Chlorosen** führen können, gibt Abbildung 4-27 wieder. Die Symptome treten dabei bodenbedingt oftmals nur an einzelnen Stöcken auf oder können scharf abgegrenzt nur in einer Reihe auftreten, was dann unter anderem, neben Bodenunterschieden, auch mit einer anderen Pfropfunterlage in der benachbarten Reihe zu tun haben kann. Als empfindlich für Fe-Mangel-Chlorosen gelten die Unterlagen 5 C, 8 B Teleki und 3309, als unempfindlich SO 4, 5 BB, Cina, 26 G und Binova (Hillebrand *et al.*, 2003). Vorsicht ist jedoch geboten, da bei einer visuellen Diagnose

Verwechslungsgefahr zu einer infektiösen Panaschüre, verursacht durch Blattvirosen, besteht, die Eisenmangel-ähnliche Symptome aufweist. Diese Virosen sind aber oft an einer Befallsasymmetrie im Bestand mit kaum einer Abgrenzung zum Nachbarschlag zu erkennen. Um sicher zu gehen, welches Symptom besteht, kann eine Fe-Blattanalyse keinen sicheren Hinweis geben und eine virologische Analyse mag angeraten sein. Eine diagnostische Fe-Düngung, wie in Kapitel 3 beschrieben, oder auch ein einfacher enzymatischer Test auf die Katalase-Aktivität chlorotischer und nicht-chlorotischer Vergleichsblätter (s. Infobox 6-2) kann zur Bestätigung von Fe-Mangel beitragen.

Der **Mg-Mangel** ist ebenfalls ein häufig zu beobachtendes Phänomen im Weinbau. Dieser Mangel zeigt sich mit Aufhellungen d. h. dem Abbau von Chlorophyllen, deren Zentralatom das Mg ist. Das Symptom ist in der Regel besonders stark im Gewebe zwischen den Blattadern (interkostal) ausgeprägt. Mg-Mangel tritt häufiger bei älteren Blättern auf. Bei Mangel entstehen bei Blättern von Weißweinsorten eher gelbliche Aufhellungen. Bei Rotweinsorten entstehen durch die in diesen Sorten vorkommenden höheren Anthocyankonzentrationen nach dem Abbau von grünem Chlorophyll eher rötliche Verfärbungen der Interkostalfelder. Häufig sind diese Symptome auch bei hohen Kalkgehalten oder unverhältnismäßig hohen K-Gehalten im Boden sowie bei Mg-armen Lößstandorten anzutreffen.

Die **Stiellähme** ist eine ernährungsphysiologische Störung des Traubengerüsts der Rebe. Sie liegt vor, wenn der Traubenstiel oder der geschädigte Bereich im Stielgerüst scharf abgegrenzte Einsenkungen und Nekrosen aufweist (Abb. 4-28), was mit Ertrags- und Qualitätseinbußen einhergeht. Ohne dass die physiologischen Ursachen hierfür vollständig geklärt sind, wird Stiellähme mit einer Unterversorgung an Ca und/oder Mg in Verbindung gebracht, da vorbeugende Spritzungen mit diesen Elementen das Auftreten der Stiellähme einschränken kann (Mohr, 2012).

Tab. 4-68: Ausreichende Nährstoffgehalte für Weinrebe.

Probenahme		N	P	K	Ca	Mg	S	N/S	Fe	Mn	Zn	Cu	B	Mo
Organ	Zeitpunkt	% i. d. TM						% / %	mg /kg TM					
Blattstiele von basalem Blatt gegenüber Trauben [1)]	Hauptblüte	0,8–2,2	0,20–0,55	1,8–4,5	1,2–2,5	> 0,4			> 30	30–60	> 26	6–11	35–70	
Spreite des der 1., 2. oder 3. Traube gegenüber-stehenden Blattes [2)]	Blüte bis Weichwerden der Beeren	2,25–2,75	0,19–0,24	1,2–1,4	2,5–3,5	0,25–0,5			60–300	30–300	25–60	6–20	25–40	0,15–0,30
Blatt mit Blattstiel gegenüber unterster (1.) Traube [3)]	Weichwerden der Beeren	1,9–2,4	0,14–0,27	1,2–2,4	1,6–4,1	0,19–0,34								
Blattspreite gegenüber zweit-unterster Traube [4)]	BBCH 62/63						> 0,18	< 10						

[1)] Robinson et al. (1978) in Reuter und Robinson (1997); [2)] Mehofer et al. (2014); [3)] Spring et al. (2003); [4)] Wissemeier et al. (2005)
Allgemeiner Hinweis: Die optimalen Nährstoffgehalte sind bei den Quellen 1) und 3) zum Teil sortenspezifisch unterschiedlich ausgewiesen. In dieser Tabelle sind jeweils die niedrigsten und höchsten Werte über die Sorten hinweg wiedergegeben. Bei [4)] wurden die Daten für die Sorte Riesling ermittelt.

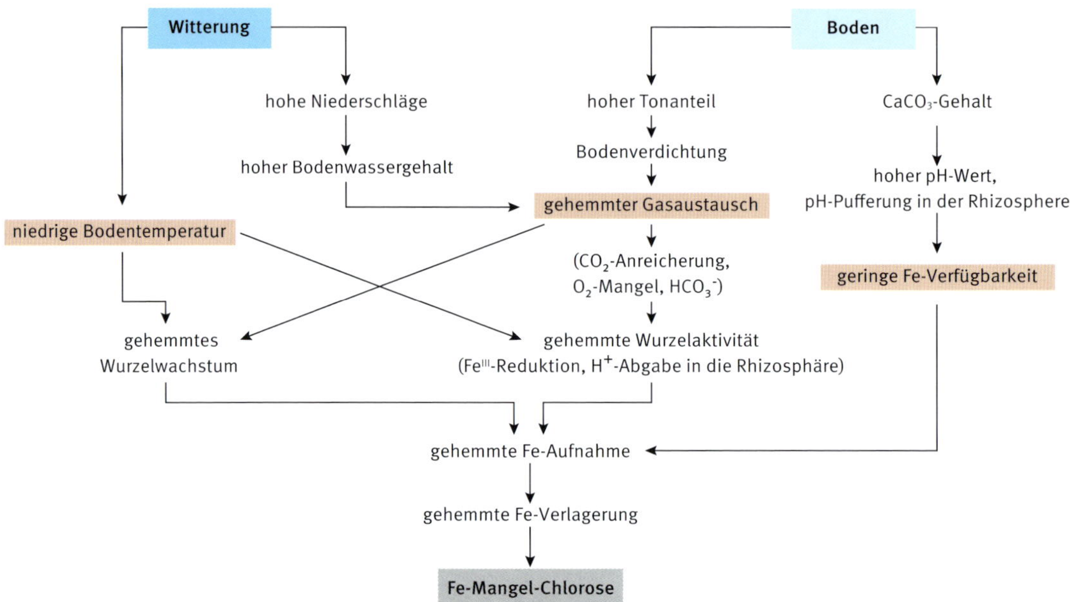

Abb. 4-27: Einfluss von Witterungs- und Bodenfaktoren auf das Auftreten von Fe-Mangel-Chlorosen bei der Rebe (Wissemeier, 2002).

Abb. 4-28: Der physiologische Schaden der Stiellähme ist im Gegensatz zu einer durch Botrytis verursachten Stielfäule durch scharf abgegrenzte, nekrotische Einsenkungen zu erkennen.

Bei den bislang noch nicht aufgeklärten Vorgängen der **Traubenwelke** (»Zweigeltkrankheit«) wird ein eventueller K-Mangel oder eine Störung des Wasserhaushaltes im Rebstock diskutiert.

Besonderheiten im ökologischen Weinbau: Einsatz von Kupfer und Schwefel

Der Einsatz von Kupfer ist im ökologischen Weinbau bei Mehltau-anfälligen Rebsorten (*Oidium* und *Peronospora*) notwendig. Die Cu-Applikationen sind dabei nicht für die Ernährung der Pflanzen wichtig, sondern Cu dient als eines der wenigen im ökologischen Landbau zugelassenen Fungizide. Da bei Befall von falschem Mehltau (*Peronospora*) im Grenzfall der Verlust der Blätter und Beeren sowie ein Totalausfall der Ernte droht, werden hier bis zu zehn Applikationen von Cu-haltigen Lösungen notwendig. Die zulässige Aufwandmenge pro Jahr beträgt 3 kg Cu pro ha. Der kritische Punkt ist hier nicht die Traubenqualität, da Cu nur in unerheblichem Maße in die Beeren transportiert wird, sondern die Anreicherung bzw. Belastung der Böden durch

Cu über die Jahrzehnte hinweg. Über einen durch diese **Cu-Anreicherungen** in Böden induzierten Fe-Mangel berichten Amberger *et al.* (1982). Über den janusköpfigen Einsatz von Schwefel wurde bereits gesprochen.

4.8 Zierpflanzen, Ziergehölze und Stauden

Andreas Bettin

4.8.1 Möglichkeiten und Grenzen der Pflanzenanalyse

Bei Pflanzen, die dem Wohlbefinden und nicht der menschlichen Ernährung dienen, ist zwischen

- in Deutschland nicht winterharten Zierpflanzen (einschließlich Schnittblumen)
- winterharten Ziergehölzen (Baumschulkulturen) und
- winterharten Stauden

zu unterscheiden. Dabei werden Ziergehölze und Stauden so herangezogen, dass sie zur natürlichen Blütezeit blühen. Ziel des Zierpflanzenbaues ist es dagegen, die Blütezeit im Gewächshaus durch kulturtechnische Maßnahmen wie Tageslängen- und Temperatursteuerung auszudehnen. So kann man die gesamte Pflanze oder Pflanzenteile (Schnittblumen) auch dann blühend anbieten, wenn das Außenklima dies nicht zulässt. Gewächshausanzucht findet sich auch bei Kulturabschnitten der Stauden- und Ziergehölzproduktion.

Diese Pflanzengruppen unterscheiden sich von Kulturpflanzen, die für die Ernährung relevant sind, durch ihre hohe Artenvielfalt. Kataloge großer Baumschulen und Staudengärtnereien enthalten so beispielsweise mehr als 400 Arten. Zierpflanzen an deutschen Versteigerungen werden – wenn auch meist von wesentlich stärker spezialisierten Betrieben – in einer vergleichbaren Artenvielfalt angeboten.

Zierpflanzen, -gehölze und Stauden finden sich bei allen Gruppen der Gefäßpflanzen. Aus der hohen Artenvielfalt folgt, dass die stark voneinander differierenden Lebensbereiche sowie die Wachstumsrhythmik einzelner Arten allgemeine Hinweise zur Probenentnahme erschweren. So finden sich unter den Zierpflanzen schattenliebende Farne, die auf nährstoffarmen tropischen Böden leben, aber auch sukkulente Kakteen. Bei vielen Gehölzen wechseln sich Wachstumsschübe und endogene Ruhephasen selbst bei konstanten Umweltbedingungen ab (Crabbé und Barnola, 1996). Blätter mit gleicher Insertion können so ein unterschiedliches Blattalter aufweisen.

Nur für wenige dieser Pflanzenarten gibt es exakte Düngungsversuche zur Ableitung ausreichender Nährstoffgehalte. Stattdessen hilft man sich mit Erhebungsuntersuchungen bei augenscheinlich gut versorgten Beständen, um die erforderlichen Nährstoffgehalte in der Pflanze besser einschätzen zu können. Hier gibt u. a. Bergmann (1993) eine ausführliche Übersicht.

Der geschützte Anbau in Gewächshäusern mit einer üblicherweise beweglichen und nach Strahlung steuerbaren Schattierung vermindert im Vergleich zum Freilandanbau die Transpiration und führt zu einem meist geringeren Trockenmasse-Anteil an der Frischmasse (Allard *et al.*, 1991). Da die Trockenmasse bei der Angabe von Nährstoffgehalten die übliche Bezugsgröße darstellt, hat dies zur Folge, dass erhöhte Gehalte von Nährstoffen vorgetäuscht werden, die in bzw. zusammen mit löslichen und membrangebundenen Proteinen wirken oder aber in Vakuolen gespeichert werden. Gleichzeitig gibt es andere Nährstoffe, wie z. B. Calcium, dessen Gehalt bei Unterglas-Kultur erfahrungsgemäß deutlich niedriger ist als im Freilandanbau. Die »normalen« Ca-Gehalte im Blatt, die in Erhebungsuntersuchungen ermittelt wurden, sind somit vor allem der Transpiration geschuldet. Sie geben keine sichere Auskunft darüber, ob bei Unterschreiten dieser Konzentrationen ein Mangel auftritt.

Ebenso vielfältig wie die angebauten Arten sind die Kultursysteme. In den meisten Fällen wird gekalkter und gedüngter Torf verwendet, ergänzt durch zahlreiche organische und mineralische Zuschlagstoffe. Daneben werden aber auch Kokosnussfasern, Koniferenrinden und bei Schnittblumen aufbereitete Steinwolle sowie aufgeblähtes Perlit eingesetzt. Diese Substrate besitzen eine geringe oder fast keine Nährstoffpufferung. Lediglich Gehölze und einige kurzlebige Schnittblumen werden im Boden kultiviert.

Die Düngung von Zierpflanzen erfolgt zumeist mit der Bewässerung als Intervall- (Wechsel zwischen Klarwasser und Nährlösung) oder Bewässerungsdüngung (schwache Nährstoffkonzentration bei jedem Gießgang). Die verwendeten Dünger enthalten dabei üblicherweise alle Nährstoffe. Die Bewässerung kann im Anstauverfahren erfolgen, bei dem das Wasser durch die gelochten Topfunterseiten an die Wurzeln gelangt oder es wird von oben auf das Substrat ausgebracht.

Stauden werden zumeist in aufgedüngten und aufgekalkten Torfen (z. T. mit Zusatz von Koniferenrinden oder Komposten) herangezogen; gleiches gilt für Ziergehölze in Containerkultur. Die Grundversorgung mit Nährstoffen erfolgt praxisüblich mit umhüllten Depotdüngern, ergänzt durch punktuelle Intervalldüngung. Die Abbildung 4-29 zeigt

Abb. 4-29: Beispiele für Kultursysteme bei der Anzucht von Zierpflanzen und Stauden: Bewässungsdüngung im Anstauverfahren auf Beton (A); Anstau auf Tischen (B); Bewässung mit Gießwagen im Haus (C); Phalaenopsis-Orchideen in Rindensubstrat (Bewässerung von oben) (D); Schnittrosen in Steinwollkultur (E); Bewässerung mittels Gießwagen im Freiland (F); Staudenmutterpflanzen im Freiland (G); Chrysanthemen-Anzucht im Boden unter Glas (H).

Beispiele für Kultursysteme bei der Anzucht von Zierpflanzen unter Glas und im Freiland.

Die geringe Nährstoffpufferung der Substrate, das geringe Wurzelvolumen verbunden mit hoher Wurzeldichte (Abb. 4-30) und die häufig anzutreffende Versorgung der Pflanzen mit gelösten Nährstoffen führen dazu, dass sich eine fehlerhafte Mineralstoffversorgung sehr abrupt manifestieren kann. Der Fehler lässt sich aber häufig schnell korrigieren. Diese Aussage gilt jedoch nicht, wenn insbesondere in gekalktem Torfsubstrat der pH-Wert in pflanzenbaulich ungünstige Bereiche driftet und eine mangelnde Verfügbarkeit von Mikronährstoffen bewirkt.

Da in den meisten Fällen Mehrnährstoffdünger verwendet werden, wirkt sich ein fehlerhaftes Angebot bei der geringen Substrat-Nährstoffpufferung grundsätzlich auf die Konzentration aller Nährelemente in der Pflanze aus. Sogenannte ausgeglichene Mehrnährstoffdünger enthalten im Verhältnis zum Stickstoff praxisüblich etwa das Dreifache der notwendigen P-Menge. Häufig findet man Mehrnährstoffdünger mit einem Verhältnis $N:P_2O_5:K_2O$ von 15:10:15. Meist ist der zu hohe P-Anteil in Mehrnährstoffdüngern unkritisch für das Pflanzenwachstum; in einigen Fällen wurden aber Pflanzenschäden beobachtet. So zeigte Richter (2011) an *Helleborus*, dass ein hohes P-Angebot Chlorosen hervorrufen kann. Silberbaumgewächse (*Proteaceae*), die natürlicherweise in P-armen Böden vorkommen, verfügen über spezielle sogenannte »Proteoidwurzeln« (Abb. 4-31) mit denen die P-Verfügbarkeit erhöht werden kann. Sie reagieren auf ein hohes P-Angebot mit Chlorosen und Kümmerwuchs (Nichols *et al.*, 1979).

Der Optimalbereich der Nährstoffversorgung ist bei Stickstoff relativ eng. Stickstoffmangel oder -überschuss sind somit die am ehesten auftretenden Symptome bei Versorgung über Mehrnährstoffdünger. Aufgrund der hohen Wurzeldichte und der geringen Nährstoffpufferung ist bei Substratkultur die ständige Kontrolle der angebotenen Nährstoffkonzentration und ihre Anpassung an klimatische Bedingungen (Einstrahlung, Luftfeuchtigkeit) sowie Wachstumsphasen (Ruheperioden, generative Entwicklung) besonders wichtig.

Daneben kann auch die Verschiebung des pH-Wertes zu Schäden führen. Bei hohen pH-Werten ist insbesondere Fe-Mangel von Bedeutung, bei niedrigen pH-Werten (< pH 4,5) kann es bei mineralischen Substraten (Steinwolle, Perlit) zu Al-Toxizität kommen. Der pH-Wert des Substrates und die Chelatform der gedüngten Mikronährstoffe sind daher – ebenso wie die Nährstoffzufuhr – regelmäßig zu überprüfen.

Bei der Wiederverwendung von Gießwasser (vor allem bei schwach gepufferten Systemen) ist daran zu denken, dass sich der Mikronährstoff Zink im

Abb. 4-30: Wurzelwerk von 2-jährigen Winterlinden im Container und im Boden.

Abb. 4-31: Proteoidwurzel des Flammenbaums.

Bewässerungssystem anreichern kann (Molitor und Fischer, 1989). Es kann durch die Verwendung von Magnetventilen aus Messing im Bewässerungssystem und in alten Gewächshäusern auch über verzinkte Dachrinnen in die Wasserspeicher und damit in das Gießwasser gelangen.

Für viele einkeimblättrige Zierpflanzen ist die B-Konzentration vieler Mehrnährstoffdünger zu hoch. Sie reagieren besonders in Hydrokultur mit Blattspitzennekrosen auf die B-Gehalte in diesen Düngern, wie Felger (1991) am Beispiel der Keulenlilie zeigte. Dieses Schadbild tritt auch durch Fluorid auf, das aus dem Substrat Blähton entstammen kann (Fischer und Meinken, 1995). Daneben ist auch durch chemische Moosbekämpfung mit Fluor-haltigen Mitteln auf Gewächshausdächern ein Eintrag in das Gießwasser möglich.

Die visuelle Bewertung weist Unterschiede zu anderen Nutzpflanzen auf. Bei Anzucht in Töpfen ist sie einfacher, da sich auch das Wurzelbild nach dem Austopfen unterstützend bewerten lässt. Während bei Nährstoffmangel das Wurzel/Spross-Verhältnis hoch ist, ist bei N-Überschuss oder auch bei zu niedrigem pH-Wert des Substrates, die Wurzel oft nur schwach entwickelt.

Folgende Punkte erschweren allerdings die visuelle Bewertung des Nährstoffstatus von Zierpflanzen:

- Sortenvielfalt: Vielfach gibt es Sorten mit roter, hellgrüner und dunkelgrüner Blattfarbe (z. B. bei Semperflorens-Begonien, Weihnachtsstern, Gemeine Hasel, Rotbuche).
- Wachstumsphasen: Bei Topfazaleen (*Rhododendron* Cultivars) zeigt eine vegetativ wachsende Pflanze N-Mangel-Chlorosen zuerst an der Sprossspitze. Ist die Knospe angelegt und entwickeln sich Kronblätter innerhalb dieser Knospe, treten die Chlorosen zuerst an den Blättern älterer Triebe auf.
- Verholzung der Triebe: Generell zeigen verholzende Pflanzen N-Mangelsymptome zuerst an der Sprossspitze. Viele krautige Pflanzen verlagern dagegen den Stickstoff schneller aus alten Blättern in die Wachstumszonen.
- Hemmstoffe: Wachstumsregler und Fungizide aus der Gruppe der Triazole bewirken bei Zierpflanzen dunkelgrünes Laub und gewellte Blätter (Fletcher und Arnold, 1986). Dies kann eine N-Überversorgung vortäuschen. Chlorcholinchlorid kann bei vielen zweikeimblättrigen Pflanzen vor allem unter Einwirkung hoher Temperaturen Blattrandchlorosen hervorrufen (Evers, 1987). Diese treten meist an den älteren Blättern auf und erinnern an K-Mangelsymptome (Abb. 4-32).
- Stress durch Kälte bei hoher Einstrahlung: Bei unzureichenden Temperaturen reagieren insbesondere wärmeliebende Pflanzen bei hoher Einstrahlung mit Chlorosen oder Panaschierungen. Auch ältere Blätter sind betroffen, wie z. B. bei Kontakt mit kaltem Wasser bei hoher Einstrahlung. Die Schäden sind leicht mit Mikronährstoff-Mangel, vor allem Eisen, zu verwechseln. Sie sind jedoch in vielen Fällen auf Photooxidation zurückzuführen (Abb. 4-33).

4.8.2 Probenahme

Zur Beurteilung des Ernährungszustands von Zierpflanzen sollten neben den geschädigten Pflanzen auch symptomfreie Pflanzen beprobt

Abb. 4-32: Chlorcholinchlorid-Schaden bei Pelargonien.

Abb. 4-33: Kaltchlorose an Sternwinde (*Ipomoea lobata*)

werden. Dabei sind Teilproben älterer und jüngerer Blätter definierter Insertion zu entnehmen. Die Randbereiche und Blattmitten sollten getrennt untersucht werden, ebenso wie Blattadern und Interkostalflächen (Tab. 4-69). Dadurch gewinnt man Referenzdaten, durch die sich die Gehalte phloemmobiler und -immobiler Nährelemente gemäß ihrer typischen Schadsymptomverteilung über das Blatt verfolgen lassen.

In Einzelfällen sind aber auch diesem Vorgehen Grenzen gesetzt. So lassen sich für physiologischen Ca-Mangel, wie bei Brakteenrandnekrosen bei Poinsettien (Weihnachtssternen), auch bei Analyse nur der Blattränder keine Beziehungen zu Nährstoffgehalten herstellen (s. Kapitel 4.1, Abb. 4-4).

4.8.3 Beurteilung der Pflanzenanalyseergebnisse anhand von Richtwerten

Die Pflanzenanalyse ist bei der Anzucht von Zierpflanzen kaum zur Prognose und damit Steuerung der Nährstoffversorgung geeignet, da eine kontinuierliche Kontrolle die meisten Praxisbetriebe mit einem großen Sortiment überfordert. Zudem ist zu bedenken, dass ein Bevorraten des Substrates aufgrund des geringen Wurzelraumes nur für wenige Wochen möglich ist. Nur Spezialbetriebe führen regelmäßige Untersuchungen auch gesun-

Tab. 4-69: Vorschlag zur Entnahme von Blattproben beim Fehlen von Literatur-Referenzwerten an geschädigten und symptomfreien Pflanzen.

Geschädigte Pflanzen	**Interkostal-chlorosen**	**Blattrand-chlorosen**
Junge Blätter	• Blattadern • Interkostal-flächen	• Blattränder • Innerer Blattbereich
Alte Blätter	• Blattadern • Interkostal-flächen	• Blattränder • Innerer Blattbereich

Tab. 4-70: Ausreichende bzw. anzustrebende Cu-Gehalte (mg/kg) von Gerbera-Pflanzen.

Ausreichende Cu-Gehalte [mg/kg Trockenmasse]	**Blattposition**	
2–23	ohne Angabe	Laske, 1970
5–12	mittleres Alter	Bergmann, 1993
4–13	junge, voll entwickelte Blätter	Sonneveld und Vogt, 2009
6–50	junge, voll entwickelte Blätter, Daten für Topfsorten	Mills und Jones, 1996

der Bestände durch, um eigene Referenzwerte zu erhalten. Die durch Erhebungsuntersuchungen gewonnen Daten geben nur den Rahmen vor, in dem Pflanzen augenscheinlich gut versorgt sind. Sie sind aber kein Hinweis, wo genau der Mangel- bzw. Überschussbereich beginnt. Dies zeigt Tabelle 4-69 am Beispiel der Cu-Versorgung von Gerbera-Pflanzen.

In konkreten Schadensfällen kann es somit schwierig sein, eine fehlerhafte Nährstoffversorgung gestützt auf Erhebungsuntersuchungen nachzuweisen. Die Beurteilung fällt leichter, wenn eigene Referenzdaten die Untersuchungen ergänzen. Tabelle 4-70 gibt eine Übersicht über ausreichende Nährstoffgehalte von Zierpflanzen verschiedener Gruppen (für Schwefel und Eisen liegen keine Werte vor).

Tab. 4-71: Nährstoffgehalte verschiedener Zierpflanzen in der Trockenmasse (nach Bergmann, 1993).

N	P	K	Ca	Mg	B	Mo	Cu	Mn	Zn
% i. d. TM					mg/kg TM				
Chrysanthemen, 5.–6. Blatt von der Spitze									
3,5–5,5	0,30–0,50	3,3–5,0	0,50–1,00	0,30–0,60	25–70	0,15–0,40	5–12	50–150	25–80
Cyclamen, gerade voll entwickelte Blätter									
2,4–3,4	0,25–0,40	2,6–4,0	0,80–1,20	0,25–0,50	25–60	0,15–0,40	5–12	30–120	20–60
Gerbera, Blätter mittleren Alters									
2,2–3,6	0,20–0,40	3,2–5,2	0,80–2,00	0,20–0,40	20–50	0,20–0,60	5–12	30–150	25–80
Hortensien, gerade voll entwickelte Blätter									
2,9–4,0	0,30–0,60	2,2–3,2	0,60–1,50	0,25–0,50	20–50	0,20–0,50	6–12	30–150	20–70
Pelargonien, gerade voll entwickelte Blätter									
2,5–3,2	0,30–0,45	1,2–2,8	0,80–1,20	0,20–0,50	20–50	0,20–050	6–12	25–150	15–50
Petunien, gerade voll entwickelte Blätter									
2,0–4,6	0,25–0,45	1,5–4,3	0,80–2,00	0,20–0,50	20–50	0,20–0,50	5–12	25–150	20–70
Phalaenopsis, Dendrobien, Cymbidien (ohne Angabe des Blattalters)									
2,0–3,0	0,20–0,40	2,0–3,0	1,25–2,00	0,25–0,60	30–80	0,20–0,50	5–12	25–150	35–80
Poinsettien, gerade voll entwickelte Blätter									
4,0–6,0	0,30–0,70	1,5–3,5	0,70–2,00	0,30–0,80	30–80	0,20–1,00	5–12	40–150	30–80
Schnittrosen, obere voll entwickelte Blätter knospentragender Triebe									
2,8–4,5	0,25–0,50	1,8–3,0	1,00–1,50	0,30–0,60	30–70	0,20–1,00	7–15	35–150	25–80

4.8.4 Düngung

Von der Probenentnahme bis zum Ergebnis vergehen in der Praxis mindesten drei bis vier Tage. Für den Fall, dass ein Mangel vorliegt, lässt sich diese Zeit nutzen, um die Reaktion der Pflanze direkt durch eine Testdüngung abzuschätzen. Dies ist üblich bei Mikronährstoff-Mangel, der sich häufig in Form von Chlorosen der Triebspitzen äußert. Üblich ist hier eine Blattdüngung. Wie oben erwähnt, kann auch eine Blattdüngung bei Ca-Mangel erfolgen. Sie hat aber nur prophylaktische Wirkung, da geschädigtes Gewebe schnell abstirbt. Gleiches gilt für Blattspritzungen mit Bor.

4.9 Rasen

Reinhardt Hähndel

4.9.1 Besonderheiten der Rasen

Rasen bezeichnet eine vom Menschen angelegte Vegetationsdecke aus Gräsern zumeist unterschiedlicher Arten, die regelmäßig gemäht wird. Im Gegensatz zu Wiesen und Weiden, die landwirtschaftlichen Zwecken dienen, indem z. B. Wiesen zur Produktion von Heu angelegt werden oder im Fall von Weiden Standorte der Tierhaltung sind, werden Rasenflächen nicht landwirtschaftlich genutzt. Historisch betrachtet dürften die ersten Rasenflächen wahrscheinlich aus Wiesenflächen entstanden sein. Einen sehr informativen Überblick über die Historie der Anlage und Pflege von Rasenflächen in Europa gibt Kauter (2002).

Gräser sind ausdauernde Steppenpflanzen, die recht robust gegenüber ungünstigen Witterungsbedingungen (z. B. Trockenheit und Frost) sind, allerdings weniger gut in Schattenlagen gedeihen. Rasenflächen bestehen faktisch immer aus einer Mischung unterschiedlicher Grasarten, die je nach Rasenmischung auch noch unterschiedliche Sorten einer Grasart enthalten können. In Deutschland wird das Saatgut, mit dem man Rasen je nach seinem Nutzungszweck ansäen kann, in sogenannte Regel-Saatgut-Mischungen (RSM) eingeordnet, die in DIN 18917 beschrieben sind. Je nach dem Zweck der Anlage und der Nutzung lassen sich unterscheide Typen von Rasen unterscheiden.

Landschaftsrasen dienen der Landschaftspflege oder haben oft auch vegetationstechnische Funktionen, z. B. in der Böschungs- oder Skipistenbefestigung und Begrünung. Nach der Etablierung, oft auch auf Rohböden, werden sie meist nicht weiter gepflegt, es erfolgt, wenn überhaupt, nur eine gelegentliche Mahd. Die einschlägigen Samenmischungen enthalten meist autochthone Extensivgräser, d. h. pflegeleichte Grasarten, die standortspezifisch natürlicher Weise vorkommen, sowie einige Kräuter.

Zu **Haus- und Gebrauchsrasen** zählen die Flächen in Haus- und Kleingärten sowie Parkanlagen und Liegewiesen. Sie werden meist auf dem anstehenden Oberboden angelegt, zur Ansaat kommen Gebrauchsrasenmischungen mit Ausdauerndem Weidelgras (*Lolium perenne*), Wiesenrispe (*Poa pratensis*) sowie Rotschwingel (*Festuca rubra*). Kultursorten dieser Grasarten haben einen dichten Wuchs aus feinen Blättern und sind tiefschnittverträglich. Auf diese Weise erhalten sie einen hohen Zierwert, ertragen aber auch gelegentliche Belastung durch Betreten, Pflegemaßnahmen und bei Nutzung als Spielfläche. Die Pflege beschränkt sich auf die Mahd, meist ohne Schnittgutabfuhr sowie gelegentliches Beregnen. Eine Besonderheit stellen Blumenwiesen dar, deren Samenmischungen auch Wiesenkräuter enthalten. Solche Flächen werden seltener und vor allem erst nach Abreife des Blütenflors gemäht und dienen vornehmlich ästhetischen Zwecken sowie als Beitrag zur biologischen Vielfalt in der Landschaft.

Zu **Sportrasen** zählen u. a. die meisten Fußballfelder und auf den Golfplätzen die Abschläge, Spielbahnen und die Grüns. Neben der häufigen und tiefen Mahd (auf Golfgrüns bisweilen täglich mit einer Schnitthöhe von wenigen Millimetern) werden die Gräser durch den Spielbetrieb sehr belastet. Bei Ballsportarten wie Fußball braucht die Narbe und damit das Wurzelwerk zusätzlich eine ausreichende Scherfestigkeit. Hinzu kommen die mechanischen Belastungen durch die schweren Pflegegeräte wie z. B. Rasenmäher. Zum Erhalt ihrer sportspezifischen Funktion benötigen Graspflanzen stets eine ausreichende Regenerationskraft, was eine entsprechende Pflege und Düngung voraussetzt.

Die Narben bestehen meist aus den strapazierfähigen Rasengrasarten Ausdauerndes Weidelgras und Wiesenrispe, vereinzelt auch Rohrschwingel (*Festuca arundinacea*). Golfgrüns bestehen hauptsächlich aus dem besonders tiefschnittverträglichen Flechtstraußgras (*Agrostis stolonifera*), seltener aus Rotschwingel. Hinzu kommt je nach Standort und Art der Pflege die invasive Einjährige Rispe (*Poa annua*), die aber infolge geringer Scherfestigkeit und unzureichender Winterfarbe unerwünscht ist.

Die Anlage der Sportrasenflächen erfolgt auf abgemagerten Oberboden oder speziellen normierten Sandaufbauten (DIN 18035, Teil 4). Zweck der Sandaufbauten ist die rasche Abführung von Niederschlagswasser, damit die Nutzung nicht eingeschränkt werden muss, was insbesondere für Stadionrasen und Golfgrünaufbauten gilt. Damit einher geht allerdings eine reduzierte Speicherkapazität für Wasser und Nährstoffe, die dann entsprechend ergänzt werden müssen.

Die Pflege von Sportrasenflächen nach der Etablierung umfasst Düngen, Beregnen, Mähen, Vertikutieren, Besanden zum Erhalt der Drainfähigkeit des Bodenaufbaus sowie bei Bedarf auch Pflanzenschutzmaßnahmen.

4.9.2 Diagnose

Die Mineralstoffanalyse von Rasengräsern zur Ermittlung des Ernährungszustandes oder gar des Düngebedarfes ist wenig verbreitet. Als Gründe können gelten:

- Rasenflächen sind stets eine Mischung aus verschiedenen Grasarten und Sorten. Optimalbereiche für Nährstoffgehalte zu erarbeiten ist sehr aufwändig und konnte bisher nur in

Einzelfällen geleistet werden. Hinweise geben allerdings optimale Bereiche für artdominante Mischungen, z. B. *Lolium*-dominante Grasnarben (s. Tab. 4-72).

- Es gibt mitunter jahreszeitliche Schwankungen in den Nährstoffgehalten der Blätter und der Probenahmetermin sollte nicht vom vorhergehenden Düngetermin beeinflusst sein.
- Im Gegensatz zu Verkaufskulturen mit gewogenen Erträgen stehen beim Rasen Werte wie Regenerationskraft, Bestockung, optischer Aspekt und Farbe, Mähaufwand oder Infektionsanfälligkeit im Vordergrund einer Optimierung durch Düngung. Diese Parameter sind numerisch aber nicht einfach zu erfassen.
- Das Mähgut dient nicht wie bei Wiesen und Weiden der Tierernährung und hat daher keine ernährungsphysiologische Bedeutung.
- Ältere Angaben für Gehaltsbereiche wurden an Futtergrassorten ermittelt und gelten für den Blühbeginn, ein Zustand, der bei Rasengräsern kaum erreicht wird.

Wachstumsmotor und Leitelement für das Gräserwachstum ist der Stickstoff. Für andere Makronährstoffe wie Phosphor, Kalium, Magnesium sowie die Mikronährstoffe gibt es meist nur einen schwachen Zusammenhang zwischen den Blattgehalten und der Wuchsleistung oder dem optischen Aspekt. Tabelle 4-72 nennt orientierende Werte für Mineralstoffgehalte in Blättern von Rasengräsern. Für

Tab. 4-72: Anzustrebende Mineralstoffgehalte im Schnittgut von Rasengräsern sowie deren Symptome bei Mangel (nach Dara 1996; Römheld, 1994; Skirde, 1982).

Nährstoff	Anzustrebender Bereich (% i.d. TM bzw. mg/kg TM)	Symptome bei Mangel
Stickstoff	2,5–5,0 %	Hellgrüne bis gelbliche Farbe der Blätter, wenige Blätter und geringe Bestockung der Pflanzen
Phosphor	0,3–0,5 %	Blattfarbe wechselt von dunkelgrün nach violett, schlechte Regenerationsfähigkeit im Frühjahr
Kalium	2,0–3,5 %	Alte Blätter werden zuerst gelb, später erfolgt Absterben beginnend an den Blatträndern, bisweilen zeigt sich Chlorose im Frühjahr
Magnesium	0,20–0,60 %	Ältere Blätter verfärben sich rötlich, beginnend an den Blatträndern
Calcium	0,50–1,25 %	Rötlich-braune Verfärbung der jüngeren Blätter, beginnend an den Blatträndern
Schwefel	0,20–0,45 %	Mangelsymptome ähnlich N-Mangel
Eisen	35–100 mg/kg	Streifenchlorosen, beginnend an den jüngeren Blättern, bei starkem Mangel verfärben sich die Blätter weißlich
Mangan	25–100 mg/kg	Punktförmige Chlorosen an den jüngeren Blättern, bisweilen zeigen sich nekrotische Flecken
Zink	20–40 mg/kg	Kleinblättrigkeit, Chlorosen und Nekrosen
Kupfer	5–10 mg/kg	Weißspitzigkeit, Absterben der Blattspitzen
Bor	5–10 mg/kg	Absterben der Sproßspitzen, Chlorosen
Molybdän	0,1–0,4 mg/kg	Aufhellungen an älteren Blättern (ähnlich N)

die Analyse der Blätter sollte die Probenahme aus dem Fangkorb des Mähers erfolgen, allerdings mit einem zeitlichen Mindestabstand nach der letzten Düngung von 4 Wochen. Diese Werte gelten allgemein für Rasen unserer Breiten mit üblicherweise Weidelgras (*Lolium perenne*) dominierten Beständen. Für Flechtstraußgras (*Agrostis* ssp.) sind hingegen etwas höhere Gehalte, für Rotschwingel (*Festuca*) dominierte Bestände geringere Mindestwerte anzusetzen. Für sogenannte »warm-season-Gräser« im mediterranen Raum und in den Subtropen und Tropen gelten andere Werte.

Abbildung 4-35 zeigt ein Beispiel über den Zusammenhang zwischen der Trockensubstanzproduktion und dem Stickstoffgehalt im Schnittgut eines reinen Weidelgras-Bestands, der in Mitscherlich-Gefäßen kultviert wurde. Im Mittel der fünf durchgeführten Schnitte wurden 90 % der höchsten Trockensubstanzerträge bei rund 4,3 % N in der TM beobachtet. Dabei enthielt der erste Schnitt besonders viel N infolge der N-Gabe nach dem Auflaufen, der letzte Schnitt hingegen nur 2 % N. Allerdings ist bei der Rasenkultur die Trockensubstanzproduktion kein Produktionsziel, im Gegenteil, zusätzliche Mäharbeit ist unerwünscht. Aber eine gute N-Versorgung ist die Basis für die Regenerationskraft der Narbe, sowohl das Blattwachstum als auch die Bestockung werden hierdurch gefördert. Dadurch erhöhen sich die Belastbarkeit und die mögliche Nutzungsintensität der Rasennarbe.

Einen ergänzenden Hinweis auf eine ausgewogene Ernährung der Gräser von Intensivrasen liefert das Verhältnis der Makronährstoffe im Schnittgut. Als optimale N-P-K Verhältnisse gibt Skirde (1982) Verhältnisse von N : P : K = 1 : 0,15 : 0,8 an.

Tabelle 4-71 gibt auch eine Kurzbeschreibung der Schadsymptome an Rasengräsern bei einer Unterversorgung mit den jeweiligen Nährelementen wieder. Außer beim Stickstoff zeigen sich in der Praxis die beschriebenen Mangelsymptome infolge üblicher Düngungsprogramme und der vorhandenen Bodengehalte nur selten. Allerdings steigt bei den Bodenaufbauten mit abnehmenden Oberbodenanteil und zunehmenden Sandanteil auch die Möglichkeit einer Unterversorgung. Die Pflanzen benötigen die Mikronährstoffe nur in sehr geringen Mengen, oft sind sie auch in den Rasendüngern enthalten. Auch wird bisweilen eine

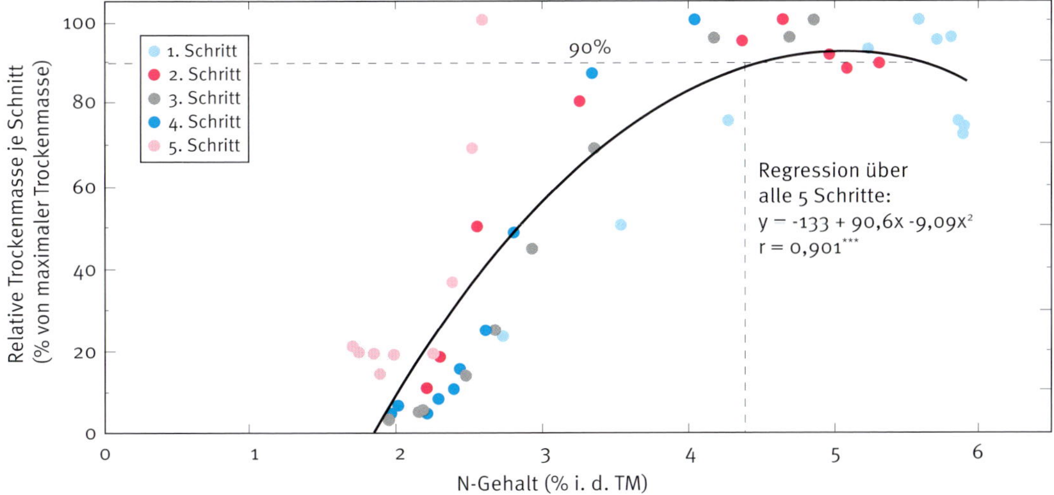

Abb. 4-35: Einfluss des Stickstoffgehaltes in Blättern auf die relative Trockensubstanzproduktion je Schnitt von Weidelgras im Gefäßversuch (Wissemeier & Weigelt, unveröffentlicht).

Überversorgung angestrebt: Bei Eisen zur Förderung der Bildung von Chloroplasten, wodurch die erwünschte dunkelgrüne Blattfarbe verstärkt wird; bei Mangan zur Verminderung der Krankheitsanfälligkeit gegenüber pilzlichen Schaderregern (Thompson und Huber, 2007). Die Düngung erfolgt jeweils als Metall-Sulfat oder als Metall-Chelat.

Neben diesen chemisch ermittelten Mineralstoffgehalten besteht seit einigen Jahren die Möglichkeit, den Ernährungszustand zumindest von Stickstoff optisch mithilfe der Reflektion der Blätter im sichtbaren und Nahinfrarotbereich zu messen (Bell *et al.* 2004). Dabei macht man sich den Effekt zu Nutze, dass das Chlorophyll je nach N-Ernährungszustand die kurzwellige Infrarotstrahlung unterschiedlich reflektiert. Entsprechende Geräte werden im Markt angeboten, bevorzugt für den Getreideanbau, um die Höhe der N-Gaben in Abhängigkeit vom Ernährungszustand der Pflanze zu bemessen (s. Kap. 5). Für eine qualitative Aussage über die Höhe des anstehenden N-Bedarfes sind jedoch aufwändige Eichreihen notwendig. Außerdem setzt dieses Verfahren voraus, das ausschließlich Stickstoff das im Minimum befindliche Element ist. Änderungen im Chlorophyllgehalt mit entsprechenden Änderungen im Reflexionsverhalten der Blätter wie z. B. durch Mangel an Eisen oder gar eine Pilzinfektion können nicht vom N-Mangel unterschieden werden. Eine Empfehlung zur Anwendung optischer Verfahren für eine sichere Diagnose von Ernährungsstörungen bei Rasen kann – Stand heute – nicht gegeben werden. Es bleibt aber zu hoffen, dass dieses durch neue technische Entwicklungen zukünftig möglich sein wird um dadurch Diagnosen zu vereinfachen.

4.9.3 Düngung

Rasengräser benötigen Nährstoffe zur Unterhaltung ihrer Lebensfähigkeit, zum Wachstum und zur vegetativen und generativen Reproduktion. Beim Mähen werden den Rasengräsern große Teile ihres Assimilationsapparates entfernt, die durch Nachwuchs der Blätter oder Neubildung von Blatttrieben wieder ausgeglichen werden müssen. Hierfür ist eine ausreichende Nährstoff-, aber auch Wasserversorgung Voraussetzung. Auf weniger intensiv beanspruchten Flächen verbleiben das Schnittgut und damit die darin enthaltenen Nährstoffe oft auf der Fläche (Mulchschnitt). Auf Flächen mit hohen Ansprüchen an die Oberflächenebenheit, Funktionalität oder die Optik wird das Schnittgut jedoch entfernt, womit auch die damit entzogenen Nährstoffe durch Düngung wieder ergänzt werden müssen. Auch gilt es, nach einer überstandenen Pilzinfektion oder Kalamität wieder für ausreichend Regenerationskraft des Rasens zu sorgen. So schwächt eine unzureichende Nährstoffversorgung wie auch eine Überversorgung z. B. an Stickstoff den pflanzlichen Organismus und begünstigt den Befall mit Pilzkrankheiten. Unabhängig vom jeweiligen Düngesystem sind die Düngeverordnung und jeweiligen regionalen Auflagen und Regelungen zum Schutz der Oberflächengewässer und des Grundwassers bei der Düngung bindend einzuhalten.

Düngungszeitpunkt

Bei Rasen liegt ein erhöhter Nährstoffbedarf in der ersten Jahreshälfte vor. Die Wachstumsrate und damit die Regenerationsfähigkeit der Narbe steigen mit der Tageslänge an und nehmen bei kürzeren Tagen, verbunden mit einer sommerlichen Trockenheit, wieder ab. Diesen rasentypischen Verlauf des Wachstums, dem auch die Düngung Rechnung tragen sollte, gibt Abbildung 4-36 in der grünen Kurve »ohne Dünger« wieder. Üblicherweise sind auch die Stickstoff-Mineralisationsraten aus dem Boden im Frühjahr infolge der niedrigen Temperaturen recht gering. Somit erfolgt die erste Düngung bereits im zeitigen Frühjahr, eine zweite erfolgt nach dem Ende des bei Gräsern natürlichen Wachstumsschubes Ende Mai. Rund 2/3 des N-Bedarfes sollten insgesamt in dieser Zeit ausgebracht werden. Eine (oder mehrere) weitere Gabe(n) erfolgt/en dann im Spätsommer. Allerdings gibt es eine Vielzahl an Variationsmöglichkeiten, je nach Standorteigenschaften und Pflegeziel, die empfohlenen Nährstoffmengen sind dann entsprechend aufzuteilen.

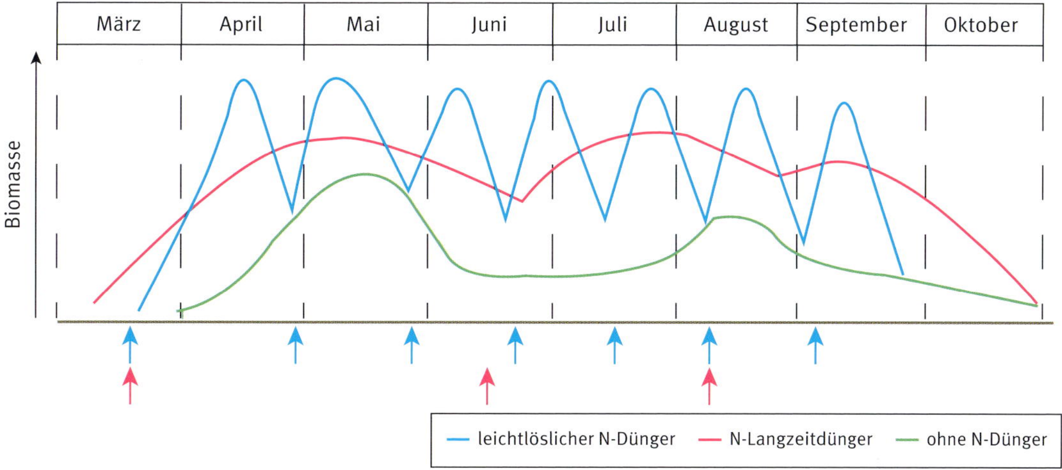

Abb. 4-36: Aufwuchs von Rasen im Jahresgang bei Düngung mit leichtlöslich Stickstoff oder mit Stickstoff-Langzeitdüngern an 7 bzw. 3 Terminen (Pfeile) und ohne Düngung; schematisch, nach Prün (1981).

Düngerform

Die Düngerindustrie stellt speziell für den Einsatz auf Rasenflächen eine Vielzahl von Produkten bereit. Sie unterscheiden sich von handelsüblichen Düngern für die Landwirtschaft durch wesentlich feinere Granulate, was das Einrieseln in die Narbe erleichtert, die Optik nicht beeinträchtigt sowie bei späteren Mähgängen eine Wiederaufnahme mit Pflegeräten weitgehend verhindert. Meist handelt es sich dabei um Mehrnährstoffdünger, die die benötigten Nährelemente in einem an den Bedarf angepassten Verhältnis enthalten. Besonderes Augenmerk liegt in der chemischen Bindungsform des Stickstoffs im Dünger.

Leichtlösliche N-Formen

Ammonium und Nitrat sind die Endstufen der Stickstoffumsetzungen im Boden und werden von den Graswurzeln leicht in großen Mengen aufgenommen. Auf diese Weise kann ein Sofortbedarf an Stickstoff sehr rasch gedeckt werden und die Pflanzen ergrünen umgehend. Gleiches gilt praktisch auch für Harnstoff, der in der Grasnarbe innerhalb von wenigen Stunden nach der Ausbringung in Ammonium umgewandelt wird. Diese Umsetzung wird durch das Enzym Urease katalysiert, das im Boden und besonders im Narbenmaterial reichlich vorhanden ist. Somit sollten mit diesen N-Formen nur geringe Mengen an N appliziert werden, ansonsten erfolgt ein unerwünschter starker Wachstumsschub mit zusätzlicher Mäharbeit. Bei ausschließlicher Verwendung dieser rasch wirkenden N-Verbindungen wird die N-Menge in viele Gaben unterteilt. Dabei sollte in einer Gabe die N-Menge von 4–6 g N/m^2 nicht überschritten werden.

Seit einigen Jahren werden N-Dünger mit Inhibitoren angeboten. Diese Substanzen beeinflussen bei Rasen nicht die rasche Verfügbarkeit von Ammonium und Nitrat, reduzieren aber deutlich mögliche Verluste in die Umwelt und fördern somit die Stickstoffeffizienz der ausgebrachten Düngung:

- **Nitrifikationshemmstoffe** verzögern die normalerweise im Boden rasch ablaufende Umwandlung des Ammoniums in Nitrat. Ammonium wird im Boden im Gegensatz zu Nitrat gut sorbiert. Damit kann die Gefahr einer N-Auswaschung reduziert werden, die aber unter intakten Rasenflächen grundsätzlich gering ist. Aber die Bildung von klimarelevanten N_2O ist gleichfalls vermindert. Beide N-Formen sind von den Pflanzen gut zu nutzen, aber ein höherer Anteil an Ammonium-N an der N-Ernährung der Pflanzen ist für diese energetisch von Vorteil im Vergleich zu einem hohen Anteil an Nitrat-Stickstoff. Bekannte Nitrifikationsinhibitoren sind z. B. DCD, DMPP und Methylpyrazol.

- **Ureaseinhibitoren:** Die Umwandlung des Harnstoffs erfolgt sehr rasch mittels der ubiquitär vorhandenen Urease. Dieses Enzym hydrolisiert den Harnstoff zu Ammoniak und Ammonium, wobei nennenswerte Mengen an gasförmigem Ammoniak in die Atmosphäre entweichen können. Die Verluste sind umso größer, je höher der Boden-pH Wert ist und je mehr organische Substanz auf der Bodenoberfläche liegt, was bei einer Grasnarbe naturgemäß der Fall ist. Ureasehemmstoffe blockieren für wenige Tage die Ureaseaktivität und ermöglichen so eine langsame Umsetzung des Harnstoffs, was die Ammoniakverluste deutlich reduziert. In Deutschland laut Düngemittelgesetzt zugelassene Ureaseinhibitoren sind NBPT, eine Kombination von NBPT und NPPT, sowie 2-NPT.

N-Langzeitverbindungen

Während Phosphor und Kalium im Boden sorbiert werden und allmählich den Wurzeln zur Verfügung stehen, ist dies beim Leitelement Stickstoff praktisch nicht der Fall. Ammonium und Nitratstickstoff aus dem Dünger lösen sich rasch in der Bodenlösung und werden innerhalb weniger Tage vollständig aufgenommen (Bowman, 1989), denn Rasen verfügt über ein flaches und äußerst dichtes und leistungsfähiges Wurzelsystem im Vergleich zu anderen gärtnerischen oder landwirtschaftlichen Kulturen (Abb. 4-37). Bei Ausbringung leicht löslicher, sofort verfügbare Nährstoffe erfolgt daher eine sehr rasche Aufnahme, wodurch ein Wachstumsschub resultiert, der mit unnötiger Mäharbeit und anschließender Unterversorgung verbunden ist.

Dieser Zusammenhang zwischen der Ausbringung von leichtlöslichen N-Düngern auf das Wachstum von Rasen im Vergleich zu schwerlöslichen N-Langzeit-Düngern wird schematisch in Abbildung 4-36 veranschaulicht. Bei Verwendung von Langzeitdüngern verläuft die Wachstumsförderung durch die Düngung wesentlich gleichmäßiger als bei den vielen Einzelgaben von leichtlöslichen N.

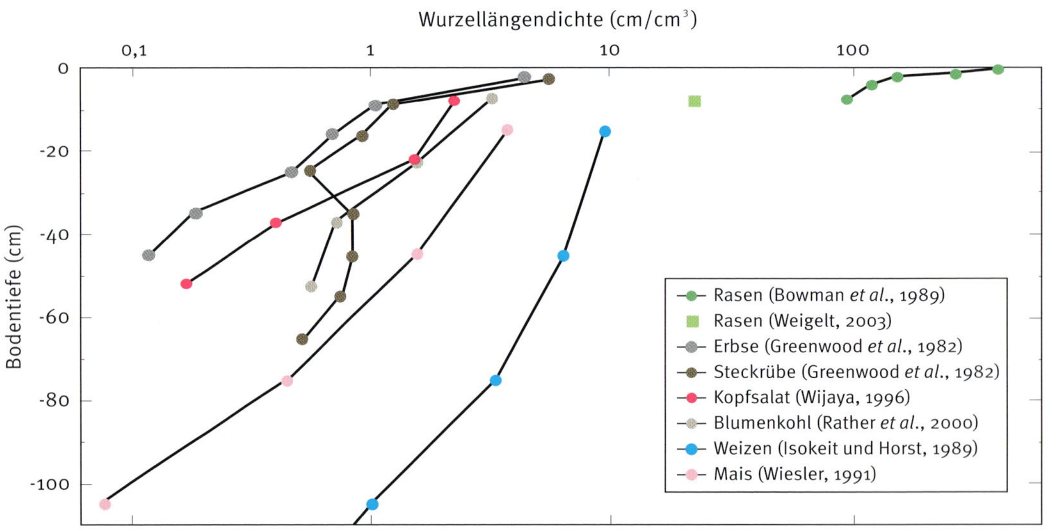

Abb. 4-37: Wurzellängendichten (beachte logarithmischer Maßstab) der Dauerkultur Rasen sowie bei verschiedener gärtnerischer und landwirtschaftlicher Kulturen zum Zeitpunkt der Ernte oder der Blüte (Zusammenstellung von Wissemeier, unveröffentlicht).

Ziel der Rasenpflege ist es, konstante Wachstumsraten und einen gleichmäßigen Farbaspekt zu erzielen. Hierfür muss der Stickstoff somit langsam verfügbar werden, entsprechende Dünger enthalten:

- N-Langzeitverbindungen: Organisch-synthetische Moleküle, der Stickstoff wird erst nach mikrobieller oder chemischer Umwandlung pflanzenverfügbar. Bekannte Verbindungen sind die Methylenharnstoffe (MU), Isobutylidendiharnstoff (IBDH) und Crotonylidendiharnstoff (CDH). In Kombination mit leichtlöslichen Nitrat-, Ammonium- oder Harnstoffstickstoff ergeben sich N-haltige Rasendünger mit Sofort- und Langzeitwirkung.
- Umhüllte Dünger: Hierbei müssen die Düngernährstoffe durch eine Membran in die Bodenlösung diffundieren ehe sie von den Pflanzenwurzeln aufgenommen werden können. Auf diese Weise wird eine physikalische Langzeitwirkung erzielt. Zur Umhüllung kommen verschiedene NPK-Dünger, aber auch reine N-Verbindungen wie Harnstoff. Kunststoffumhüllte Düngergranalien können eine ausgeprägte Langzeitwirkung entwickeln, Umhüllungen mit elementarem Schwefel hingegen bewirken nur eine schwache Retard-Wirkung. Nachteil dieser Düngertypen auf Sportrasen ist die mögliche Beschädigung der Hülle durch die Belastung, womit die Langzeitwirkung verloren geht. Auch könnte die Abbaubarkeit eines nicht ausreichend abbaubaren Hüllmaterials der Anwendung eines solchen Düngertyps auf Rasen entgegenstehen.
- Organische Dünger: organische Materialien enthalten meist nur geringe Mengen an Stickstoff, weshalb bei den üblicherweise notwendigen hohen N-Düngermengen auch größere Mengen an Düngermaterial auf den Rasen aufgebracht werden müssen. Hierdurch ist eine Beeinträchtigung der Funktionalität der Rasenfläche möglich. Dieser Stickstoff ist zumeist nicht direkt pflanzenverfügbar, sondern muss erst durch die Bodenmikroorganismen im Prozess der Mineralisation zu Mineralstickstoff (NH_4, NO_3) umgewandelt werden. Dieser Prozess ist temperaturabhängig und langwierig, sodass eine nennenswerte N-Düngerwirkung im Frühjahr kaum zu erwarten und in späterer Jahreszeit schwer einzuschätzen ist.

Allen N-Langzeitverbindungen ist gemeinsam, dass mögliche N-Auswaschungsverluste in das Grundwasser bei sachgerechter Anwendung infolge der permanenten Pflanzendecke und dem äußerst dichten Wurzelwerk äußerst gering sind, wie eigene Untersuchungen in Lysimetern zeigten. Gasförmige Verluste können hingegen durchaus entstehen. Abbildung 4-38 zeigt die Lachgas-Emissionen (N_2O) nach einer Rasendüngung. Sie sind jedoch bei Verwendung von N-Langzeit-Düngern (in diesem Fall IBDH) gegenüber der Verwendung von leichtlöslichem Kalkammonsalpeter (KAS) deutlich reduziert. Deutlich wir auch, dass die N_2O-Emissionen einer Rasenfläche unter Belastung deutlich höher ausfallen können als ohne Belastung. Ein Grund hierfür dürfte aufgrund der Bodenverdichtung und dem damit reduzierten Porenvolumen des Bodens eine verstärkte N_2O-Bildung aus der zum Teil anaeroben Denitrifikation sein.

Zur Sicherstellung sowohl einer Sofort- als auch einer Langzeitwirkung werden meistens Dünger mit leichtlöslichen N-Verbindungen für die Kurzzeitwirkung in Kombination mit Langzeitverbindungen für eine Dauerwirkung verwendet. Solche Kombinationsdünger können mit 6–8 g N/m^2 ausgebracht werden.

Üblicherweise werden im Rasenbereich Mehrnährstoffdünger eingesetzt. Dabei erfolgt die Dosierung über den Stickstoffbedarf. Die anderen Makronährstoffe sind in einem Verhältnis dazu enthalten, ähnlich dem im Schnittgut. Üblicherweise handelt es sich um Stickstoff-betonte Formeln im Verhältnis $N : P_2O_5 : K_2O$ von 1 : 0,3–0,4 : 0,8–1,0. Meist sind es Feingranulate, entweder mit allen Nährstoffen in einem Korn oder auch als Mischdünger (Bulk Blends). Bisweilen werden für die Herbstdüngung Kali-betonte NPK-Formeln verwendet mit dem Ziel der Vermei-

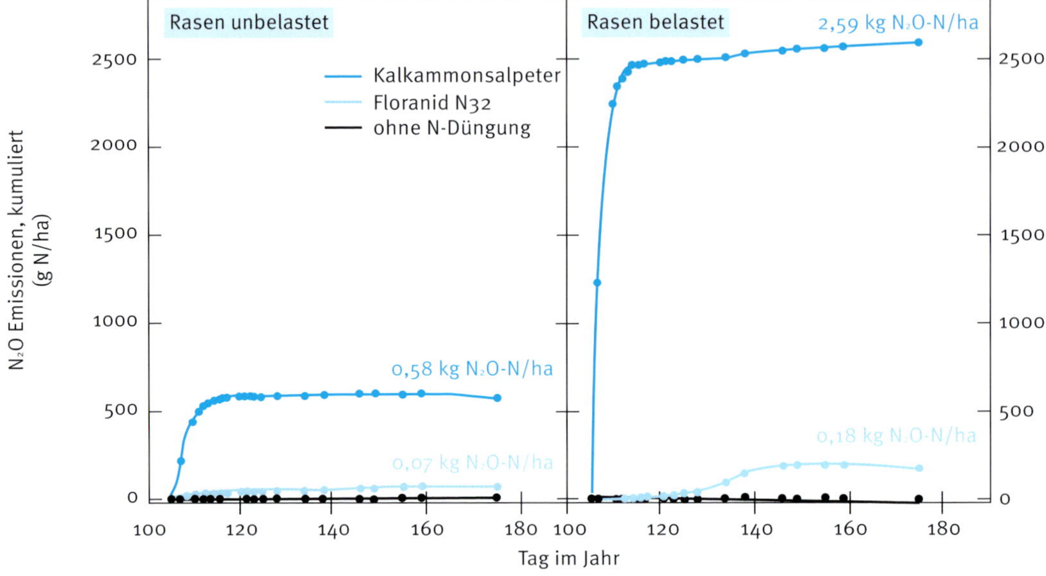

Abb. 4-38: Kumulierte Lachgasemissionen von Rasenflächen ohne und mit Belastung bei Verwendung verschiedener N-Dünger. (Düngung: 8 g N/m² am 15. April; Belastung mit Stollenwalze 1 × pro Woche; Wissemeier *et al.*, unveröffentlicht).

dung eines vorwinterlichen Wachstumsschubes sowie einer Stärkung der Gräser für den Winter.

Neben der Düngung mit Granulaten ist auch eine (teilweise) Düngung mit Flüssigdüngern möglich, beispielsweise bei akutem Nährstoffmangel, der eine unverzügliche Verbesserung der Nährstoffversorgung erfordert. Ein anderer Grund hierfür mag das Vermeiden von möglicherweise spielstörenden Granulaten (z. B. auf Golfgrüns) kurz nach der Ausbringung sein. Auch lässt sich die Nährstoffgabe in eine beliebige Anzahl Gaben unterteilen. Verwendet werden meist vor Ort aufgelöste NPK-Nährsalze oder entsprechende Flüssigdüngerfertigformulierungen. Bei der Flüssigdüngung ist zu unterscheiden:

- Bewässerungsdüngung: Hierbei werden der Flüssigdünger in die Beregnungsleitung eingespeist und mit den Regnern auf der Fläche verteilt. Problematisch kann dabei allerdings die Windanfälligkeit der Ausbringung sein, was den Dünger ungleichmäßig verteilt. Letztlich handelt es sich hierbei um eine Bodendüngung, die Nährstoffaufnahme erfolgt über die Wurzel.
- Blattdüngung: Hier erfolgt die Ausbringung mit einer Pflanzenschutzmittelspritze auf die Rasenfläche. Die ausgebrachte Flüssigkeitsmenge ist relativ gering, sodass zumindest ein Teil der Nährstoffe auf dem Blatt verbleibt und von diesem aufgenommen werden kann. Allerdings können sie bei dem nächsten Schnitt auch wieder von der Fläche abtransportiert werden. Es ist davon auszugehen, dass ein Teil der Nährstoffe durch Tau, Regen oder Beregnung auf den Boden gelangt und dann von den Wurzeln aufgenommen wird.

Zur Stärkung der Pflanzengesundheit, des Wurzelwachstums oder der Steigerung einer Stressresistenz werden Pflanzenhilfsmittel und Pflanzenstärkungsmittel angeboten. Hierbei handelt sich um Produkte aus unterschiedlichen Materialien wie z. B. Algenextrakte, Pflanzenextrakte, Aminosäuren, Siliziumsalze oder Mikroorganismen. Oft beruht die ausgelobte Wirkung auf wissenschaftlich-theoretischen Überlegungen und weniger auf biologischen Wirkungsnachweisen. Bisweilen fehlt gar eine einleuchtende Arbeitshypothese zur Wirkung.

Düngungshöhe

Das Leitelement bei der Dosierung der Düngung ist der Stickstoff. Die anderen Nährstoffe werden über das Jahr gesehen in den erwähnten Verhältnissen N : P_2O_5 : K_2O von 1 : 0,3 - 0,4 : 0,8 - 1,0 mitgedüngt, sofern die Bodengehalte an Phosphor, Kalium und auch Magnesium eine normale Versorgungsstufe aufweisen. Eine Bodenanalyse gibt hierüber Auskunft. Die Höhe der N-Düngung ist abhängig von Standort, Ausgangsbodenart, Nutzungsintensität und Bauweise des Rasens.

Bei Sportrasen liegt der Jahresbedarf zwischen 12 und 25 g N/m^2, aufzuteilen in 3–5 Gaben, je nach Ernährungszustand der Gräser und der Jahreszeit. Haupteinflussfaktoren für den N-Bedarf sind der Bodenaufbau sowie die Nutzungsintensität mit der Anzahl an Stunden pro Woche. Dabei wird unterschieden:

- geringe Belastung: <15 h pro Woche
- mittlere Belastung: 15–25 h pro Woche
- hohe Belastung: >25 h pro Woche.

Bei Golfrasen spielt neben der Bauweise die Artendominanz eine große Rolle. Einen besonders hohen N-Bedarf haben die Golfgrüns mit Flechtstraußgras (*Agrostis* ssp.) im abgemagerten Dränschichtaufbau mit teilweise mehr als 30 g N/m^2.

Die Tabellen 4-73 und 4-74 nennen orientierend den N-Düngebedarf in Abhängigkeit von der Nutzung, Bauweise, Narbenzusammensetzung und Pflege für Sportplätze und Golfanlagen. Der genannte Regelbedarf ist dann den jeweils gegebenen Bedingungen anzupassen. So erhöht sich der N-Bedarf durch Düngung bei:

- Oberboden-armen Aufbauten,
- Neuanlagen oder jungen Rasenflächen, da die Narbenbildung in den ersten Jahren einen zusätzlichen Nährstoffbedarf erfordert,
- hoher Belastung oder Winterspielbetrieb, da der Verschleiß der Narbe durch zusätzliches Wachstum ersetzt werden muss,
- Winterspielbetrieb oder bei einer Rasenheizung, da sich hierdurch die Wachstumsperiode verlängert.

Der Nährstoffbedarf durch Düngung vermindert sich bei:

- Schnittgutverbleib auf der Fläche,
- extensiver Nutzung der Fläche,
- bei Golfgrüns mit Rotschwingel-Dominanz, da diese Grasart einen deutlich geringeren N-Bedarf hat als das übliche Flechtstraußgras (zusätzlich wird die unerwünschte invasive Einjährige Rispe (*Poa annua*) zurückgedrängt),
- bei intensiver Bodenpflege durch Vertikutieren, Lockern etc. zur Förderung der N-Mineralisation aus dem Boden.

Empfehlenswerte Gesamtdarstellungen zum Thema Rasen stellen die Bücher von Thieme-Hack (2018), Gandert und Bures (1991) sowie das AID-Heft »Rasen: Anlegen und Pflegen« von Müller-Beck und Nonn (2013) dar. Weitere Informationen finden sich auf den Internetseiten der Deutsche Rasengesellschaft (DRG) (www.rasengesellschaft.de), sowie der Forschungsgesellschaft Landschaftsentwicklung Landschaftsbau (FLL) (www.fll.de).

Tab. 4-73: Ermittlung des N-Düngebedarfs von Rasensportplätzen (verändert nach Skirde, 1993).

Bauweise	**Normgerechter Bodenaufbau**			**Oberbodenaufbau**	
		Bodennahe Bauweise Hauptbodenart des Baugrunds			
Regelbedarf und Einflussfaktor	**Sand/Kies**	**Lehm/Ton**	**Dränschicht-Aufbau**	**Humusarme Sandböden**	**Tiefgründige Lehmböden**
N-Regelbedarf (g/m² pro Jahr)[1]					
Belastung:					
gering	15	12	15	15	12
mittel	20	16	20	20	16
hoch	25	20	25	25	20
Winterbenutzung	+	+	+	+	+
Alter unter 3 Jahre	+	+	+	o	o
Alter über 5 Jahre	–	–	–	o	o
Baugrund aus Rohboden	+	+	o	o	o
Rasentragschicht ohne Oberboden	+	o	+	o	o
Tragschicht unter 8 cm	–	–	o	o	o
Intensive Bodenpflege	–	–	–	–	–
Schnittgut, überwiegend Verbleib	–	–	–	–	–

o = Regelbedarf oder nicht zutreffend
+ = Erhöhung des Regelbedarfs
- = Reduzierung des Regelbedarfs

[1] besondere Situationen, wie Renovation, intensives Vertikutieren oder extremer Krankheitsbefall, erfordern eine einmalige Zusatzdüngung

Tab. 4-74: Ermittlung des N-Düngebedarfs von Golfrasenflächen (verändert nach Skirde, 1993).

	Grün/Vorgrün		**Abschlag**	
Bauweise	Dränschicht-Bauweise einschl. nach USGA[1]	Oberboden-aufbau	Dränschicht-Bauweise einschl. nach USGA	Oberboden-aufbau
Regelbedarf und Einflussfaktor				
N-Regelbedarf (g/m² pro Jahr)[2]				
Artendominanz:				
Festuca rubra	25	20	20	15
Agrostis, Poa annua	30	25	25	20
Lolium perenne, Poa pratensis			25	25
Rasentragschicht ohne Oberboden	+	o	+	o
Alter unter 3 Jahre	+	o	+	o
Alter über 5 Jahre	-	o	-	o
Spielzeit über 8 Monate	+	+	+	+
Hohe Belastung	+	+	+	+
Schnittgut, überwiegend Verbleib	o	o	-	-

o = Regelbedarf oder nicht zutreffend
+ = Erhöhung des Regelbedarfs
- = Reduzierung des Regelbedarfs

[1] United States Golf Association
[2] besondere Situationen, wie Renovation, intensives Vertikutieren oder extremer Krankheitsbefall, erfordern eine einmalige Zusatzdüngung

5 Optische Verfahren zur Diagnose

Hans-Werner Olfs

Der klassischen, in der Regel auf Laboruntersuchungen basierenden Pflanzenanalyse können optische Verfahren, die ebenfalls diagnostische Aussagen über den aktuellen Ernährungszustand einer Pflanze erlauben, zur Seite stehen. Einen Spezialfall der visuellen Diagnose stellen licht- und elektronenmikroskopische Untersuchungen der Fein- und Ultrastruktur von Zellen und Zellorganellen dar. An diesen Strukturen können bei einzelnen Nährstoffmängeln charakteristische Veränderungen auftreten (Hecht-Buchholz, 1983). Diese Untersuchungen setzten einen nicht unbedeutenden technischen und apparativen Aufwand sowie speziell geschultes Personal voraus. Sie sind bislang nur von grundsätzlichem, nicht aber von praktischem, diagnostischem Interesse in Landwirtschaft und Gartenbau. Im Folgenden werden daher nur Verfahren betrachtet, die mithilfe von Messgeräten quantitative Daten liefern. Zerstörungsfreie Methoden zur Ermittlung des Ernährungszustandes von Pflanzen sind besonders attraktiv, da sie die Pflanze unverletzt lassen.

5.1 Handgeräte zur Einzelblattmessung

5.1.1 Chlorophyll-Gehalt

In der Beratungspraxis etabliert sind die Abschätzung des Chlorophyll-Gehalts anhand der Grünfärbung und die Messung der Chlorophyll-Fluoreszenz von Blättern mit mobilen, batteriebetriebenen Handgeräten. Beide Messgrößen können stark von bestimmten Ernährungssituationen der Pflanze abhängig sein und besitzen daher ein diagnostisches Potenzial. Ein Problem dieser Verfahren ist, dass sie in der Regel nicht eindeutig nährstoffspezifisch sind. Hinzu kommt, dass auf beide Parameter auch biotische Schadfaktoren oder Standortbedingungen wie Trockenheit maßgeblich Einfluss nehmen können. Praxistauglich und einfach durchzuführen ist die nicht-destruktive Messung des Chlorophyll-Gehalts von Blättern mithilfe eines Handgeräts, dessen Funktionalität bereits zu Beginn der 1960er Jahre erstmals beschrieben wurde (Inada, 1963). In den 1980er Jahren wurde es dann von der Firma Minolta unter der Bezeichung »SPAD-Meter« für den Praxiseinsatz in Reis weiterentwickelt. Dieses Gerät (Abb. 5-1) ermittelt den Chlorophyll-Gehalt eines Blattes je Flächeneinheit über die spektrale Absorption von Licht beim Durchtritt durch ein Blatt. Hierzu wird ein Blatt an einer intakten Pflanze in den zangenförmigen Messkopf des SPAD-Meters eingespannt. Durch das Betätigen der Messtaste werden Lichtimpulse unterschiedlicher Wellenlänge (rot und

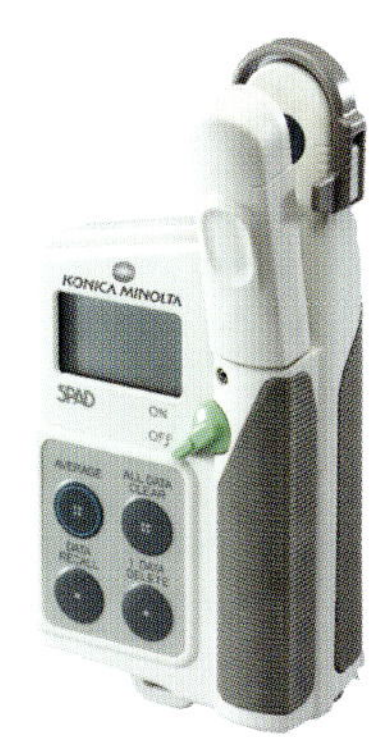

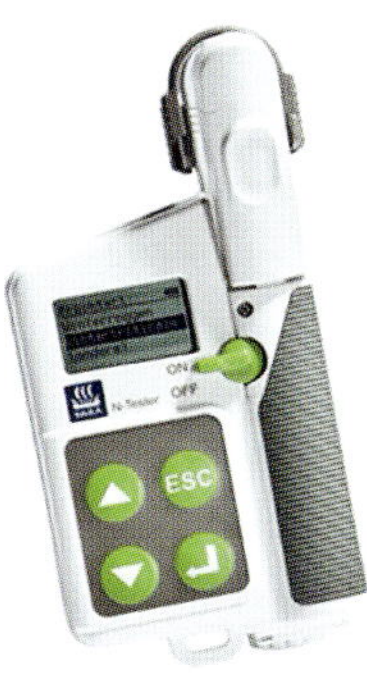

Abb. 5-1: Chlorophyll-Messgeräte SPAD-502Plus (Konica Minolta Inc., Osaka, Japan; oben) und N-Tester (Yara International ASA, Oslo, Norwegen; unten).

nahinfrarot) von zwei Leuchtdioden auf das Blatt gegeben. Ein Teil des Lichtes wird reflektiert bzw. im Blatt in Abhängigkeit vom Chlorophyll-Gehalt absorbiert. Als Messwert wird schließlich das Verhältnis der Transmission bei den beiden Wellenlängen im Display angezeigt. In vielen Untersuchungen (u. a. Markwell *et al.*, 1987; Uddling *et al.*, 2007) konnte ein sehr enger Zusammenhang zwischen den mittels Labormethode bestimmten Chlorophyll-Gehalten und den SPAD-Werten festgestellt werden. Unter der Annahme, dass die Grünfärbung eines Blattes vom N-Gehalt der Pflanze maßgeblich bestimmt wird, läßt sich anhand der SPAD-Messung der N-Versorgungszustand abschätzen (Takebe und Yoneyama, 1989; Vos und Bom, 1993).

Um den ordnungsgemäßen Einsatz eines solchen Chlorophyll-Testers zur Ableitung von N-Düngungsmaßnahmen sicherzustellen, sind gewisse Rahmenbedingungen einzuhalten. Bei mit anderen Nährstoffen (insbesondere S) unterversorgten Pflanzenbeständen ist eine Messung nicht sinnvoll, da der Messwert dadurch beeinflusst wird und die Ableitung einer korrekten N-Düngeempfehlung nicht möglich ist. Das gilt auch für Pflanzen, die unter Trockenstress leiden. Weiterhin ist zu beachten, dass Sorten einer Kulturart bei gleicher N-Versorgung unterschiedliche Grünfärbungen und somit ein unterschiedliches Niveau der SPAD-Werte aufweisen können.

Eine Vielzahl von Versuchen zeigt, dass sich der SPAD-Meter für landwirtschaftliche Kulturen (u. a. Getreide, Kartoffeln, Mais) und Gemüsekulturen (z. B. Tomaten, Blattsalat, Gurken) eignet. Meist liegen jedoch keine konkreten Düngeempfehlungsdaten vor, da nur im Einzelfall für bestimmte Anbauregionen, Produktionsrichtungen (z. B. Frischvermarktung im Vergleich zu Industrieverarbeitung bei Kartoffeln oder Tomaten) oder Sorten entsprechende Kalibrierversuche unter praxisnahen Anbaubedingungen durchgeführt wurden.

Beim Einsatz dieser Chlorophyll-Messgeräte im Praxisbetrieb empfiehlt es sich daher eine sogenannte »Referenzparzelle« anzulegen. Dazu werden an einer repräsentativen Stelle im Schlag (d. h. nicht im Vorgewende oder in der Fahrspur) einige Quadratmeter der angebauten Kultur mit einer nicht das Pflanzenwachstum limitierenden N-Menge über den Verlauf der Vegetation bis zum letzten Düngetermin versorgt. Nun kann zu praxisüblichen Entwicklungsstadien (oder beliebig oft) mit dem Chlorophyll-Messgerät in der Referenzparzelle und in der angrenzenden Praxisfläche je ein SPAD-Wert (als Mittelwert aus 15–20 Einzelmessungen) ermittelt werden. Der Quotient aus SPAD-Wert der Praxisfläche zu SPAD-Wert der Referenzparzelle (in der Literatur als »Leaf Chlorophyll Index (LCI)«, d. h. Blattchlorophyllindex bezeichnet) sollte nicht unter 0,9 fallen. Ansonsten ist eine N-Düngung nötig.

Mit dem CCM-200 bzw. dem Hansatech CL-01 stehen seit einigen Jahren vergleichbare, ebenfalls auf Lichttransmission basierende Geräte zur Verfügung (Abb. 5-2).

Mit dem Yara N-Tester (Abb. 5-1), der messtechnisch identisch zum SPAD-Gerät ist, lässt sich die 2. und 3. N-Gabe in Wintergetreide bemessen. Diese Geräte wurden umfangreich in mehrjährigen N-Steigerungsversuche zu den Entwicklungsstadien BBCH 30/32 und BBCH 37/49 für die Ableitung der Schosser-N-Gabe bzw. der Ähren-N-Gabe kalibriert (Wollring *et al.*, 1998). Der N-Tester Messwert wird zusätzlich anhand von jährlich aktualisierten Sortenversuchen um den »Sortenwert« korrigiert und auf dieser Basis wird dann die Höhe der N-Düngergabe abgeleitet (Neukirchen und Lammel, 2003). In der aktuellen Modelreihe des N-Testers wählt der Anwender über ein Auswahlmenü das BBCH-Stadium des Bestandes und die angebaute Sorte direkt aus. Nach Durchführung der Messungen erhält er direkt eine Aussage zur N-Düngermenge in kg je Hektar, die im Display angezeigt wird. Die neueste Generation des N-Testers kommuniziert über Bluetooth direkt mit handelsüblichen Smartphones (N-Tester BT; Abb. 5-3). Mittels einer entsprechenden App werden die N-Tester Werte aufgezeichnet und in eine N-Empfehlung umgerechnet. Die vom Smartphone bereitgestellten GPS-Daten sorgen dabei für eine lückenlose und eindeutige Dokumentation der Messungen. Über automatische Updates der App kann das System dabei laufend auf dem neuesten Stand gehalten werden.

Ein ähnlicher Ansatz wird mit dem N-Tester Clip (Abb. 5-3) verfolgt, nur das hier die im Smartphone befindliche Kamera als Messinstrument verwendet wird. Die Hardware besteht aus einem einfachen, im Kern transparenten Kunststoffclip, der auf die Blitz-LED des Smartphones aufgesetzt wird und gegenüber der Kamera einen schmalen Spalt bildet. Der Clip leitet das Licht der LED so um, dass es durch das in dem Spalt befindliche Blatt auf die Kamera fällt. Im Endeffekt wird ähnlich wie beim konventionellen N-Tester eine Transmissionsmessung durchgeführt, allerdings hier in den von der Kamera vorgegebenen Wellenlängenbereichen Rot, Grün und Blau. Da diese Wellenlängen nicht optimal auf das Blatt abgestimmt sind und sich die spektralen Eigenschaften von Kameratyp zu Kameratyp unterscheiden, ist die erzielbare Genauigkeit bei diesem Verfahren allerdings geringer als bei einem normalen N-Tester oder SPAD-Gerät.

5.1.2 Chlorophyll-Fluoreszenz

Unter Chlorophyll-Fluoreszenz versteht man die Eigenschaft des Chlorophylls einen Teil des absorbierten Lichtes längerwellig wieder zu emittieren. Ausmaß und zeitlicher Verlauf der Chlorophyll-Fluoreszenz hängen von der photosynthetischen Verwertbarkeit des absorbierten Lichtes und damit vom physiologischen Zustand des Photosyntheseapparats ab. Letztlich stellt der Anteil der Fluoreszenz einen Verlust an Strahlungsemission dar, der im Prozess der Photosynthese nicht in

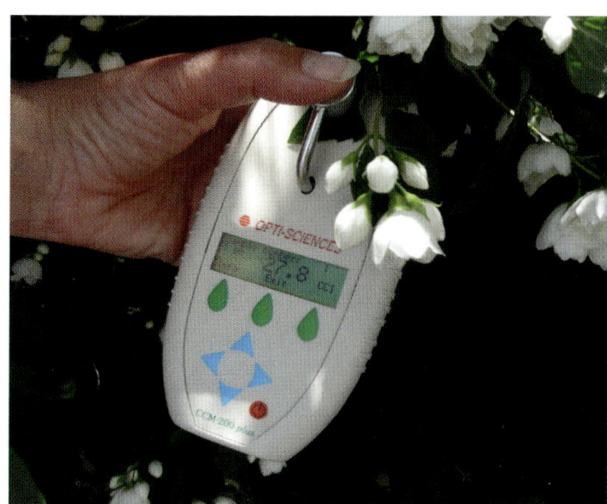

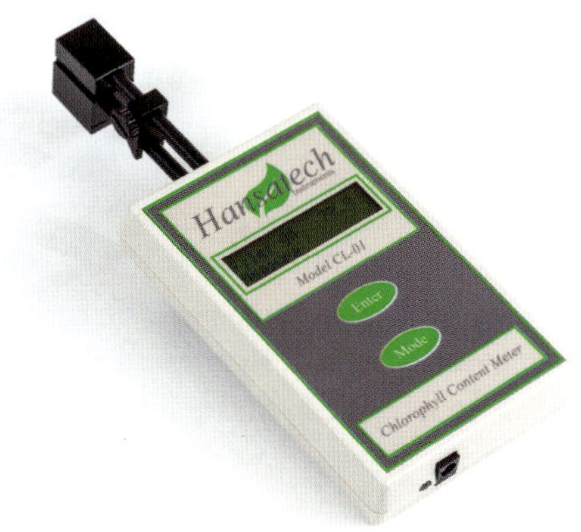

Abb. 5-2: Chlorophyll-Messgeräte CCM-200 (Opti-Science Inc., Hudson, NH, USA; Vertrieb Europe ADC Bioscientific Ltd., Hoddesdon, Vereinigtes Königreich; oben) und Hansatech CL-01 (Hansatech Instruments Ltd., Pentney, Vereinigtes Königreich; unten).

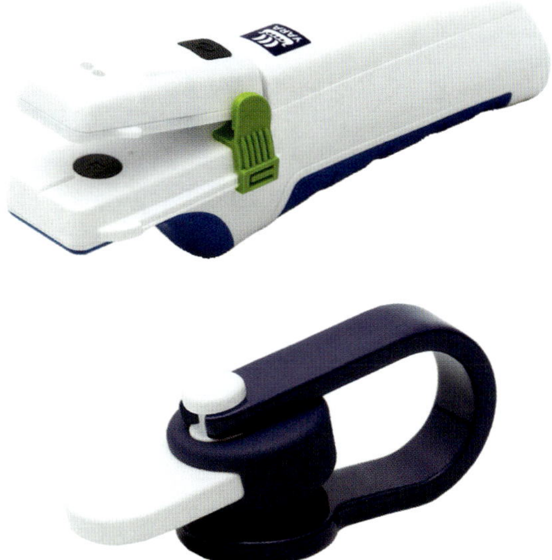

Abb. 5-3: Chlorophyll-Messgeräte N-Tester BT (Yara International ASA, Oslo, Norwegen; oben) und N-Tester Clip (Yara International ASA, Oslo, Norwegen; unten).

biochemische Energie umgewandelt werden kann. In grundlagenorientierten physiologischen oder ökologischen Untersuchungen haben Messungen der Chlorophyll-Fluoreszenz daher einen festen Platz zur Charakterisierung von Pflanzen. Was Nährstoffstörungen anbelangt, sind unter anderem für N-, P- oder Mn-Mangel charakteristische Veränderungen einzelner Parameter der Chlorophyll-Fluoreszenz in der Literatur beschrieben. Bisher konnten jedoch erst zwei robuste, praxistaugliche Verfahren zur Diagnose des Pflanzenstatus etabliert werden, die zur Beurteilung des N- bzw. Mn-Versorgungszustands entwickelt wurden.

Das Dualex (Abb. 5-4) ist ein optischer Sensor für Fluoreszenz-Messungen am Blatt (Goulas *et al.*, 2004). Es ist ausgestattet mit 4 LEDs, die Licht spezifischer Wellenlängen im UV-A, Rot- und NIR-Bereich abstrahlen. Das Gerät ermittelt über eine Silizium-Fotodiode neben dem Chlorophyll- auch den Flavonol-Gehalt. Dadurch sind u. a. Aussagen über die Qualität von Pflanzen (z. B. Farbgebung bei Gemüse- und Obstkulturen) als auch Angaben zur Düngung möglich (Cartelat *et al.*, 2005). Mit einer erweiterten Version (Dualex Scientific+; ausgestattet mit 5 LEDs) können ein sogenannter »NBI-Index« (Cerovic *et al.*, 2012; berechnet aus dem Chlorophyll / Flavonol Verhältnis) zur Charakterisierung des N-Versorgungsstatus von Pflanzen sowie darüber hinaus ein Anthocyan-Index berechnet werden. In N-Steigerungsversuchen zu Mais (Tremblay *et al.*, 2007) und Winterweizen (Tremblay *et al.*, 2009) zeigten sich in der Regel hoch signifikante Korrelationen zum N-Gehalt im Blatt.

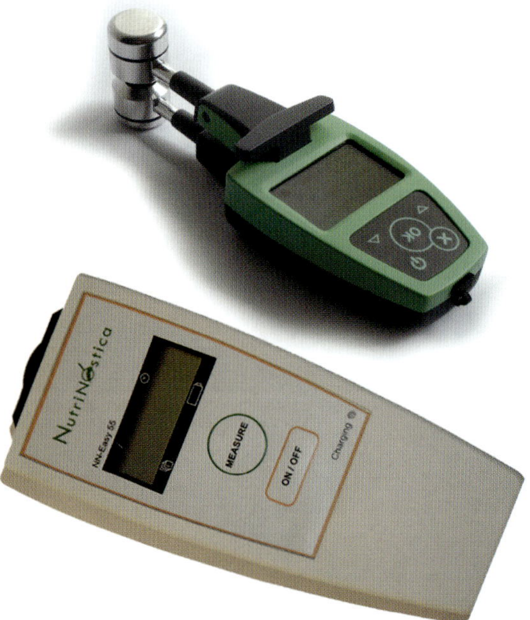

Abb. 5-4: Chlorophyll-Fluoreszenz-Messgeräte Dualex (Force-A, Orsay, Frankreich; oben) und NN-Easy 55 (Nutri-Nostica ApS, Frederiksberg, Dänemark; unten).

Das an der Universität in Kopenhagen entwickelte Messgerät NN-Easy 55 zur Diagnose der Mn-Versorgung von Pflanzen (Abb. 5-4) beruht auf der spezifischen physiologischen Rolle von Mangan bei der Photosynthese. Bei unzureichender Mn-Versorgung im Blatt ist die Funktion eines Mn-haltigen Proteinkomplexes beeinträchtigt (Hebbern *et al.*, 2005; Husted *et al.*, 2009). Somit wird weniger Licht photosynthetisch genutzt und entsprechend mehr als sogenannte Chlorophyll-Fluoreszenz abgestrahlt. Bei der Nutzung des NN-Easy 55 unter Praxisbedingungen zur Beurteilung des Mn-Status von Pflanzenbeständen werden 40–50 jüngste, vollentwickelte Blätter eingesammelt und spezielle Messclips mittig aufgesetzt (Abb. 5-5). Falls die Messung nicht direkt nach der Blattentnahme auf dem Acker möglich ist, können die Proben auch in einer Plastiktüte im Kühlschrank zwischen gelagert werden. Nach Aufsetzen des Clips wird der Schieber geschlossen. Durch diese Abdunkelung kommt die Photosynthese komplett zum Stillstand. Nach 20 Minuten wird dann der Clip auf das NN-Easy 55 aufgesetzt, der Schieber geöffnet und durch Drücken der »Measure«-Taste ein Lichtimpuls auf das Blatt gegeben. Als Messparameter wird von dem Messgerät der sogenannte »PEU«- (= Plant Efficiency Unit) Wert ausgewiesen. Geringe PEU-Werte werden bei hoher Fluoreszenz und somit einer geringen Photosynthese-Effektivität gemessen. Anhand einer Empfehlungstabelle, die aus einer Vielzahl von Gefäß- und Feldversuchsdaten an der Universität Kopenhagen entwickelt wurde, kann

Abb. 5-5: Durchführung der Messungen mit dem NN-Easy 55.

der so erhobenen Messwert für die Ableitung einer Mn-Düngeempfehlung verwendet werden. Unter Praxisbedingungen ist der Einsatz eines NN-Easy 55 ein geeignetes Verfahren den Mn-Status von Pflanzen zu erfassen und entsprechende Entscheidungen zur Mn-Düngung abzuleiten (Borchert und Olfs, 2012; Borchert *et al.*, 2013; Stoltz und Wallenhammer, 2014).

5.2 Handgeräte zur Durchführung von berührungslosen Messungen

Die Reflexion von Licht (im Gegensatz zur Messung der Chlorophyll-Konzentration durch Transmission) kann ebenfalls als Messparameter zur Beurteilung des Pflanzenstatus eingesetzt werden. Diese ist nicht nur von der Grünfärbung (= Chlorophyll-Gehalt) abhängig, sondern wird darüber hinaus von der Pflanzenbiomasse und der Bestandesarchitektur beeinflusst. Als Lichtquelle dient hier das Sonnenlicht (sog. »passive« Sensoren) oder ein im Gerät verbautes Leuchtmittel (»aktive« Sensoren) (s. dazu auch Kap. 5-3).

In vielen Forschungsarbeiten insbesondere in Nordamerika wurden Messgeräte der Firma Cropscan (Baureihe MSR) eingesetzt. Dabei handelt es sich um multispektrale Messgeräte (d. h. es werden mehrere Wellenlängen im Spektralbereich von 450–1750 nm ausgewertet). Der aktive Sensor RapidSCAN CS-45 der Firma Holland Scientific verwendet die 3 Wellenlängen 670, 730 und 780 nm. Das reflektierte

Licht wird von Photodioden mit entsprechenden Bandpassfiltern gemessen, die beiden Vegetationsindizes NDVI und NDRE ermittelt und für die Beurteilung des Pflanzenbestandes herangezogen.

Bei dem Gerät GreenSeeker Handheld der Firma Trimble (Abb. 5-6) werden 2 Wellenlängen aus dem Reflexionsspektrum ausgewertet. Bei der Messung wird dieses Handgerät etwa 60–120 cm über dem Bestand auf einer hochversorgten Referenzfläche und der Praxisfläche geführt (daraus ergibt sich eine Messfeldbreite von ca. 25–50 cm). Das Gerät kann dabei im Einzelmessmodus bedient werden oder aber kontinuierlich Messwerte aufnehmen, die automatisch am Ende gemittelt werden. Aus den gemessenen Wellenlängen wird jeweils der NDVI-Wert (Wertebereich 0–0,99; je höher der Wert, desto besser ist der Versorgungszustand der Pflanzen) errechnet und anhand einer Empfehlungskarte in eine N-Düngermenge umgerechnet.

Der Einsatz des Gerätes N-Pilot (Abb. 5-6) der Firma Borealis L.A.T. GmbH kann ab dem Schossen bis zum Ährenschieben von Getreide erfolgen. Es werden jeweils mindestens 3 Messungen auf der Praxisfläche und 3 Messungen in einer sogenannten »Referenzzone« empfohlen. Für die Referenzzone ist der maximale N-Ernährungszustand der Pflanzen

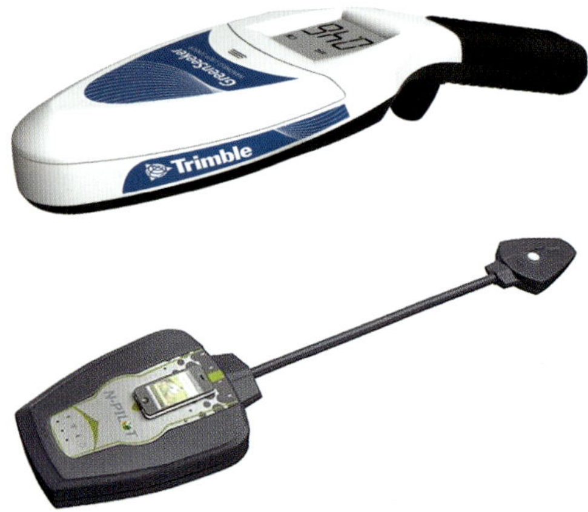

Abb. 5-6: Handgeräte zur Messung der Lichtreflexion von Pflanzenbeständen - GreenSeeker Handheld (Trimble Inc., Sunnyvale, CA, USA; links) und N-Pilot (Borealis AG, Wien, Österreich; rechts).

anzustreben, d. h. es muss eine deutlich überhöhte N-Menge zu Vegetationsbeginn appliziert werden (s. Kap. 5-1). Ein zusätzlicher Sensor erfasst und korrigiert Helligkeitsschwankungen (wechselnde Bewölkung). Die Relexionswerte werden dann über WLAN an einen Tablet-PC oder ein Smartphone weitergeleitet, über eine App in eine Datenbank übertragen und ausgewertet (u. a. Berücksichtigung von Sortenunterschieden in der N-Effizienz). Mit dem N-Pilot lassen sich N-Düngeempfehlungen zu den Kulturen Brot-, Futter- und Hartweizen, Winter- und Sommergerste sowie Triticale ableiten. Um hohe Proteingehalte bei Brotweizen zu erreichen, wird bei der 3. N-Gabe durch die Auswahl »Qualitätsweizen« eine entsprechende Anpassung der N-Düngeempfehlung sichergestellt.

Die Geräte der Baureihe Multiplex der Firma Force-A ermöglichen berührungslose Fluoreszenz-Messungen. Als Lichtquelle werden 3 bzw. 4 gepulste LEDs eingesetzt. Zur Detektion sind 3 Fotodioden verbaut, die bis zu zwölf verschiedene Signale auswerten. Neben der Bestimmung von Flavonol- und Anthozyan-Indices lässt sich auch ein Index ableiten, der Auskunft über den N-Versorgungszustand des Pflanzenbestandes gibt. Im Vergleich zum Dualex (s. Kap. 5-1) können mit diesen Geräten nicht nur einzelne Blätter, sondern verschiedenste Pflanzenmaterialien bzw. -organe gemessen werden (z. B. Nadeln, Beerenobst, Früchte wie Paprika oder Äpfel). Mit diesen Handsensoren lassen sich somit relative Unterschiede innerhalb eines Pflanzenbestandes recht einfach erfassen. Sie zeigen jedoch die notwendigen Düngermenge nicht an.

Zur Erfassung des Nährstoffstatuses von Pflanzen können auch handelsübliche Flachbett-Scanner (Doi, 2012) oder Digitalkameras (Jia *et al.*, 2004; Pagola *et al.*, 2009; Wiwart *et al.*, 2009) eingesetzt werden. So konnten Graeff *et al.* (2001) unter Gewächshausbedingungen anhand von Aufnahmen von Maisblättern mit N-, P-, Mg- und Fe-Mangel mit einer digitalen, lichtsensitiven und hochauflösenden LEICA-S1-PRO-Kamera die untersuchten Nährstoffmängel eindeutig identifizieren. Dazu wurden

Scans mit ADOBE Photoshop 5.0 Software in verschiedenen Wellenlängenbereichen (380–390 nm, 430–780 nm, 516–780 nm, 516–IR und 540–600 nm) im sogenannten L*a*b*-Farbraum ausgewertet. Dies ist ein dreidimensionales System, wobei der Parameter a* den Grün/Rot-Anteil, der Parameter b* den Blau/Gelb-Anteil einer Farbe beschreibt und der Parameter L* die Helligkeit einer Farbe repräsentiert. Die Ergebnisse dieser Farbauswertung stellten eine gute Grundlage für die Früherkennung von Ernährungsstörungen dar. Die Übertragbarkeit dieser Vorgehensweise auf Feldbedingen konnte für Sticksoff in einem Düngungsversuch zu Mais gezeigt werden (Graeff und Claupein, 2003). Für Praxisbetriebe geeignete Systeme sind allerdings zurzeit nicht verfügbar.

Ein etwas anderer Weg zur Nutzung von Fotos von Pflanzenbeständen wird mit der sogenannten »Yara ImageIT« App eingeschlagen. Mit der Kamera eines Smartphones werden aus einem Abstand von etwa 1,5 bis 2 m über dem Boden senkrecht mindestens 4 (besser 10–20) Bilder des Bestandes aufgenommen. Direktes Sonnenlicht bei der Aufnahme ist möglichst zu vermeiden. In dem Bildausschnitt (jeweils etwa 50 × 50 bis 70 × 70 cm) sollten nur Kulturpflanzen und Boden zu sehen sein, d. h. keine Unkräuter, Moos- bzw. Algenbeläge oder Schneeauflagen. Bei Tau und Raureif sollten keine Aufnahmen gemacht werden. Über eine Internet-Verbindung erfolgt die Übermittlung der Bilder direkt an einen Server. Mittels einer spezifischen Farbauswertung werden die Rot- bzw. Grünanteile ausgewertet, daraus der Anteil der grünen Pixel abgeleitet und schließlich der Bedeckungsgrad berechnet. Mithilfe einer in N-Steigerungsversuchen ermittelten empirischen Beziehung zwischen Blattbedeckung und N-Aufnahme lässt sich die bis zum jeweiligen Termin von der Pflanze aufgenommene N-Menge ableiten und als Grundlage einer N-Düngeempfehlung verwenden. Zur Ableitung einer N-Düngeempfehlung zu Winterraps muss neben dem Messtermin (»vor Winter«, d. h. unmittelbar vor der Winterruhe bzw. »nach Winter«, d. h. zu Vegetationsbeginn) u. a. auch die Ertragserwartung angegeben werden. Zu beachten ist weiterhin, dass die Bodenbedeckung maximal 80–90 % betragen darf, da die Auswertung der Bilder bei geschlossenen Pflanzenbeständen nicht funktioniert. Ein Vergleich der N-Düngeempfehlung mittels »Yara ImageIT« zur sogenannten »Raps-N-Waage« (Wiegen der oberirdischen Frischmasse und Berechnung von Zu- bzw. Abschlägen in der N-Düngung bei niedriger bzw. hoher Aufwuchsmenge) auf 31 Praxisschlägen hat eine sehr gute Übereinstimmung erbracht (mittlere Düngeempfehlung 66 bzw. 65 kg N/ha; mittlere Abweichung auf Einzelschlagebene < 7 kg N/ha). In der Praxis ist die »Yara ImageIT« App bisher für Raps, Mais und Winterweizen verfügbar.

5.3 Schleppergestützte Reflexionssensoren

Aufbauend auf den Erfahrungen den Ernährungszustand – und dabei insbesondere den N-Dünge-

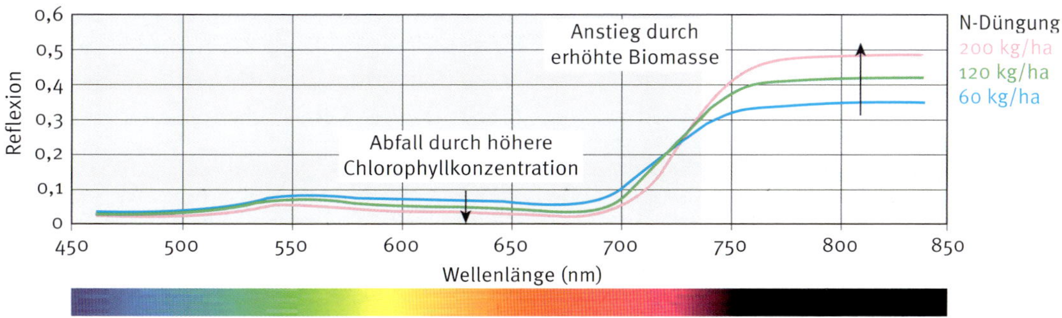

Abb. 5-7: Typische Reflexionsspektren für Winterweizen verursacht durch unterschiedliches N-Angebot (verändert nach Reusch, 1997).

bedarf – anhand der Grünfärbung von Pflanzen mit Handgeräten zu erfassen (s. Kap. 5-1), wurden auch schleppergestützte, sogenannte »Remote Sensing«-Systeme entwickelt. Hierbei wird in der Regel die Lichtreflektion im sichtbaren und nahinfraroten Bereich (ca. 450–900 nm Wellenlänge) an ausgewählten, gerätespezifischen Wellenlängen gemessen. Die Erfassung der räumlichen Variabilität der N-Versorgung des Pflanzenbestandes in einem Schlag über die unterschiedliche Grünfärbung und die Steuerung des Düngerstreuers erfolgen dabei in der Regel in einem Arbeitsgang.

In vielen Studien konnte eine enge Beziehung zwischen Reflexionsindizes und dem N-Status von Pflanzenbeständen nachgewiesen werden (u. a. Filella *et al.*, 1995; Stone *et al.*, 1996; Wollring *et al.*, 1998). Durch die Absorption von Licht durch die Blattpigmente (im wesentlichen Chlorophyll a und b) zeigen Pflanzen eine geringe Reflexion im sichtbaren Wellenlängenbereich (400–700 nm) und eine hohe im nahinfraroten Bereich (700–1300 nm). Mit zunehmender N-Versorgung verringert sich also die Reflexion im sichtbaren Bereich durch Anstieg der Chlorophyll-Konzentrationen bzw. erhöht sich die Reflexion im nahinfrarot Bereich durch das gesteigerte Biomassewachstum (Abb. 5-6). Aus solchen Reflexionsspektren lassen sich sogenannte »Vegetationsindizes« (d. h. berechnet aus Reflexionsdaten ausgewählter Wellenlängen) ableiten (Baret und Fourty, 1997). Häufig benutzte Indizes sind u. a. (Guyot *et al.*, 1990; Huete, 1988; Jongschaap 2006; Yoder und Pettigrew-Crosby, 1995):

- Infrared-to-Red-Ratio (IR/R),
- Normalised Difference Vegetation Index (NDVI),
- Soil Adjusted Vegetation Index (SAVI),
- Optimized Soil Adjusted Vegetation Index (OSAVI),
- Transformed Soil Adjusted Vegetation Index (TSAVI),
- Red-Edge-Inflection-Point (REIP),
- Weighted Difference Vegetation Index (WDVI).

Für diese Indizes ließen sich signifikante Korrelationen sowohl zur Pflanzenbiomasse (u. a. Plummer, 1988; Wood *et al.*, 2003a), zur Chlorophyllkonzentration und/oder zur N-Aufnahme (u. a. Fernández *et al.*, 1994; Gilabert *et al.*, 1996; Gnyp *et al.*, 2015; Jensen und Lorenzen, 1990; Mistele und Schmidhalter, 2008; Schmidhalter *et al.*, 2003) nachweisen. Dabei ist aber zubeachten, dass verschiedene Pflanzenarten insbesondere aufgrund unterschiedlicher Blattoberflächenstrukturen abweichend auf einfallendes Licht reagieren und daher Korrelationsbeziehungen nicht auf andere Arten übertragen werden dürfen (Sims und Gamon, 2002).

Als erstes in Deutschland (und Europa) kommerziell verfügbares System für die Praxis wird seit 1999 der Yara N-Sensor® zur variablen Applikation der 2. und 3. N-Gabe in Winterweizen und -gerste eingesetzt (Lammel *et al.*, 2001). Bei diesem »passiven«, auf der Schlepperkabine befestigten Sensorsystem wird mittels je 2 Reflexionssensoren links und rechts des Schleppers das vom Pflanzenbestand reflektierte Sonnenlicht gemessen (Reusch *et al.*, 2002). Unter Berücksichtigung des Umgebungslichts (gemessen mit einem zusätzlichen Sensor) wird mithilfe dieser Reflexionsdaten der N-Versorgungsstatus des Pflanzenbestandes ermittelt. Aufbauend auf Versuchsdaten aus Kalibrierversuchen kalkuliert das System die entsprechende N-Düngermenge, die dann online variabel ausgebracht wird (Link *et al.*, 2004).

Mittlerweile stehen verschiedene schleppergestützte Sensor-Systeme zur Erfassung des N-Versorgungszustands von Pflanzenbeständen für den Praxiseinsatz zur Verfügung. Die Messsysteme lassen sich u. a. anhand des zugrunde liegenden Messprinzips und der Lichtquelle unterscheiden (Tab. 5-1). Im Wesentlichen handelt es sich um Reflexionssensoren mit aktiver Lichtquelle. Der Messabstand zur Pflanze liegt zwischen einigen Zentimetern (Chlorophyll-Fluoreszenz Messung mittels MiniVeg N) und einigen Metern (z. B. Yara N-Sensor® und Yara N-Sensor ALS®). Je nach verwendeter Lichtquelle und Sensoroptik werten die Geräte unterschiedliche Wellenlängen aus und

Tab. 5-1: Vergleich verschiedener Schlepper gestützter Sensor-Systeme zur Messung des N-Versorgungszustandes von Pflanzenbeständen während der Überfahrt.

	Messprinzip	Lichtquelle	Position des Sensors	Betrachtungs-winkel	Abstand Pflanze
YARA N-Sensor	Reflexion	Sonnenlicht	Schlepperdach	schräg	4–6 m
YARA N-Sensor ALS	Reflexion	Xenon Blitzlicht	Schlepperdach	schräg	4–6 m
CropSpec	Reflexion	Laserdioden	Schlepperdach	schräg	2–4 m
GreenSeekerRT200	Reflexion	LEDs	Befestigung an Spritze, Streuer oder Schlepper	vertikal	0,8–1,2 m
Crop Circle ACS-210	Reflexion	LEDs	Befestigung an Spritze, Streuer oder Schlepper	vertikal	< 1,5 m
ISARIA/Cropsensor	Reflexion	LEDs	Spezialgestänge Schlepperfront	vertikal	0,5–1,5 m
MiniVeg N	Chlorophyll-Fluoreszenz	Laserdiode (rot)	Spezialgestänge Schlepperfront	vertikal	< 10 cm

verrechnen diese zu entsprechenden Vegetationsindizes, um dann daraus eine N-Düngeempfehlung abzuleiten (Olfs, 2009).

5.4 Luftfahrzeug- und satellitenmontierte Sensoren

Zur Erfassung des Ernährungszustands von Pflanzenbeständen werden auch Luftfahrzeuge und Satelliten als Trägerplattform für Sensoren eingesetzt (Heege, 2013). Zur Differenzierung zwischen den verschiedenen Systemen werden meist die Flughöhe und die Traglast verwendet.

Seit Mitte der 1990er Jahre werden als Trägerplattform für Messhöhen bis einige hundert Meter Ballons, Zeppeline oder Flugdrachen eingesetzt (u. a. Bürkert *et al.*, 1996; Gérard *et al.*, 1997). Die Tragfähigkeit für die Sensorik lässt sich über das Volumen des Ballons/Zeppelins und über das eingesetzte Gas steuern. Da der Einsatz dieser Geräte unter Praxisbedingungen allerdings sehr stark abhängt von Windstärke und -richtung ist, haben sich diese Trägerplattformen unter deutschen Anbaubedingungen nicht durchgesetzt.

In den letzten Jahren etabliert hat sich hingegen der Einsatz »unbemannter Luftfahrtsysteme« (UAV = Unmanned Airborne Vehicle oder auch UAS = Unmanned Aerial System; Colomina und Molina, 2014; Kilias *et al.*, 2017; Zhang und Kovacs, 2012). Diese sind in Deutschland seit 2012 als Luftfahrzeuge definiert und werden umgangssprachlich als »Drohnen« bezeichnet. Sie können in einer Flughöhe von 100–300 m operieren und sind bezüglich der Messhöhe zwischen terrestrischen Trägerfahrzeugen und flugzeug- bzw. satellitengestützten Systemen einzuordnen. Als bedeutende Vorteile für UAV sind u. a. flexible Einsatzzeiten, variable Einsatzorte und leichter Transport zu nennen. Der UAV-Einsatz für landwirtschaftliche Zwecke ist in Deutschland durch das Luftverkehrsgesetz geregelt. Bei Abfluggewichten von unter 5 kg können allgemeine Aufstiegsgenehmigungen erteilt werden, während bei UAVs bis 25 kg Einzelaufstiegsgenehmigungen notwendig sind. Weiterhin ist zu beachten, dass die Flughöhe auf maximal 100 m begrenzt ist und ständig eine Sichtverbindung zum Fluggerät bestehen muss.

Bei den UAV ist zu unterscheiden zwischen Flächenflüglern (d. h. Modellflugzeuge mit und ohne eingebautem Motor), die bei längeren Flugzeiten und Reichweiten eine größere Flächenleistung erzielen, und Multirotorsystemen (Quadro-, Hexa- oder Octocopter). Mit sogenannten »Kippflügel-Flugsystemen« wird versucht die Vorteile von Flächenflüglern und Rotorsysteme zu vereinen (Eschmann und Osterman, 2017). Größere Multirotor-UAV sind in der Lage auch schwerere Sensorsysteme zu transportieren und erlauben gezielte Aufnahmen von Teilflächen aus beliebigen Höhen/Richtungen. Für Anwendungen in der landwirtschaftlichen Praxis werden in der Regel aber sogenannte Micro- oder Mini-UAV mit einem Gesamtgewicht von unter 5 kg eingesetzt. Die Ableitung der N-Aufnahme von Pflanzenbeständen mittels UAV- bzw. schleppergestützten Sensorsysteme führt zu vergleichbaren Ergebnissen (z. B. Gnyp *et al.*, 2016). Beim Einsatz dieser UAV treten allerdings auch einige Probleme auf. Aufgrund ihres geringen Gewichts ist die Stabilisierung der Sensoren in der Luft schwierig, was häufig zu »verkippten« Aufnahmen führt. Das macht eine großzügige Längs- und Querüberlappung bei der Flächenabdeckung notwendig. Weiterhin sind bei den Micro- und Mini-UAV meist kleine (und damit ungenauere) GPS-Empfänger mit starker Drift verbaut, die eine präzise Georeferenzierung erschweren. Auch wenn mittlerweile zumindest teilweise autonom (z. B. nach vorprogrammierten Flugplänen) operierende UAV verfügbar sind, ist für die komplexe Bedienung eines UAV per Funkfernsteuerung in der Regel geschultes Personal erforderlich (Zecha *et al.*, 2013). Als Alternative wird zurzeit ein UAV entwickelt, welches über ein stromführendes Kabel mit dem landwirtschaftlichen Fahrzeug verbunden ist. Die Kabelverbindung begrenzt die Flughöhe und den Radius. Ein direkter Sichtkontakt ist damit gewährleistet und die Position wird dabei relativ zum Fahrzeug ermittelt (Gieselmann, 2015, 2017). Die Flughöhe beim Einsatz bemannter Flugzeuge zur Erfassung des Ernährungszustands von Pflanzenbeständen ist in der Regel deutlich höher. Dadurch (und aufgrund der Fluggeschwindigkeit) vergrößert sich gleichzeitig die pro Einsatz abgescannte Fläche. Aufnahmen von Sensoren, die von Satelliten im Orbit die Erdoberfläche scannen, erlauben die Beurteilung sehr großer Flächenareale (Tucker und Sellers, 1986). Die Auswahl der eingesetzten Sensoren kann dabei nahezu unabhängig von Größe und Gewicht erfolgen.

Problematisch bei der Nutzung von Flugzeugen und Satelliten können u. a. die erzielbare Auflösung und die Behinderung der Messung durch Wolken sein. So berichten Bausch und Khosla (2010), dass bei einer Messkampagne zum Vergleich von Messungen mit einem schlepper- zu einem satellitengestützten Sensorsystem in einem Maisschlag in Colorado an 2 von 5 geplanten Messtagen die Aufnahme mit dem QuickBird®-Satelliten aufgrund von Wolken nicht möglich war und nur eine Auflösung von etwa 2,8 m Auflösung je Pixel erreicht wurde. Die Beziehungen zwischen den beiden Sensor-Systemen waren sehr eng, woraus eine Vergleichbarkeit für beide Vorgehensweisen abgeleitet wurde. Bei Satelliten ist darüber hinaus die zeitliche Verfügbarkeit der aus den Aufnahmen abgeleiteten Informationen (z. B. für die operative Entscheidung eine Düngungsmaßnahme durchzuführen) als kritisch einzustufen (Grenzdörfer, 2001). Bei luftfahrzeug- und satellitengestützten Sensoren kommen meist Digitalkameras und Multiband-Spektrometer zum Einsatz (zur Funktionsweise s. Kap. 5-2 und 5-3). Die Verwendung von Fluoreszenz-Sensoren ist nicht zielführend, da für diese Mess-Technik ein sehr enger Abstand zur Pflanzenoberfläche sichergestellt sein muss (Tremblay *et al.*, 2011).

Mit der vollen Verfügbarkeit der beiden Sateliten des Sentinal-2-Programms der ESA nimmt die Bedeutung und Verfügbarkeit von satellitenbasierten Systemen zur Erfassung des Ernährungszustands von Pflanzenbeständen kontinuierlich zu. Diese Satelliten liefern in hoher Auflösung optische Daten, die als Grundlage für operationelle Entscheidungen auch in der Landwirtschaft dienen können (z. B. Prognose des Wasser- und Düngebedarfs). Durch die Verwendung eines Multispektralsensors (12 spektrale Kanäle im Wellenlängenbereich von ca. 440–2200 nm) können beispielsweise bei einer Pixel-Auflösung von bis zu 10 m Chlorophyll- und Wassergehalte erfasst werden (ESA 2019). Durch die regelmäßige Abdeckung alle zwei bis fünf Tage und die kostenlose Nutzung dieser Satellitendaten entsteht ein interessantes Angebot für Dienstleister.

6 Fraktionierende Extraktion, biochemische Parameter und physiologische Tests zur Diagnose von Ernährungsstörungen

Alexander H. Wissemeier

Die chemische, quantitative Analyse von Blattgewebe auf deren Nährstoff- bzw. Nährelementgehalte ist zentral für die Diagnose von Ernährungsstörungen bei Kulturpflanzen (Kap. 4). Dennoch bestehen für diese Einschränkungen und Bedingtheiten, die es rechtfertigen, alternative und ergänzende Methoden zu entwickeln, um den Schwachpunkten der klassischen Pflanzenanalyse zu begegnen.

Zu diesen alternativen Methoden gehören beispielsweise auch die in Kapitel 5 vorgestellten nichtdestruktiven, optischen Verfahren. Stellt man es allgemein dar, können an analytische Verfahren zur Diagnose von Ernährungsstörungen die in Abbildung 6-1 aufgelisteten Kriterien angelegt werden, um diese nach Güte, Reichweite, Qualität und Anwenderfreundlichkeit zu beurteilen. Schnelligkeit, physiologische Aussagekraft und Zielgenauigkeit, Diagnosen mit prognostischer Reichweite, Empfindlichkeit, Methoden zum »do it yourself« ohne großen apparativen Aufwand, sind dabei Aspekte, die einzelne alternative Methoden von der klassischen Pflanzenanalyse abheben um Verbesserungen zu erreichen.

Hierzu lassen sich auch Verfahren einer fraktionierenden Extraktion von Nährstoffen zählen. Ein Ziel kann dabei sein, spezifisch nur eine »physiologisch aktive Nährelementfraktion« quantitativ zu erfassen, um so den diagnostischen Wert der Analyse zu erhöhen. Die zum Teil fehlenden quantitativen Beziehungen zwischen den Gesamtelementgehalten und Mangelsymptomen für z. B. Fe oder Ca wurden bereits in Kapitel 4.1 angesprochen. Ein anderer Aspekt einer fraktionierenden Extraktion kann darauf abzielen, nur die Nährstoffreserven in der Pflanze zu quantifizieren. »Nährstoffspeicherformen« für die Pflanze stellen beispielweise Nitrat oder Sulfat für die N- oder S-Ernährung dar oder das in der Vakuole gespeicherte anorganische Phosphat,

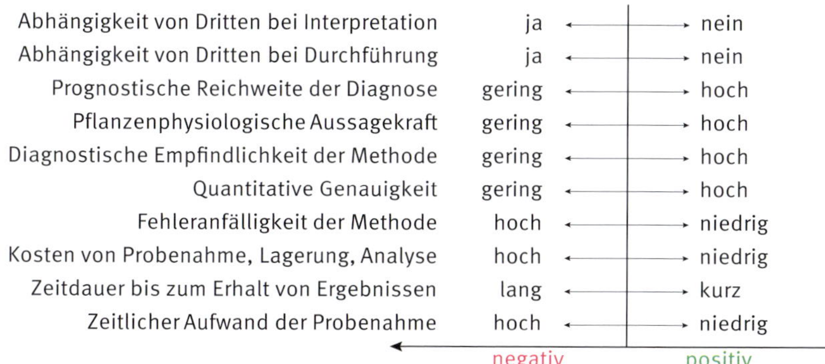

Abb. 6-1: Kriterien, nach denen sich Güte und Anwenderfreundlichkeit von Verfahren zur Diagnose des Ernährungszustandes von Pflanzen beurteilen lassen.

dessen Konzentration empfindlicher als andere P-Fraktionen den P-Versorgungsgrad einer Pflanze anzeigen kann. Neben der Diagnose des aktuellen Ernährungszustands lässt sich mit der Quantifizierung von »Reserven« auch eine prognostische Aussage verbinden, die beispielsweise bei geteilten Düngergaben geeignet ist, die angemessene Höhe einer Nachdüngung zu bemessen.

6.1 Fraktionierende Extraktion von Nährstoffen

Von Oserkowsky (1933) konnte erstmals gezeigt werden, dass besser als der Gesamt-Fe-Gehalt, das mit 1 N HCl aus den Blättern extrahierbare Fe geeignet war, den Fe-Versorgungszustand von Birnenbäume zu charakterisieren (Abb. 6-2). Die Chlorophyllgehalte und das chlorotischen Aussehen der Blätter ließen sich in dieser Studie nicht mit den Gesamt-Fe-Gehalt erklären, wohl aber mit dem HCl-löslichen Fe Anteil. Dass es sich bei diesen Chlorosen auch tatsächlich um Fe-Mangel handelte, konnte Oserkowsky durch diagnostische Blattspritzungen zeigen, die nur im Fall von Fe, nicht aber nach Spritzungen mit Mn, Cu oder Mg zum Wiederergrünen der Blätter führte. Zur verbesserten Diagnose der Fe-Versorgung von Pflanzen wurde anstelle einer fraktionierenden Extraktion mit verdünnter Salzsäure von verschiedenen Autoren auch erfolgreich eine Fe-Extraktion der Blätter mit Chelatoren durchgeführt (Abadia *et al.*, 1984; Mehrotra *et al.*, 1985; Rao *et al.*, 1987).

Ein hohes P-Angebot kann zum Auftreten von Zn-Mangel führen (Marschner und Schropp, 1977). Durch das hohe P-Angebot kann ein im Vergleich zum Spross relativ geringes Wurzelwachstum und/oder fehlende Mykorrhizierung der Wurzeln vorliegen, was das Aneignungsvermögen der Pflanzen für Zn einschränkt. P-bedingte Zn-Ausfällungen im Boden und eine geringere physiologische Verfügbarkeit des aufgenommen Zn im Gewebe können weiterhin ursächlich sein. Auf letzteres deuten Daten von Cakmak und Marschner (1987), die in Nährlösungsversuchen zeigen konnten, dass mit steigendem P-Angebot die mit der klassischen Pflanzenanalyse bestimmten P-Gehalte nicht mit visuell erkennbaren Zn-Mangelsymptomen korrelierten, sondern aufgrund von Konzentrationseffekten in den Zn-Mangelpflanzen sogar am höchsten waren (Tab. 6-1). Dagegen war der mit Wasser extrahierte Zn-Gehalt der Blätter da am niedrigsten, wo der stärkste Zn-Mangel vorlag. Das ist ein weiteres Beispiel, dass zumindest unter extremen Bedingungen (hier: sehr hohes P-Angebot in einem Nährlösungsversuch) Gesamtnährstoffgehalte in ihrem diagnostischen Wert physiologisch relevanten Fraktionen unterlegen sein können.

Wie in Kapitel 4.1 diskutiert und dargestellt sind auch physiologische Ca-Mangelerscheinungen in sehr vielen Fällen nicht über eine konventionelle

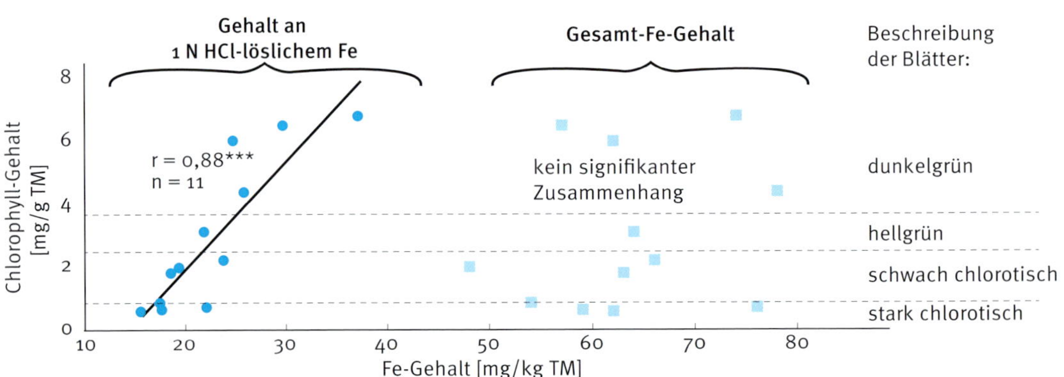

Abb. 6-2: Beziehung zwischen dem Chlorophyll-Gehalt und dem HCl extrahierbaren Fe-Gehalt und dem Gesamt-Fe-Gehalt von Blättern der Birne auf einem kalkreichen Standort mit Fe-Mangel-Chlorosen (Oserkowsky (1933), modifiziert).

Tab. 6-1: Einfluss eines steigenden P-Angebots in der Nährlösung auf das Auftreten von Zn-Mangelsymptomen und den Gesamtgehalt und die wasserlöslichen Gehalte an Zn in Blättern von Baumwolle; Cakmak und Marschner (1987).

Nährlösung			Blattanalyse	
Zn-Angebot [µM]	P-Angebot [µM]	Zn-Mangelsymptome	Gesamtgehalt [mg Zn/kg TM]	wasserlöslicher Gehalt [mg Zn/kg TM]
0,002	25	keine	10,6	5,4
0,002	200	stark	11,8	3,6
0,002	600	sehr stark	13,6	2,5

Pflanzenanalyse auf Ca zu diagnostizieren. Es wurde daher auch für Ca versucht über die Analyse einzelner Ca-Fraktionen im Blattgewebe physiologischen Ca-Mangel zu beschreiben und zu diagnostizieren. Die Ca Fraktionierung hat wahrscheinlich Aso (1902b) als Erste in die Literatur eingeführt. Allgemeingültig ist das allerdings bislang nicht gelungen. Nur in Einzelfällen beim Vergleich einer sehr geringen Anzahl unterschiedlich Ca-effizienter Sorten konnte gezeigt werden, dass bestimme Ca-Fraktionen im Gewebe im Vergleich zur Gesamtanalyse von erhöhtem diagnostischem Wert sein können (Brumagen und Hiatt, 1966; Carow und Röber, 1979; English und Barker, 1982).

Für B diskutieren auch Goldbach *et al.* (2000) wie für Pflanzenarten, bei denen B nicht phloemmobil ist und Gesamtanalysen auf B zum Teil unbefriedigend sind, durch die gezielte Erfassung »löslicher« oder austauschbar gebundener B-Fraktionen im Gewebe die diagnostische Aussagefähigkeit der Analyse erhöht werden könnte.

Im Kontext diagnostisch aussagekräftiger Nährelementfraktionen soll nicht unerwähnt bleiben, dass auch die übliche Bezugsbasis der Pflanzenanalyse »**Trockenmasse**«, zumindest für das Nährelement K, in Frage gestellt werden kann. So wurde von Leigh und Johnston (1983) gezeigt, dass bezogen auf den Wassergehalt von Blättern eine engere Beziehung zum Auftreten von K-Mangelsymptomen bestand als bei Bezug auf die Trockenmasse. Das ist verständlich, da K keine festen Bindungen im Pflanzengewebe eingeht und praktisch vollständig wasserlöslich vorliegt. Eine generelle Kritik der vergleichsweise stabilen Bezugsbasis Trockenmasse, die unabhängig vom Tagesgang des Wassergehaltes eines Blattes ist, kann aus diesem Befund für K aber nicht abgeleitet werden.

Einen Schritt weg von der reinen **Diagnose** hin zur **Prognose** des Ernährungszustandes besteht darin, gezielt Speicherformen von Nährelementen zu quantifizieren. Als praxistaugliche Methode, die ohne größeren laborativen Aufwand auskommt, wurde hierfür ein **Nitrat-Schnelltest** entwickelt, der bei Anwendung im Getreidebau häufig auch als Nitrat-Stängeltest bezeichnet wird. Ein Abriss dieser vornehmlich zur Bemessung der zweiten und dritten N-Düngergabe im Getreidebau ausgearbeiteten Methode ist Infobox 6-1 zu entnehmen.

Abgesehen von Getreide ist der Nitratgehalt in Pflanzen zur Charakterisierung des N-Versorgungszustands und zur Empfehlung einer Kopfdüngung auch bei einer Reihe anderer Pflanzenarten als erfolgreich beschrieben worden (z. B. Kartoffel (MacKerron *et al.*, 1995), Blumenkohl (Gardner und Roth, 1989) und Rosenkohl (Scaife, 1988); für weitere Hinweise zur Anwendung des Nitrat-Schnelltests bei Gemüsearten siehe Abschnitt 4.5.4).

Nicht geeignet ist der Nitrat-Schnelltest für Fälle, bei denen Nitrat nicht eine bevorzugte N-Speicherform im Spross einer Pflanze ist. Das ist bei Pflanzenarten der Fall, die aufgenommenes Nitrat vorallem in der Wurzel zu Ammonium reduzieren (z. B. Arten der Familie *Rosaceae*), oder wenn der Stickstoff in hohem Maß nicht als Nitrat, sondern als Ammonium aufgenommen wird. Das ist beispielsweise bei den an sauere Substrate angepassten Moorbeet-Pflanzen

(Azaleen, Erica) der Fall. Weiterhin kann dies bei einer ammoniumbetonten Düngung zutreffen, insbesondere wenn bei der Düngung durch den Zusatz eines Nitrifikationsinhibitors die Nitrifikation ($NO_3^- \rightarrow NH_4^+$) verzögert ist. Ähnlich wie beim Einsatz von Nitrifikationsinhibitoren ist auch beim sogenannten Cultan-Verfahren (Sommer, 2005) davon auszugehen, dass ein nicht unerheblicher Anteil der N-Aufnahme als Ammonium erfolgt. Zur Diskussion dieser Aspekte, die die Grenzen des Nitrat-Schnelltests aufzeigen, sei auf die Arbeit von Schulz und Marschner (1987) verwiesen.

Infobox 6-1

Nitrat-Schnelltest

Im Presssaft von pflanzlichem Gewebe lässt sich die Nitrat-Konzentration über Nitrat-Teststäbchen einfach bestimmen. Dabei reagiert NO_3^- konzentrationsabhängig zu einem Azofarbstoff im Reaktionsfeld des Teststreifen, dessen Farbintensität durch Vergleich mit einer Farbskala halbquantitativ (z. B. Merkoquant® Nitrat) oder reflektometrisch in einem batteriebetriebenen Handgerät als numerische Konzentrationsangabe in mg Nitrat/L ermittelt werden kann (z. B. Nitracheck, RQflex® Nitrat, RQeasy®). Zur Gewinnung von Presssäften können Knoblauchpressen oder Haushaltsmixer verwendet werden oder auch Stängelstücke in Plastiktüten gesammelt und dann z. B. mit einem Schraubstock ausgepresst werden. Je nach Pflanzenmaterial müssen zur Messung auch Verdünnungen der Presssäfte hergestellt werden, wenn die Nitrat-Konzentrationen den maximalen Messbereich von etwa 500 mg/L überschreiten, was oftmals der Fall ist.

Ob Matrixeffekte wie durch die Eigenfärbung des Chlorophylls im Presssaft die Messung stören, kann anhand des Standardadditionsverfahrens ermittelt werden. Dabei wird dem Presssaft eine definierte Menge an Nitrat hinzugegeben und dann geprüft, ob dies zu einer entsprechenden Erhöhung der gemessenen Nitrat-Konzentration führt. Ist das nicht der Fall, muss der Presssaft bis zur Unwirksamkeit der Störgröße weiter verdünnt werden. Um die Eigenfarbe von Presssäften zu vermindern, können diese auch filtriert werden. Nach dem Eintauchen der Messstäbchen in die Messlösung wird die überschüssige Lösung abgeschlagen und nach 60 Sekunden die sich entwickelnde Farbe im Reaktionsfeld bei Zimmertemperatur ausgewertet. Dabei sind Herstellerangaben der Teststäbchen zu beachten.

Einsatzbereich

Ursprünglich zur Bemessung und Terminierung der zweiten und dritten N-Düngegabe bei Wintergetreide entwickelt und kalibriert (Wollring und Wehrmann, 1981; 1990; Schulz und Marschner, 1987) hat sich der Nitrat-Schnelltest ein weites Spektrum an Kulturen und Anwendungen erschlossen. Neben verschiedenen landwirtschaftlichen Kulturen (Geyer und Marschner, 1990; Nitsch und Varis, 1991), Gemüsekulturen und Zierpflanzen kann der Nitrat-Schnelltest auch verwendet werden, um einen N- von einem S-Mangel zu unterscheiden, was rein optisch oftmals kaum möglich ist. Ausreichende Konzentrationsbereiche an Nitrat, die eine optimale N-Versorgung anzeigen, sind für verschiedene Gemüsearten im Kapitel 4.5 der Tabelle 4-35 zu entnehmen. Für eine Reihe von Zierpflanzen hat Dallmann (2009) entsprechende Werte vorgelegt. Für Baumschulgehölze in Deutschland werden derartige Datensätze zur Zeit erarbeitet (Schachtschneider *et al.*, 2018).

Wie bei der Pflanzenanalyse sind auch für den Nitrat-Schnelltest hinreichende Kalibrierungsversuche Voraussetzung, um diagnostisch relevante Daten zu ermitteln, was allerdings nicht für jede Kultur erfolgreich gelang (Scaife und Turner, 1987). Wie bei der Pflanzenanalyse die N-Gehalte sind auch die Nitrat-Konzentrationen im pflanzlichen Gewebe organ- und stadienspezifisch unterschiedlich hoch und sinken im Verlauf der Entwicklung bei einjährigen Pflanzen ab. Eine Besonderheit von Nitrat ist, dass dessen Konzentration im pflanzlichen Gewebe einen Tagesgang besitzt, da dessen Reduktion zu Ammonium an die Photosynthese gekoppelt ist. Daher sind die Nitrat-Gehalte in Pflanzen am Vormittag am höchsten, was auch der Beprobungszeitraum für das Nitrat-akkumulierende ältere Gewebe der Pflanzen sein sollte.

6.2 Bestimmung organischer Inhaltsstoffe

Moderne, vornehmlich massenspektrometrische Analysemethoden erlauben es potenziell alle extrahierbaren organischen Inhaltstoffe von Organismen zu quantifizieren. Bei der Bedeutung von Mineralstoffen für den Bau- und Betriebstoffwechsel ist es daher nicht überraschend, dass mit der Technologie des »Metabolite Profiling«, bei der – zumindest auf relativer Basis – quantitative Profile über mehrere Hundert Stoffwechselmetaboliten hinweg erstellt werden können, spezifische Veränderungen an organischen Inhaltsstoffen bei N-, S- oder P-Mangel beschrieben werden konnten (als Überblick siehe Schauer und Fernie, 2006). Dass für alle Mineral- und Nährstoffstörungen bei Pflanzen, seien sie mangel- oder überschussbedingt, im Einzelversuch gegenüber optimal ernährten Kontrollen abweichende Metabolitenprofile ermittelt werden können, ist naheliegend. Im Kontext praxistauglicher Diagnosen auf Ernährungsstörungen kommen derartige Verfahren bis auf Weiteres allerdings (noch) nicht in Frage. Dagegen sprechen nicht nur die bis dato vergleichsweise hohen Kosten der Einzelanalysen (Größenordnung 400 € je Probe) und die besonderen Vorkehrungen des Einfrierens, die für den Transport der Proben zu treffen sind. Bedeutsam ist weiterhin, dass für die Erarbeitung stabiler diagnostischer Metabolitenprofile ein sehr hoher Aufwand an Kalibierungsversuchen in unterschiedlichen Umwelten nötig wäre, da diese Profile abhängig vom jeweiligen Genotyp der Pflanzen und dem Entwicklungsstatus des Gewebes sind. Diese Kalibierungsversuche liegen bislang für diese vergleichsweise junge Technologie noch nicht vor.

Dagegen »klassisch« zu nennen sind mikroskopische Verfahren, die über Färbereaktionen die Anwesenheit bestimmter Inhaltsstoffe von diagnostischer Relevanz erlauben. Cu ist am Phenolstoffwechsel beteiligt und an der **Lignifizierung**. Bei **Cu-Mangel** lässt sich die eingeschränkte Lignifizierung von Xylemgefäßen histochemisch nach Anfärbung mit Phloroglucin-HCl mikroskopisch demonstrieren (Rahimi und Bussler, 1974) und damit – Vergleichspflanzen vorausgesetzt – als unterstützendes Hilfsmittel zur Aufklärung eines Cu-Mangels einsetzen, wie die Fotos in Abbildung 6-3 zeigen. Sehr empfindlich ließ sich bei Cu-Mangel auch der geringere Gehalt an Phenolen in den Zellwänden von Weizen messen (Robson *et al.*, 1981).

Die der Menge nach dominierende organische Säure im Pflanzengewebe ist Malat, dessen Gehalt bei **S-Mangel** zumeist ansteigt. Blake-Kalff *et al.* (2000, 2004) konnten auf dieser Basis zeigen, dass das **Malat zu Sulfat-Verhältnis** junger Blätter, wenn es den Wert von 1,5 übersteigt mit höherer Genauigkeit auf S-Mangel hinweist, als die Gesamt-S-Gehalte oder das N/S-Verhältnis. Dieses diagnostisch relevante Verhältnis wurde an Weizen und Raps erarbeitet, sollte nach Blake-Kalff *et al.* (2004) aber, abgesehen von C_4-Pflanzen und Leguminosen, auch für alle anderen Pflanzenarten

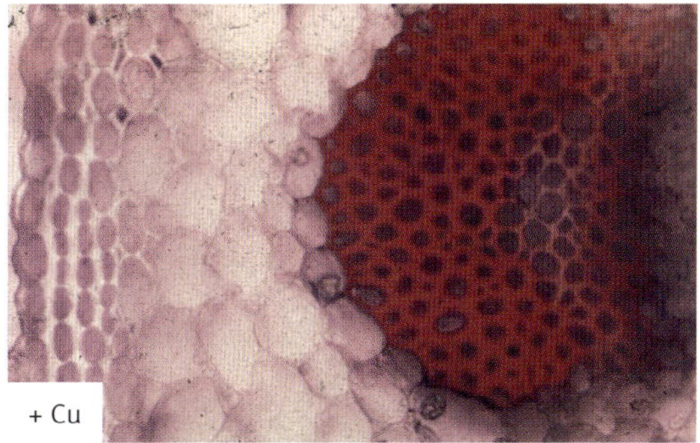

Abb. 6-3: Lichtmikroskopische Aufnahmen von Stengelquerschnitten bei Sonnenblume nach Anfärbung mit Phloroglucin-HCl zum Nachweis von Lignin, das an der rotbraunen Farbe zu erkennen ist: Bei auskömmlichem Cu-Angebot (50 µg Cu/L, +Cu) oder ohne Cu-Angebot (-Cu) wo es fehlt (Rahimi und Bussler, 1974).

gelten. Analytisch ließ sich Malat und Sulfat in einem Lauf ionenchromatographisch nach wässriger Extraktion an getrocknetem Blattmaterial quantifizieren. Es verbindet in einem Quotienten somit die Analyse eines organischen Inhaltsstoffes mit dem Nachweis einer Nährstofffraktion.

Ausgesprochen empfindlich auf bestimmte Mineralstoffstörungen reagiert betroffenes pflanzliches Gewebe mit Bildung des »Stress-Kohlenhydrats« **Callose**. Callose, in deutscher Schreibweise auch mit K geschrieben (Kallose), besteht aus linear β-1,3 verknüpften Glukoseeinheiten. Sie ist somit der Cellulose, die aus β-1,4 verknüpften Glukoseeinheiten besteht, nicht unähnlich und wird wie diese von einem in der Plasmamembran lokalisierten Enzymkomplex synthetisiert. Natürlicherweise, also konstitutiv, kommt Callose in Pollenschläuchen und den Siebplatten des Phloems vor. Daneben kann Callose in den Plasmodesmen sowie vorrübergehend in der Zellplatte sich teilender Zellen beobachtet werden (Chen und Kim, 2009). Bereits Ende des 19. Jahrhunderts war bekannt, dass sich Callose nach mechanischer Verletzung vermehrt in den Siebplatten bildet (»Wundcallose«), was als Reaktion zu deren Abdichtung interpretiert werden kann. Auch wenn z. B. ein Blatt eingeschnitten oder angebissen wird, bildet sich in der erste Reihe der noch intakten Zellen innerhalb von 30–60 Minuten an der Außenseite der Zellen eine Calloseschicht. Die meisten, wenn nicht alle lebenden pflanzenlichen Zellen sind zu Callosebildung fähig.

Am besten dürfte – was Mineralstoffstörungen anbelangt – eine Calloseinduktion durch **Mn-Überschuss** in Blättern und durch wurzeltoxisches Al in den Wurzeln untersucht sein (Stass und Horst, 2009). Beginnend mit mikroskopischen Untersuchungen bei Cowpea Ende der 1980er Jahre (Wissemeier und Horst, 1987) ließ sich zeigen, dass alle braunen Mn-Überschusssymptome in Blättern von Callose umgeben sind (Abb. 6-4). Darüber hinaus ließ sich aber auch beobachten, dass Callose lokal induziert wurde, wo noch keine Verbräunungen sichtbar waren (Abb. 6-5). Das weist auf die besondere Empfindlichkeit der Callosebildung bei Mn-Überschuss hin, was auch in einer Studie mit Sojabohne nach quantitativer Extraktion der Callose belegt werden konnte (Wissemeier *et al.*, 1993). Dabei wurde das Mn-Angebot der Nährlösung von Mn-Mangel (0,01 µM Mn-Angebot) über ein optimales Mn-Angebot im Bereich von 0,1 bis 1 µM Mn weiter jeweils um das 10-fache bis 100 µM Mn gesteigert (Abb. 6-6). Selbst eine geringe Erhöhung der Mn-Gehalte der Blätter von 17 auf 60 mg Mn/kg TM ging mit einer signifikanten Erhöhung der Callose-Gehalte einher. Eine weitere Erhöhungen der Mn-Gehalte durch das erhöhte Mn-Angebot führte dann zu noch weiter erhöhten Callose-Gehalten, ohne dass die Bildung der Sprosstrockenmasse zunächst reduziert war. Erst

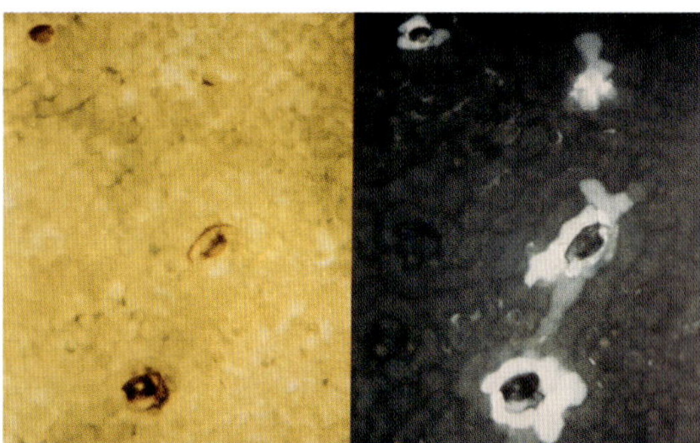

Abb. 6-4: Mikroskopische Aufnahme von Mn-Überschusssymptomen (verbräunte Zellwände) in Blättern von Cowpea (*Vigna unguiculata*) links im Durchlicht und rechts Fluoreszenzmikroskopie nach Färbung mit Anilin blau zum Nachweis von Callose, die hell fluoresziert (Wissemeier und Horst, 1987).

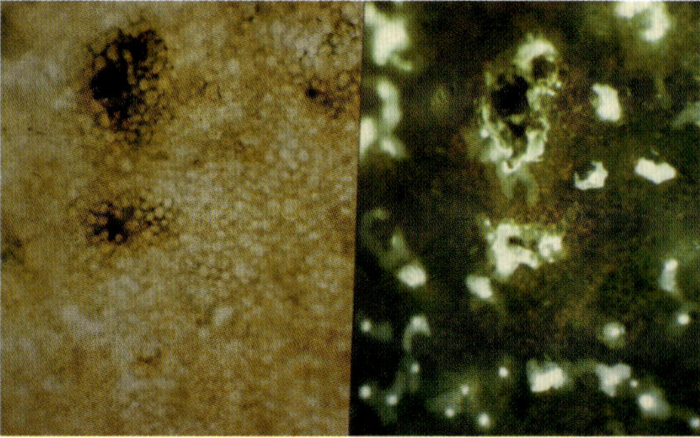

Abb. 6-5: Wie Abb. 6-4 aber hier Callose auch nachweisbar an Stellen, die im Durchlicht keine Verbräunungen aufweisen (Wissemeier und Horst, 1987)

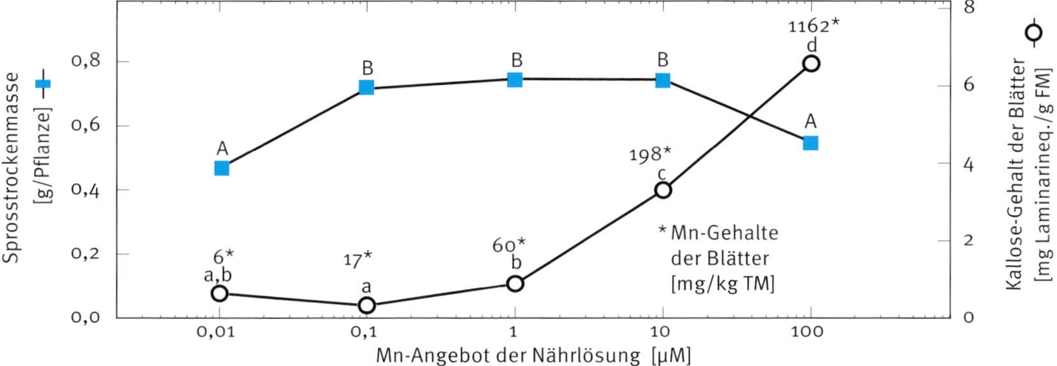

Abb. 6-6: Sprosstrockenmasse und die Mn- und Callose-Gehalte der zweitältesten Fiederblätter von Sojabohne, die in Nährlösung bei variiertem Mn-Angebot von Mangel bis zu Überschuss für 13 Tage kultiviert wurden; unterschiedliche Buchstaben kennzeichnen signifikante Unterschiede (Wissemeier *et al.*, 1993, verändert).

beim höchsten Mn-Angebot von 100 µM Mn, das Mn-Gehalte von über 1000 mg/kg TM zur Folge hatte, war dann auch die Sprosstrockenmasse der Pflanzen signifikant reduziert und es wurden die höchsten Callose-Gehalte gemessen.

Ein leichter Anstieg der Callose-Gehalte ließ sich auch bei **Mn-Mangel** beobachten, bei dem das Sprosswachstum reduziert war (Abb. 6-6). Noch deutlicher als an intakten Sojapflanzen, ließ sich eine erhöhte Callosebildung bei Mn-Mangel allerdings bei *in vitro* suspendierten Sojazellen nachweisen (Wissemeier *et al.,* 1993).

Die Mn-Überschussempfindlichkeit eines Blattes ist keine direkte Funktion seiner Mn-Gehalte, sondern kann sich deutlich zwischen Pflanzenarten, Sorten, unterschiedlich alten Blättern oder dem Si-Versorgungsgrad unterscheiden, was in Kapitel 2.3 bereits angesprochen wurde. Für die Induktion der Mn-Überschussbedingten Callose in Blättern konnte gezeigt werden, dass alle diese Faktoren auch die Callose-Induktion beeinflussen, sodass die Callosebildung als direkter Ausdruck der jeweiligen Empfindlichkeit des Blattgewebes interpretiert werden kann. Damit ist sie ein empfindlicher diagnostischer Parameter zum Nachweis von Mn-Toxizität bei Blättern (Wissemeier und Horst, 1988; Wissemeier *et al.*, 1992; Horst *et al.*, 1999).

Wie bei allen mittelbaren Parametern ist natürlich auch bei Callose-Untersuchungen in Blättern die Spezifitätsfrage zu stellen. Entsprechende Befunde können diagnostische Aussagen nur unterstützen, wenn die Rahmenbedingungen hinreichend bekannt sind. Zumindest für B-Überschuss ist ebenfalls eine verstärkte Callose-Bildung in epidermalen Zellen von Blättern als sehr empfindlicher Parameter beschrieben worden (McNair und Currier, 1965). Da Mn-Überschuss und B-Überschuss aber gemeinhin unter entgegengesetzten ökologischen Bedingungen auftreten (Mn-Überschuss: saure Böden, Wasserüberstau; B-Überschuss: alkalische Böden, aride Gebiete), sollte bei Beachtung dieser Rahmenbedingungen die Gefahr falscher Schlüsse gering sein. Callose wird von Blättern auch an Stellen gebildet, wo Pilze diese infizieren wollen und sich unterhalb des Appressoriums oder der Penetrationshyphe eine Papille ausbildet. Eine genaue Betrachtung eines Blattes mit Lupe oder Mikroskop sollte aber Aufschluss geben können, ob gegebenfalls eine pilzliche Infektion vorliegt.

Pflanzenbaulich von großer Bedeutung auf sauren Böden ist **Al-Toxizität**, die sich primär in einer Reduktion des Wurzelwachstum äußert. Es konnte gezeigt werden, dass auch bei dieser Mineralstoffstörung – hier entsprechend des Schädigungsortes von

Al in der Wurzelspitze – die Bildung von Callose zu den frühesten Symptomen gehört. Bereits 30 Minuten nach Al-Angebot konnte Al-induzierte Callose fluoreszenzmikroskopisch qualitativ (Wissemeier *et al.*, 1987) und nach einer Stunde quantitativ nach Extraktion nachgewiesen werden (Wissemeier *et al.*, 1992). In Abbildung 6-7 ist eine Wurzelspitze links im Durchlicht nach Anfärbung der Zellwände mikroskopisch dargestellt und rechts daneben eine ganz ähnliche Wurzelspitze von Sojabohne, die für 8 Stunden lang 93 µM Al in Nährlösung ausgesetzt war. Bei dieser fluoreszenzmikroskopischen Aufnahme ist Callose an der hellen Fluoreszenz mit dem Fluorochrom Sirofuor zu erkennen. Deutlich sind nur die äußeren Zellschichten betroffen. Diese Lokalisation der Al-induzierten Callose in den Wurzeln stimmt mit der Lokalisation des wurzeltoxischen Al überein (Jones *et al.*, 2006) und kann auch quantitativ als dessen direkter Stress-Parameter genutzt werden. Zur Charakterisierung einer sortenbedingten, d. h. genotypisch unterschiedlichen Al-Resistenz zwischen Mais-, Weizen-, Sojabohne- oder Buschbohnen-Sorten bzw. Linien wurde die Al-induzierte Callosebildung in Wurzeln daher verwendet. Analog konnte das bei unterschiedlich Al-resistenten Linien der Modellpflanze Arabidopsis gezeigt werden. Eine Zusammenstellung an diesbezüglicher Literatur ist dem Übersichtsartikel von Stass und Horst (2009) zu entnehmen. Auch unter Freilandbedingungen konnte für Fichten (*Picea abies*) in den Wurzelspitzen eine Callosebildung quantifiziert werden, die mit dem Al-Angebot der Bodenlösung positiv korrelierte. Ein Zusammenhang zum gemessenen Wurzelwachstum der Fichten bestand jedoch nicht, was wiederum auf eine besondere Empfindlichkeit der Callose-Bildung in Abhängigkeit eines Al-Angebots in Nähr- oder Bodenlösungen hinweist (Wissemeier *et al.*, 1998).

Relativ bald nach den ersten fluoreszenzmikroskopischen Beobachtungen der Al-induzierten Callosebildung in Wurzeln konnte gezeigt werden, dass diese Al-induzierte Callose eine gewisse Spezifität aufweist. Hilfreich war dabei die von Köhle *et al.* (1985) in die Literatur eingeführte quantitative Messungen der Callose nach deren Extraktion (zur Methode siehe auch Kauss, 1989). So ließ sich in den im Wachstum durch Ca- oder B-Mangel stark gehemmten Wurzelspitzen von Sojabohnen keine Calloseinduktion nachweisen. Auch durch ein erhöhtes Angebot an Mn, Zn, Pb oder Hg, deren Konzentrationen so gewählt wurden, dass sich eine ganz ähnliche Hemmung des Wurzelwachstums wie durch 25 µM Al einstellte, ließ sich keine Callosebildung von Bedeutung messen (Tab. 6-2). In diesen Versuchen zeigte einzig Cd eine deutliche Callosebildung, die quantitativ allerdings hinter der Al-induzierten Callosebildung zurückblieb. In den fluoreszenzmikroskopischen Untersuchungen von Querschnitten der Wurzelspitzen zeigte sich zudem, dass die Cd-induzierte Callose nicht in den epidermalen Wurzelzellen wie bei Al (Abb. 6-7), sondern nur im Bereich des Zentralzylinders beobachtet werden konnte (Diening, 1989). Die höhere Mobilität von Cd in Pflanzen im Vergleich zum Al stimmt damit überein.

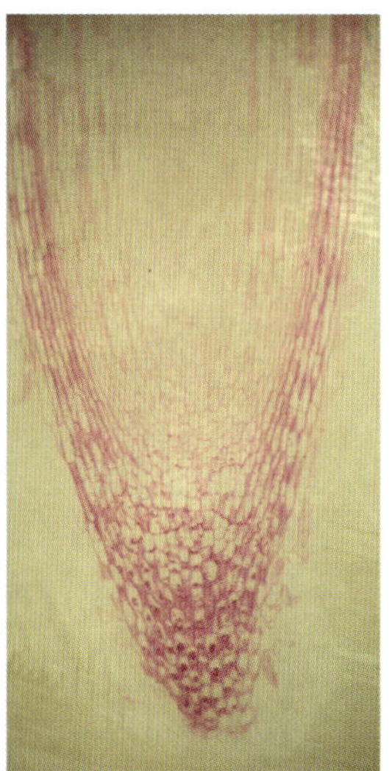
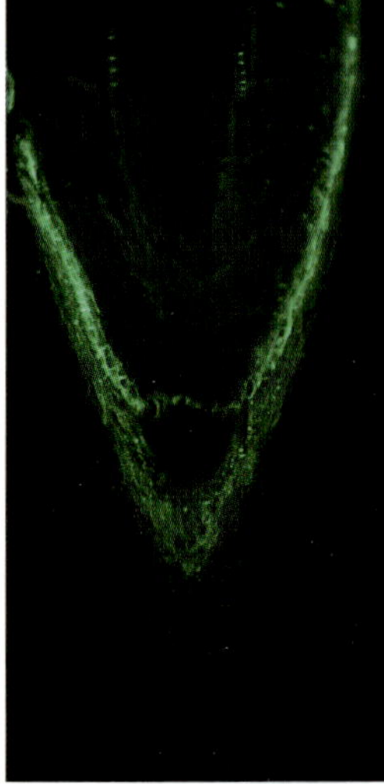

Abb. 6-7: Wurzelspitzen von Sojabohnen im Längsschnitt, links als Durchlichtaufnahme mit angefärbten Zellwänden und rechts als fluoreszenzmikroskopische Aufnahme zum Nachweis von Callose nach Angebot von 93 µM Al bei pH 4,2 in Nährlösungen für 8 Stunden (für technische Details siehe Wissemeier *et al.*, 1987).

Infobox 6-2

Bestimmung der Aktivität von Katalase nach Gagnon *et al.* (1959)

Das eisenhaltige Enzym Katalase spaltet Wasserstoffperoxid in Sauerstoff und Wasser:

$$2\,H_2O_2 \xrightarrow{\text{Katalase}} O_2 + 2\,H_2O.$$

Um eine Aktivitätsmessung nach Gagnon *et al.* (1959) durchführen zu können, werden benötigt:

- Schere,
- Lineal oder Waage,
- Reibeschale und Pistill,
- pH-Pufferlösung,
- 3 %ige H_2O_2-Lösung,
- Pinzette,
- kleines Gefäß, sowie eine
- Uhr, um die Zeit in Sekunden für den Auftrieb messen zu können, was nachfolgend dargestellt ist.

Weitere Einzelheiten zur Durchführung können dem Anhang entnommen werden.

Verglichen wird die Aktivität der Katalase eines chlorotischen Blattes mit der eines gleichalten grünen Blattes, um bei deutlich geringerer Aktivität des chlorotischen Blattes die Vermutung eines Fe-Mangels als Ursache der Chlorose zu untermauern. Der Vergleich kann entweder auf Flächenbasis erfolgen, indem man z. B. 3 × 3 cm große Blattareale ausschneidet, oder auf Gewichtsbasis, indem man z. B. 0,5 g Blattmasse homogenisiert und vergleicht. Welche Blattfläche bzw. welche Blattmasse in einem gegebenen Volumen an pH-Puffer sinnvollerweise homogenisiert werden, ist vom Aktivitätsniveau des untersuchten Blattgewebes abhängig und mag durch Ausprobieren ermittelt werden, sodass sich Auftriebszeiten der Papierscheiben im Bereich von einigen Sekunden bis zu nicht viel länger als drei Minuten einstellen. Im Fall einer durch

Fe-Mangel bedingten Chlorose ist zu erwarten, dass die Auftriebszeit der extraktgetränkten Papierscheibe mindestens doppelt so lange dauert wie bei der Kontrollprobe.

Durchführung

Eine definierte Blattfläche (oder Masse) wird in eine Reibeschale mit 20 mL Phosphatpuffer pH 7,0 durch Verreiben so lange homogenisiert bis keine Blattteile mehr erkennbar sind. Der Zusatz einer Spatelspitze an reinstem Quarzsand erleichtert das Homogenisieren, ist aber nicht unbedingt nötig. Von diesem Homogenat wird ein Tropfen (oder ein definiertes Volumen von z. B. 100 µL) auf eine Filterpapierscheibe aufgegeben und gewartet bis der Tropfen die Scheibe gleichmäßig durchdrängt hat. Danach wird die Papierscheibe mit einer Pinzette mit der Aufgabefläche nach unten in die 3 %ige H_2O_2-Lösung zügig bis zum Gefäßgrund untergetaucht und die Zeit gestoppt bis die Papierscheibe plan die Flüssigkeitsoberfläche erreicht hat. Je länger die Zeit, desto geringer ist die Aktivität der Katalase, da es länger dauert bis sich genügend Sauerstoffbläschen bilden konnten, um den Auftrieb zu ermöglichen. Pro Blatthomogenat sollte die Aktivitätsmessung mindestens dreimal wiederholt werden, um einen repräsentativen Mittelwert der Auftriebszeit berechnen zu können. Für einen Blindwert, bei dem nur Pufferlösung ohne Blatthomogenat auf die Papierscheibe gegeben wird, sollte sich über mehrere Minuten hinweg kein Auftrieb einstellen.

Das Verfahren ist äußerst robust und kann zu Praktikums- und Demonstrationszwecken ohne besondere Vorkehrungen auch bei Raumtemperatur durchgeführt werden. Eine Kalibrierung dieser Aktivitätsmessungen kann vorgenommen werden, wenn käufliche Katalase bekannter Aktivität analog der Blatthomogenate in Verdünnungsreihen geprüft würde. Für Einzelheiten sei auf die Arbeit von Gagnon *et al.* (1959) verwiesen, die diese einfache Methode zur Bestimmung der Katalase-Aktivität in die Literatur eingeführt haben.

Tab. 6-2: Konzentrationen von Aluminium und Schwermetallen in Nährlösung bei pH 4,2, die nach Angebot für 8 Stunden das Wachstum der Primärwurzel von Sojabohne um 40–60 % gegenüber Kontrollen hemmten und deren Einfluss auf die Bildung von Callose in den 0–3 cm Wurzelspitzen. Quantifizierung der Callose nach Köhle *et al.* (1985); Zusammenstellung basierend auf Daten von Astrid Diening (1989).

Element		Angebotsform	Konzentration in der Nährlösung [µM]	Callosebildung in Wurzelspitze
Mn	als	$MnSO_4$	5000	0
Zn	als	$ZnSO_4$	1500	±0
Al	als	$AlCl_3$	25	+++
Pb	als	$PbCl_2$	7,2	±0
Cd	als	$CdSO_4$	5	++
Hg	als	$HgCl_2$	0,5	±0
Hg	als	CH_3HgCl	0,1	±0

0 = keine Calloseinduktion, ±0 = Spuren nachweisbar im Schwankungsbereich der Kontrollen, ++ = deutliche, +++ starke Callosebildung

6.3 Enzymatische Untersuchungen

Bei den biochemischen Untersuchungen zur Diagnose von Ernährungsstörungen handelt es sich vornehmlich um die Bestimmung der Aktivität von Enzymen. Die Attraktivität enzymatischer Untersuchungen besteht darin, dass insbesondere einzelne Mikronährstoffe Bestandteil des aktiven Zentrums von Enzymen sind, sodass deren Aktivität ein Ausdruck der physiologischen Aktivität des Nährstoffs im Gewebe sein kann (Del Rio, 1983). In Tabelle 6-3 sind die am häufigsten zur Diagnose von Ernährungsstörungen gemessenen Enzymaktivitäten zusammengestellt.

Anders als bei der chemischen Pflanzenanalyse, bei der eine Spanne optimaler Gehalte als »absolute Größe« für eine Pflanzenart bei definierter Probenahme der Blätter festgelegt werden kann, konnten entsprechende »absolute« Aktivitäten an Enzymen zur Charakterisierung eines Ernährungszustands einer Pflanzenart bislang noch nicht allgemeingültig definiert werden. Ursache hierfür ist die zumeist hohe Abhängigkeit der Enzymaktivitäten von biotischen und abiotischen Umweltfaktoren, dem gegebenen Genotyp einer Pflanze, dem physiologischen Alter eines Blattes oder Organs sowie gegebenfalls unbekannten Abhängigkeiten von Enzymaktivitäten von Nährstoffverhältnissen, die nichts mit der zu prüfenden Hypothese einer Fehlernährung zu tun haben müssen. Aus dieser Problematik ergibt sich, dass praktisch nur vergleichende Untersuchungen von Enzymaktivitäten zwischen gesunden Pflanzen und solchen mit vermeintlichen Ernährungsstörungen desselben oder eines benachbarten Bestandes gleichen Alters sinnvoll möglich sind. Darüber hinaus muss die im Allgemeinen geringe Stabilität von Enzymen und deren Aktivität im pflanzlichen Gewebe beachtet werden. Eine Konservierung der Enzymaktivität nach der Probenahme über mehrere Stunden und Tage hinweg ist nur im tiefgefrorenen Zustand möglich, womit enzymatische Aktivitätsmessungen zumeist wenig »robust« sind und meist eine besondere Logistik erfordern. Dass in Einzelfällen Vergleichspflanzen aber auch nicht nötig sein müssen, wenn die Induzierbarkeit einer enzymatischen Aktivität nach Zusatz des fraglichen Nährstoffs »im Reagenzglas« diagnostische Aussagen ermöglicht, wird am Ende dieses Abschnitts besprochen.

Tab. 6-3: Enzyme, deren Aktivitäten bei Ernährungsstörungen von Pflanzen typische Veränderungen aufweisen.

Enzym	Diagnose von	diagnostische Veränderung der Aktivität
Katalase	Fe-Mangel	erniedrigt
Peroxidase	Fe-Mangel	erniedrigt
Peroxidase	Mn-Mangel	erhöht
Peroxidase	Mn-Überschuss	erhöht
Ascorbatoxidase	Cu-Mangel	erniedrigt
Carboanhydrase	Zn-Mangel	erniedrigt
Aldolase	Zn-Mangel	erniedrigt
Nitrat-Reduktase	Mo-Mangel	erniedrigt
Nitrat-Reduktase	N-Mangel	erniedrigt
Phosphatase	P-Mangel	erhöht

»Glanz und Elend« der enzymatischen Aktivitätsbestimmungen zur Diagnose von Ernährungsstörungen seien am Beispiel der Aktivität der **Peroxidase** zur Diagnose von **Fe-Mangel** aufgezeigt. Dass die Peroxidase- oder Katalase-Aktivität Auskunft über den physiologisch relevanten Ernährungszustand an Fe geben könnte, ist naheliegend, da mehrere Schritte der Biosynthese dieser Enzyme Fe-abhängig sind und Fe wesentlicher Bestandteil der reaktiven Häm-Gruppe dieser Metalloenzyme ist.

Ein Literaturbeispiel: Für Wiesenlieschgras (Timotheegras) sind hier in jüngeren Blättern die Fe-Gehalte zusammen mit deren Aktivität der Peroxidase bei optimaler Ernährung (Kontrollen) und Fe-Mangel im Verlauf der Entwicklung dargestellt (Abb. 6-8). Dabei übersteigen mit fortschreitendem Fe-Mangel und starker Schädigung der Pflanzen die Fe-Gehalte der Mangelvariante sogar diejenigen der grünen Kontrollen, was als Chlorose-Paradoxon in Kapitel 4.1 besprochen wurde. Die

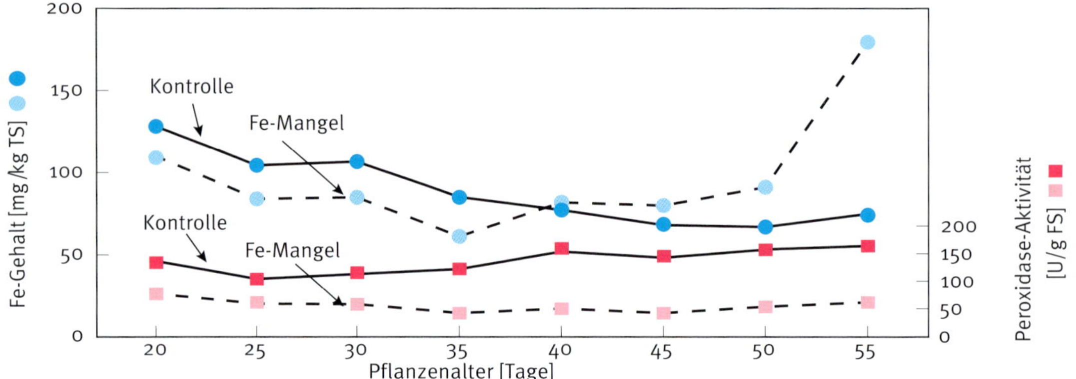

Abb. 6-8: Fe-Gehalte und Aktivität der Peroxidase in Blättern von Wiesenlieschgras *(Phleum pratense)* bei ausreichender Fe-Ernährung (Kontrolle) und Fe-Mangel im Verlauf der Entwicklung (O'Sullivan, 1972).

entsprechenden Aktivitäten der Peroxidase-Aktivität spiegeln dagegen den Unterschied zwischen grünen Kontrollen und Fe-Mangelpflanzen über den ganzen Untersuchungszeitraum hinweg »richtig«, d. h. erwartungsgemäß wieder. Die Aktivität der Peroxidase der Fe-Mangelvariante betrug selbst bei höheren Gesamt-Fe-Gehalten am Versuchsende nur etwa 30–50 % der Kontrollen. Die Aktivität der Peroxidasen der Blätter gibt also für diesen Fall den physiologischen Ernährungszustand besser wieder als die Mineralstoffanalyse auf Fe.

Die schlechte Nachricht: Dieser biochemisch plausible Zusammenhang zwischen Fe-Ernährung und Peroxidase-Aktivität ist jedoch nicht allgemeingültig, wie an einem Nährlösungsversuch mit Erbse aufgezeigt werden kann. Variierter Faktor war das Fe-Angebot, das sich bei Mangel in einem verringerten Wachstum, geringeren Chlorophyllgehalten und etwas geringeren Fe-Gehalten der Blätter äußerte (Abb. 6-9). Die Peroxidase-Aktivität war bei den frühen Terminen nach 15 und 30 Tagen aber nicht erniedrigt, sondern sogar leicht erhöht. Erst mit stärker fortschreitendem Fe-Mangel und ausgeprägten Wachstumsunterschieden nach 45 Tagen war die Peroxidase-Aktivität zumindest leicht erniedrigt. Deutlicher und konsistenter auf den Fe-Mangel reagierte das Enzym **Katalase**, dessen Aktivität bei Fe-Mangel durchgängig etwa um die Hälfte gegenüber der Kontrolle vermindert war.

Eine weitere Problematik bei der Nutzung enzymatischer Aktivitäten als Information über den Ernährungszustand kann dann bestehen, wenn mehrere Nährstoffstörungen gleichzeitig vorliegen. So ist beispielweise die Aktivität der Peroxidase nicht nur bei Fe-Mangel zumeist erniedrigt, sondern kann in noch viel stärkerem Maße durch einen Mn-Mangel erhöht sein. Abbildung 6-10 zeigt das für Untersuchungen an Gerste, in denen das Fe- und das Mn-Angebot variiert wurden. Mit Pfeilen ist in Abbildung 6-10 gekennzeichnet, bei welchen Vergleichen die Aktivität der Peroxidase fälschlicherweise einen Fe-Mangel ausgewiesen hätte. Auch in diesem Beispiel ist die Aktivität der Katalase indikativer für die Fe-Ernährung und folgt den Wachstumsunterschieden bei dem variierten Fe-Angebot der Sandgießkultur recht eng (Abb. 6-10).

Die diagnostische Stabilität der Katalase für den Fe- Ernährungsstatus wurde in den Untersuchungen von Agrawala *et al.* (1964) auch unter Bedingungen von Mn-Überschuss (Mn-Toxizität) deutlich. Während die Peroxidase, wie schon beim Mn-Mangel, auch bei Mn-Überschuss zumeist anstieg (Abb. 6-11), folgte die Aktivität der Katalase auch bei dem überlagernden Mn-Überschuss weiterhin dem Fe-Angebot. Ein Anstieg der Aktivität der Peroxidase unter Bedingungen von Mn-Überschuss ist in der Literatur mehrfach beschrieben worden (Aso, 1902a; Leidi *et al.*, Santos *et al.*, 2017).

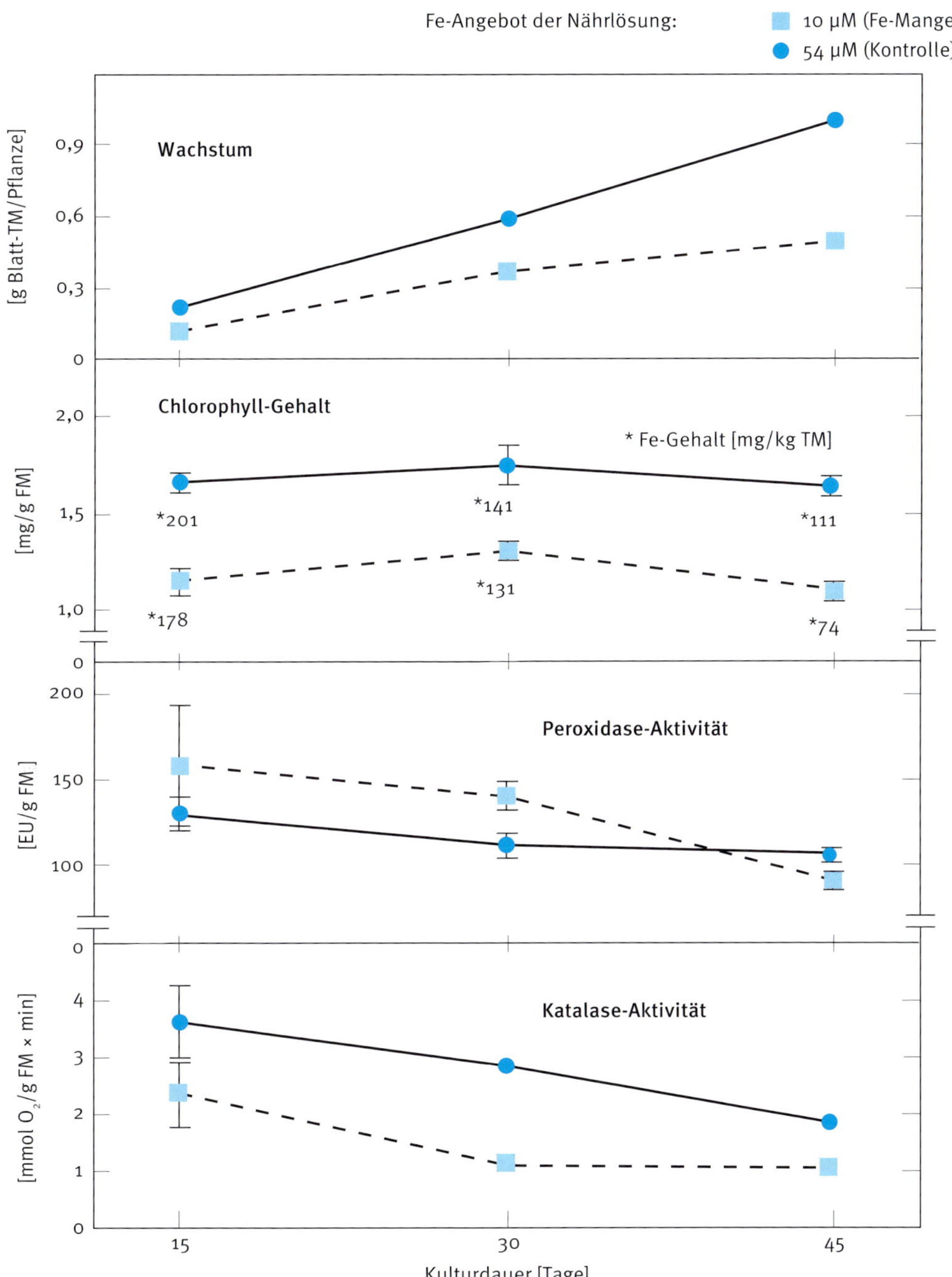

Abb. 6-9: Im zeitlichen Verlauf Bildung an Blattmasse, deren Chlorophyll- und Fe-Gehalte sowie deren Peroxidase- und Katalase-Aktivität bei Erbse in Nährlösungskultur bei optimaler (Kontrolle) und Fe-Mangelernährung (10 µM Fe-EDDHA). Daten nach Del Rio *et al.* (1978) neu zusammengestellt, die Fehlerbalken geben den Standardfehler des Mittelwerts an.

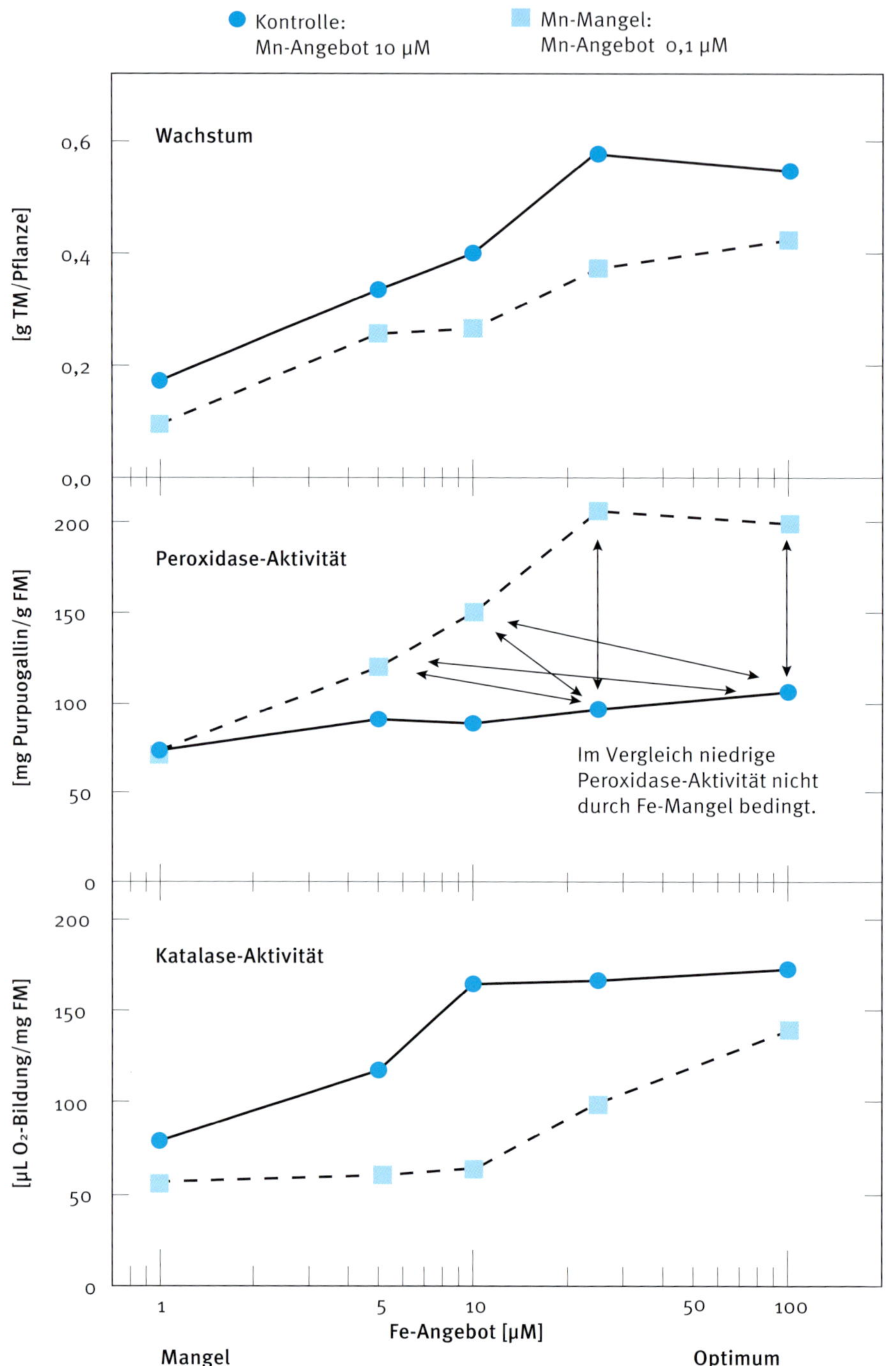

Abb. 6-10: Einfluss des Fe-Angebots auf das Wachstum und die Aktivität der Peroxidase und Katalase in Blättern von Gerste bei Mn-Mangel und optimaler Mn-Ernährung in Sandkultur; Daten nach Agarwala *et al.* (1964).

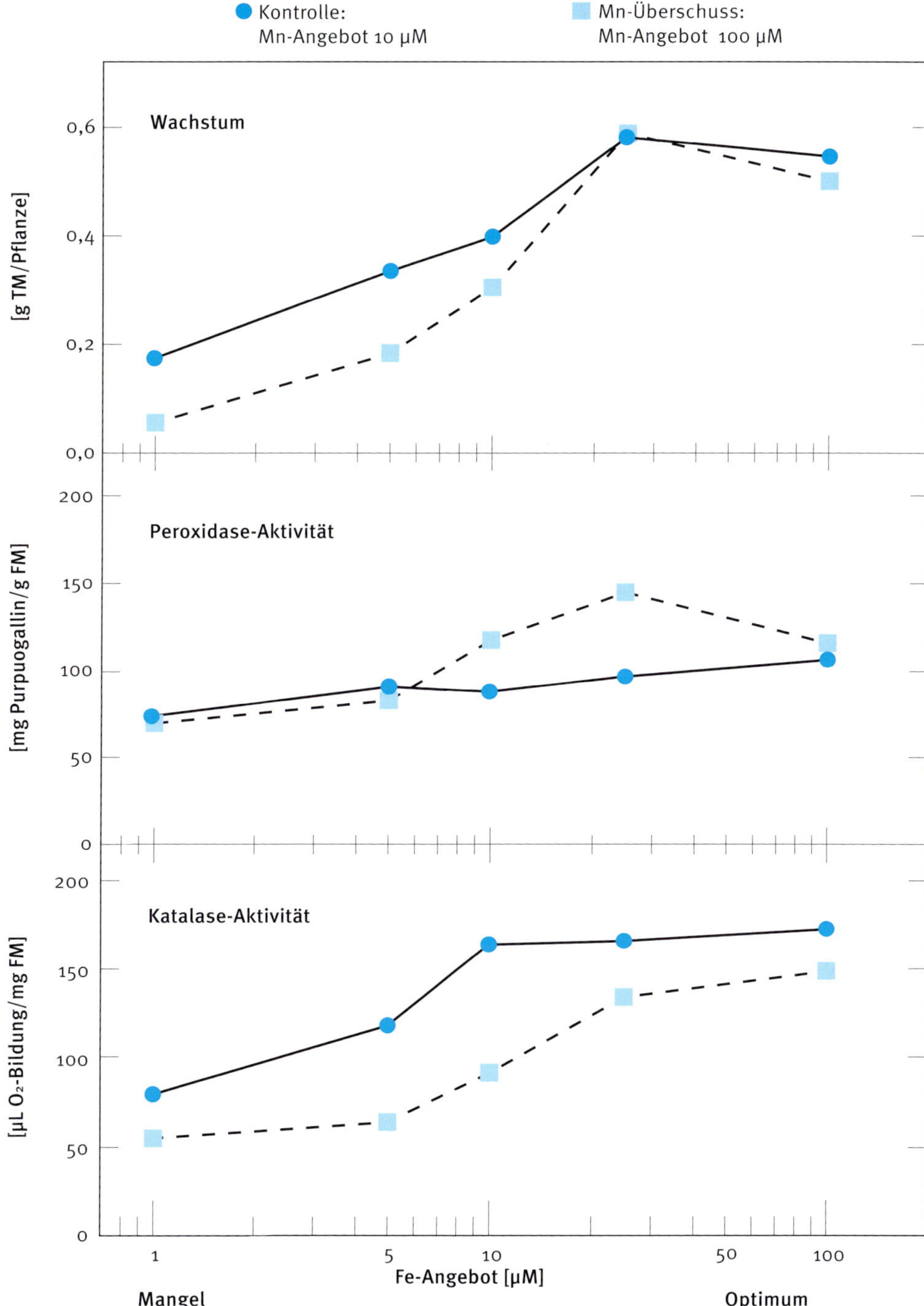

Abb. 6-11: Einfluss des Fe-Angebots auf das Wachstum und die Aktivität der Peroxidase und Katalase in Blättern von Gerste bei Mn-Überschuss und optimaler Mn-Ernährung in Sandkultur; Daten nach Agarwala *et al.* (1964).

Dass Unterschiede in den Enzymaktivitäten, wie die der **Katalase** zur Bestätigung eines Fe-Mangels, auch einfach und **ohne** größeren laborativen **Aufwand** bestimmt werden können, ist in Infobox 6-2 beschrieben.

Abschließend sei noch ein Beispiel aus der Praxis beschrieben, wo bei einer kommerziellen Zwiebelanpflanzung in Irland zum Teil chlorotische Aufhellungen im Feld vorlagen, ohne dass die Pflanzenanalyse eindeutige Hinweise auf die ernährungsbedingte Ursache erbrachte (O'Sullivan, 1970; Tab. 6-4). Es wurde vermutet, dass Fe-, Mn- oder Zn-Mangel vorliegen könnte, wofür auch die erhöhten pH-Werte des Bodens auf den chlorotischen Teilflächen im Vergleich zum Rest des Feldes sprachen. An Enzymen wurden in den Blättern der Zwiebeln die Aktivität an Katalase, Peroxidase und **Aldolase** untersucht. Aldolase ist ein Enzym, dessen Aktivität bei Zn-Mangel oftmals erniedrigt ist. Geringere Aktivitäten an Katalase können, wie gesehen, indikativ für Fe-Mangel sein und eine erhöhte Aktivität an Peroxidase kann sowohl auf Mn-Mangel als auch Mn-Überschuss hinweisen. Die Enzymaktivitäten der chlorotischen Pflanzen ergaben keinen Hinweis auf Fe-Mangel, da weder die Aktivität der Katalase noch die der Peroxidase erniedrigt war. Die im Vergleich zu den grünen Pflanzen erhöhte Peroxidase-Aktivität könnte für sich genommen auf Mn-Mangel oder Mn-Überschuss hindeuten und die erniedrigte Aldolase-Aktivität auf Zn-Mangel. Um weitere Aufklärung zu betreiben, wurden die chlorotischen Pflanzen mit Fe, Mn oder Zn im Feld gedüngt und danach Enzymaktivitäten gemessen. Die Aktivitäten von Katalase und Peroxidase war praktisch unverändert, einzig die Aktivität der Aldolase erhöhte sich auf das Niveau der grünen Kontrollpflanzen. Damit konnte mithilfe enzymatischer Analysen ein deutlicher Hinweis auf Zn-Mangel als Ursache der Chlorosen erbracht werden, auch wenn die Mineralstoffanalyse hierzu keinen belastbaren Hinweis lieferte (O'Sullivan, 1970).

Von diagnostischem Wert können auch die Aktivitäten von Enzymen und enzymatischen Leistungen sein, die bei beginnendem Nährstoffmangel hochreguliert werden, um die Nährstoffverfügbarkeit an der Wurzeloberfläche und/oder den Nährstoffumsatz im Stoffwechsel zu erhöhen, womit die Pflanze ihre Nährstoffaufnahme- und/oder Verwertungseffizienz erhöht.

Als ein klassisches Beispiel sei die Aktivität der **sauren Phosphatase** genannt. Deren Aktivität ist bei P-Mangel an der Wurzeloberfläche erhöht und das Enzym wird verstärkt von den Wurzeln in die Rhizosphäre abgegeben (Tarafdar und Claassen, 1988; Miller *et al.*, 2001). In Nährlösungsversuchen lässt sich das vergleichsweise einfach demonstrieren (McLachlan, 1980). Die Aktivität von Phosphatasen im Spross ist bei P-Mangel ebenfalls erhöht (Smyth und Chevalier, 1984; O'Connell und Grove, 1985), was allerdings nicht völlig P-spezifisch ist, sondern auch bei Wassermangel der Fall war (Barrett-Len-

Tab. 6-4: Sprosse von Zwiebeln, die auf Teilflächen Chlorosen aufwiesen oder grün waren sowie die dazugehörigen pH-Werte des Bodens, Ergebnisse der Pflanzenanalyse und Bestimmungen von Enzymaktivitäten nach O'Sullivan (1970); n.b. nicht bestimmt.

		Pflanzenanalyse [mg/kg TM]			Enzymaktivitäten [U/g FM]		
Aussehen der Zwiebeln	**Boden-pH der Teilfächen**	**Fe**	**Mn**	**Zn**	**Katalase**	**Peroxidase**	**Aldolase**
Grün	5,8	148	123	21	30	3,3	131
Chlorotisch	6,3–6,7	121	135	20	30	19,2	52
Enzymaktivitäten der chlorotischen Teilflächen nach Dünung mit				Fe	25	17	n.b.
				Mn	17	19	n.b.
				Zn	n.b.	n.b.	103

nard und Greenway, 1982). Durch Bestimmung nur einer bestimmten Fraktion an Phosphatase konnten Barrett-Lennard und Greenway die Spezifität für P-Mangel in ihren Untersuchungen allerdings wieder zurückgewinnen. Dennoch müssen auch dann noch Vergleichspflanzen ohne P-Mangel zur Kontrastierung der Ergebnisse mit geprüft und aufgearbeitet werden, um P-Mangel zu diagnostizieren. Untersuchungen von Römer *et al.* (1995) wiesen zudem darauf hin, dass Sortenunterschiede bei Gerste und Weizen auf das Niveau der Phosphataseaktiviät von größerer Bedeutung sein können, als der aktivtätsinduzierende Effekt einer P-Unterversorgung. Wenn aber gut mit P gedüngte Pflanzen der zu untersuchenden Sorte von kleinen Kontrollflächen verfügbar sind (»diagnostische Düngung«), kann auf biochemischer Basis aber gegebenfalls eine sehr empfindliche Diagnostik auf P-Mangel bereits in einem frühen Entwicklungsstadium über die Aktivität an Phosphatasen im Spross möglich sein, die empfindlicher ist, als visuelle Veränderungen am Spross das zeigen.

Induzierbare Enzymaktivität: In der Regel müssen aufgrund vielfältiger biotischer, abiotischer und entwicklungsbedingter Einflüsse auf die absolute Höhe von Enzymaktivitäten immer Vergleichspflanzen für diagnostische Aussagen zu Verfügung stehen. Dieses Problem besteht nicht mehr, wenn die Aktivität eines Markerenzyms nach Zugabe eines Nährstoffs zum Blattgewebe *in vitro* (im Reagenzglas) mit einem deutlichen Aktivitätsanstieg reagiert, was bei ausreichender Ernährung des Blattgewebes nicht der Fall ist. Für Fe, Cu und Mo und deren dazugehörige Metalloenzyme Peroxidase, Ascorbatoxidase, Cytochromoxidase und Nitratreduktase (Tab. 6-5) konnte das in Modellversuchen bei definiertem Nährstoffmangel gezeigt werden. Man könnte diese diagnostische Induktion von Enzymaktivität als eine »Enzymdüngung im Reagenzglas« bezeichnen, die gegenüber der diagnostischen Düngung intakter Pflanzen (Kap. 3) einen zeitlichen Vorteil besitzt. Bei den diagnostischen Düngungen im Bestand können Ergebnis zumeist erst nach einigen Tagen oder Wochen beobachtet werden. Die in der Literatur beschriebenen Inkubationszeiten isolierter Blattscheiben, denen Nährstoffe zugegeben wurden, dauerte dagegen einschließlich der Bestimmungen der Enzymaktivitäten nur Stunden oder längstens ein bis zwei Tage.

Bar-Akiva und Lavon (1968) haben an Citrus ein Verfahren ausgearbeitet, bei dem Blattscheiben zur Induktion von Peroxidase-Aktivität mit 0,5 %iger $FeSO_4$-Lösung oder Wasser als Kontrolle infiltriert wurden und nach 24 oder 48 Stunden Inkubationszeit die Blätter mit Fe-Mangel einen Anstieg der Enzymaktivität zeigten, der bei ausreichend mit Fe ernährtem Blattgewebe praktisch nicht stattfand. Abbildung 6-12 gibt Ergebnisse dieser Untersuchungen wieder, bei denen der Quotient der Aktivität der mit $FeSO_4$ inkubierten Blattscheiben zu den nur mit Wasser inkubierten Blattscheiben als Maß der induzierbaren Peroxidase-Aktivität gegen das Fe-Angebot aufgetragen ist. Diesen Quotient, den man als Fe-Index bezeichnen kann, weist für Werte >1 einen induzierbaren Anstieg an Enzymaktivität aus. Man erkennt, dass die *in vitro* induzierbare Aktivität der Peroxidase mit abnehmendem Fe-Angebot stetig zunahm, was im Gegenzug mit geringeren Chlorophyll-Gehalten einherging. Die Fehlerbalken der Wiederholungen zeigen aber auch, dass sich signifikant und eindeutig die induzierbare Peroxidase-Aktivität um fast das doppelte nur in der Variante mit dem stärksten Fe-Mangel steigern ließ. Der abnehmende Chlorophyllgehalt reagierte somit empfindlicher auf das abnehmende Fe-Angebot als die *in vitro* induzierbare Aktivität der Peroxidase.

Als attraktive Alternative zur Pflanzenanalyse auf Mo erwies sich die bei Mo-Mangel *in vitro* induzierbare Aktivität der Nitratreduktase (Mulder *et al.*, 1959; Randall, 1969; Witt und Jungk, 1977). Da für Mo mit seinen geringen notwendigen Gehalten die Pflanzenanalyse analytisch besonders anspruchsvoll ist, erscheint hier – entsprechende Infrastruktur vorausgesetzt – ein Fall einer vereinfachten Prüfung über die *in vitro* induzierbare Aktivität der Nitratredukatase möglich zu sein,

Tab. 6-5: In der Literatur beschriebene Metalloenzyme, deren Aktivität sich erhöhte, wenn *in vitro* zu isoliertem Blattgewebe der betreffende Nährstoff zugegeben wurde.

Nährelement	Metalloenzym	Literatur
Fe	Peroxidase	Bar-Akiva und Lavon (1968)
Cu	Ascorbatoxidase Cytochromoxidase	Bar-Akiva *et al.* (1969) Walker und Loneragan (1981)
Mo	Nitratreduktase	Witt und Jungk (1977)

wie Witt und Jungk (1977) für eine Reihe von Pflanzenarten zeigen konnten. Abbildung 6-13 gibt Ergebnisse für Spinat zusammenfassend wieder. Nur beim niedrigsten Mo-Angebot, bei dem auch der Ertrag durch Mo-Mangel signifikant reduziert war, ließ sich nach nur 2 Stunden Inkubation von Blattscheiben auf einer Molybdat-haltigen Lösung eine Steigerung der Nitratreduktase messen. Dabei erwies sich in den Untersuchungen von Witt (1975) der Mo-Index, also der Quotient der Nitratreduktaseaktivität »mit« durch »ohne« Mo-Zusatz in der Inkubationslösung als besonders »robust«. Er reagierte weniger störanfällig auf wechselnde Randbedingungen wie ein Wassermangel oder ein Mangel an NO_3-N, K oder Fe als die einfache Berechnung der Zunahme der Aktivität der Nitratreduktase, was in Abbildung 6-13 als graue Fläche ausgewiesen ist (Witt, 1975; Witt und Jungk, 1977). Die Mo-Indizes aus Mo-Steigerungsversuchen ergaben auch mit unterschiedlichen Kulturen ein recht einheitliches Bild. Bei Blumenkohl, Poinsettie (Weihnachtsstern), Spinat und Tomate lagen erhöhte Mo-Indizes vor, wenn etwa 0,25 mg Mo/kg TM der Blätter unterschritten wurde (Abb. 6-14). Witt (1975) konnte für seine Mo-Versuche mit diesen Pflanzenarten auch berechnen, dass die Mo-Indizes sogar etwas enger negativ mit den Erträgen korrelierten als die chemisch analysierten Mo-Gehalte der Blätter.

Zusammenfassende Bewertung enzymatischer Analysen: Bis dato sind enzymatische Analysen zumeist nur als zusätzliches Hilfsmittel zur Lösung bestimmter diagnostischer Fragen zu betrachten, die für Zweifelsfälle Entscheidungshilfen liefern können. Das gilt auch, obwohl für Einzelfälle aufgezeigt werden konnte, dass z. B. eine erniedrigte Aktivität der Zn-haltigen **Carboanhydrase** einen Zn-Mangel empfindlicher anzeigen konnte als eine Mineralstoffanalyse auf Zn (Dwivedi und Randhawa, 1974). Verallgemeinern lassen sich derartige positive Befunde aber kaum. Was bei einer Pflanzenart zutrifft, mag für eine andere Pflanzenart nicht mehr oder nur noch eingeschränkt gelten. Bereits Brown und Hendricks (1952), die mit als

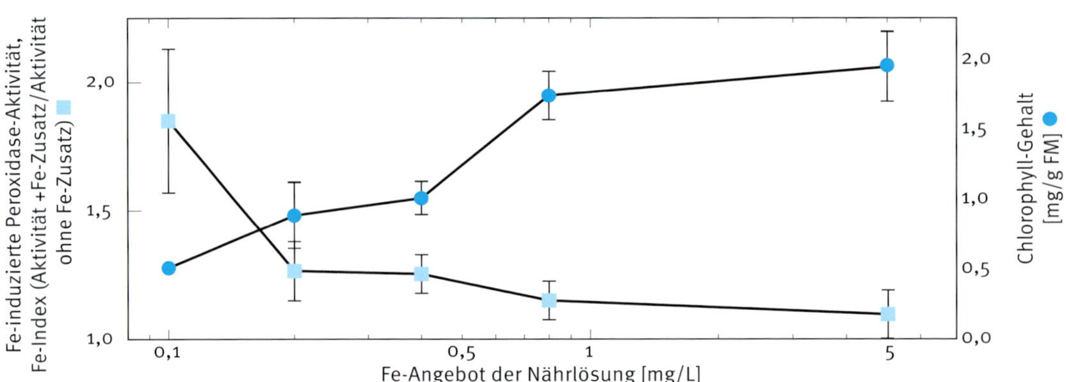

Abb. 6-12: An isolierten Blattscheiben von Zitronenblättern ('Eureka') nach Infiltration mit $FeSO_4$ induzierbare Peroxidase-Aktivität (»Fe-Index«) und der Chlorophyllgehalt der Blätter bei unterschiedlichem Fe-Angebot in der Nährlösung; (Bar-Akiva und Lavon, 1968).

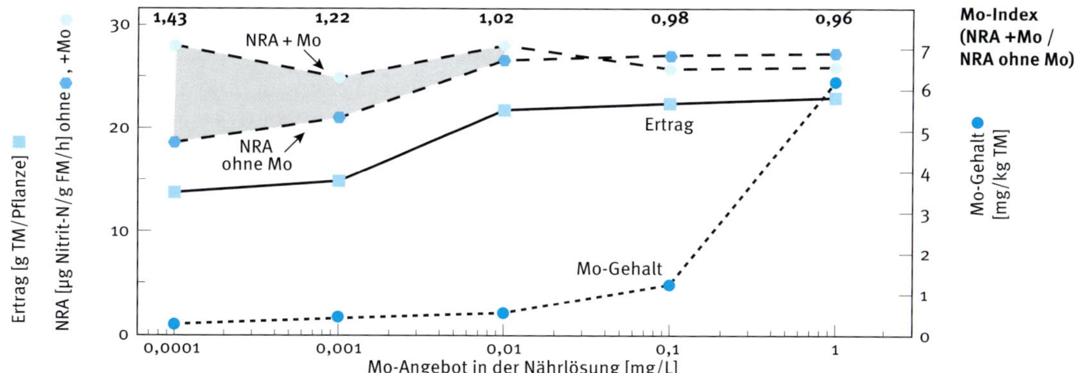

Abb. 6-13: Nitratreduktase-Aktivität (NRA) von Blattscheiben ohne und mit (+) Mo-Zusatz in der Inkubationslösung sowie die Mo-Gehalte und der Ertrag der Spinatpflanzen in Abhängigkeit des Mo-Angebots; nach Witt und Jungk (1977), ergänzt.

erste enzymatische Aktivitäten als Indikator für Cu- und Fe-Mangel in die Literatur eingeführt hatten, mussten feststellen, dass der diagnostische Wert von Enzymaktivitäten für einen Nährstoffmangel zwischen Pflanzenarten recht unterschiedlich ausfallen kann. Ebenso ließ sich die von O'Sullivan (1970) erfolgreich bei Zwiebeln eingesetzte Aktivität der Aldolase zur Diagnose von Zn-Mangel von Gibson und Leece (1981) bei Mais nicht diagnostisch nutzen. Andererseits konnte aber gerade auch von der Arbeitsgruppe um Bar-Akiva, die sich in den 1960er bis zu den 1980er Jahren intensiv in Israel mit enzymatischen Diagnosen bei Citrus beschäftigten aufgezeigt werden, dass durch die Bestimmung der Aktivitäten mehrerer Enzyme eine Unterscheidung z. B. zwischen Mn- und Fe-Mangel möglich ist, was bei Citrus, wie bei anderen Pflanzenarten auch, visuell nicht ganz einfach ist (Bar-Akiva, 1961). Dabei sind auch einfache Tests, wie auf die Aktivität der Peroxidase, entwickelt worden (Bar-Akiva *et al.*, 1978; Bar Akiva, 1984) und können als »Reisegepäck« für Berater gegebenfalls von Wert sein. Das kann auch der in Infobox 6-2 dargestellten Katalase-Test für sich in Anspruch nehmen. Einen für die Beratung im Feld praxistauglichen Test auf Cu-Mangel anhand der Aktivität der Ascorbatoxidase konnten Delhaize *et al.* (1982) für die in Australien wichtige Weidepflanze *Trifolium*

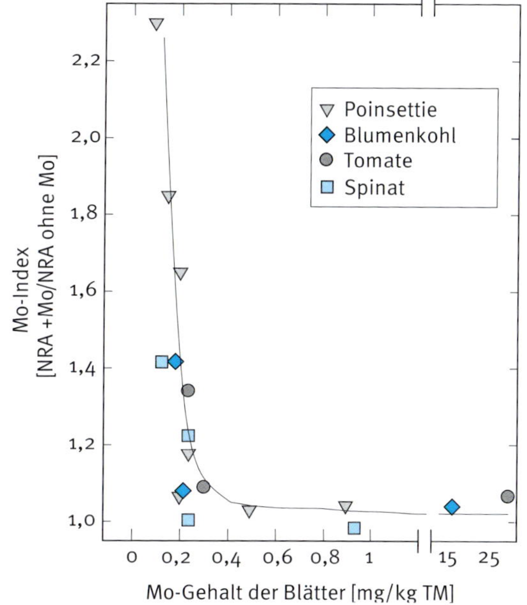

Abb. 6-14: Mo-Index (Quotient der Nitratreduktase-Aktivität (NRA) von Blattscheiben ohne und mit Mo-Zusatz in der Inkubationslösung) in Abhängigkeit der Mo-Gehalte der Blätter verschiedener Pflanzenarten (Witt und Jungk, 1977).

subterraneum (Unterirdischer Klee) entwickeln, da dieser Enzymtest relativ unempfindlich gegenüber Umwelt- und Anbaubedingungen dieser Kultur war. Neuere praxisbewährte Verfahren zur Diagnose von Ernährungsstörungen mittels klassischer enzymatischer Analysen sind nicht bekannt und der

Übersichtsartikel von Del Rio (1983), der sich auf Mikronährstoffe bezieht, kann auch heute noch als brauchbare Einführung in dieses Arbeitsgebiet gelten. Markerenzyme für Makronährstoffe, neben der oben erwähnten Phosphatase für P-Mangel, sind mittlerweile auch zur Detektion von K-, Mg- oder Ca-Mangel beschrieben (Lavon und Goldschmidt, 1999; Srivastava und Singh, 2006).

6.4 Physiologische Tests

Als physiologische Tests werden solche bezeichnet, bei denen einzelne funktionelle Vorgänge gemessen werden. Im Wachstum integriert sich dagegen immer das Ergebnis aller physiologischen Leistungen.

Ziel ist es, besonders empfindlich, d. h. deutlich vor dem Auftreten sichtbarer Symptome, diagnostische Aussagen eines latenten Mangels treffen zu können.

Wird davon ausgegangen, dass sich in einem physiologischen Test die spezifische physiologische Aktivität des Nährstoffs im untersuchten Gewebe wiederspiegelt, sollte sie einer Gesamtnährstoffanalyse im Einzelfall überlegen sein. Damit decken sich Anspruch und Erwartungen an physiologische Tests weitgehend mit denen, die auch für enzymatische Analysen formuliert wurden.

Am weitesten fortgeschritten ist man mit physiologischen Tests zur Detektion von Mn-Mangel. Unverzichtbar für die Wasserspaltung am Photosystem II führt eine Unterversorgung mit Mn zu gehemmter Photosyntheseleistung, vermindertem photosynthetischem Elektronentransport und Veränderungen in der Chlorophyllfluoreszenz (Schmidt *et al.*, 2013).

Ähnlich wie bei induzierbaren Enzymaktivitäten von Blattgewebe mit Nährstoffmangel konnten Nable *et al.* (1984) zeigen, dass eine Erhöhung der **Photosyntheseaktivität** bei Inkubation von ausgestanzten Blattscheiben auf Mn-haltiger Lösung nur bei unzureichend mit Mn-versorgten Blättern zu erzielen ist (Abb. 6-15). In diesen Modellversuchen mit Klee bei unterbrochenem Mn-Angebot reagierte die Photosyntheseaktivität junger Blätter auf den einsetzenden Mn-Mangel auch empfindlicher als die Abnahme der Chlorophyllgehalte oder die Bildung an Trockenmasse.

Die Veränderung der **Chlorophyllfluoreszenz** bei Mn-Mangel kann sowohl den optischen Verfahren (s. Kap. 5) als auch den physiologischen Tests zugeordnet werden. Sie wird mittlerweile als praxisreifes Werkzeug zur Detektion von Mn-Mangel bei Getreide eingesetzt. Die hohe Spezifität der Veränderungen des Verhältnisses der variablen (Fv) zur maximalen Fluoreszenz (Fm) Fv/Fm bei Mn-Mangel ist ein wesentlicher Grund hierfür, wie Abbildung 6-16 zu entnehmen ist. Zu sehen ist in diesem Nährlösungsversuch auch, dass ein Angebot an Mn zu den Mn-Mangelpflanzen geeignet war innerhalb von knapp zwei Wochen das Chlorophyllfluoreszenzverhältnis der Blätter wieder in den Optimalbereich von etwa 0,8 zurückzuführen.

Bereits in den frühen Arbeiten zur Chlorophyllfluoreszenz als diagnostischem Parameter zur Detektion von Mn-Mangel konnte gezeigt werden, dass diese insbesondere für Getreide geeignet ist. Bei Gerste erwies sie sich als empfindlicheres Maß zur Erkennung von Mangel als die Mineralstoffanalyse auf Mn (Hannam *et al.*, 1987). Bei Weizen ergab sich der gleiche Grenzwert (Graham *et al.*, 1985), während sich die Chlorophyllfluoreszenz bei Lupine als unempfindlicher erwies (Hannam *et al.*, 1985).

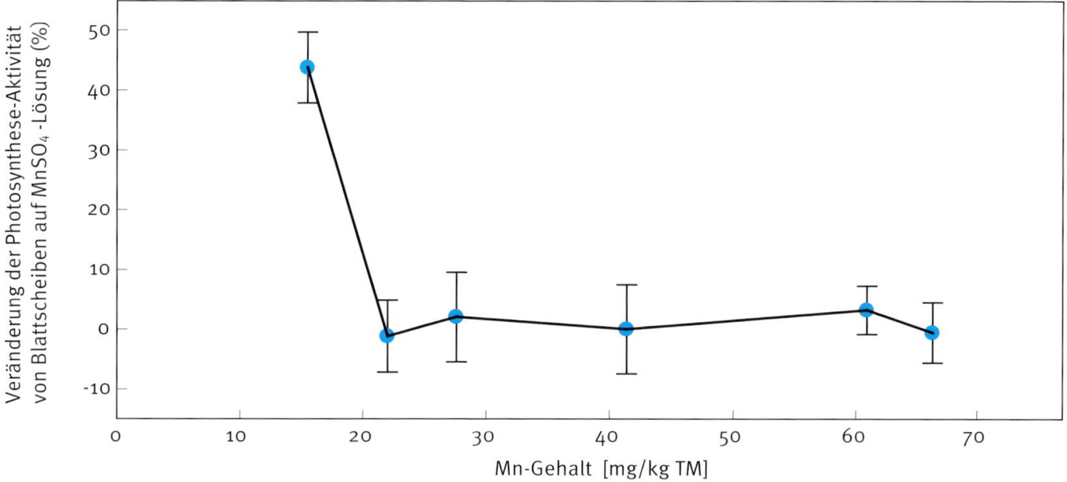

Abb. 6-15: Relative Veränderung der Photosynthese-Aktivität von Blattscheiben unterschiedlicher Mn-Gehalte bei jüngsten voll entfalteten Blättern von Klee (*Trifolium subterraneum*) nach Inkubation für 24 Stunden auf 10 mM $MnSO_4$ oder Mn-freier Lösung (Nable *et al.*, 1984).

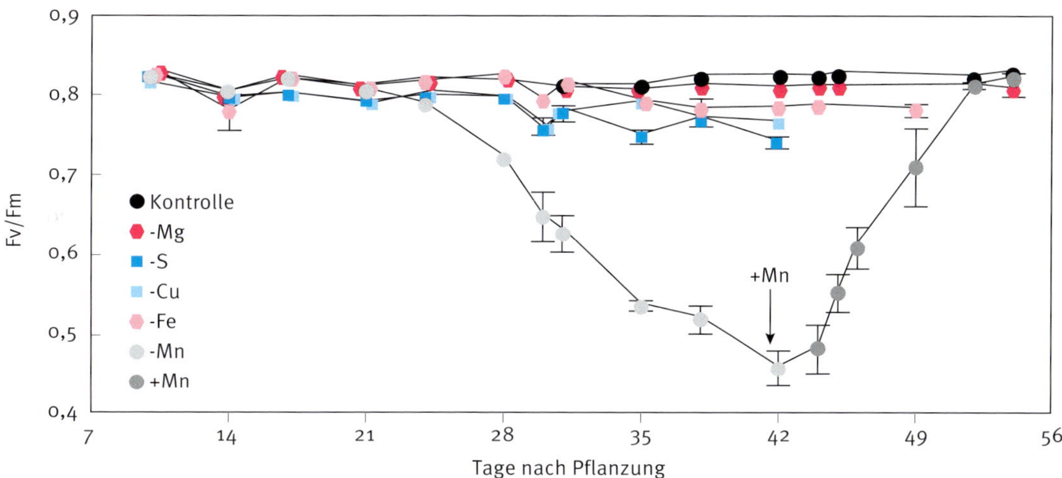

Abb. 6-16: Verlauf des Chlorophyllfluoreszenzparameters Fv/Fm junger Blätter von Gerste ('Antonia') in Nährlösungskultur mit komplettem Nährstoffangebot (Kontrolle) oder an einzelnen Nährstoffen verarmten Nährlösungen. Den Mn-Mangelpflanzen wurden nach 42 Tagen wieder 1 µM $MnCl_2$ in der Nährlösung angeboten; Mittelwerte von n = 3, die Fehlerbalken bezeichnen den Standardfehler (Schmidt *et al.*, 2013).

7 Eine Fallstudie: Systematischer Einsatz verschiedener diagnostischer Methoden am Beispiel des Waldsauerklees

Alexander H. Wissemeier und Hermann Rodenkirchen

Wie kann man den Ernährungszustand einer Pflanze oder eines Pflanzenbestandes diagnostizieren, wenn für eine Pflanzenart kaum belastbare Daten optimaler Mineralstoffgehalte bekannt sind? Das ist bei vielen Wildpflanzen der Fall, kann aber auch zum Beispiel für neu eingeführte Zierpflanzen zutreffen. Im Folgenden soll an einem Beispiel aufgezeigt werden, wie durch Nutzung verschiedener diagnostischer Techniken und Verfahren eine ökologische Fragestellung aufgeklärt werden konnte. Alle im Folgenden wiedergegebenen Daten sind der Habilitationsschrift »Experimentelle Untersuchungen zur Wirkung von Stoffeinträgen auf Waldbodenpflanzen unter besonderer Berücksichtigung der Mineralstoffernährung von *Oxalis acetosella* L.« (Rodenkirchen, 1992) entnommen, die auch die Grundlage späterer Publikationen bildete (Rodenkirchen, 1998a, b).

7.1 Problemstellung

Im Rahmen der ökosystemaren Waldschadensforschung wurden 1984 im Forstdistrikt »Höglwald« des Forstamtes Aichach, etwa 16 km südöstlich von Augsburg, in einem Fichtenaltbestand Kalkungs- und Versauerungsexperimente angelegt (Kreutzer und Bittersohl, 1986). Die Kalkung in dem Höglwald-Experiment erfolgte im April 1984 einmalig mit 40 dt/ha feingemahlenem Dolomit ($CaMg(CO_3)_2$: 881 kg Ca/ha + 519 kg Mg/ha). Eine der markantesten Beobachtungen betraf dabei die krautige Bodenvegetation, die im Höglwald maßgeblich von Waldsauerklee (*Oxalis acetosella*; im Weiteren der Kürze wegen oft nur mit dem Gattungsnamen *Oxalis* bezeichnet) geprägt ist. Bereits im ersten Jahr nach der Kalkung erhöhte sich die Dominanz von *Oxalis,* was im sog. Deckungsgrad eines Bestandes festgehalten wird. Weiterhin traten auch die auf den ungekalkten, »naturbelassenen«, Kontrollflächen zum Teil anzutreffenden Chlorosen der Blätter des Waldsauerklees auf den gekalkten Flächen nicht mehr auf. In Abbildung 7-1 ist die scharfe Kalkungsgrenze im Deckungsgrad gut erkennbar. Ein typisches Bild starker Chlorosen, wie sie nur auf den nicht-gekalkten Flächen bei *Oxalis* im Höglwald anzutreffen waren, zeigt Abbildung 7-2.

Ganz offensichtlich führte die dolomitische Kalkung, die neben einer Erhöhung des pH-Wertes des Bodens auch eine Zufuhr von Ca und Mg bedeutete, zu einer starken Vitalisierung des Waldsauerklees. Die vegetative und generative Vermehrung war deutlich gefördert und die tendenziell größeren Blattspreiten waren nicht mehr teilweise chlorotisch sondern einheitlich satt grün. Die Frage war, was diesen Vitalitätsveränderungen durch die dolomi-

Abb. 7-1: *Oxalis acetosella* nach dolomitischer Kalkung im April 1984 (links) und ohne Kalkung (rechts) fotografiert im August 1988.

Abb. 7-2: Chlorosen von *Oxalis acetosella* auf einer ungekalkten Fläche im Höglwald (Foto Juli 1987).

tische Kalkung ursächlich zu Grunde lag. Als erste diagnostische Maßnahme führte man Mineralstoffanalysen der Blätter durch.

Tab. 7-1: Mittlere Mineralstoffgehalte der Blattspreiten von *Oxalis acetosella* im Höglwald im Sommer der Jahre 1987–1989 auf unbehandelten Kontrollflächen sowie nach einmaliger dolomitischer ($CaMg(CO_3)_2$) Kalkung im Jahr 1984. Zusammenfassung repräsentativer Daten aus Rodenkirchen (1992).

	Flächen ohne Kalkung	Gekalkte Flächen	Veränderung durch Kalkung
	% i.d. TM	% i.d. TM	in %
N	3,7	3,7	0
P	0,32	0,21	-34
K	1,8	1,9	6
Ca	0,55	1,03	87
Mg	0,38	0,87	129
S	0,34	0,25	-26
	mg/kg TM	mg/kg TM	
Mn	2660	638	-76
Fe	131	113	-14
Cu	11	8	-27
Zn	47	20	-57

7.2 Mineralstoffanalysen der Blattspreiten

Die wesentlichen Ergebnisse der Mineralstoffanalysen der Blattspreiten von *Oxalis* auf ungekalkten und gekalkten Flächen sind in Tabelle 7-1 wiedergegeben.

Man erkennt, dass durch die dolomitische Kalkung hauptsächlich die Ca- und Mg-Gehalte erhöht wurden und die vergleichsweise sehr hohen Mn-Gehalte abgesenkt wurden. Die pH-Werte im $CaCl_2$-Extrakt der organischen Auflagehorizonte, in denen *Oxalis* wurzelt, lagen im November 1990 bei den ungekalkten Flächen für den Streuhorizont LOf1 bei pH 3,7 bzw. bei 2,9 für den Horizont Of2, während die gekalkten Flächen pH 4,5 bzw. 4,6 für LOf1 und Of2 aufwiesen.

Aus diesen beschreibenden Befunden ließen sich verschiedene Hypothesen für das vitalere und chlorosefreie Wachstum von *Oxalis* nach Kalkung am Standort ableiten (Rodenkirchen 1986, 1992).

7.3 Hypothesen zur Wachstumsverbesserung nach Kalkung

Durch die dolomitische Kalkung wurden drei Gegebenheiten des Bodens direkt verändert:

(i) der pH-Wert wurde erhöht, sowie
(ii) Ca und
(iii) Mg dem Boden zugeführt.

In Verbindung mit den vergleichenden Mineralstoffgehalten in Tab. 7-1 konnte daher gefolgert werden, dass ohne Kalkung gegebenfalls

- Protonentoxizität und/oder Aluminium-Toxizität,
- Mn-Toxizität,
- Ca-Mangel oder
- Mg-Mangel vorlagen.

Als mittelbare Folge des pH-Anstiegs im Auflagehumus, in dem *Oxalis* bevorzugt wurzelt, wird die mikrobielle Stickstoff-Mineralisation verstärkt, wodurch dann mehr pflanzenverfügbarer Stickstoff zur Verfügung steht. Im Umkehrschluss könnte daher hypothetisch ohne Kalkung auch ein Mangel an Stickstoff vorgelegen haben. Diese Hypothese konnte von Rodenkirchen (1992) aber recht frühzeitig verworfen werden, da der Standort Höglwald über seine atmosphärischen Stickstoff-Immissionen sehr gut mit Stickstoff versorgt war. Für Details zum Thema Stickstoff einschließlich der pH-abhängigen Aspekte der Nitrifikation ($NH_4 \rightarrow NO_3$) sei auf die Arbeit von Rodenkirchen (1992) direkt verwiesen. Das gilt auch für die Hypothesen einer Protonen- oder einer Al-Toxizität, sowie einer besseren Schwermetall-Verfügbarkeit bis hin zur Toxizität durch den niedrigen pH bei unterlassener Kalkung, die ebenfalls verworfen werden konnten.

Als zentrale Hypothesen standen somit im Raum, dass ohne Kalkung (i) Mn-Toxizität, (ii) Ca- und/oder (iii) Mg-Mangel, allein oder in Kombination, vorlagen.

Für die Mn-Toxizitätshypothese sprach, dass gemessen an »üblichen« optimalen Mn-Gehalten die über 2500 mg Mn/kg TM bei *Oxalis* (Tab. 7-1, vergleiche hierzu Tabellen in Kapitel 4) sehr hoch sind. Andererseits kann gefragt werden, was »üblich« heißt, wenn man die Ernährungsansprüche einer Pflanzenart nicht kennt und große Unterschiede in der Mn-Toleranz zwischen Pflanzenarten bekannt sind (Foy *et al.*, 1988; Horst, 1988). Die Chlorosen der Blattspreiten (Abb. 7-2) könnten

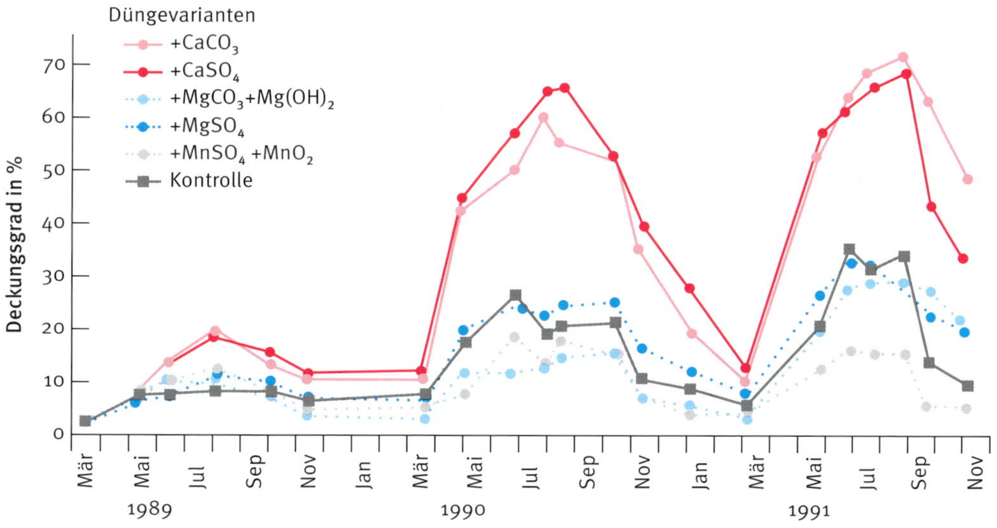

Abb. 7-3: Mittlerer Deckungsgrad von *Oxalis acetosella* im diagnostischen Felddüngungsversuch. Erste Düngung Ende März 1989; $CaCO_3$: 1,8 t Calcit/ha + 0,31 t Naturkalk/ha verteilt auf 3 Termine; $CaSO_4$: Ca-Menge wie bei $CaCO_3$ 840 kg Ca/ha verteilt auf 7 Termine; $MgCO_3/Mg(OH)_2$ x $MgCO_3$: 0,6 t Magnesit + 1,43 t Hydromagnesit/ha verteilt auf 3 Termine, $MgSO_4$: 3,08 t Kieserit /ha verteilt auf 12 Termine, Mg-Menge wie bei $MgCO_3$ + $Mg(OH)_2$ 541 kg/ha; Kontrolle: keine Düngung; $MnSO_4/MnO_2$: 255 kg Mn/ha verteilt auf 8 Düngetermine.

demgemäß dann auch als Mn-Überschuss induzierter Nährstoffmangel im Blattgewebe interpretiert werden (Amberger *et al.*, 1982). Nicht sehr viel sprach *a priori* für Ca-Mangel. Zumindest die Symptomatik der Chlorosen bei *Oxalis* ist keiner gut bekannten Ca-Mangelerscheinung unserer Kulturpflanzen zuzuordnen (vgl. Abb. 7-2 in Verbindung mit Ca-Mangel Fotos von Kapitel 2). Chlorosen bei Mg-Mangel sind hingegen üblich (s. Fotos von Mg-Mangel in Kap. 2).

7.4 Diagnostischer Felddüngungsversuch

Zur Klärung der Hypothesen wurde im Höglwald ein diagnostischer Felddüngungsversuch angelegt. Durch Düngung mit $CaSO_4$ oder $MgSO_4$ einerseits und durch $CaCO_3$ bzw. $MgCO_3 + Mg(OH)_2$ andererseits wurde die Frage der Nährstoffzufuhr (Ca oder Mg) von der Frage der pH-Veränderung unterschieden (Abb. 7-3). Durch eine zusätzliche Mn-Düngung sollten sich Hinweise für die Mn-Toxizitätshypothese ergeben. An Hand der Bodenbedeckung zeigt Abbildung 7-3 sehr deutlich, dass die Zufuhr von Ca entscheidend für die Vitalität von *Oxalis* war und keine pH-bedingte Vitalisierung durch Kalkung vorlag. Nur durch die Ca-haltigen Düngemittel $CaSO_4$ oder $CaCO_3$ stieg bereits im ersten Versuchsjahr 1989 der Deckungsgrad an, was sich in den Folgejahren weiter verstärkte. Die Kalkung mit $MgCO_3 + Mg(OH)_2$ führte im Vergleich zu der unbehandelten Kontrolle zu keiner positiven Wirkung. Auch die $MgSO_4$-Düngung führte zu keiner Vitalitätsverbesserung. Der Nährstoff Mg als Bestandteil des dolomitischen Kalks kann somit für die Vitalisierung, wie sie im Höglwald festgestellt wurde (Abb. 7-1), ausgeschlossen werden. Die Mn-Düngung, die sich entsprechend der Toxizitätshypothese verstärkend schädigend auf *Oxalis* auswirken sollte, tat das zumindest in den ersten beiden Versuchsjahren 1989 und 1990 praktisch nicht. Einzig im dritten Jahr, als sich der Deckungsgrad in den Sommermonaten witterungsbedingt auch in den Kontrollen auf bis zu 30 % erhöhte, blieb die zusätzlich Mn-gedüngte Variante in ihrer Vitalität zurück.

Die Daten des diagnostischen Düngungsversuchs legen somit nahe, dass für die Vitalität von *Oxalis*

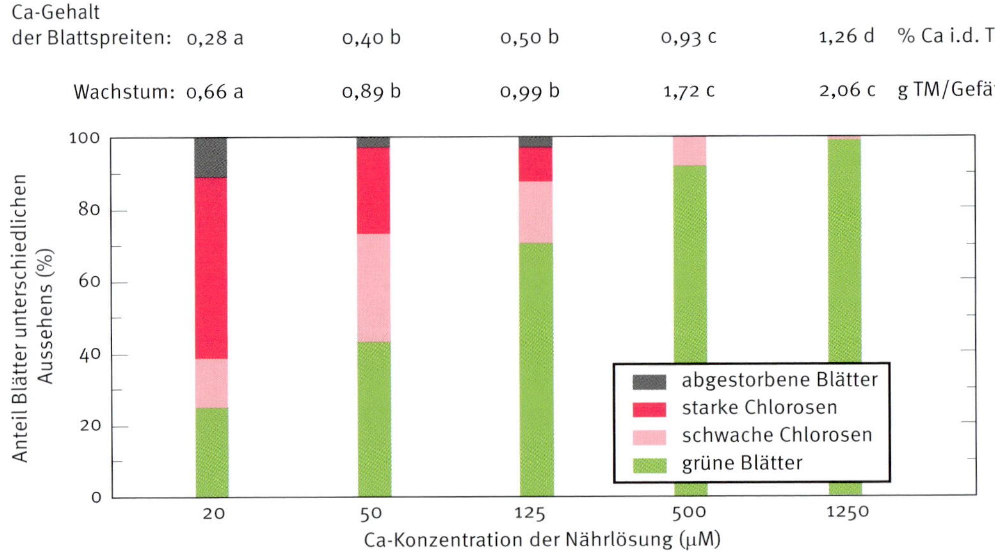

Abb. 7-4: Ca-Gehalte, Wachstum aller Organe (Trockenmasse-Bildung) und Anteile unterschiedlich aussehender Blätter von *Oxalis acetosella* nach 8 Wochen in Nährlösungskultur bei unterschiedlichem Ca-Angebot (unterschiedliche Buchstaben: signifikant unterschiedliche Mittelwerte).

am Standort die Versorgung mit Ca der dominierende Minimumfaktor ist. Mg als Minimumfaktor konnte sicher ausgeschlossen werden. Zur weiteren Klärung der noch nicht ganz beantworteten Ca- oder Mn-Frage wurde ein Nährlösungsversuch durchgeführt. Dabei sollte insbesondere das Verhältnis von Nährstoffangebot zum Erscheinungsbild des Waldsauerklees geklärt werden, da Chlorosen nicht zu den Symptomen gehören, die man gemeinhin bei Ca-Mangel erwartet.

7.5 Nährlösungsversuch zur Reproduktion von Schadsymptomen

Wenn es gelingt die ökologischen Umweltansprüche einer Pflanze wie Temperatur oder Lichtangebot naturnah zu etablieren, stellt die Kultur in belüfteter Nährlösung ein ideales System dar, um gezielt das Nährstoffangebot zu variieren und dessen Auswirkungen auf die Pflanze zu beobachten (siehe hierzu auch Kapitel 3.1 »Wasserkulturversuche«). An dieser Stelle mag an methodischen Hinweisen genügen, dass für den Nährlösungsversuch *Oxalis*-Pflänzchen Ende Februar aus den nicht gekalkten Bereichen des Höglwaldes entnommen wurden um diese zunächst in einer ⅔ Quarzsand + ⅓ Waldhumus-Mischung für 6 Wochen vorzukultivieren. Danach erfolgte die Überführung der vorsichtig von Subst-

Abb. 7-6: Ca-Mangel bedingte Chlorosen von *Oxalis acetosella* im Nährlösungsversuch bei einem Ca-Angebot von 20 oder 50 µM Ca.

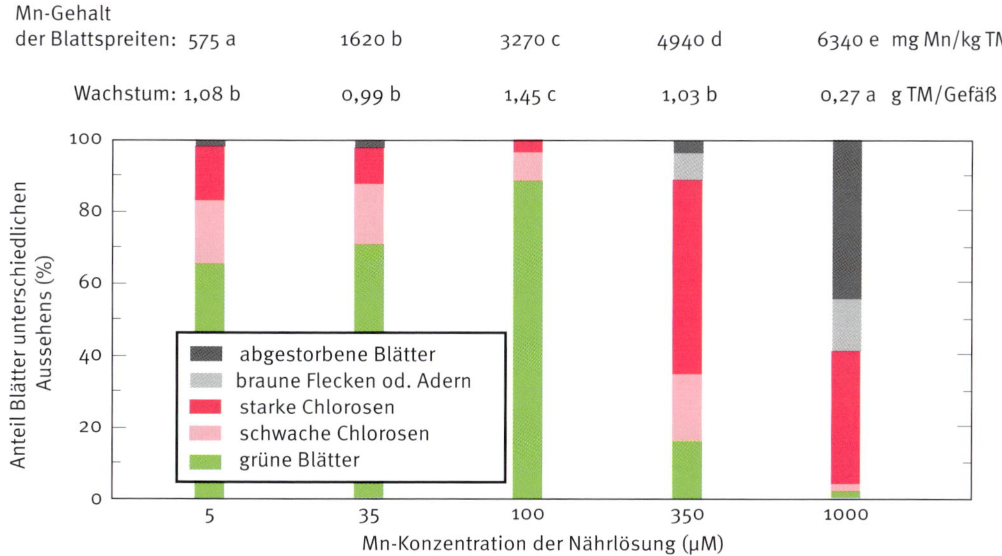

Abb. 7-5: Mn-Gehalte, Wachstum aller Organe (Trockenmasse-Bildung) und Anteile unterschiedlich aussehender Blätter von *Oxalis acetosella* nach 8 Wochen in Nährlösungskultur bei unterschiedlichem Mn-Angebot (unterschiedliche Buchstaben: signifikant unterschiedliche Mittelwerte).

ratresten freigewaschenen Pflänzchen in belüftete Nährlösungsgefäße, die in einem Gewächshaus mit Schattierung aufgestellt waren. Die Zusammensetzung der Grundnährlösung orientierte sich an den Konzentrationen, die für die Bodenlösung, in denen *Oxalis* im Höglwald wurzelt, ermittelt wurden: Für Ca waren das im Mittel 125 µM, für Mn 35 µM. Ausgehend davon wurden getrennt für Ca und Mn Konzentrationsreihen in Nährlösung etabliert, in denen die Istwerte im Höglwald sowohl unter- als auch überschritten wurden. Für Ca als $CaSO_4$ waren das 20 – 50 – **125** – 500 – 1250 µM, für Mn als $MnSO_4$ 5 – **35** – 100 – 350 – 1000 µM. Die übrigen Nährstoffe wurden in den Höglwald-üblichen Konzentrationen angeboten und nicht variiert.

Die wesentlichen Ergebnisse des 8-wöchigen Versuchs sind für die Ca-Steigerungsreihe in Abbildung 7-4 und für die Mn-Angebotsvariation in Abbildung 7-5 dargestellt. Man erkennt, dass für ein Ca-Angebot über die am Standort Höglwald üblichen 125 µM hinausgehend in der Regel keine Chlorosen der Blätter mehr vorlagen und die Pflanzen deutlich besser wuchsen. Bei einem Ca-Angebot unterhalb von 125 µM ging das Wachstum zurück und die Chlorosen der Blätter verstärkten sich (Abb. 7-6). Somit war es möglich durch ein niedriges Ca-Angebot in Nährlösung nach 8 Wochen Symptome wie im Freiland nachzustellen (vgl. Abb. 7-6 mit Abb. 7-2). »Klassische« Ca-Mangelsymptome wie Aderverbräunungen, Verformungen oder Kräuselung jüngerer Blätter oder ein Stengelknicken konnten jedoch analog zu der Situation im Freiland auch in diesen Untersuchungen in Nährlösung nicht beobachtet werden.

Hinweise für Mn-Toxizität bei Mn-Gehalten der Blätter von *Oxalis* in Größenordnungen von etwa 2700 mg Mn/kg (vgl. Tab. 7-1) ließen sich im Nährlösungsversuch nicht ermitteln. Niedrigere Mn-Gehalte der Blätter (1620 oder 575 mg Mn/kg TM) korrespondierten nicht mit besserem Wachstum oder weniger Chlorosen (Abb. 7-5). Einzig wenn man das Mn-Angebot deutlich über die im Höglwald üblichen Konzentrationen erhöhte (350, 1000 µM) und damit auch Mn-Gehalte in den Blattspreiten von etwa 5000 bis 6000 mg/kg TM provozierte, die über die Mn-Gehalte im Höglwald hinausgehen, förderte man Chlorosen. Zusammengenommen belegen diese Daten, dass Mn-Toxizität bei *Oxalis* am Standort Höglwald für das schlechte Wachstum ohne Kalkung de facto ausgeschlossen werden kann.

7.6 Biochemische Begleituntersuchungen

Insbesondere um die Hypothese der Mn-Toxizität zu prüfen, wurden auch eine Reihe biochemischer Begleituntersuchungen durchgeführt (Wissemeier und Rodenkirchen, 1994). Dargestellt sei hier die Aktivität der Peroxidase, deren Aktivität bei Mn-

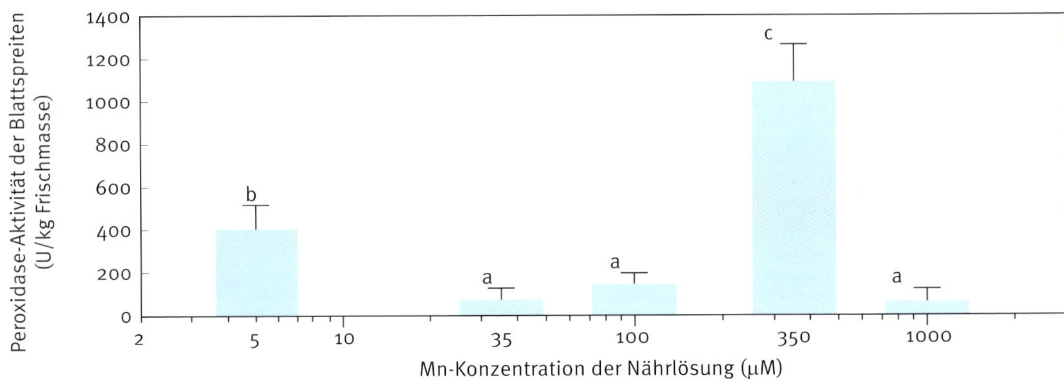

Abb. 7-7: Aktivität der Peroxidase in Blattspreiten von *Oxalis* nach 8 Wochen in Nährlösung mit unterschiedlichen Mn-Konzentrationen (unterschiedliche Buchstaben: Mittelwerte signifikant unterschiedlich).

Toxizität im Blattgewebe ansteigt (vgl. Kap. 6). Die Aktivität der Peroxidase im Blattgewebe von *Oxalis* erwies sich im Vergleich zu anderen Pflanzenarten zwar als ausgesprochen niedrig, konnte in den Blattspreiten der Nährlösungspflanzen aber gemessen werden. Beim hohen Mn-Angebot von 350 µM Mn, wo kaum mehr als 20 % aller Blätter grün waren, war die Peroxidase-Aktivität deutlich am höchsten (Abb. 7-7). Wurde das Mn-Angebot weiter gesteigert (1000 µM Mn), was zum Zusammenbruch der Pflanzen und praktisch keinem Wachstum mehr führte (vgl. Abb. 7-5), ließ sich dann auch kaum mehr Peroxidase-Aktivität messen. Die Aktivität war dann so niedrig, wie bei den mittleren Mn-Varianten, die die meisten grünen Blätter aufwiesen und optimales Wachstum zeigten (35 bzw. 100 µM Mn). Interessant ist der Anstieg der Peroxidase-Aktivität beim niedrigsten Mn-Angebot. Hier stieg die Aktivität wiederum signifikant an, was mit höheren Anteilen chlorotischer Blätter einherging und auf Mn-Mangel hindeutet. Eine erhöhte Peroxidase-Aktivität auch bei Mn-Mangel ist beschrieben (Bar-Akiva, 1961; Agrawala *et al.*, 1986). Somit lassen sich diese Untersuchungen dahingehend interpretieren, dass *Oxalis* ausgesprochen Mn-tolerant ist und selbst Gehalte in der Größenordnung von 3000 mg Mn/kg Blatttrockenmasse, die bei vielen Kulturpflanzen als toxisch gelten müssen (vgl. Kapitel 4), optimal sind. Umgekehrt dürften Gehalte von 500–600 mg Mn/kg Trockenmasse schon eine latente Unterversorgung mit Mn für *Oxalis* darstellen: Das Wachstum war noch nicht negativ beeinflusst, Blattchlorosen nahmen aber bereits zu und die Peroxidase-Aktivität stieg an.

Infobox 7-1

Waldsauerklee – *Oxalis acetosella*

Der zur Familie der *Oxalidaceae* (Sauerkleegewächse) gehörende Waldsauerklee *Oxalis acetosella* ist nicht verwandt mit den Kleearten, die zu den Luftstickstoff-fixierenden Schmetterlingsblütlern der Familie der Leguminosae gehören. Einzig die 3-zählig gefingerten herzförmigen Blätter der Gattung *Oxalis* erinnern an die Kleearten der Leguminosen. Der Waldsauerklee ist in humosen Laub- und Nadelwäldern in Deutschland weit verbreitet und blüht mit seiner weißen 5-zähligen Blüte mit rötlichen Adern von April bis Mai. Die Vermehrung und Ausbreitung der 8 bis 15 cm großen krautigen Wildpflanze erfolgt generativ über Samen und vegetativ durch Ausläufer. Der Waldsauerklee ist außerordentlich schattenverträglich. Bei direkter Sonnenbestrahlung klappen die Fiederblätter nach unten, um sich so vor größeren Wasserverlusten zu schützen.

8 Beiträge von Bodenuntersuchungen zur Diagnose von Ernährungsstörungen

Alexander H. Wissemeier

Bodenuntersuchungen können sowohl zur **Diagnose des Bodenzustands** als auch zur **Prognose des Düngebedarfs** verwendet werden (McLaughlin *et al.*, 1999). Unter Bodenuntersuchung im engeren Sinn versteht man, durch geeignete Extraktionsverfahren Gehalte pflanzenverfügbarer Nährstoffe im Boden chemisch zu bestimmen. Die Ziele der Bodenuntersuchung sind dabei, sowohl das aktuelle Angebot an Nährstoffen als auch Vorräte pflanzenverfügbarer Nährstoffe im Boden quantitativ zu erfassen. Je nach untersuchtem Nährstoff und verwendetem Extraktionsverfahren wird die Bodenuntersuchung beiden Zielen in unterschiedlichem Maße gerecht, sodass die Bodenuntersuchung in der Praxis primär eine **prognostische Funktion** zur Abschätzung der mittel- oder längerfristigen Nährstoffversorgung besitzt, auf deren Basis Düngungsempfehlungen gegeben werden können. Diese so verstandene klassische Bodenuntersuchung, wie sie durch die Arbeit des VDLUFA in Deutschland eingeführt ist, wird im nachfolgenden Kapitel 9 näher dargestellt.

Mit Blick auf die Diagnose des Ernährungszustands einer Pflanze gilt allgemein, dass ein niedriger Nährstoffgehalt im Boden, wie es eine Bodenanalyse ausweisen kann, nur einen Hinweis auf eine mögliche Unterversorgung liefert, aber keine Diagnose darstellt. Einzig umgekehrt lässt sich bei ausgesprochen hohen extrahierbaren Bodengehalten eines Nährstoffs ein Mangel mit hoher Wahrscheinlichkeit ausschließen. Ob allerdings bei sehr hohen Bodengehalten bereits ein ertragsvermindernder Mineralstoffüberschuss vorliegt, liegt ebenfalls außerhalb der Reichweite klassischer Bodenuntersuchungen, wie sie in Kapitel 9 besprochen wird.

Eine Sondersituation nimmt der Stickstoff ein. Ihn benötigt die Pflanze der Menge nach am meisten. Die Messung seiner pflanzenverfügbaren Formen NH_4^+ und/oder NO_3^-, kann daher direkten Aufschluss geben, ob eine akute Unterversorgung vorliegen dürfte. Auf eine einfache Möglichkeit zur Bestimmung des mineralischen N Gehalts im Boden wird daher am Ende dieses Kapitels hingewiesen.

Zunächst sollen aber die »diagnostischen Grenzen« von Bodenuntersuchungen erörtert werden. Nach dieser »Kritik der Bodenanalyse« als Hilfsmittel zur Diagnose von Ernährungsstörungen wird positiv dargestellt, welche grundsätzlichen Hinweise und Hilfestellungen chemische Bodenuntersuchungen leisten können, die Wahrscheinlichkeit von Nährstoffstörungen einzugrenzen. In einem sehr weiten Sinn kann das dann auch die Ansprache eines Standorts was Relief und Topographie anbelangt mit einbeziehen, wenn es darum geht, z. B. die Wahrscheinlichkeit von Wasserüberstau oder lokal vermehrt auftretender Versickerung mit in die diagnostischen Überlegungen einzubeziehen.

8.1 Grenzen der Bodenuntersuchung zur Diagnose von Ernährungsstörungen

Die Grenzen der Bodenuntersuchung zur Diagnose von Ernährungsstörungen ergeben sich im Wesentlichen aus den Faktoren, die (i) für den Nährstoffbedarf und (ii) die Nährstoffaufnahme einer Pflanze in Raum und Zeit maßgeblich sind, ohne von einer chemischen Bodenanalyse erfasst zu werden. In Abbildung 8-1 sind die wichtigsten Faktoren stichwortartig in Blöcken gruppiert zusammengefasst, wobei die Pfeile die Hauptrichtungen der Abhängigkeiten aufzeigen sollen.

Übergeordnet zu nennen sind neben den Witterungsfaktoren, die das Sprosswachstum beeinflussen: Die Pflanze in ihrer genotypischen Ausstattung, das

Wurzelsystem einschließlich seiner physiologischen Ausstattung zur Nährstoffaufnahme, der von der Pflanze unmittelbar chemisch und mikrobiologisch beeinflusste Boden, die Rhizosphäre, Wurzelleistungen, die auch die Abgabe von Wurzelexsudaten umfassen und dadurch direkt oder indirekt die Nährstoffverfügbarkeit beeinflussen können, die mikrobielle Besiedlung und Aktivität in der Rhizosphäre und physikalische und chemische Bodeneigenschaften, die nicht von der klassischen Bodenanalyse erfasst werden. Die Gehaltsklassen des Bodens nach Bodenuntersuchung berücksichtigen oftmals nur die Bodenart, d. h. ob Böden 'leicht' oder 'schwer' sind (s. Kap. 9).

Übersichtsarbeiten, die die in Abbildung 8-1 angesprochene Thematik nährstoffspezifisch und im Detail behandeln, wurden von Crowley und Rengel (1999), George *et al.* (2012), Lynch *et al.* (2012), Marschner (2012) sowie Neumann und Römheld (2012) vorgelegt. Die Arbeit von Hodge (2004) behandelt die Flexibilität des Wurzelsystems in Abhängigkeit vorgefundener Nährstoffe, während Hartmann *et al.* (2009) in ihrem Übersichtsartikel auf den Einfluss der Pflanze auf ihr Mikrobiom in der Rhizosphäre aufmerksam machen. Dieses Forschungsgebiet hat in den letzten Jahren durch die immer leistungsfähiger gewordenen Methoden der genetischen Identifizierung von Mikroorgnismen viel Auftrieb erhalten.

Vielfältige Zusammenhänge zum Nährstoffstatus ergeben sich für die **Witterung**: Die Bodentemperatur hat Einfluss auf die Beweglichkeit von Nährstoffen im Boden, da die Diffusionsrate mit steigender Temperatur steigt. Das Sprosswachstum und damit dessen Nährstoffbedarf ist ebenfalls ganz wesentlich abhängig von der Lufttemperatur. Niederschläge oder deren Ausbleiben wirken sich auf den Feuchtegehalt des Bodens aus, was insbesondere bei Trockenheit den Antransport von Nährstoffen über Diffusion zur Wurzeloberfläche stärker eingeschränkt als über den Massenfluss. Umgekehrt kann zu hohe Feuchte oder gar Wasserüberstau die Sauerstoffdiffusion in den Boden behindern, was (i) die Wurzelatmung und damit deren metabolische Aktivität und Möglichkeit zum Wachstum einschränken kann. Zum anderen sinkt (ii) bei Sauerstoffmangel das Redoxpotenzial des Bodens, was neben N-Verlusten durch Denitrifikation auch

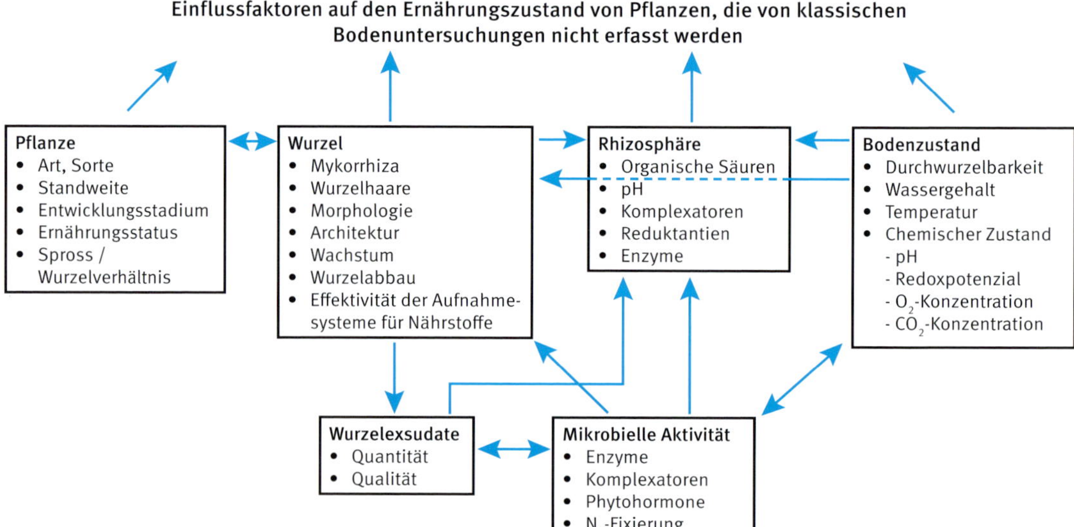

Abb. 8-1: Einflussfaktoren auf den Ernährungszustand von Pflanzen, die von klassischen Bodenuntersuchungen nicht erfasst werden.

eine bessere Verfügbarkeit von Mn und Fe nach sich zieht, die im Einzelfall auch zu Überschuss und Toxizität dieser Nährstoffe beitragen kann.

Die **Durchwurzelbarkeit** des Boden in die Tiefe kann physikalisch begrenzt sein (Bodenverdichtung, Steine, Fels) oder chemischen Einschränkungen unterliegen (hoher Grundwasserstand, Staunässe mit O_2-Mangel, tiefer pH: Al^{3+}-Toxizität, H^+-Toxizität, Ca^{2+}-Mangel).

Der weite Bereich der **Pflanzenphysiologie** umfasst neben dem Bereich genotypisch unterschiedlicher Verwertung und Nutzung aufgenommener Nährstoffe auch, dass Pflanzen die Verfügbarkeit und Mobilität von Nährstoffen in der **Rhizosphäre** unmittelbar – oder mittelbar über Mikroorganismen – beeinflussen können. Die Rhizosphäre wird dabei definiert als der Bodenraum, der von den Wurzeln beeinflusst wird. Die Ausdehnung beträgt nur wenige mm um die Wurzeln herum. Demgegenüber steht der zumeist viel größere Anteil an »Restboden«, der wesentlich das Ergebnis der chemischen Bodenuntersuchung dominiert. Die physiologische Anpassungsfähigkeit der Pflanzen an Ernährungs- und Umweltbedingungen hinsichtlich wurzelmorphologischer und aufnahmekinetischer Parameter für die Nährstoffaufnahme kommen hinzu.

Der Aussagefähigkeit der klassischen Bodenuntersuchung zur Ermittlung des Ernährungszustands einer Pflanze sind in besonderem Maße bei Nährstoffen Grenzen gesetzt, deren Antransport an die Wurzeloberfläche maßgeblich von der Diffusion in der Rhizosphäre bestimmt werden (vgl. Tab. 1-3, Abb. 1-16) und/oder deren Mobilisierung vornehmlich in der Rhizosphäre erfolgt. Legt man diese Kriterien zu Grunde, kann man für Mikronährstoffe, P und K eine Reihung zunehmender Unsicherheiten der chemischen Bodenuntersuchung postulieren:

$$B \leq Mo < K, Cu \leq Zn \approx Mn, P < Fe$$

Wegen seiner – nach Stickstoff – großen ökonomischen und ökologischen Bedeutung mit am intensivsten untersucht sein dürfte das Verhältnis zwischen einer Bodenuntersuchung auf P und einer daraus ableitbaren Düngewirkung bzw. Empfehlung. Bis auf den heutigen Tag sind Beziehungen ausgesprochen unbefriedigend (Abb. 8-2). So ließ sich von Buczko *et al.* (2018) an einem Datensatz mit über 2000 Wertepaaren aus P-Düngungsversuchen zu landwirtschaftlichen Kulturen nur belegen, dass die Mehrerträge durch eine P-Düngung durchschnittlich von Flächen mit Gehaltsklasse B (niedrige P-Versorgung) über C und D zur Gehaltsklasse E (sehr hohe P-Versorgung) hin abnahmen. Für den Einzelfall war die P-Bodenuntersuchung nicht geeignet, um vorherzusagen, ob eine P-Düngung den ertragsrelevanten Ernährungszustand einer Pflanze verbessern würde oder nicht (Abb. 8-2). Da die Pflanzen auf ein niedriges P-Angebot u. a. mit einem größeren Wurzel-/Sprossverhältnis reagieren, mit höherer Rate P dann auch in älteren Wurzelabschnitten aufnehmen, vermehrt Wurzelhaare bilden und/oder verstärkt mykorrhiziert sind, in die Rhizosphäre vermehrt organische Säuren und/oder saure Phosphatasen abgeben, sowie vermehrt P-mobilisierende Mikroorganismen beherbergen können, sind fehlende Beziehungen alleine schon aus diesen physiologischen Gründen verständlich.

Die in Abbildung 8-2 aufgezeigten Probleme des mangelnden Vorhersagewerts einer chemischen Bodenuntersuchung zur Ermittlung der Düngebedürftigkeit für P sind seit etwa 100 Jahren bekannt und bis auf den heutigen Tag ungelöst. Vor diesem Hintergrund hat Neubauer 1923 (Neubauer und Schneider, 1923) vorgeschlagen, die chemische Bodenanalyse zumindest für P und K durch einen pflanzenbaulichen Kurzzeittest zu ersetzen. Dabei wird im Aufwuchs von Roggen nach 17-tägiger Kultur unter kontrollierten Bedingungen die Menge an aufgenommenem P oder K der Pflanzen als Maß für den P- und K-Versorgungsgrad des geprüften Bodens verwendet. In diesem **Keimpflanzen-Test nach Neubauer**, wird ein Rhizosphäreneffekt dadurch erzeugt, dass viele Samen (100 Stk.) in vergleichsweise wenig Prüfboden (100 g) ausgelegt

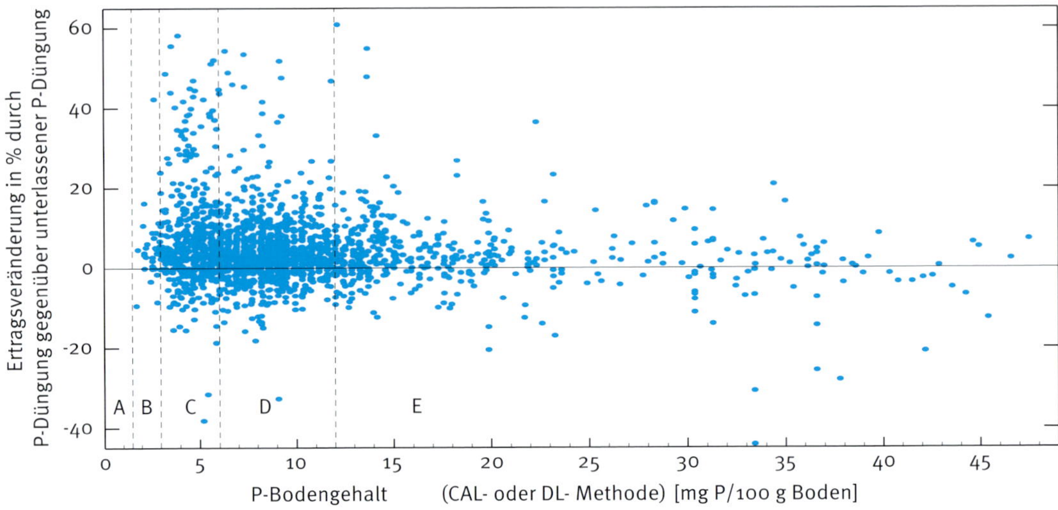

Abb. 8-2: Beziehung zwischen der prozentualen Ertragsveränderung nach Düngung mit P gegenüber unterlassener P-Düngung aufgetragen gegen die P-Bodengehalte ermittelt mit der CAL oder DL-Methode. Gestrichelte Linien bezeichnen die Bodengehaltsklassen nach VDLUFA (Wiesler *et al.* 2018). Zusammenstellung vieler P-Düngungsversuche von Buczko *et al.* (2018).

werden, sodass der ganze Boden durch das sich entwickelnde Wurzelwerk Rhizosphärenboden wird. Der Neubauer-Test stellt somit eine Annährung dar, Interaktionen zwischen Pflanze und Boden analytisch zu berücksichtigen, ohne aber alle relevanten Aspekte in Raum und Zeit berücksichtigen zu können, die dabei eine Rolle spielen (vgl. Abb. 8-1). So stellte sich in der Folgezeit heraus, dass auch der Neubauer-Test kein Durchbruch zur Bodendiagnostik für P oder K darstellt. Dennoch wird er auch heute noch – zumindest in Forschungsprojekten zum Thema P- oder K-Bodenuntersuchung – als eine Methode verwendet, die einen Schritt über die rein chemische Bodenuntersuchung hinausgeht.

Für Mikronährstoffe wie Fe, Cu, Zn oder Mo wurde in gewisser Analogie zum Neubauer-Test vorgeschlagen, eine Bodensuspension gezielt mit einem Mikroorganismus wie *Aspergillus niger* zu beimpfen und dessen Wachstum zu verfolgen. Eine Nährstoffspezifität wird dadurch erreicht, in dem der zu prüfenden Bodensuspension eine verdünnte Nährlösung zugegeben wird, die alle Nährstoffe enthält außer dem fraglichen Nährstoff. Ausgewertet wird die Masse des Pilzwachstums oder die Entwicklung der Konidien des Pilzes nach einigen Tagen Inkubation bei konstanter Temperatur unter Laborbedingungen (Stapp und Wetter, 1953; Nicholas, 1960).

Diese Ansätze, unter kontrollierten Bedingungen Bodenuntersuchungen mittels einer Pflanze oder eines Pilzes als Detektionssystem zu betreiben, sind Ausdruck des Grundproblems der klassischen chemischen Bodenanalyse: Was wesentlich biologischen und mikrobiologischen Prozessen unterworfen ist, kann nur eingeschränkt rein chemisch erfasst werden. Das gilt auch, wenn durch ausgewählte Extraktionsmittel, die über wässrige Auszüge hinausgehen, nicht nur die aktuellen sondern auch die potenziell pflanzenverfügbaren Nährstofffraktionen mit der Bodenanalyse erfasst werden sollen.

8.2 Hinweise aus Bodenuntersuchungen zur Eingrenzung von Ernährungsstörungen

Von übergeordneter Bedeutung für die Freisetzung und Sorption von Nährstoffen, aber auch für das Wurzelwachstum oder die Aktivität von Mikroorgansimen, ist der **pH-Wert** des Bodens, also die

Konzentration an Protonen (H^+). Nach gängiger VDLUFA-Methode wird der pH in Deutschland im 0,01 M $CaCl_2$-Extrakt einer Bodensuspension bestimmt. Werden die pH Werte in wässriger Bodensuspension gemessen, wie international verbreitet, liegen die Werte zumeist um etwa 0,5–1 pH-Einheiten höher. Die Verwitterung von Mineralien, die zu einer verstärkten Freisetzung von Nährstoffen wie K^+, Mg^{2+}, Ca^{2+}, Mn^{2+} oder Cu^{2+} führt, steigt mit zunehmender Bodensäure, also niedrigerem pH-Wert. Weiterhin geht die Sorption der Kationen am überwiegend negativ geladenen Sorptionskörper des Bodens mit sinkendem pH zurück. Beides führt zu einer erhöhten Konzentration dieser Nährstoffe in der Bodenlösung und damit einer besseren Verfügbarkeit. Abbildung 8-3 gibt generalisierend für Mineralböden den Zusammenhang zwischen dem Boden-pH und der Verfügbarkeit einzelner Nährelemente und von Al grafisch wieder. Eine ganz ähnliche Abbildung für organische Böden haben Lucas und Davis (1961) vorgelegt. Während organische Böden kaum Al enthalten, kommt es in Mineralböden bei niedrigen pH-Werten < pH 5,0 zunehmend zu einer Freisetzung von wurzeltoxischem Aluminium (Abb. 8-4). Beteiligt sind dabei u. a. eine verstärkte Verwitterung von Mineralien und die pH-bedingte Auflösung von festem Aluminiumhydroxid:

$$Al(OH)_3 \text{ (ungelöst)} + 3\,H^+ \leftrightarrow Al^{3+} \text{ (in Lösung)} + 3\,H_2O$$

In ihrer Empfindlichkeit gegenüber Al können sich Pflanzenarten (Horst und Göppel, 1986a) aber auch Sorten einer Art (Horst, 1987) stark unterscheiden. Neben Interaktionen wie einer geringeren P-Verfügbarkeit in der Bodenlösung durch Ausfällungen von unlöslichem Al-Phosphat, sind durch Al-bedingte Einschränkungen des Wurzelwachstums auch Sekundärfolgen auf die Ernährung der Pflanzen möglich, zu denen auch Wassermangel wegen fehlender Tiefendurchwurzelung gehören kann (George *et al.*, 2012). Über einfache Messungen des pH-Wertes in unterschiedlichen Bodentiefen lässt sich somit abschätzen, ob Al-Toxizität gegebenenfalls das Wurzelwachstum in tiefere Bodenschicht hinein einschränken oder gar verhindern könnte.

Der Vollständigkeit halber seien noch drei Anmerkungen zum Schema von Abbildung 8-3 angefügt. Es ist ein nützliches Schema für Bodenverhältnisse

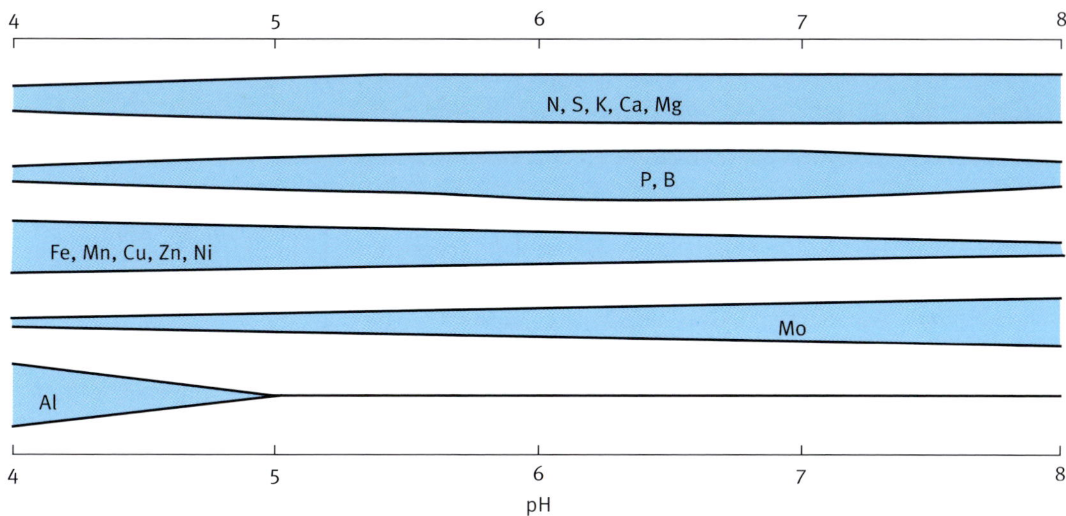

Abb. 8-3: Schematische Beziehung zwischen dem pH-Wert des Bodens und den verfügbaren Gehalten an Nährstoffen und Aluminium (nach Finck, 1976, modifiziert).

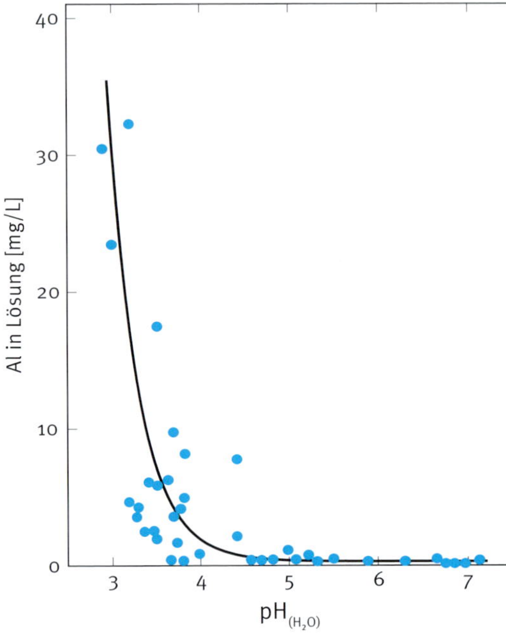

Abb. 8-4: Beziehung zwischen pH und Al-Konzentration im Sättigungsextrakt von Böden aus Löß. Nach Schachtschabel und Heinemann, unveröff. in: Schachtschabel (1982).

wie sie zumeist in Europa vorliegen, wo keine – geologisch betrachtet – sehr alten Böden vorherrschen. Liegen hingegen sehr alte, stark verwitterte Böden vor (z. T. Südamerika, Australien) kann bei niedrigen pH-Werten die fortgesetzte Freisetzung und Mobilisierung von z. B. Mn in Verbindung mit Verlagerung in tiefe Bodenschichten die Regel »je tiefer der pH, desto unwahrscheinlicher ist ein Mn-Mangel«, gerade nicht mehr zutreffen. In so einem Fall könnte die fortgesetzt bessere Mn-Mobilisierung zur absoluten Verarmung im Wurzelraum geführt haben. Das Gleiche, also langfristig nur noch ein sehr geringes Nährstoffangebot durch geringe absolute Mengen bei hoher Verfügbarkeit, kann auch für Mg und Ca unter diesen Bedingungen zutreffen.

Von den Auswirkungen des pH-Werts auf Nährstoff-Mobilisierung, Sorption und Desorption sowie Fällungsreaktionen, als der im Allgemeinen wichtigsten Stellgröße, die der Boden-pH auf den Ernährungsstatus einer Pflanzen ausübt, ist der Einfluss der H^+-Konzentration auf die eigentliche Nährstoffaufnahme zu unterscheiden. Eine treibende Kraft für die Aufnahme von Kationen über das Plasmalemma hinweg in die Zelle ist die negative Überschussladung im Zellinneren durch die Aktivität von ATPasen, die unter ATP-Verbrauch die H^+ nach außen pumpen. Diesen elektrischen Gradienten aufrecht zu halten, fällt umso schwerer,

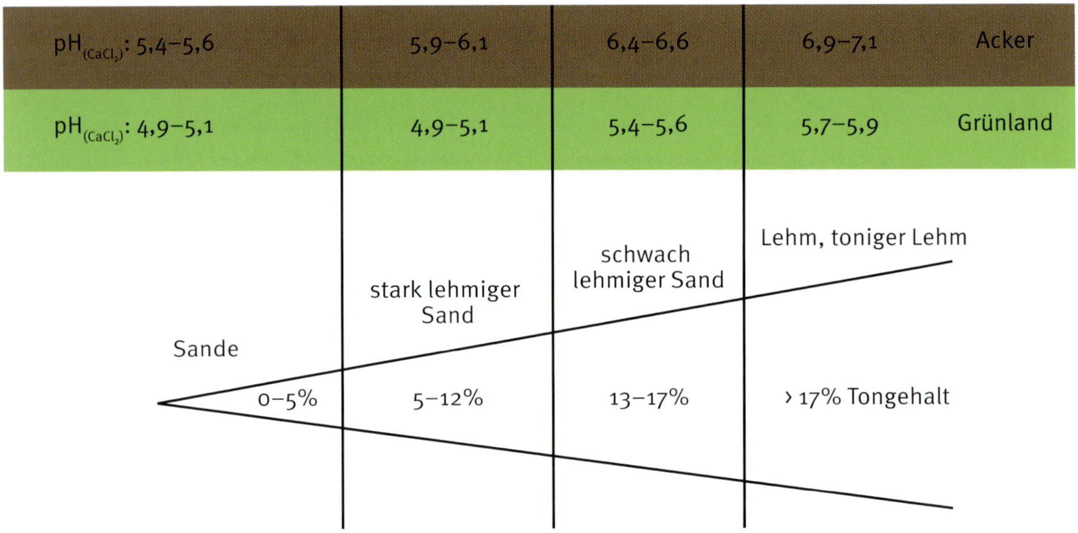

pH$_{(CaCl_2)}$: 5,4–5,6	5,9–6,1	6,4–6,6	6,9–7,1	Acker
pH$_{(CaCl_2)}$: 4,9–5,1	4,9–5,1	5,4–5,6	5,7–5,9	Grünland
Sande	stark lehmiger Sand	schwach lehmiger Sand	Lehm, toniger Lehm	
0–5%	5–12%	13–17%	› 17% Tongehalt	

Abb. 8-5: Zielbereiche von pH-Werten für Acker- und Grünlandböden für die verschiedenen Bodenarten in Anlehnung an Richtlinien des VDLUFA.

je höher die H^+-Konzentration im Außenbereich ist. Bei sehr hoher H^+-Konzentration am Plasmalemma (sehr niedrigem pH) kann hinzukommen, dass membranstrukturierendes Ca^{2+} von H^+ verdrängt wird und Membranen unspezifisch permeabel werden. Dadurch geben Zellen auch vermehrt Ionen und gelöste Substanzen wieder ab, was die Nettoaufnahmerate vermindert. So lässt sich für Mn in Nährlösungsversuchen erklären (in einem System also, wo eine pH-bedingte Mn-Mobilisierung keine Rolle spielt), dass die reine Mn-Aufnahme mit sinkendem pH zurückgeht (Maas *et al.*, 1968).

Als letztes den pH betreffend, sei noch an die allgemeine Regel der Pflanzenernährung erinnert: Je höher die Ladung eines Nährstoffs ist, desto schwieriger erfolgt dessen Aufnahme. Da eine höhere H^+-Konzentration auch über den höheren Protonierungsgrad im Bereich von pH-Spannen, die in Böden üblich sind, die Ladung von Phosphat bzw. Borat vermindert ($HPO_4^{2-} + H^+ \leftrightarrow H_2PO_4^-$; $H_2BO_3^- + H^+ \leftrightarrow H_3BO_3$) ist auch deren bessere Aufnahme bei pH-Werten unter 7 zu erklären, was sich im Schema von Abbildung 8-3 auch abbildet.

Integrativ über die verschiedenen Aspekte, auf die der Boden-pH einen pflanzenbaulich relevanten Einfluss nimmt (mikrobielle Aktivität, Erhalt der organischen Substanz des Bodens, Nährstoffverfügbarkeit, Bodenstruktur) lassen sich unterschiedliche pH-Bereiche für unterschiedliche Böden als optimal bestimmen. Abbildung 8-5 gibt eine derartige Aufstellung getrennt für Ackerböden mit weniger als 4 % organische Substanz und Grünlandböden mit ihren höheren Gehalten an organischer Substanz wieder. Daraus ist zu erkennen, dass die Bodenart, die die mineralische Partikelgrößenzusammensetzung eines Bodens beschreibt (Anteil an Sand, Schluff, Ton) von großer Bedeutung ist. Bei sandigen Böden, die keine Probleme der Bodendurchlüftung aufweisen und insgesamt vom Angebot an Nährstoffen aber ärmer als schwere Böden sind, ist durch einen tiefen pH dem Abbau der organischen Substanz entgegenzuwirken und die Nährstoffverfügbarkeit zu erhöhen (vgl. Abb. 8-3). Bei schwereren Böden ist es umgekehrt. Hier tritt eine gute Bodenstruktur, um ausreichende Durchlüftung zu gewährleisten und um durch hohe Ca-Gehalte einer Bodenverschlemmung bei Ackerböden entgegenzuwirken, in das Zentrum der Optimierung. Dann ist ein pH-Wert in Richtung Neutralität anzustreben. Bei den stärker von organischer Substanz geprägten Grünlandböden ist der Erhalt der organischen Substanz ein Ziel, weshalb die hier anzustrebenden pH-Werte tiefer angesetzt werden. Bei praktisch rein organisch geprägten Böden (ackerbaulich genutzten Hochmoorböden) liegt der Ziel-pH-Wert bei 4,0. Damit ist die mikrobielle Aktivität sehr stark eingeschränkt und die organische Substanz bleibt erhalten. Der pH muss dabei hoch genug sein, um eine direkte H^+-Schädigung der Wurzeln auszuschließen. Bei

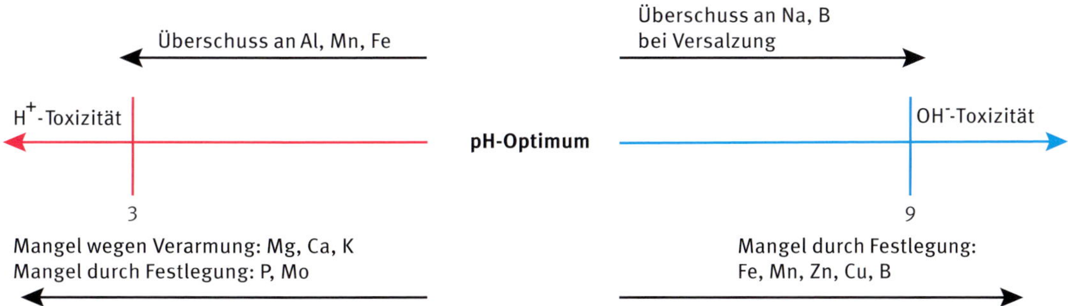

Abb. 8-6: Nähr- und Mineralstoffstörungen, die mit unter- oder überoptimalen pH-Werten des Bodens assoziiert sind (Finck, 1979).

den geringen Al-Gehalten organischer Böden oder Substrate ist Al-Toxizität nicht zu befürchten.

Eine Auflistung an Ernährungsstörungen, die mit unter- oder überoptimalen Boden-pH-Werten assoziiert sind, gibt Abbildung 8-6 wieder.

Weiterhin sei auf das **Redoxpotenzial** eines Bodens hingewiesen. Das Redoxpotenzial weist aus, ob thermodynamisch betrachtet ein Stoff im Kontakt mit der Bodenlösung reduziert oder oxidiert werden kann. Es ist abhängig vom Verhältnis oxidierter zu reduzierter Spezies und damit wesentlich eine Funktion der Verfügbarkeit von Sauerstoff (O_2) im Boden als Elektronenakzeptor. Wird Sauerstoff im Boden knapp, steigt die Verfügbarkeit an Elektronen (e^-). Deren Aufnahme ist eine Reduktion, deren Abgabe eine Oxidation:

$$MnO_2 + 2\,e^- + 4\,H^+ \leftrightarrow Mn^{2+} + 2\,H_2O$$

$$Fe(OH)_3 + e^- + 3\,H^+ \leftrightarrow Fe^{2+} + 3\,H_2O$$

Knapp wird Sauerstoff in Folge zunehmender Wassersättigung der Bodenporen durch Niederschläge, Grundwasseranstieg oder Überflutung, da die O_2 Diffusion in Wasser stark eingeschränkt ist (O_2 diffundiert in Wasser ca. 10 000-fach langsamer als in Luft), sodass in Verbindung mit der Veratmung des Sauerstoffs durch Mikroorganismen und Pflanzenwurzeln der Sauerstoffgehalt im Boden auf null absinken kann. Für die Pflanzenverfügbarkeit von N, Mn, Fe und S wichtige Redoxpaare sind: NO_3^-/N_2 (Gas), MnO_2 (fest)/Mn^{2+}, $Fe(OH)_3$ (fest)/Fe^{2+}; FeO-OH (fest)/Fe^{2+}; SO_4^{2-}/H_2S (Gas). In Tabelle 8-1 ist ausgewiesen, bei welchen Redoxpotenzialen welche Redoxreaktionen beginnen bzw. welche oxidierten Spezies im Boden nicht mehr nachweisbar sind. An vielen Redoxreaktionen sind Mikroorganismen beteiligt, deren Anwesenheit die Kinetik, d. h. die Geschwindigkeit der Reaktionen, bestimmen.

Tab. 8-1: Experimentell ermittelte Redoxpotenziale für verschiedene Redoxreaktionen, umgerechnet für pH 7; (Kretzschmar, 2010)

Redoxreaktion	Redoxpotenzial E_7 (mV)
Beginn der NO_3^--Reduktion	450–550
Beginn der Mn^{2+}-Bildung	350–450
O_2 nicht mehr nachweisbar	330
NO_3^- nicht mehr nachweisbar	220
Beginn der Fe^{2+}-Bildung	150
Beginn der SO_4^{2-}-Reduktion und S^{2-}-Bildung	- 50
Beginn der CH_4-Bildung	- 120
SO_4^{2-} nicht mehr nachweisbar	- 180

Mittelbare Folgen einer reduktiven Auflösung von Fe- und/oder Mn-Oxiden kann auch die Mobilisierung von Mo, Cu und Zn sowie von Phosphat sein, die an den Oxiden adsorbiert vorlagen. Dass andererseits eine verstärkte Mobilisierung von Mn auch bis zu Mn-Toxizität bei Pflanzen führen kann, wurde bereits in Kapitel 2.3 angesprochen.

Messungen des Redoxpotenzials in Böden entziehen sich einer Routineanalyse in Bodenuntersuchungslabors, sind aber im Feld vor Ort mit Elektroden gut möglich. Gemessen wird dabei die elektrische Potenzialdifferenz zwischen einer inerten Edelmetall-Elektrode (meist aus Gold oder Platin) und einer Bezugselektrode (z. B. Kalomel-Elektrode). Da das gemessene Potenzial auch von der H^+-Konzentration (genauer: Aktivität) beeinflusst ist, muss zur Korrektur noch der pH-Wert gemessen werden.

Auffälligkeiten an Pflanzenbeständen in **Bodensenken** im Vergleich zum übrigen Bestand (z. B. dunkelgrüner: bessere Mn-Versorgung, oder hellgrüner: N-Mangel durch Denitrifikation) nach längerem Wasserüberstau könnten daher mit einem niedrigeren Redoxpotenzial in Folge von Sauerstoffmangel im Boden erklärt werden. Gleichgerichtet gilt das auch für Bodenverdichtungen, in denen die Gasdiffusion eingeschränkt ist (vgl. Abb. 2-3).

Andererseits könnte eine Senke im Gelände aber auch eine Teilfläche sein, bei der es zu einer verstärkten Nährstoffauswaschung gekommen sein könnte.

Das wäre der Fall, wenn die Wasserinfiltration der Gesamtfläche nicht mit der Wasserzufuhr Schritt halten kann und eine verstärkte laterale Wasserbewegung in Richtung Senke entsteht. Davon könnten insbesondere leichtbewegliche Anionen wie Nitrat oder Sulfat betroffen sein, mit der Folge von N- und/ oder S-Mangel. Damit soll aufzeigt werden, dass auch die Inaugenscheinnahme des kleinräumigen Reliefs einer Fläche Hinweise liefern kann, in welcher Richtung eine Nährstoffstörung vorliegen könnte.

Wie eingangs erwähnt, nimmt der Stickstoff bei den Bodenuntersuchungen eine Sonderstellung ein. Das trifft nicht nur für die Diagnosemöglichkeiten zu, sondern hat auch ökonomische, ökologische und rechtliche Gründe. Die Bestimmung des aktuell pflanzenverfügbaren mineralischen Stickstoffs im Boden (NH_4^+ und NO_3^-), also des **N_{min}-Gehalts**, der in der DDR als N_{an}-Gehalt (»an« für anorganisch) bezeichnet wurde, ist mit dem Inkrafttreten der neuen Düngeverordnung (DüV 2017) ab dem 2. Juni 2017 für alle Betriebe, die eine Düngebedarfsermittlung erstellen müssen, verpflichtend. Das gilt für gartenbauliche Betriebe mit Freilandflächen über 2 ha und landwirtschaftliche Betriebe ab einer Größe von 15 ha, sofern mehr als 50 kg Gesamt-N pro ha und Jahr als Summe aller Einzelgaben im Betrieb gedüngt werden sollen. Die N_{min}-Methode zur Bestimmung der N-Düngungshöhe wurde in den 1970er Jahren erarbeitet (Müller *et al.*, 1976; Scharpf, 1977; Stumpe und Garz, 1974; Wehrmann und Scharpf, 1979;1986). Da die N_{min}-Methode nur den aktuell pflanzenverfügbaren Stickstoff zu Vegetationsbeginn bzw. kurz vor der Einsaat oder Pflanzung bestimmt, wurden zur Steuerung einer optimalen N-Nachdüngung (Kopfdüngung) im Gemüsebau auch weitere N_{min}-Probennahmen im Verlauf der Kultur vorgeschlagen und zum »Kulturbegleitenden N_{min}-Sollwert (**KNS**)-**System**« ausgearbeitet (Lorenz *et al.*, 1989). Landwirtschaftliche Untersuchungs- und Forschungsanstalten (LUFA) sowie private Labore, die nach den jeweiligen rechtlichen Grundlagen der Bundesländer in Deutschland dafür zugelassen sind, bieten N_{min}-Analysen als Dienstleistung an.

Alternativ können zumindest zur Erfassung der Nitrat-Mengen im Boden auch laborunabhängige, einfache Schellmethoden eingesetzt werden (Schmidhalter, 2005). Im Anhang ist die Durchführung einer laborunabhängigen Bodenfiltratgewinnung und Nitrat-Messung mit Teststreifen »vor Ort« beschrieben. Vergleichende Untersuchungen von Munzert *et al.* (2002) ergaben gute Übereinstimmungen der Ergebnisse zwischen einfacher Schnellmethode und der klassischen N_{min}-Analyse im Labor. Wird zu Vegetationsbeginn bzw. zur Aussaat oder Pflanzung wenig Nitrat im Boden gemessen (< 40 kg NO_3-N/ha im Oberboden mag als Faustzahl dienen), ist N-Mangel im weiteren Verlauf der Wachstumsperiode der Kulturpflanzen sehr wahrscheinlich.

9 Die klassische Bodenuntersuchung zur Ermittlung des Düngebedarfs

Hans-Werner Olfs

Im Weiteren wird die klassische Bodenuntersuchung, wie sie konzeptionell und methodisch durch die Arbeiten des VDLUFA in Deutschland zur Ableitung der Düngebedürftigkeit eines Standorts eingeführt ist, dargestellt.

9.1 Konzeptionelle Basis der Bodenuntersuchung

Wichtige Voraussetzungen für eine verlässliche Bodenuntersuchung sind neben einer standardisierten Vorgehensweise bei der Entnahme und Vorbereitung der Bodenproben, normierte Laboranalyseverfahren und anhand von Exaktversuchen transparent abgeleitete Kalibrierdaten, die fachgerecht interpretiert eine Ableitung der zu empfehlenden Düngermengen ermöglichen. Aufgrund der empirisch ermittelten Zusammenhänge zwischen den in den Bodenproben gemessenen Gehalten an »pflanzenverfügbaren Nährstoffen« und Feldversuchsergebnissen ist es wesentlich, eine Vielzahl von Versuchen anzulegen, um die Diversität der Anbaubedingungen (u. a. Bodentypen, Jahreswitterung, Pflanzeneigenschaften, Fruchtfolgen) angemessen im Kalibrierdatensatz abzubilden (Jordan-Meille *et al.*, 2012; Lorenz *et al.*, 2017; Spiegel *et al.*, 2014).

Nährstoffe in Böden liegen in sehr unterschiedlichen organischen und anorganischen Bindungsformen vor. Da die Gesamtgehalte einzelner Nährstoffe im Boden jedoch nicht als Indikator für die Pflanzenverfügbarkeit geeignet sind (Vetter *et al.*, 1977), zielt die Entwicklung von Bodenuntersuchungsmethoden durch eine geeignete Verfahrensgestaltung darauf ab, den für das Pflanzenwachstum in der folgenden Vegetationsperiode relevanten Anteil des Bodenvorrats zu charakterisieren. Konzeptionell wird dabei zwischen diskreten »Nährstoffpools« unterschieden, die durch mehr oder weniger intensive Austauschprozesse miteinander in Beziehung stehen. Tatsächlich handelt es aber um ein Kontinuum verschiedenster Nährstoffbindungsformen, die ständig durch Auf-, Um- und Abbauprozesse ineinander überführt werden.

Die Bodenlösung ist dabei für die Nährstoffversorgung der Pflanze von besonderer Bedeutung, da Pflanzenwurzeln Nährstoffe im Boden nur in Wasser gelöst aufnehmen können. Die zu einem bestimmten Zeitpunkt in der Bodenlösung vorliegende Nährstoffmenge ist in der Regel sehr gering. So konnte beispielsweise in verschiedenen Untersuchungen (Fritsch und Werner, 1987; Jungk und Claassen, 1997) gezeigt werden, dass meist deutlich weniger als 1 kg P/ha in der Bodenlösung im durchwurzelbaren Bodenraum nachweisbar ist. Da aber während der Hauptwachstumszeit der P-Bedarf vieler Pflanzenbestände pro Tag und ha auch deutlich höher sein kann, muss also aus anderen P-Pools die P-Menge in der Bodenlösung ständig ergänzt werden.

Für die im Boden vorliegenden, unterschiedlich verfügbaren Bindungsformen haben sich je nach betrachtetem Nährstoff verschiedene Bezeichnungen etabliert. So wird bei Phosphor häufig unterteilt in die Pools »Bodenlösungs-P«, »labiles P«, »stabiles P« und »organisch gebundenes P«. Der Übergang von »Bodenlösungs-P« in »lablies P« und dann weiter in die Fraktion »stabiles P« erfolgt bei sauren pH-Werten durch spezifische und unspezifische Sorption im Wesentlichen an Eisen- und Aluminium-Oxide/Hydroxide bzw. bei basischen pH-Werten durch Fällung mit Calcium-Ionen über verschiedene Zwischenstufen bis zum Hydroxylapatit. Entscheidend für die Intensität der Umsetzung sind daher u. a. der jeweilige pH-Wert im Boden und die Konzentrationen der möglichen Bindungspartner (Al^{3+}

und $Fe^{2+/3+}$ bzw. Ca^{2+}). Im umgekehrten Fall wird das festgelegte P wieder desorbiert bzw. gelöst bis schließlich Phosphat-Ionen in der Bodenlösung vorliegen. Weiterhin kann P aus der Bodenlösung durch Mikroorganismen aufgenommen werden und liegt dann in der mikrobiellen Biomasse bzw. nach dem Absterben der Mikroorganismen als organisch gebundenes P vor. Durch Mineralisation kann dieses P dann auch wieder als Phosphat der Bodenlösung zugeführt werden.

Bei den beiden für die Ernährung der Pflanzen der Menge nach besonders wichtigen Kationen Kalium und Magnesium unterscheidet man in der Regel die in der Bodenlösung vorliegenden Ionen (K^+ bzw. Mg^{2+}) von »austauschbar an Tonmineralen« gebundenen und »nicht austauschbar« (»festgelegten«) K- und Mg-Pools. Während organische Bindungsformen bei Kalium unbedeutend sind, können auf humusreichen Böden (z. B. Moorböden, Podsole) relevante Mg-Mengen auch organisch gebunden vorliegen. Auch für diese Nährstoffe lassen sich je nach eingesetzter Methode weitere Subpools differenzieren, aber im Boden sind alle diese Fraktionen als Kontinuum mit ständigen Umwandlungs- und Austauschprozessen anzusehen.

Zusammenfassend ist festzuhalten, dass das Konzept der Bodenuntersuchung darauf beruht, einen für die Ernährung der Pflanzen relevanten Anteil als sogenannten »pflanzenverfügbaren Pool« zu erfassen und diesen entsprechend der Daten aus Düngungssteigerungsversuchen zu interpretieren (McLaughlin *et al.*, 1999). Das Ergebnis der Laboranalyse ist dabei nicht als »absolutes Maß« für den pflanzenverfügbaren Nährstoffgehalt im Boden zu verstehen, sondern ein Indikator für den Nährstoffzustand (Lorenz *et al.*, 2017). Die Qualität der Düngebedarfsermittlung auf Grundlage der Bodenuntersuchung ist dabei am Ende abhängig von jedem einzelnen Teilschritt in der Verfahrenskette: Probenahme- und -vorbereitung, Laboranalyse, Interpretation der Untersuchungsergebnisse sowie Prognose des Düngebedarfs.

9.2 Entnahme und Vorbereitung der Bodenproben

Voraussetzung für die Qualität einer Bodenuntersuchung zur Ermittlung des Düngebedarfs ist eine Bodenprobenahme, die für die zu düngende Fläche repräsentativ ist.

Die Probenahme für die sogenannte Grundbodenuntersuchung (pH, alle Nährstoffe mit Ausnahme von N_{min} und S_{min}) kann prinzipiell zu jedem Zeitpunkt erfolgen, da diese Nährstoffe keinen ausgeprägten Jahresgang aufweisen (Schäfer und Reiner, 1973). Die letzte Düngung sollte allerdings 6–8 Wochen zurückliegen und es sollten seither mindestens 10 mm Niederschlag gefallen sein (VDLUFA, 2007). Für Ackerstandorte hat sich etabliert, die Probenahme im Herbst nach der Ernte und vor der nachfolgenden Düngung durchzuführen (Tab. 9-1). Auch auf Grünland werden bevorzugt im Herbst (im Anschluss an die letzte Mahd oder den Abschluss des Weideganges) Bodenproben gezogen. Ohne Bedenken ist ebenso eine Frühjahrsprobenahme vor der ersten Düngungsmaßnahme oder Beweidung vertretbar. Für nachfolgende Beprobungen der selben Fläche sollte später möglichst die gleiche Beprobungszeit gewählt werden. Der Probenahmezeitpunkt für N_{min} und S_{min} liegt normalerweise kurz vor (oder zu) Vegetationsbeginn, da ja mit dieser Beprobung der im Boden vorhandene Vorrat an direkt pflanzenverfügbarem mineralischem Stickstoff (Nitrat und Ammonium) bzw. Schwefel (Sulfat) bestimmt werden soll. Für einige landwirtschaftliche Kulturen (z. B. Mais, Kartoffeln) und für Feldgemüse werden aber oft auch Beprobungen kurz vor der jeweiligen Aussaat oder Auspflanzung empfohlen (s. Kap. 8.1).

Zur Probenahme wird in der Regel ein entsprechender Bohrstock (Abb. 9-1) eingesetzt. Für die Grundbodenuntersuchung sollte die Probenahme entsprechend der VDLUFA-Empfehlungen auf Grünland bis 10 cm Bodentiefe und auf Ackerland bis zur Bearbeitungstiefe (jedoch mindestens 20 cm) erfolgen (VDLUFA, 1991, 2007). Die Proben für die N_{min}- und S_{min}-Untersuchung werden in der Regel

Tab. 9-1: Einstichzahl, Probenahmetiefe und -zeitpunkt in Abhängigkeit von Nutzungsrichtung und Analysenparameter (Olfs, 2018).

Nutzungsrichtung	Einstiche je Sammelprobe	Probenahmetiefe	Probenahmezeitpunkt
Grünland	30–40	8–10 cm (je nach Narbentiefe)	Während der Vegetationsruhe (Oktober–Februar)
Ackerland			
Grundboden-untersuchung	15–25	20–30 cm (abhängig von Bodenbearbeitungstiefe; evtl. auch flachere Beprobung)	• Nach der Ernte von Getreide oder Raps • zeitiges Frühjahr für Sommerungen und Hackfrüchte
EUF [1)]	20–25	0–30 cm aus dem Oberboden	vor der Ernte von Getreide für Hackfrüchte
N_{min}/S_{min}	15–20	3 Schichten [2), 3)] 0–30 cm 30–60 cm 60–90 cm	• Herbst für Getreide und Grünland; • Mitte Februar bis Mitte März für Getreide, Zuckerrüben und Kartoffeln • Mais: 10–14 Tage vor Düngung

1) Elekrto-Ultrafiltration (Bestimmungen aller wasserlöslichen Nährstoffe)
2) für Gemüsekulturen häufig auch nur 1 oder 2 Schichten; für Flachwurzeln wie Feldsalat nur 15 cm. Details regelt die Düngeverordnung (DüV 2017)
3) für S_{min} werden oft nur die beiden oberen Schichten ausgewertet

getrennt aus den 3 Bodenschichten 0–30, 30–60 und 60–90 cm entnommen. Für einige Kulturen (z. B. Kartoffel) werden auch nur die Bodenschichten bis 60 cm Tiefe beprobt.

Auf steinigen Böden mit einem Skelettanteil (Fraktion > 2 mm) von mehr als 5 % muss erfahrungsgemäß ein Spaten für die Probenahme eingesetzt werden, da die üblicherweise verwendeten Bohrer unter diesen Bedingungen nicht geeignet sind. Hierzu wird zuerst mit dem Spaten eine Grube bis auf Bearbeitungstiefe ausgehoben. An einer Seite wird der Spaten etwa 3–5 cm hinter der Wand senkrecht in den Boden eingestochen und durch Kippen des Spatens diese »Bodenscheibe« vorsichtig abgelöst. Anschließend kann mit einem Löffel Boden abgekratzt oder mit einem Messer ein schmaler Balken abgetrennt und in das Sammelgefäß überführt werden (VDLUFA, 2007). Diese Art der Probenahme ist im Vergleich zum Einsatz eines Bohrers arbeitsaufwendiger und daher insgesamt langsamer.

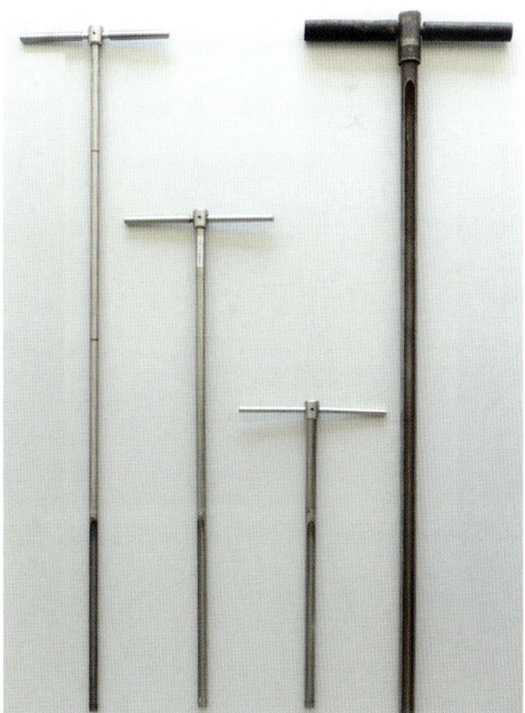

Abb. 9-1: Gerätschaften für die Entnahme von Bodenproben (dreiteiliges Göttinger-Bohrstockset [links] und Pürckhauer-Bohrstock [rechts]).

Die Empfehlung für die Anzahl der Einzeleinstiche ist für Grünland mit 25–30 (VDLUFA, 1991) im Vergleich zu Ackerflächen mit 15–20 (VDLUFA,

2007) deutlich höher. Dadurch wird die üblicherweise zu erwartende größere Heterogenität von Grünlandflächen entsprechend berücksichtigt. Um genügend Bodenmaterial für die Laboruntersuchung zu erhalten, kann es bei geringerer Probenahmetiefe (z. B. auf flachgründigen Böden) notwendig sein, mehr Einstiche durchzuführen. Dies verbessert allerdings die Reproduzierbarkeit der Untersuchungsergebnisse nicht (Cameron *et al.*, 1971). Die Einzeleinstiche sollten idealer Weise zufällig auf der zu beprobenden Fläche verteilt sein (Abb. 9-2). Vorgewende, Ränder, Fahrspuren, Mietenplätze, etc. sind von der Beprobung auszuschließen. Bewährt haben sich in der Praxis »systematische« Beprobungsganglinien, die nicht parallel zur üblichen Bearbeitungsrichtung angeordnet sein sollen (z. B. Kreuz- oder Doppeldiagonale; Abb. 9-2).

Prinzipiell ist diese Herangehensweise auch für die Entnahme von Bodenproben für die teilflächenspezifische Bewirtschaftung landwirtschaftlicher Flächen geeignet (Lorenz *et al.*, 2015). Falls mechanisierte Bodenprobenahmegeräte genutzt werden, muss eine Bodenverschleppung zwischen Teilflächen ausgeschlossen werden. Zu beachten ist weiterhin, dass eine Bündelung von mehreren Einstichen an derselben Stelle zur Erreichung der angestrebten Anzahl an Einzelproben und/oder der notwendigen Bodenmenge nicht zulässig ist (Lorenz *et al.*, 2015).

Die gewonnenen Bodenproben (häufig auch als »Sammelprobe« bezeichnet) sind in einem geeigneten Behälter intensiv zu mischen, Pflanzenreste zu entfernen und falls erforderlich, sind gröbere Bodenaggregate mit den Fingern zu zerkrümeln. Steine sind aus der Sammelprobe zu entfernen, wenn ihr Massenanteil geringer als 5 % ist (VDLUFA, 2007). Bei skelettreichen Böden verbleiben sie in der Probe, werden vom Untersuchungslabor quantitativ erfasst und bei der Berechnung der Analyseergebnisse entsprechend berücksichtigt.

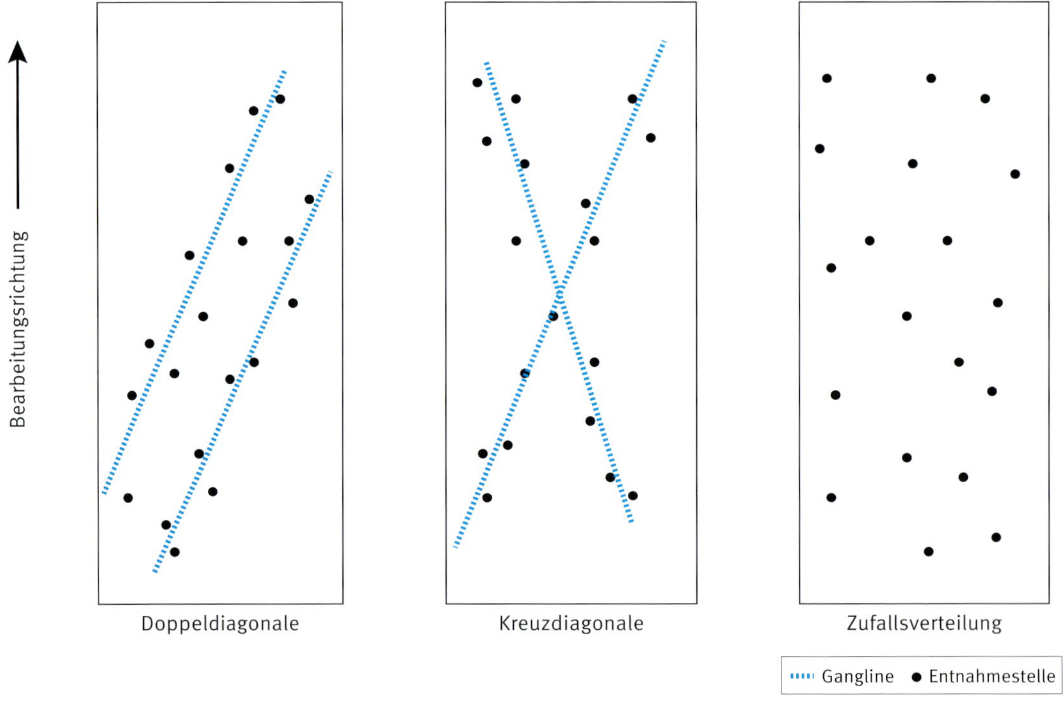

Abb. 9-2: Mögliche Verteilung der Bodenprobenahmestellen auf einer Beprobungsfläche.

Abschließend ist eine »Verjüngung« der Bodenmenge auf etwa 300–500 g notwendig (Hartge und Horn, 2009). Diese »Endprobe« wird dann in eindeutig beschriftete Plastiktüten abgefüllt und umgehend zur Untersuchung an geeignete Laboratorien versandt. Falls Bodenproben für die Grundbodenuntersuchung (s. o.) nicht sofort versendet werden können, ist eine Zwischenlagerung der offenen Tüten an einem trockenen Ort zulässig. Im Gegensatz dazu müssen Proben, die für die N_{min}- und S_{min}-Untersuchung vorgesehen sind, bereits direkt auf dem Feld bei der Probenahme und während der gesamten Transportkette gekühlt werden, da nur bei niedrigen Temperaturen die Mineralisation organischer Verbindungen (und damit der Anstieg der Nitrat-, Ammonium- und Sulfatgehalte) vernachlässigbar gering ist.

In der Probeneingangsstelle der Untersuchungsstelle werden die Bodenproben für die Grundbodenuntersuchung auf speziellen Trocknungsregalen flach ausgebreitet an der Luft getrocknet. Während dieser mehrtägigen Trocknungsphase sollten die Proben mehrfach gewendet und größere Aggregate zerdrückt werden. Möglich ist auch eine Trocknung in ventilierten Trockenschränken bei Temperaturen bis maximal 40 °C. Anschließend erfolgt eine Siebung des Bodenmaterials auf 2 mm. N_{min}- und S_{min}-Proben müssen sofort im feldfrischen Zustand gesiebt (in der Regel auf 5–6 mm) und anschließend direkt im Labor extrahiert werden. Alternativ ist eine Lagerung dieser Proben tiefgefroren bei -18 °C möglich.

9.3 Extraktion und chemische Analyse

Bei der Untersuchung von Böden sind Methoden einzusetzen, die folgende Anforderungen erfüllen (Anonymous, 1990; Lorenz *et al.*, 2017):

- die exakte Beschreibung mit Angaben zum Anwendungsbereich, zu den eingesetzten Chemikalien und Geräten einschließlich einer detaillierten Darstellung aller Arbeitsschritte muss vorliegen,
- die analytische Verlässlichkeit (d. h. Wiederholbarkeit des Untersuchungsergebnisses bei Mehrfachanalyse im gleichen Labor und die Vergleichbarkeit zwischen Laboren inklusive der Angaben zu relevanten Validierungsdaten) muss gewährleistet sein und
- die Eignung für schlagkräftige Serienuntersuchungen muss gegeben sein.

Für die Extraktion der im Fokus stehenden Nährstoffe aus Bodenproben stehen eine Vielzahl unterschiedlicher Extraktions- und Analyseverfahren zur Verfügung. Ziel ist es dabei jeweils einen Nährstoffpool zu erfassen, der möglichst gut die pflanzenverfügbaren Anteile in der Bodenprobe charakterisiert und so einen Rückschluss auf die im Wachstumsverlauf der Kultur aus dem Boden zur Verfügung stehenden Nährstoffe ermöglicht (Marschner und Rengel, 2012; McLaughlin *et al.*, 1999).

Weltweit haben sich seit Mitte des 19. Jahrhunderts sehr unterschiedliche Extraktionsverfahren in verschiedenen Ländern/Regionen etabliert. Die Extraktionsstärke eines Verfahrens wird dabei bestimmt durch

- die Art und Konzentration des Extraktionsmittels (z. B. Wasser, Salzlösung, Säure),
- das Verhältnis zwischen Bodeneinwaage und Extraktionsmittelvolumen und
- der Extraktionsdauer und -intensität.

Aufgrund der zunehmenden Anforderungen an die Labore Bodenuntersuchungen möglichst effizient und kostengünstig durchzuführen (McLaughlin *et al.*, 1999) sowie der Verfügbarkeit von Messgeräten, die gleichzeitig in einem Messvorgang mehrere Analyten bestimmen können (Jones 1998), haben sich insbesondere in den letzten Jahren zunehmend sogenannte Multi-Element-Extraktionsverfahren etabliert (z. B. Elektro-Ultrafiltration, CAT-Extrakt).

Einen Überblick der in Deutschland häufig eingesetzten Bodenuntersuchungsmethoden bezüglich analysierter Nährstoffe, Probenvorbereitung, Extraktionsmittel, Verhältnis Boden zu Extraktionsmittel und Extraktionsdauer gibt Tabelle 9-2. Dabei ist

Tab. 9-2: Untersuchte Parameter, Probenvorbereitungsschritte und Extraktionsverfahren für in Deutschland üblicherweise einsetzte Bodenuntersuchungsverfahren (Olfs, 2018).

Methode	Parameter	Trocknung	Siebung (mm)	Extraktionsmittel	Extraktions-verhältnis	Extraktions-dauer (min)
N_{min}/S_{min}	NO_3-N, NH_4-N, SO_4-S	nein	4–5	0,0125 M $CaCl_2$	1 : 4	60
CAL-Extraktion	P, K	ja	2	Ca-Acetat + Ca-Laktat + Esigsäure (pH 4,1)	1 : 20	90
DL-Extraktion	P, K	ja	2	Ca-Laktat mit HCl (pH 3,6)	1 : 20	90
$CaCl_2$-Extraktion	Mg, NO_3-N, NH_4-N, pH	ja ja ja	2 2 2	0,0125 M $CaCl_2$ 0,01 M $CaCl_2$ 0,01 M $CaCl_2$	1 : 10 1 : 10 1 : 2,5	120 120 120
CAT-Extraktion	Mg, Na, B, Cu, Mn, Zn	ja	2	0,01 M $CaCl_2$ + 0,002 M DTPA-Lösung	1 : 10	60
EUF (Elektro-Ultrafiltration)	NO_3-N, NH_4-N, N_{org}, S, P, K, Mg, B, pH	ja	2	Wasser (Variation von Temperatur und Stromstärke)	ca. 1 : 10	30+5
Heißwasser-Extraktion	B, Mo	ja	2	siedenes Wasser	1 : 2	5
Salpetersäure-Auszug	Cu	ja	2	0,5 M Salpetersäure	1 : 10	60
Mg-Sulfat-Extraktion	Mn	ja	2	Mg-Sulfat + Na-Disulfit (pH 5,5)	1 : 10	60
EDTA/Ammonium-carbonat-Extraktion	Zn	ja	1	EDTA + Ammonium-carbonat (pH 8,6)	1 : 2	30

unbedingt darauf zu achten, dass die mit unterschiedlichen Methoden gewonnenen Analysewerte nicht direkt miteinander vergleichbar sind. Die Düngeempfehlungen müssen sich daher immer auf die entsprechende Labormethode beziehen.

Infobox 9-1

Beispiele für Extraktionsmittel zur Bestimmung von Nährstoffverfügbarkeiten

Wasser: Bor, Nitrat, Phosphat

Austauschlösungen: Ammoniumacetat für verschiedene Kationen, Calciumchlorid für Magnesium

anorganische Säuren: Salzsäure für Kalium, Salpetersäure für Kupfer

Komplexbildner: EDTA/DTPA für Mikronährstoffe

Nach der Extraktion erfolgt eine Auftrennung der Bodensuspension durch Filtration oder Zentrifugation, d. h. die Bodenpartikel werden separiert von der wässrigen Phase, die die in Lösung gegangenen Nährstoffe enthält. Da die meisten Analysegeräte sehr empfindlich auf Schwebstoffe in der Analysenlösung reagieren, ist eventuell noch ein »Nach-Reinigungsschritt« mit Mikrofiltern notwendig. Anschließend werden die Konzentrationen der im Fokus stehenden Nährstoffe im Filtrat (bzw. Zentrifugat) bestimmt. Übliche Verfahren sind

- Flammenphotometrie (z. B. K, Na),
- Atomabsorptionsspektrometrie (z. B. Ca, Mg),
- ionenchromatographische Auftrennung mit anschließender Leitfähigkeitsmessung (z. B. NO_3^-, SO_4^{2-}),

- Anfärbung mit nachfolgender photometrischer Detektion (NH_4^+, PO_4^{3-}),
- Optische Emissionsspektrometrie mit induktiv gekoppeltem Plasma (alle Pflanzennährstoffe außer N).

Um die Verlässlichkeit von Bodenuntersuchungsergebnissen sicherzustellen, sind verschiedene Maßnahmen notwendig. Jedes Bodenuntersuchungslabor sollte von einer externen Akkreditierungseinrichtung regelmäßig überprüft werden. Dies stellt sicher, dass für die einzelnen Methoden eindeutige Arbeitsvorschriften für die Laboruntersuchung vorliegen und regelmäßig hausintern Qualitätskontrollen durchgeführt werden. Weiterhin ist die Teilnahme an sogenannten »Ring-Untersuchungen« sinnvoll. Hier wird den teilnehmenden Laboren in der Regel einmal jährlich Bodenmaterial zugesandt, welches mittels anerkannter Bodenuntersuchungsmethoden auf verschiedene Parameter untersucht wird. Die erhobenen Daten aller Labore werden statistisch ausgewertet und die Labore erhalten eine Bescheinigung für welche Untersuchungsparameter die Messwerte innerhalb der tolerierbaren Grenzen übermittelt wurden.

Entsprechend der Bodeneinwaage und dem Extraktionsverhältnis werden die in der Analysenlösung ermittelten Konzentrationen dann umgerechnet in die »pflanzenverfügbare Nährstoffmenge« je Bodengewichtseinheit (z. B. g/100 g Boden oder mg/kg Boden). Bei einigen Bodenuntersuchungsmethoden oder auch für Moorböden und Substrate im Unterglasanbau erfolgt die Angabe je Volumeneinheit (z. B. mg/L Boden bzw. Substrat). Im Einzelfall kann dabei die Angabe der Nährstoffe sowohl in Elementform (z. B. P, K, Mg) als auch in Oxidform (z. B. P_2O_5, K_2O, MgO) erfolgen (zur Umrechnung siehe Anhang). Die Kalkulation von Nährstoffmengen je Flächeneinheit (kg/ha) erfolgt ausschließlich bei der Stickstoff- und Schwefeldüngebedarfsprognose. Dazu sind dann Angaben zum spezifischen Gewicht des Bodens, zum Wassergehalt und zur durchwurzelbaren Profiltiefe erforderlich.

9.4 Interpretation der Untersuchungsergebnisse und Ableitung der Düngeempfehlung

Um eine fachlich korrekte pflanzenbauliche Interpretation dieser Labordaten zu ermöglichen, sind umfangreiche Feldversuchsserien notwendig. Entscheidend ist dabei der Zusammenhang zwischen dem Ergebnis der Bodenanalyse einerseits und dem durch Nährstoffzufuhr erzielten Mehrertrag und/oder die Verbesserung von Qualitätseigenschaften andererseits (Lorenz *et al.*, 2017).

Basierend auf den Daten von Kalibrierversuchen in Deutschland wurde für die Nährstoffe P, K, Mg sowie für den Kalkbedarf getrennt jeweils eine Eingruppierung in fünf Gehaltsklassen (GK) »A« bis »E« vorgenommen (Tab. 9-3). Bei den Mikronährstoffen B, Cu, Mn und Zn wird eine Unterteilung in die

Tab. 9-3: Interpretation der VDLUFA-Gehaltsklassen (Olfs, 2018).

Gehaltsklasse (GK)	Gehalt im Boden	Düngeempfehlung	Düngewirkung auf Ertrag	Düngewirkung auf Gehalt im Boden
A	sehr niedrig	stark erhöht im Vergleich zu GK C	Erreichen des Optimalertrags	steigt deutlich an
B	niedrig	erhöht im Vergleich zu GK C	Erreichen des Optimalertrags	steigt an
C	optimal	nach Abfuhr	Erreichen des Optimalertrags	bleibt erhalten
D	hoch	vermindert im Vergleich zu GK C	Sicherung des Optimalertrags	nimmt langsam ab
E	sehr hoch	keine Düngung	keine	nimmt ab

3 Gehaltsklassen »A«, »C« und »E« als angemessen angesehen.

Für die anzustrebende Gehaltsklasse »C« soll eine Nährstoffzufuhr in Höhe der Nährstoffabfuhr mit den Ernteprodukten erfolgen. Durch eine entsprechende Düngungsmaßnahme soll so der Optimalertrag erreicht werden. Der Gehalt an diesem betreffenden Nährstoff im Boden bleibt so langfristig erhalten (Abb. 9-3). Eine Einstufung in Gehaltsklasse »A« oder »B« zeigt an, dass in der Regel der im Boden vorliegende Nährstoffgehalt nicht ausreichend ist zur Erzielung des Optimalertrags bzw. für die angestrebte Qualität der Ernteprodukte. Entsprechend soll in den folgenden Jahren durch erhöhte (GK »B«) bzw. stark erhöhte (GK »A«) Nährstoffzufuhr der Status an »pflanzenverfügbarem Nährstoff« im Boden erhöht werden bis die Gehaltsklasse »C« erreicht ist. Im Gegensatz dazu soll bei Standorten mit Einstufung in Gehaltsklasse »D« eine verminderte bzw. bei »E« keine Düngungsmaßnahme durchgeführt werden bis schließlich die Gehaltsklasse »C« erreicht ist. So können der Einsatz von Düngemitteln auf solchen Standorten verringert und mögliche Umweltbelastungen durch überhöhte Bodennährstoffgehalte (z. B. Nährstoffeinträge in nicht agrarische Ökosysteme) vermieden werden. Für die Einstufung in eine Gehaltsklasse werden für einzelne Nährstoffe zusätzliche Bodeneigenschaften herangezogen. So ist

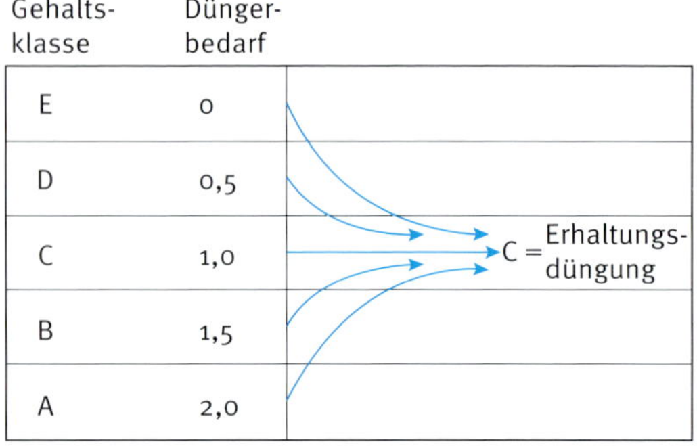

Abb. 9-3: Schematische Darstellung der Ableitung des Düngerbedarfs bei verschiedenen Gehaltsklassen im Boden und mittel- bis langfristige Veränderung der Einstufung (VDLUFA-Schema nach Kerschberger *et al.*, 1997, verändert).

beispielsweise für Kalium und Magnesium zusätzlich die Bodenart und bei der Bewertung des Kalkversorgungszustands Bodenart und Humusgehalt zu berücksichtigen.

Bei der exakten Festlegung der Düngungshöhe sind Standort- und Pflanzenfaktoren als auch Bewirtschaftungsbedingungen (z. B. Bodenbearbeitungsintensität, Düngerapplikationsverfahren), die die Nährstoffverfügbarkeit beeinflussen, zu berücksichtigen. Dabei kann die Gesamt-Düngermenge für eine Fruchtfolge so aufgeteilt werden, dass »bedürftige« im Vergleich zu weniger »bedürftigen« Kulturen einen höherer Anteil erhalten.

Die Bodenuntersuchung als Grundlage zur Ableitung des Düngebedarfs zu verwenden, eröffnet die Möglichkeit den Bedarf der meisten Nährstoffe (außer Stickstoff und Schwefel) für die folgende Kultur (oder sogar die gesamte Fruchtfolge) schon sehr frühzeitig zu ermitteln. Es muss also nicht mehr abgewartet werden, bis in den Pflanzenbeständen im Wachstumsverlauf Symptome (wie zum Beispiel geringer Biomasseaufwuchs, Chlorosen oder Nekrosen) festzustellen sind. Weiterhin sind in den letzten Jahrzehnten die Bodenuntersuchungsmethoden in Bezug auf den Arbeitskraftbedarf und Materialieneinsatz im Labor (bei der Extraktion als auch bei der Analytik) optimiert worden, sodass den Anbauern heutzutage in der Regel zeitnah und zu geringen Kosten die Untersuchungsergebnisse übermittelt werden können. Für die der Menge nach wichtigsten Nährstoffe liegen darüber hinaus umfangreiche Daten aus Feldversuchsserien zu verschiedenen Kulturen vor, die eine umfangreiche Kalibrierung der Bodenuntersuchungsergebnisse ermöglicht haben. Für die Makronährstoffe P (Tab. 9-4), K (Tab. 9-5) und Mg (Tab. 9-6), die Mikronährstoffe (Tab. 9-7) sowie für die Zuordnung der pH-Werte (Tab. 9-8) liegen den Beratungsinstitutionen entsprechende Auswertungen vor. Dabei ist zu beachten, dass diese Einstufungstabellen in den verschiedenen Bundesländern von der Offizialberatung jeweils den regional typischen Besonderheiten angepasst wurden. Auch die Nährstoffgehalte der jeweiligen

Gehaltsklassen A bis E, die der VDLUFA in seiner Reihe von »Standpunkten« veröffentlicht, unterliegen in größeren zeitlichen Abständen Anpassungen, wenn neue Erkenntnisse vorliegen.

Demgegenüber sind aber auch spezifische Nachteile der auf Bodenuntersuchungen basierenden Düngebedarfsprognose zu benennen. Bodenproben werden (abgesehen von N_{min}-und S_{min}-Untersuchungen) in aller Regel aus der obersten Bodenschicht (s. Tab. 9-1) entnommen. Allerdings durchwurzeln Pflanzen auch tiefere Bodenschichten und nehmen aus diesen Bodenbereichen Nährstoffe auf, die in der Bodenuntersuchung gar nicht erfasst wurden. Basierend auf der Auswertung von insgesamt 34 Feldversuchen leitet Kuhlmann (1990) ab, dass etwa 1/3 (Schwankungsbereich zwischen den Standorten 9–70 %) der K-Aufnahme bei Sommerweizen aus Bodenbereichen tiefer 30 cm erfolgte. Die große Variabilität im Beitrag des Unterbodens zur K-Ernährung der Pflanzen wird zurückgeführt auf das unterschiedliche K-Angebot im Ober- bzw. Unterboden und auf die unterschiedliche Durchwurzelung im Unterboden. Auch für P (37–85 % der Gesamtaufnahme) und für Mg (33–97 % der Gesamtaufnahme) konnte die Bedeutung des Nährstoffangebotes im Unterboden für die Versorgung der Pflanzen nachgewiesen werden (Kuhlmann und Baumgärtel, 1991).

Schlussendlich muss mit Blick auf die Bodenuntersuchung zur Düngebedarfsprognose stets beachtet werden, dass sich die für einen Pflanzenbestand tatsächlich zur Verfügung stehende Menge an Nährstoffen ergibt aus komplexen Wechselwirkungen zwischen

- Pflanzenbestand (u. a. spezifischer Nährstoffbedarf, Durchwurzelungstiefe und -intensität, Bedingungen in der Rhizosphäre),
- Bewirtschaftungsbedingungen (u. a. Fruchtfolge, Bodenbearbeitung, Düngestrategie, Düngerauswahl und -applikationsverfahren),
- Standorteigenschaften (u. a. Bodenart, pH-Werte, Wasserstatus) und
- aktueller Witterung (insbesondere Niederschlagsverteilung, Temperatur).

Daher müssen Bodenuntersuchungsmethoden, die zur Vorhersage des Düngebedarfs eingesetzt werden sollen, zuvor in Feldversuchen unter Praxisbedingungen mehrjährig auf verschiedenen Standorten kalibriert worden sein. Als Voraussetzung für die Einführung neuer Bodenuntersuchungsmethoden ist der Nachweis ihrer analytischen Verlässlichkeit und die Offenlegung aller Angaben über die zugrunde liegenden Kalibrierversuche zu fordern (Anonymous, 1990).

Tab. 9-4: Richtwerte für die P-Gehaltsklassen A bis E nach CAL-Methode (Wiesler *et al.*, 2018).

P-Gehaltsklasse	mg P/ 100 g Boden	mg P_2O_5/ 100 g Boden
A	‹1,5	‹3,4
B	1,5–3,0	3,4–6,9
C	3,1–6,0[1)]	7,0–13,7[1)]
D	6,1–12,0	13,8–27,5
E	›12,0	›27,5

[1)] *Der obere Wert für die Gehaltsklasse C von 6 mg CAL-P bzw. 13,7 mg CAL-P_2O_5 gilt für alle Standorte mit Niederschlagsmengen › ~550 mm/Jahr. In Trockengebieten (‹ ~550 mm) erhöht sich der obere Wert auf 7,5 mg CAL-P bzw. 17,2 mg CAL-P_2O_5.*

Tab. 9-5: Richtwerte für die K-Gehaltsklasse C in Abhängigkeit von der Bodenart (Baumgärtel *et al.*, 1999).

Bodenart	mg K/ 100 g Boden	mg K_2O/ 100 g Boden
Sehr leichte Böden (0–5 % Ton)	5–8	6–10
Leichte Böden (6–12 % Ton)	8–12	10–15
Mittlere Böden (13–25 % Ton)	8–17	10–20
Schwere und sehr schwere Böden (› 25 % Ton)	11–22	13–26
Moorböden[1)]	7–12	8–15

[1)] *Werte in mg/100 ml Boden.*

Tab. 9-6: Richtwerte für die Mg-Gehaltsklassen A bis E für Acker und Grünland (Olfs, 2018).

Bodenart	**Gehaltsklasse**				
	A	**B**	**C**[1]	**D**	**E**
	mg Mg/100 g Boden				
Sand	‹ 2,1	2,1–3,5	3,6–5,0	5,1–6,5	› 6,5
Schwach lehmiger Sand	‹ 2,6	2,6–4,5	4,6–6,5	6,6–8,5	› 8,5
Stark lehmiger Sand	‹ 3,1	3,1–5,5	5,6–8,0	8,1–10,5	› 10,5
Sandiger/schluffiger Lehm	‹ 4,1	4,1–7,5	7,6–11,0	11,1–14,5	› 14,5
Toniger Lehm bis Ton	‹ 5,1	5,1–9,5	9,6–14,0	14,1–18,5	› 18,5
Anmoor, Moor	‹ 2,1	2,1–3,5	3,6–5,0	5,1–6,5	› 6,5

1) Anzustrebende, optimale Mg-Gehalte auf Acker und Grünland

Tab. 9-7: Richtwerte für die Gehaltsklasse A, C und E für Bor, Kupfer, Mangan und Zink nach CAT-Extraktion (Olfs, 2018).

	Bodenart *)	**pH-Wert**	**A**	**C**	**E**
			mg Nährstoff/kg Boden		
Bor	S, l'S, lIS	≤ 5,5	‹ 0,2	0,2–0,4	› 0,4
		› 5,5	‹ 0,25	0,25–0,5	› 0,5
	sL, T	≤ 6,0	‹ 0,25	0,25–0,8	› 0,8
		› 6,0	‹ 0,4	0,4–1,2	› 1,2
Mangan		‹ 5,5	‹ 5	5–15	› 15
		5,5–6,0	‹ 20	20–40	› 40
		6,1–6,5	‹ 30	30–50	› 50
		› 6,5	‹ 40	40–60	› 60
Kupfer	S, l'S, lIS		‹ 0,8	0,8–2,0	› 2,0
	sL, T		‹ 1,2	1,2–4,0	› 4,0
Zink	alle Böden		‹ 1,0	1,0–3,0	3,1–70

**) S = Sand, l'S = schwach lehmiger Sand, lIS = stark lehmiger Sand, sL = sandiger Lehm, T = Ton*

Tab. 9-8: Rahmenschema für Ackerland zur Einstufung der pH-Werte des Bodens ($CaCl_2$-Methode; C: anzustrebender/optimaler pH-Bereich) in pH-Klassen (nach Kerschberger *et al.*, 2000).

Bodenartengruppe/vorwiegende Bodenart	**Humusgehalt des Bodens (%)**				
	‹ 4	**4,1–8,0**	**8,1–15,0**	**15,1–30**	**› 30**
Sand	5,4–5,8	5,0–5,4	4,7–5,1	4,3–4,7	
schwach lehmiger Sand	5,8–6,3	5,4–5,9	5,0–5,5	4,6–5,1	
stark lehmiger Sand	6,1–6,7	5,6–6,2	5,2–5,8	4,8–5,4	
sandiger bis schluffiger Lehm	6,3–7,0[1]	5,8–6,5	5,4–6,1	5,0–5,7	
toniger Lehm bis Ton	6,4–7,2[1]	5,9–6,7	5,5–6,3	5,1–5,9	
Hochmoor und saures Niedermoor[2]					4,3[3]

1) Auf karbonhaltigen Böden (freier Kalk): keine Erhaltungskalkung
2) Auf einem Großteil der Niedermoore sind die pH-Werte geogen bedingt › 6,5
3) keine Erhaltungskalkung

Quantitatives Messergebnis, Signifikanz und Statistik – Anmerkungen

An mehreren Stellen des Buchs wurde darauf aufmerksam gemacht, dass zur Ermittlung quantitativer Daten Probenahmen »repräsentativ« durchzuführen seien. So sollten z. B. eine gewisse Mindestmenge an Pflanzenmaterial einem Bestand an unterschiedlichen Stellen entnommen werden (s. Kap. 4.2) oder bei Bodenbeprobungen ausreichend viele Einstiche auf einer Fläche erfolgen (s. Kap. 9). Nach guter Homogenisierung werden diese Proben dann weiter eingeengt (aliquotiert), um dadurch analysentaugliche Kleinmengen zu erhalten, deren Ergebnisse dann repräsentativ, d. h. aussagefähig, für das ganze Untersuchungsobjekt sind. Davon zu unterscheiden ist die mehrfach angesprochene bewusst selektive Probenahme, z. B. auffälliger Pflanzen gegenüber normal entwickelten oder unterschiedlich alter Blätter, die miteinander verglichen werden können, um daraus diagnostische Schlüsse auf den Ernährungszustand zu ziehen.

Die grundsätzliche Frage, die bleibt ist, ab welchem zahlenmäßigen Unterschied von vorschriftsmäßig erhobenen repräsentativen Proben deren Messergebnissen als aussagekräftig für tatsächlich vorhandene Unterschiede gegenüber Grenzwerten erachtet werden können. Als grober Erfahrungswert mag dienen, dass Unterschiede von unter 10 % zwischen Messergebnissen oder Abweichungen von Grenzwerten gemeinhin keine diagnostisch relevanten Unterschiede sein dürften. Abweichungen in dieser Größenordnung können alleine schon biologischen und messtechnischen Variabilitäten geschuldet sein, so dass mit großer Wahrscheinlichkeit numerische Unterschiede dieser Größenordnung mehr zufallsbedingter als tatsächlich sachlicher Natur sein dürften und kaum als »signifikant« im Sinne von bedeutend angesprochen werden sollten.

Eine strenge biometrische Prüfung auf statistische Signifikanz wird überall da möglich, wo mit echten Wiederholungen gearbeitet werden kann, also das Gleiche mehrfach durchgeführt wurde. Das kann eine Versuchsanlage oder eine Probenahme von Pflanzen- oder Bodenmaterial betreffen. Mit geeigneten statistischen Verfahren ist dann zu prüfen, ob und mit welcher statistischen Wahrscheinlichkeit sich die errechneten Mittelwerte über die Wiederholungen hinweg von einem vorgegeben Wert (z. B. Grenzwert) oder von anderen wiederholt durchgeführten Behandlungen unterscheiden. Statistische Grundkenntnisse vorausgesetzt, kann hierfür das im Internet frei verfügbare Programm »Free Statistics Calculators« hilfreich sein, um Hypothesen zu prüfen und deren Wahrscheinlichkeit zu berechnen.

Für Versuchsplanungen und die Festlegung eines Stichprobenumfangs (n) einer Beprobung, die nicht repräsentativ in einer einzigen Probe und Messung erfolgen muss sondern wiederholt erfolgen kann, stellt sich die planerische Frage, wie viele Wiederholungen erfolgen sollten, um abgesicherte, statistisch signifikante Ergebnisse zu erhalten. Diese Frage lässt sich näherungsweise beantworten, wenn davon ausgegangen wird, dass die erhobenen Daten einer Normalverteilung unterliegen und Vorinformationen zu deren Varianz, also zu deren Abweichung um ihren Mittelwert ($\bar{x}$) herum, bestehen. Wie hoch die Varianz der Messgröße ist, muss a priori auf Grund von Erfahrungen abgeschätzt werden, könnte ggf. aber auch aus ähnlich gelagerten Fällen der Literatur entnommen werden oder müsste in Vorversuchen experimentell ermittelt werden. Letztlich muss dann noch zur Berechnung der nötigen Anzahl an Wiederholungen festgelegt werden, welchen prozentualen Unterschied man als relevant erachtet und absichern möchte. Dabei ist intuitiv einsichtig, dass immer dann, wenn kleine Unterschiede statistisch abgesichert werden sollen und/oder die

Varianz zwischen den Wiederholungsmessungen groß ist, die Anzahl an Wiederholungen steigen muss, um auf dem gleichen Niveau an statistischer Sicherheit Aussagen treffen zu können.

Einen Eindruck über den Zusammenhang zwischen dem notwenigen Stichprobenumfang bei unterschiedlichen Variationskoeffizienten der Stichprobe (deren relativer Standardabweichung) zur Absicherung eines vorgegebenen prozentualen Unterschieds von einem vorgegeben Wert gibt die nachfolgende Tabelle wider.
Die der Tabelle zugrunde liegende Formel lautet in allgemeiner Form:

$$n \geq (\text{rel. SD in\%} / \text{\%-Unterschied})^2 \times [\text{t-Wert}^{**}(n-1; \alpha) + \text{t-Wert}^{*}(n-1; \beta)]^2$$

(SD = Standardabweichung, rel. SD = SD/$\bar{x}$ × 100 %; ** aus t-Tabelle Wert für zweiseitigen Test, bzw. * für einseitigen Test entnehmen)

Da der gesuchte minimal nötige Stichprobenumfang n auch auf der rechten Seite der Gleichung in den tabellierten t-Wert eingeht, ist die Gleichung nur iterativ zu bestimmen. Man nimmt ein beliebiges n als Startwert für die t-Werttabelle an und berechnet damit das n der linken Seite. Das so ermittelte n wird dann in einer zweiten Berechnungsrunde für die neuen t-Werte verwendet. Man wiederholt den Vorgang bis ein n gefunden ist, dass die Gleichung annähernd erfüllt und rundet auf die nächsthöhere ganze Zahl auf.

Die allgemeine Formel zum entsprechenden Stichprobenumfang beim Vergleich von zwei Mittelwerte $\bar{x}1$ und $\bar{x}2$ unabhängiger Stichproben mit gleicher relativer Standardabweichung bei Normalverteilung lautet:

$$n \geq 2 \times (\text{rel. SD in\%} / \text{\%-Unterschied})^2 \times [\text{t-Wert}^{**}(2n-2; \alpha) + \text{t-Wert}^{*}(2n-2; \beta)]^2$$

Erwartet man, dass sich zwei Mittelwerte unabhängiger Stichproben so deutlich unterscheiden, dass deren Messbereiche sich nicht überschneiden, sollte man mit n = 3 oder 4 auskommen, um mit α = 5 %, d. h. mit einer Sicherheit von 95 %, deren Mittelwerte als statistisch signifikant unterschiedlich bezeichnen zu können. Als weiterführende Literatur, der auch diese Ausführungen zu Grund liegen sei auf Köhler *et al.* (2012) und Sachs (2003) verwiesen.

Diese wenigen Bemerkungen sollen dazu ermuntern sich mit Statistik zu beschäftigen und statistische Methoden anzuwenden, wo immer das möglich ist. Diese kann helfen der Gefahr zu entgehen vorschnell Daten als unterschiedlich zu bezeichnen und zu interpretieren, ohne dass es einer unvoreingenommenen Betrachtung standhält. Umgekehrt entbindet ein statistisch signifikanter Befund aber auch nicht davon die Qualität von Untersuchungen zu hinterfragen und Ergebnisse mit sachrationalen Überlegungen bei deren Interpretation zu hinterlegen.

Notwendige Mindestanzahl an Stichproben (Wiederholungen) zur statistischen Absicherung eines vorgegeben Unterschieds in % zu einem Wert (z. B. Grenzwert) bei unterschiedlichen Variationskoeffizienten der Wiederholungen (Irrtumswahrscheinlichkeit α = 5 %, Fehlerrisiko 2. Art β = 10 %).

Kleinster prozentualer Unterschied der abgesichert werden soll	Variationskoeffizient der Wiederholungen			
	5 %	**10 %**	**20 %**	**40 %**
10 %	8	21	76	› 300
20 %	4	8	22	77
40 %	3	4	8	22
60 %	3	3	5	11

Abkürzungen

AAS	Atomabsorptionsspektroskopie
Abb.	Abbildung
AgCl	Silberchlorid
B	Bor
$BaSO_4$	Bariumsulfat
BBCH-Skala	Skala von Biologischer Bundesanstalt für Land- und Forstwirtschaft, Bundessortenamt und Chemischer Industrie zur Codierung der phänologischen Entwicklungsstadien mono- und dikotyler Pflanzen
Ca	Calcium
$CaCO_3$	Calciumcarbonat
Cd	Cadmium
CFA	Contiunous Flow Analytik
Cl	Chlor
CO_2	Kohlendioxid
Cu	Kupfer
d. h.	das heißt
DIN	Deutsches Institut für Normung e.V.
EDDHA	Ethylendiamin-di-2-hydroxyphenylessigsäure
EDTA	Ethylendiamintetraessigsäure
ESA	European Space Agency (Europäische Weltraumorganisation)
etc.	*et cetera* (und so weiter)
et al.	*et alii* (und andere)
Fe	Eisen
FL	Freiland
GH	Gewächshaus
GPS	Globales Positionsbestimmungssystem
ha	Hektar (10 000 m^2)
HCl	Salzsäure
HF	Flusssäure
H_2SO_4	Schwefelsäure
H_2O_2	Wasserstoffperoxid
ICP	Induktiv gekoppeltes Plasma
i.d. TM	in der Trockenmasse
ISO	Internationale Organisation zur Standardisierung
JVB	jüngstes vollentwickeltes Blatt
K	Kalium
kg	Kilogramm
KNS-System	Kulturbegleitendes N_{min} Sollwerte-System
konz.	konzentriert(e)
L	Liter
LCI	Leaf Chlorophyll Index (Blattchlorophyllindex)
LED	lichtemittierende Diode
M	Mol (Menge eines chemisch einheitlichen Stoffes, die seiner Atom- oder Molekülmasse in Gramm entspricht, wodurch bei Mol-Gleichheit unterschiedlicher Stoffe diese in gleiche Anzahl vorliegen; 1 Mol sind etwa $6{,}02 \times 10^{23}$ Teilchen)
mM	Millimolar
Mg	Magnesium
mg	Milligramm
$Mg(NO_3)_2$	Magnesiumnitrat
mL	Milliliter
Mn	Mangan
Mo	Molybdän
MS	Massenspektrometrie
MW	Molekulargewicht (molecular weight)
N	Stickstoff
N	Normalität; Konzentrationsangabe, die die Ab- oder Aufnahme von Protonen je mol einer Säure oder Base berücksichtigt (N = mol pro L × Anzahl ab- bzw. aufnehmbarer Protonen)
Na	Natrium
NaOH	Natronlauge
NH_3	Ammoniak
NH_4^+	Ammonium
Ni	Nickel
NIR	Nahinfraroter Wellenlängenbereich der elektromagnetischen Strahlung
N_{min}	mineralischer Stickstoff im Boden (Ammonium und Nitrat)
NO_3^-	Nitrat
OES	Optische Emissionsspektroskopie
%	Prozent (vom Hundert, Hundertstel; wenn nicht näher bezeichnet Masseprozent)
P	Phosphor
RFA	Röntgenfluoreszenz-Analyse
spec.	Spezies (hinter Gattungsname, wenn Artname nicht bekannt)
S	Schwefel
s.	siehe
SiO_2	Siliziumdioxid
SO_4^{2-}	Sulfat
spp.	subspecies (Unterart)
Tab.	Tabelle
TM	Trockenmasse
U	Unit (hier: Einheit der Enzymaktivität)
u. a.	unter anderem
UAS	unmanned aerial system (unbemanntes Luftfahrsystem)
UAV	unmanned aerial vehicle (Unbemanntes Luftfahrzeug)
UV	Ultravioletter Wellenlängenbereich
var.	Varietät
VDLUFA	Verband Deutscher Landwirtschaftlicher Untersuchungs- und Forschungsanstalten
z. B.	zum Beispiel
Zn	Zink

Glossar

A	
akuter Mangel	Mangelsymptome sind sichtbar
B	
Blattanalyse	Bezeichnung für die Pflanzenanalyse im Obstbau
Blattdüngung	Applikation flüssiger Dünger auf den Spross der Pflanze
Bodenuntersuchung	Feststellung der Nährstoffvorräte des Bodens durch Extraktion und Messung bestimmter löslicher Anteile, die als pflanzenverfügbar angesehen werden
Bodenart	Körnung, Textur des Bodens (Anteil an Sand, Schluff, Ton)
C	
Chelat	organisches Molekül, das ein Metallatom über mehrere Stellen bindet (synthetisches Chelat z. B. FeEDTA, natürliches Chelat z. B. Mg-haltiges Chlorophyll)
Chlorose	durch niedrige Chlorophyllgehalte hellgrün bis gelb gefärbte Blätter oder Teile von Blättern
critical value	»Kritischer Wert«: Mindestgehalt eines Nährelements für maximales Wachstum, maximalen Ertrag
D	
Düngung	stoffliche Applikation von mineralischen oder organischen Stoffen zum Boden oder auf die Pflanze um deren Ernährungszustand zu verbessern
diagnostische Düngung	versuchsweise Düngung um durch Veränderungen an Pflanzen gegenüber ungedüngten Kontrollen auf Ernährungsstörungen schließen zu können
E	
empirisch	Erkenntnisgewinn durch »probieren«, nicht aufgrund theoretischer Ableitungen und Überlegungen
Enzym	Eiweißstoff (Protein), der Stoffwechselvorgänge katalytisch beschleunigt
Epinastie	pathologisches Abwärtswachstum von Blättern an dem das Stressphytohormon Ethylen beteiligt ist; heruntergeklappte, welk erscheinende Blätter
Ertragsgrenzwert	Nährstoffgehalt von Pflanzen oder Pflanzenteilen, dessen Unterschreitung mit einer Ertragseinbuße verbunden ist
essenziell	notwendig
F	
fraktionierende Extraktion	es werden nur bestimmte Anteile eines z. B. Nährstoffs in Pflanzen oder Pflanzenteilen als Fraktion des Gesamtgehalts herausgelöst
H	
Harvest-Index	»Ernte-Index«: Anteil des Samenertrags an der gesamten Sprossbiomasse
I	
in vitro	»im Glas«: im Reagenzglas durchgeführt
K	
Katalysator	chemische Substanz, die chemische Umsetzungen beschleunigt, ohne dabei verbraucht zu werden
Komplexe Pflanzenanalyse	In den 1970er Jahren in der DDR entwickeltes Konzept durch Bestimmung der Gehalte möglichst vieler Nährelemente den Ernährungszustand einer Pflanze besser als nur bei Analyse weniger Elemente interpretieren zu können, da dadurch sich auch Hinweise auf Konzentrations- und Verdünnungseffekte einzelner Gehalte ableiten lassen.

Konzentrationseffekt	Erhöhung des Gehalts z. B. eines Mineralstoffs durch reduzierten Massenzuwachs einer Pflanze oder von Pflanzenteilen im Vergleich zum normalen, nicht gehemmten Wachstum (Gegenteil: Verdünnungseffekt)
Kopfdüngung	Düngung in einen Pflanzenbestand hinein
L	
latenter Mangel	die Bildung von Biomasse ist vermindert ohne dass Mangelsymptome sichtbar sind
Luxuskonsum	Pflanzen oder Pflanzenteile weisen höhere Nährstoffgehalte auf als das zur Erzielung maximalen Wachstums notwendig ist, ohne Wuchsdepressionen oder Überschusssymptome aufzuweisen
M	
Makronährstoffe	für die Ernährung von Pflanzen essenzielle Mineralstoffe, die in vergleichsweise großen Mengen benötigt werden (N, P, K, Ca, Mg, S)
Metabolit	Zwischenprodukt des Stoffwechsels
Mikronährstoffe	für die Ernährung von Pflanzen essenzielle Mineralstoffe, die in vergleichsweise geringen Mengen benötigt werden (B, Cu, Fe, Mn, Mo, Zn, Ni, Cl)
Mineralstoffe	Sammelbezeichnung für alle mineralischen, d. h. anorganischen Bestandteile pflanzlicher und tierischer Organismen
N	
Nekrose	abgestorbenes Pflanzengewebe
nützliche Mineralstoffe	Mineralstoffe wie z. B. Na, Si, Co, die nur unter bestimmten Umständen oder bei bestimmten Pflanzenarten wachstumsfördernd sind bzw. deren Nützlichkeit nur für bestimmte höhere Pflanzen nachgewiesen werden konnte
P	
physiologischer Mangel	im Gegensatz zu absolutem Mangel (unzureichendes Angebot) und induziertem Mangel (Überangebot eines konkurrierenden Mineralstoffes) spricht man von physiologischem Mangel, wenn Mangelsymptome nicht durch ein höheres Nährstoffangebot über die Wurzeln vermieden werden können, sondern nur über eine Nährstoffzufuhr zu gefährdetem Gewebe von außen
physiologisches Alter	Entwicklungsstadium einer Pflanze oder eines Pflanzenteils (in Gegenüberstellung zum chronologischen Alter)
Q	
Querempfindlichkeit	Messwerte, die auch von anderen Faktoren als der Messgröße beeinflusst werden
R	
Rhizosphäre	Boden um die Wurzeln herum, der von Wurzelaktivitäten in seiner chemischen und mikrobiellen Ausstattung beeinflusst ist; operativ oft als die Bodenfraktion gewonnen, die der Wurzel anhaftet
S	
Schlag	einheitlich bewirtschaftete Fläche
Spurennährstoff	oftmals synonym für Mikronährstoff verwendet
Stereoisomere	Verbindungen gleicher Summenformel (Konstitution), aber unterschiedlicher Geometrie
Symptomgrenzwert	Nährstoffgehalt von Pflanzen oder Pflanzenteilen, dessen Unterschreitung mit sichtbaren Symptomen verbunden ist
T	
Toxizitätsgrenzwert	Nährstoffgehalt von Pflanzen oder Pflanzenteilen, dessen Überschreitung mit sichtbaren Symptomen verbunden ist
V	
Verdünnungseffekt	Abnahme des Gehalts eines Mineralstoffs, wenn die Massenbildung einer Pflanze oder eines Pflanzenteils pro Zeiteinheit deren Mineralstoffeinlagerung überschreitet

Umrechnungsfaktoren und Einheiten

In der Literatur werden Nährstoffgehalte in unterschiedlichen Einheiten bzw. mit unterschiedlichen Bezugsgrößen dargestellt. Im Folgenden sind einige der gebräuchlichsten Einheiten und deren Umrechnungen zusammengestellt. Die Umrechnungsfaktoren sind dabei jeweils *kursiv* wiedergegeben.

a) Angaben zu Nährstoffgehalten (z. B. im Pflanzenmaterial)

% i.d. TM × *10* = g/kg TM = mg/g TM;
mg/g TM = g/kg TM × *0,1* = % i.d. TM;
mg/kg TM = µg/g TM

Sollen Stoffmengen entsprechend der Teilchenanzahl angegeben und verglichen werden, erfolgt das in der Einheit Mol (Einheitszeichen mol, ≈ $6{,}02 \times 10^{23}$ Teilchen) nach der allgemeinen Formel:

g/Atomgewicht = Mol für Element,
oder für Moleküle (Verbindungen): g/Formelgewicht = Mol für Verbindung

Die Atomgewichte der für die Pflanzendiagnostik und Analyse wichtigsten Elemente sind nachfolgender Aufstellung zu entnehmen. Da Mineralstoffanalysen meist nie genauer als bis zu drei signifikanten Zahlen analysiert werden, sind die Atomgewichte auf eine Nachkommastelle gerundet.

Symbole und Atomgewichte von Elementen:

Symbol	Element	Atomgewicht
Al	Aluminium	27,0
B	Bor	10,8
C	Kohlenstoff	12,0
Ca	Calcium	40,1
Cd	Cadmium	112,4
Cl	Chlor	35,5
Co	Cobalt	58,9
Cu	Kupfer	63,5
Fe	Eisen	55,9
H	Wasserstoff	1,0
K	Kalium	39,1
Mg	Magnesium	24,3
Mn	Mangan	54,9
Mo	Molybdän	95,9
N	Stickstoff	14,0
Na	Natrium	23,0
Ni	Nickel	58,7
O	Sauerstoff	16,0
P	Phosphor	31,0
S	Schwefel	32,1
Si	Silizium	28,1
Zn	Zink	65,4

Demnach ist ein Nährstoffgehalt von z. B. 2,5 % K i.d. TM

= 25 g K/kg TM
= 25/39,1 mol K/kg TM
= 0,639 mol K/kg TM
= 639 mmol K/kg TM.

Molare, d. h. auf der Anzahl Teilchen basierende Angaben zu Nährstoffgehalten bieten sich dann an, wenn Nährstoffverhältnisse in Pflanzen oder Pflanzenteilen charakterisiert werden sollen, um z. B. Konkurrenzverhältnisse auf Zellebene numerisch zu beschreiben.

Sind an einem Nährstoffverhältnis Kationen unterschiedlicher Ladung beteiligt, bietet sich an molare Verhältnisse auf Basis ihrer Ladungsäquivalenz zu berechnen:

g/Atomgewicht × Ladungszahl = Äquivalent (äquiv.)

Demnach entspricht für das 2-wertige Ca (Ca^{2+}) ein Nährstoffgehalt von z. B. 0,9 % Ca i.d. TM

$= 9$ g Ca/kg TM
$= 9/40{,}1 \times 2$ äquiv. Ca/kg TM
$= 0{,}449$ äquiv. Ca/kg TM
$= 449$ mäquiv. Ca/kg TM.

Als Kenngröße für Ca-Mangel auf Gewebeebene wird beispielsweise oftmals das Ca^{2+} zu K^+ plus Mg^{2+} Verhältnis (Mg + K / Ca) als Äquivalenzverhältnis berechnet, um eine Maßzahl zu erhalten, die Konkurrenzverhältnisse der Kationen um Bindungsstellen beschreiben soll.

Die Umrechnungsfaktoren von % i.d. TM auf Äquivalenzgewichte in g äquiv./kg TM ergeben sich dann wie folgt:

Mg: % i.d. TM $\times$ *10/24,3 × 2* = % i.d. TM $\times$ *0,823* = g äquiv. Mg/kg TM

K: % i.d. TM $\times$ *10/39,1 × 1* = % i.d. TM $\times$ *0,256* = g äquiv. K/kg TM

Ca: % i.d. TM $\times$ *10/40,1 × 2* = % i.d. TM $\times$ *0,499* = g äquiv. Ca/kg TM

b) Nährstoffgehalte von Düngemitteln

P × *2,29* = P_2O_5	P_2O_5 × *0,436* = P
K × *1,20* = K_2O	K_2O × *0,83* = K
Ca × *1,40* = CaO	CaO × *0,715* = Ca
CaO × *1,79* = $CaCO_3$	$CaCO_3$ × *0,56* = CaO
Mg × *1,66* = MgO	MgO × *0,60* = Mg
MgO × *2,09* = $MgCO_3$	$MgCO_3$ × *0,48* = MgO

c) Flächen

1 Hektar (ha) = 10 000 m^2
1 Ar (a) = 100 m^2

d) Präfixe für dezimale Teile und Vielfache von Einheiten

Präfix	Zeichen	Faktor
Tera-	T	10^{12}
Giga-	G	10^{9}
Mega-	M	10^{6}
Kilo-	k	10^{3}
Hekto-	h	10^{2}
Deka-	da	10
–	–	1
Dezi-	d	10^{-1}
Zenti-	c	10^{-2}
Milli-	m	10^{-3}
Mikro-	µ	10^{-6}
Nano-	n	10^{-9}
Piko-	p	10^{-12}

Botanische Namen der im Buch genannten Pflanzen

Ackerbohne	*Vicia faba* L.
Alpenveilchen	*Cyclamen persicum* Mill.
Apfel	*Malus domesticus* L.
Aprikose	*Prunus armeniaca* L.
Aubergine	*Solanum melongena* L.
Baumwolle	*Gossypium hirsutum* L.
Begonie	*Begonia* L.
Besenheide	*Calluna vulgaris* (L.) Hull
Birne	*Pyrus communis* L.
Blumenkohl	*Brassica oleracea* var. *botrytis* L.
Bohne, Gartenbohne	*Phaseolus vulgaris* L.
Brokkoli	*Brassica oleracea* var. *italica* Plank
Brombeere	*Rubus* L. sectio *Rubus*
Chinakohl	*Brassica rapa* L. ssp. *pekinensis*
Chrysantheme	*Chrysanthemum* x grandiflorum Ramat.
Cowpea, Kuhbohne	*Vigna unguiculata* (L.) Walp.
Cyclamen, Alpenveilchen	*Cyclamen persicum* Mill.
Dracaena, Drachenbaum	*Dracaena* Vand. ex L.
Einjährige Rispe	*Poa annua* L.
Eisbergsalat, Eissalat	*Lactuca sativa* L. var. *capita*
Endivie	*Cichorium endivia* L.
Erbse	*Pisum sativum* L.
Erdbeere	*Fragaria x ananassa*
Erdklee, Unterirdischer Klee	*Trifolium subterraneum* L.
Feldsalat	*Valerianella locusta* (L.) Laterr.
Flammenbaum	*Alloxylon flammeum* P.H. Weston & Crip
Flechtstraußgras	*Agrostis stolonifera* L.
Fleißiges Lieschen	*Impatiens walleriana* Hook. f.
Futterrübe	*Beta vulgaris* L. *rapacea* K. Koch
Gemeine Hasel	*Corylus avellana* L.
Gerbera	*Gerbera* L.
Gerste	*Hordeum vulgare* L.
Glanzmispel	*Photinia* x *fraseri*
Goldene Efeutute	*Epipremnum aureum* Bunt.
Goldulme	*Ulmus glabra* 'Wredei' Huds. emend. Moss
Gummibaum	*Ficus elastica* Roxb.
Gurke	*Cucumis sativus* L.
Habichtskraut	*Hieracium* L.
Hafer	*Avena sativa* L.
Hanf	*Cannabis sativa* L.
Heidelbeere	*Vaccinium myrtillus* L.
Himbeere	*Rubus idaeus* L.
Hopfen	*Humulus lupulus* L.
Hortensie	*Hydrangea macrophylla* (Thunb.) Ser.
Johannisbeere	*Ribes nigrum* L., *R. rubrum* L.
Kakteen	*Cactaceae* Juss.
Kartoffel	*Solanum tuberosum* L.
Karotte, Möhre	*Daucus carota* L.
Keulenlilie	*Cordyline fruticosa* L.
Kirsche	*Prunus avium* L., *P. cerasus* L.
Kiwi	*Actinidia chinensis* Planch.
Knoblauch	*Allium sativum* L.
Kohlrabi	*Brassica oleracea* var. *gongylodes* L.
Kopfkohl, Kohl	*Brassica oleracea* L.
Kopfsalat	*Lactuca sativa* L. var. *capitata*
Kroton	*Codiaeum variegatum* (L.) Bl.
Lein	*Linum usitatissimum* L.
Linde	*Tilia* L.
Lupine	*Lupinus* L.
Luzerne	*Medicago sativa* L.
Magnolie	*Magnolia x soulangeana* Soul.-Bod
Mais	*Zea mays* L.
Meerrettich	*Armoracia rusticana* Ph. Gärtn., B. Mey. et Scherb.
Nieswurz	*Helleborus* L.

Pak Choi	*Brassica rapa* ssp. *chinensis* (L.) Hanelt
Paprika	*Capsicum annuum* L.
Pekannussbaum	*Carya illinoinensis* (Wangenh.) K. Koch
Pelargonie	*Pelargonium* L'Hérit. ex Aiton
Petersilie	*Petroselinum crispum* Mill.
Petunie	*Petunia* Juss.
Pflaume	*Prunus domestica* L.
Phalaenopsis	*Phalaenopsis* Blume
Primel	*Primulaceae* Batsch
Radies, Radieschen	*Raphanus sativus* var. *sativus* L.
Raps	*Brassica napus* ssp. *napus* L.
Rebe, Weinrebe	*Vitis vinifera* L.
Reis	*Oryza sativa* L.
Rettich	*Raphanus sativus* L.
Römischer Salat, Römersalat	*Lactuca sativa* var. *longifolia* (Lam.) Helm
Roggen	*Secale cereale* L.
Rohrschwingel	*Festuca arundinacea* Schreb.
Rose	*Rosa* L.
Rosenkohl	*Brassica oleracea* L.
Rosskastanie	*Aesculus hippocastanum* L.
Rotbuche	*Fagus sylvatica* L.
Rote Rübe	*Beta vulgaris* L. var. *vulgaris*
Rotklee	*Trifolium pratense* L.
Rotschwingel	*Festuca rubra* L.
Salat	*Lactuca sativa* L.
Scheinzypresse	*Chamaecyparis* Spach
Schneeflockenblume	*Chaenostoma cordatum* Benth.
Schwertfarn	*Nephrolepis exaltata* (L.) Schott
Semperflorens-Begonien	*Begonia x semperflorens-cultorum* hort.
Sellerie, Stauden-, Knollen-	*Apium graveolens* L.
Silberbaumgewächs	*Proteaceae* Juss.
Silberhaargras	*Imperata cylindrica* (L.) Raeusch.
Sojabohne	*Glycine max* (L.) Merr.
Sonnenblume	*Helianthus annuus* L.
Sorghum-Hirse	*Sorghum bicolor* (L.) Moench
Spargel	*Asparagus officinalis* L.
Spinat	*Spinacia oleracea* L.
Stachelbeere	*Ribes uva-crispa* L.
Sternwinde	*Ipomea lobata* (Cerv.) Thell.
Süßkartoffel, Batate	*Ipomea batatas* (L.) Lam.
Tabak	*Nicotiana tabacum* L.
Tee	*Camellia sinensis* L.
Tomate	*Lycopersicon esculentum* Mill.
Triticale	*Triticale* Tscherm.-Seys. ex Müntzing
Waldsauerklee	*Oxalis acetosella* L.
Weidelgras	*Lolium perenne* L.
Weihnachtsstern, Poinsettie	*Euphorbia pulcherrima* Willd. ex Klotzsch
Weiße Lupine	*Lupinus albus* L.
Weißklee	*Trifolium repens* l.
Weizen	*Triticum aestivum* L.
Wiesenlieschgras	*Phleum pratense* L.
Wiesenrispe	*Poa pratensis* L.
Winterlinde	*Tilia cordata* Mill.
Zauberglöckchen	*Calibrachoa* La Llave & Lex.
Zuckerrübe	*Beta vulgaris* L. var. *altissima* Döll
Zitrone	*Citrus x limon* (L.) Burm. f.
Zwetschge	*Prunus domestica* ssp. *domestica* L.
Zwiebel	*Allium cepa* L.

Hinweis: Die Autoren der wissenschaftlichen Pflanzennamen sind zumeist abgekürzt, näheres hierzu siehe: Zander – Handwörterbuch der Pflanzennamen (Erhardt et al., 2014)

Nährlösungsrezepte

Rezepte zum Ansetzen von 1 Liter Stammnährlösungen, um die Nährlösungen herstellen zu können, die in Tabelle 3-2 ausgewiesenen sind. Werden Salze mit anderen als den angegeben Anteilen an Kristallwasser verwendet, ist das entsprechende Molekulargewicht (MG, Formelgewicht) zu berücksichtigen, wie am Beispiel von Magnesiumchlorid gezeigt ist. Beim Ansetzen der Stammlösungen ist zu beachten, dass diese in bis zu 10-fach unterschiedlichen Volumina benötigt werden.

Stammlösungen				
Salz	**Formel**	**MG**	**Konzentration (mM)**	**Einwaage in g/L**
Calciumnitrat	$Ca(NO_3)_2$	164,1	1000	164,1
Kaliumnitrat	KNO_3	101,1	1000	101,1
Kaliumdihydrogenphosphat	KH_2PO_4	136,1	100	13,6
Magnesiumsulfat	$MgSO_4 \times 7\ H_2O$	246,5	1000	246,3
Natriumnitrat	$NaNO_3$	85,0	1000	85,00
Calciumchlorid	$CaCl_2$	111,0	1000	111,0
Kaliumchlorid	KCl	74,6	1000	74,6
Magnesiumchlorid	$MgCl_2$	95,2	1000	95,2
Magnesiumchlorid	$MgCl_2 \times 6\ H_2O$	203,3	1000	203,3
Natriumsulfat	Na_2SO_4	142,0	1000	142,0
Natriumdihydrogenphosphat	NaH_2PO_4	120,0	1000	120,0
Natriumchlorid	$NaCl$	58,4	100	5,84
FeEDTA	$C_{10}H_{12}FeN_2NaO_8$	367,1	100	34,4
FeEDDHA*	$C_{18}H_{16}N_2O_6FeNa$	435,2	100	43,5
Borsäure	H_3BO_3	61,8	50	3,09
Mangansulfat	$MnSO_4 \times H_2O$	169,0	50	8,45
Zinksulfat	$ZnSO_4 \times 7\ H_2O$	287,5	10	2,88
Kupfersulfat	$CuSO_4 \times 5\ H_2O$	249,7	10	2,50
Ammoniummolybdat	$(NH_4)_6Mo_7O_{24} \times 4\ H_2O$	1235,9	1	1,24

* *nicht als Chemikalie, sondern nur als Düngemittel erhältlich; wegen Verunreinigungen im Düngemittel ist der Fe-Gehalt mit ca. 6 % niedrigerer, als sich nach dem Formelgewicht (>12 % Fe) errechnen läßt; von den Stereoisomeren des EDDHA komplexiert die ortho,ortho-Form Fe am besten, weswegen zuweilen auf Düngemitteln der Prozentanteil an o,o-FeEDDHA gesondert ausgewiesen ist.*

Bestimmung der Aktivität von Katalase

(siehe Infobox 6-2, S. 209)

Herstellung der Lösungen

- Phosphatpuffer pH 7,0:
  Mischung aus Stammlösung A mit Kaliumdihydrogenphosphat (KH_2PO_4) und Stammlösung B mit Dinatriumhydrogenphosphat (Na_2HPO_4), die in vollentsalztem oder destilliertem Wasser angesetzt werden.
  Stammlösung A: 13,61 g KH_2PO_4/L (0,1 M)
  Stammlösung B: 17,80 g $Na_2HPO_4 \times 2\ H_2O$/L (0,1 M)
  4 Volumenteile Stammlösung A + 6 Volumenteile Stammlösung B gemischt ergeben 0,1 M Phosphatpuffer mit pH 7,0.
  Gebrauchsfertige Phosphatpufferlösungen mit pH 7,0 können auch im Chemikalienhandel bezogen werden.

- Rundfilterpapier z. B. Schleicher & Schuell 595 Rundfilter Ø 30 mm.
  Man kann sich aber auch aus saugfähigem Filterpapier runde Scheiben selbst ausschneiden, die in der Größe an das verfügbare Gefäß angepasst sind.

- Wasserstoffperoxid (H_2O_2): Im Chemikalienhandel sind zumeist 30%ige Lösungen erhältlich, die 1:10 zu verdünnen sind (1 Teil + 9 Teile), um eine 3%ige Gebrauchslösung zu erhalten. Optimal ist es, die Verdünnung mit dem Phosphatpuffer pH 7,0 herzustellen, es kann aber auch vollentsalztes oder destilliertes Wasser zur Verdünnung verwendet werden. Obwohl nach dem Aufstieg einer Filterpapierscheibe und deren Entfernung etwas Katalase in der Lösung verbleibt, muss nicht notwendig für jede Messung eine frische 3%ige H_2O_2-Lösung verwendet werden, sondern eine Lösung kann hintereinander mehrmals, z. B. für drei Wiederholungsmessungen eines Homogenats, verwendet werden.

Nitrat-Bestimmung in Böden mit Teststäbchen

Die Übermittlung von N_{min}-Ergebnisse an den Betrieb bei der Labor-Untersuchung von Bodenproben dauert in der Regel mehr als 1 Woche (u. a. bedingt durch den Probenversand, die Probenvorbereitung sowie die notwendigen Zeiten für die Extraktion, Messung und Auswertung im Labor). Da aber insbesondere in intensiven Wachstumsphasen der Pflanzenbestände sehr zeitnahe Entscheidungen über N-Düngungsmaßnahmen notwendig sind, wurden Vorort-Methoden für den Einsatz in Landwirtschaft und Gartenbau entwickelt. Zumindest für die Bestimmung von Nitrat (im Vergleich zu Ammonium der Menge nach die deutlich bedeutendere N_{min}-Komponente) ist dies basierend auf sogenannten »Teststäbchen« praxisbewährt möglich.

Die Methode ist im Übrigen so einfach, dass sie auch von engagierten Hobbygärtnern, die ihre Stickstoffdüngung planen oder überprüfen möchten, angewandt werden kann.

Herstellung des Bodenextraktes

Die gut homogenisierte Bodenprobe (zur Bodenprobenahme und -aufbereitung s. Kap. 9) wird im Verhältnis 1:1 bis 1:10 mit destilliertem oder entionisiertem Wasser gemischt. Trinkwasser ist dafür nicht geeignet, da dieses in der Regel schon relevante Nitrat-Konzentrationen enthält. Das Abmessen der Bodenmenge kann sowohl volumenbezogen (z. B. 100 mL Bodenproben + 100 mL destilliertes Wasser), besser aber nach Gewicht mit z. B. einer Küchenwaage (100 g Boden + 100 mL destilliertes Wasser) vorgenommen werden. Boden und Extraktionsmittel werden in ein sauberes, trockenes, hinreichend großes Gefäß gegeben. Bewährt haben sich entsprechende Plastikflaschen mit Schraubverschluss, die anschließend in den folgenden 10–15 Minuten mehrfach »über Kopf« geschüttelt werden. Alternativ können Boden und Extraktionsmittel auch in ein entsprechendes Glasgefäß gegeben und beispielsweise mit einem Löffel oder Rührstab gemischt werden. Wichtig ist, dass der Boden gründlich im Wasser suspendiert wird, damit das enthaltene Nitrat in die wässrige Phase übertreten kann.

Herstellung der Messlösung

Für die Nitrat-Bestimmung wird eine klare Lösung benötigt. Dazu wird ein handelsüblicher Plastiktrichter in ein sauberes, trockenes Gefäß gestellt und ein Filterpapier eingelegt (z. B. vorgefertigter Faltenfilter oder Rundfilter, der nach zweimaligem Falten aufgespannt wird; wenn dieses nicht zur Hand ist, kann auch ein Kaffeefilter verwendet werden). Dann wird die Boden-Wasser-Suspension vorsichtig hineingeschüttet. Die ersten 10–15 mL des Filtrates (der sogenannte »Vorlauf«) werden verworfen. Das anschließende Filtrat ist die Messlösung.

Falls für die Extraktion ein Gefäß mit einer relativ weiten Öffnung verwendet wurde, kann alternativ der Papierfilter auch von oben in die Boden-Wasser-Suspension gedrückt werden. Die zu messende klare Lösung läuft dann bei dieser auch als »Umkehr-Filtration« bezeichneten Vorgehensweise im Filter zusammen, in das das Teststäbchen eingetaucht werden kann.

Durchführung der Nitrat-Messung

Die Bestimmung der Nitrat-Konzentration erfolgt mit sogenannten »Nitrat-Teststäbchen«. Nach kurzem Eintauchen des Reaktionsfeldes am Ende des Teststäbchens in die klare Messlösung reagiert das Nitrat zu einem rot-violetten Azofarbstoff. Die Intensität der Verfärbung ist proportional zur Nitrat-Konzentration. Das Ergebnis der Messung kann nach 60 Sekunden in mg Nitrat/L Extrakt entweder durch Vergleichen mit einer Farbskala auf der Aufbewahrungsbox für die Teststäbchen halbquantitativ visuell eingeschätzt (z. B. Merkoquant® Nitrat) oder mit elektronischen Messgeräten reflektometrisch (z. B. Nitrachek Reflektometer, RQflex® Nitrat, RQeasy®) ermittelt werden. Dabei sind die Herstellerangaben der Teststäbchen zu beachten. Bei Überschreitung des ausgewiesenen Messbereiches muss die Messlösung mit destilliertem Wasser verdünnt werden.

Auswertung

Die Umrechnung der Nitrat-Konzentration in der Messlösung in den Nitrat-Stickstoffgehalt der Bodenprobe erfolgt nach folgender Formel:

$$NO_3\text{-N-Gehalt [mg/kg feldfeuchter Boden]} = \frac{\text{Messwert [mg } NO_3\text{/L]} \times \text{Volumen Extraktionslösung [mL]} \times 0{,}226}{\text{Bodeneinwaage [g]}}$$

wobei der Umrechnungsfaktor 0,266 benötigt wird, um die NO_3-Angabe auf den N-Anteil im Nitrat-Ion zu beziehen.

Zur Ermittlung der Nitrat-N-Menge je Hektar ist dann folgende Berechnung durchzuführen:

$$NO_3\text{-N-Gehalt [kg/ha]} = \frac{NO_3\text{-N-Gehalt [mg/kg Boden]} \times \text{SD [dm]} \times \text{BD [kg/L]} \times 100}{\text{TM [\%]}}$$

TM = Bodentrockenmasse (abschätzen* oder durch Trocknung für mehrere Stunden bei ca. 100 °C einer Teilprobe des Bodens bestimmen)
SD = Schichtdicke der Bodenprobenahme (in der Regel 30 cm = 3 dm)
BD = Bodenlagerungsdichte (in der Regel 1,3–1,5 kg/L, ohne Bestimmung z. B. mit 1,4 rechnen)

Bei der Interpretation dieser Werte muss berücksichtigt werden, dass im Gegensatz zur Laboruntersuchung nur die Nitrat-Stickstoffmenge abgeleitet werden kann. Zumindest für landwirtschaftlich genutzte Flächen kann erfahrungsgemäß davon ausgegangen werden, dass die Ammonium-N-Menge deutlich geringer ist im Vergleich zum Nitrat (meist weniger als 20 % des Nitrat-Wertes).

Alle für diese Vorort-Nitrat-Bestimmung in Böden notwendigen Utensilien werden als Komplettset (Alu-Koffer inkl. Nitrat-Messgerät, Waage, Schüttelflasche, Trichter, Filterpapier, Becher, Teststäbchen) ab ca. 500 € angeboten. Für das Ausprobieren dieser Vorgehensweise ist es aber sicherlich ausreichend nur die für die visuelle Auswertung geeigneten Teststäbchen, sowie Faltenfilter und destilliertes Wasser zu kaufen.

(* *ein handfeuchter Sandboden enthält ca. 5 % Wasser, ein toniger Boden bis zu ca. 45 %, womit sich je nach Bodenart für handfeuchte Böden etwa zwischen 95 und 55 % TM abschätzen lassen.)*

Bildquellenverzeichnis

Die Fotografien für die angezeigten Abbildungen wurden freundlicherweise von folgenden Institutionen und Bildautoren zur Verfügung gestellt:

BASF Agrarzentrum, Limburgerhof: 2-4, 2-7, 2-8, 2-9, 2-10, 2-20, 2-30, 2-37, 2-40, 2-47, 2-48, 2-53, 2-55, 2-57, 2-60, 2-61, 2-71, 2-72, 2-73, 2-74, 2-82, 2-83, 2-87, 2-91, 2-92, 2-96, 2-97, 2-102, 2-142.

Dienstleistungszentrum Ländlicher Raum (DLR) Rheinpfalz, Neustadt: 2-12, 2-21, 2-22, 2-34, 2-50, 2-59, 2-80, 2-95, 2-103, 2-113.

Hochschule Weihenstephan-Triesdorf, Freising: 2-14, 2-15, 2-16, 2-17, 2-23, 2-24, 2-25, 2-27, 2-38, 2-39, 2-41, 2-46, 2-54, 2-64, 2-65, 2-86, 2-90, 2-98, 2-100, 2-106.

Julius Kühn-Institut, Bundesforschungsinstitut für Kulturpflanzen, Siebeldingen: 2-36, 2-62, 2-115, 2-118, 2-119, 2-130, 2-133, 2-144, 2-145, 2-146, 4-28.

K + S KALI GmbH, Kassel: 2-28, 2-31, 2-33, 2-49, 2-51, 2-52, 2-58, 2-84, 2-85, 2-88, 2-93, 2-94, 2-104, 2-105.

Leibniz-Institut für Gemüse und Zierpflanzenbau (IGZ), Großbeeren: 2-11, 2-32, 2-35.

Prof. Dr. Mathias Becker: 2-69, 2-70, 2-78.

Prof. Dr. Andreas Bettin: 2-13, 2-132, 2-134, 2-136, 2-137, 2-138, 2-139, 2-140, 4-29, 4-30, 4-31, 4-32, 4-33.

Prof. Dr. Wolfgang Bussler †: 2-101.

Prof. Dr. Diemo Daum: 2-68, 2-89.

Prof. Dr. Werner Dierend: 2-45.

Dr. Michael Ernst: 2-26, 2-63, 2-120, 2-121, 2-125, 2-126, 2-127, 2-128, 2-129.

Gerhard Feger: 4-13.

Dr. Ricardo Giehl: 2-67.

Prof. Dr. Walter Horst: 2-76, 2-114.

Werner Kost: 2-122.

Dr. Reinhard Kostka-Rick: 2-150, 2-151, 2-152.

Dr. Jane O'Sullivan: 2-81.

Herbert Pralle: 2-5, 9-1.

Dr. Alexandra Rehfus: 2-123.

Prof. Dr. Hermann Rodenkirchen: 7-1, 7-2, 7-6.

Prof. Dr. Burghard Sattelmacher †: 2-116.

Prof. Dr. Seven Schubert: 2-43, 2-108, 2-110, 2-111, 2-112.

Prof. Dr. Peter Stamp: 2-131.

Prof. Dr. Franz Wiesler: 2-18, 2-19.

Dr. Monika Wimmer: 2-99.

Prof. Dr. Alexander Wissemeier: 2-6, 2-29, 2-42, 2-44, 2-56, 2-66, 2-75, 2-79, 2-117, 2-124, 2-141, 2-143, 2-147, 3-4, 3-5, 3-6.

Judith Wissemeier: 2-135, 2-148, 2-149.

Dr. Wilfried Zorn: 2-77, 2-107, 2-109.

Literaturverzeichnis

Abadia, J., E. Monge, L. Montañés und L. Heras (1984): Extraction of iron from plant leaves by Fe(II) chelators. J. Plant Nutr. 7, 777–784.

Abadia, J., M. Tagliavini, R. Grasa, R. Belkhodja, A. Abadia, M. Sanz, E.A. Faria, C. Tsipouridis und B. Marangoni (2000): Using flower Fe concentrations for estimating chlorosis status in fruit tree orchards: A summary report. J. Plant Nutr. 23, 2023–2033.

Adams, F. und J.I. Wear (1957): Manganese toxicity and soil acidity in relation to crinkle leaf of cotton. Soil Sci. Soc. Am. Proc. 21, 305–308.

Agarwala, S.C., C. Chatterjee und N. Nautiyal (1986): Effect of manganese supply on the physiological availability of iron in rice plants grown in sand culture. Soil Sci. Plant Nutr. 32, 169–178.

Agarwala, S.C., C.P. Sharma und A. Kumar (1964): Interrelationship of iron and manganese supply in growth, chlorophyll, and iron porphyrin enzymes in barley plants. Plant Physiol. 39, 603–609.

Aichner, M. und E. Stimpfl (2002): Seasonal pattern and interpretation of mineral nutrient concentrations in apple leaves. Acta Hort. 594, 377–382.

Allard, G., C.J. Nelson und S.G. Pallardy (1991): Shade effects on growth of tall fescue: I. Leaf anatomy and dry matter partitioning. Crop Sci. 31, 163–167.

Alt, C., H. Kage und H. Stützel (2000): Der Einfluss von Stickstoff auf die Produktivität des Einzelblattes und des Pflanzenbestandes. Gibt es optimale N-Gehalte? Pflanzenbauw. 4, 103–112.

Amberger, A. (1996): Pflanzenernährung: Ökologische und physiologische Grundlagen. Dynamik und Stoffwechsel der Nährelemente. UTB, Stuttgart.

Amberger, A., R. Gutser und A. Wunsch (1982): Iron chlorosis induced by high copper and manganese supply. J. Plant Nutr. 5, 715–720.

Anonymous (1990): Leitlinie für Bodenuntersuchungsmethoden als Grundlage zur Düngerbedarfsermittlung. VDLUFA-Mitteilungen Heft 1/1990, 24–27.

Arnon, D.I. und P.R. Stout (1939): The essentiality of certain elements in minute quantity for plants with special reference to copper. Plant Physiol. 14, 371–375.

Ashby, D.L. (1969): Washing techniques for the removal of nutrient element deposits from the surface of apple, cherry and peach leaves. J. Amer. Soc. Hort. Sci. 94, 266–268.

Asher, C.J. (1991): Beneficial elements, functional nutrients, and possible new essential elements. In: J.J. Mortvedt, F.R. Cox, L.M. Shuman und R.M. Welch (Hrsg.) »Micronutrients in Agriculture«. Soil Science Society of America, Madison, WI, USA, 703–723.

Asher, C.J. und D.G. Edwards (1983): Modern solution culture techniques. In: A. Läuchli und R.L. Bieleski (Hrsg.) »Inorganic Plant Nutrition«. Encyclopedia of Plant Physiology Vol. 15A, Springer Verlag, Berlin und Heidelberg, 94–119.

Aso, K. (1902a): On the physiological influence of manganese compounds on plants. Bull. Coll. Agric. Tokyo Imp. Univ. 5, 177–185.

Aso, K. (1902b): On the different forms of lime in plants. Bull. Coll. Agric. Tokyo Imp. Univ. 5, 239–242.

Athar, H.R. und M. Ashraf (2009): Strategies for crop improvement against salinity and drought stress. An overview. In: M. Ashraf, M. Ozturk und H.R. Athar (Hrsg.) »Tasks for Vegetation Science 44, Salinity and Water Stress«. Springer, Heidelberg, 1–18.

Bangerth, F. (1979): Calcium-related physiological disorders of plants. Annu. Rev. Phytopathol. 17, 97–122.

Bar-Akiva A., M. Kaplan und R. Lavon (1967): The use of a biochemical indicator for diagnosing micronutrient deficiencies of grapefruit trees under field conditions. Agrochimica 11, 283–288.

Bar-Akiva, A. (1961): Biochemical indications as a means of distinguishing between iron and manganese deficiencies in citrus plants. Nature 190, 647–648.

Bar-Akiva, A. (1984): Substitutes for benzidine as H-donors in the peroxidase assay, for rapid diagnosis of iron deficiency in plants. Commun. Soil Sci. Plant Anal. 15, 929–934.

Bar-Akiva, A. und R. Lavon (1968): Peroxidase activity as an indicator of the iron requirement of Citrus plants. Isr. J. Agric. Res. 18, 145–153.

Bar-Akiva, A., R. Lavon und J. Sagiv (1969): Ascorbic acid oxidase activity as a measure of the copper nutrition requirement of citrus trees. Agrochimica 14, 47–54.

Bar-Akiva, A., D.N. Maynard und J.E. English (1978): A rapid tissue test for diagnosing iron deficiencies in vegetable crops. Hort. Sci. 13, 284–285.

Barber, S.A. (1984): Soil Nutrient Bioavailability. John Wiley and Sons, New York, USA.

Baret, F. und T. Fourty (1997): Radiometric estimates of nitrogen of leaves and canopies. In: G. Lemaire (Hrsg.) »Diagnosis of the Nitrogen Status in Crops«. Springer-Verlag, Berlin, 201–227.

Barrett-Lennard, E.G. und H. Greenway (1982): Partial separation and characterization of soluble phosphatases from leaves of wheat grown under phosphorus deficiency and water deficit. J. Exp. Bot. 33, 694–704.

Bates, T.E. (1971): Factors affecting critical nutrition concentrations in plants and their evaluation: A review. Soil Sci. 112, 116–130.

Bauer, K., F. Regner und B. Friedrich (2018): Weinbau. Cadmos Verlag GmbH, München.

Baumgärtel, G., K. Früchtenicht, U. Hege, J. Heyn und K. Orlovius (1999): Kalium-Düngung nach Bodenuntersuchung und Pflanzenbedarf – Richtwerte für die Gehaltsklasse C. Standpunkt des Verband Deutscher Landwirtschaftlicher Untersuchungs- und Forschungsanstalten e.V. (VDLUFA), Speyer.

Bausch, W.C. und R. Khosla (2010): QuickBird satellite versus ground-based multi-spectral data for estimating nitrogen status of irrigated maize. Precis. Agric. 11, 274–290.

Baxter, I. (2009): Ionomics: Studying the social network of mineral nutrients. Curr. Opin. Plant Biol. 12, 381–386.

Beaufils, E.R. (1973): Diagnosis and Recommendation Integrated System (DRIS). Soil Sci. Bul. 1, University of Natal, Pietermariesburg, Südafrika.

Becker, M. und F. Asch (2005): Iron toxicity in rice – conditions and management concepts. J. Plant Nutr. Soil Sci. 168, 558–573.

Bell, G.E., B.M. Howell, G.V. Johnson, W.R. Raun, J.B. Solie und M.L. Stone (2004): Optical sensing of turfgrass chlorophyll content and tissue nitrogen. HortScience 39, 1130–1132.

Benckiser, G., J.C.G. Ottow, I. Watanabe und S. Santiago (1984): The mechanism of excessive iron-uptake (iron toxicity) of wetland rice. J. Plant Nutr. 7, 177–185.

Bennett, W.F. (Hrsg.) (1993): Nutrient Deficiencies and Toxicities in Crop Plants. APS Press, St. Paul, MN, USA.

Bergmann, W. (1990): Die Ermittlung der Nährstoff- und Düngerbedürftigkeit von Böden und Pflanzen aus historischer Sicht. Institut für Pflanzenernährung und Ökotoxikologie Jena.

Bergmann, W. (1993): Ernährungsstörungen bei Kulturpflanzen: Entstehung, visuelle und analytische Diagnose. Gustav Fischer Verlag, Jena.

Bergmann, W. und P. Neubert (Hrsg.) (1976): Pflanzendiagnose und Pflanzenanalyse zur Ermittlung von Ernährungsstörungen und des Ernährungszustandes der Kulturpflanzen. VEB Gustav Fischer Verlag, Jena.

Beuth (1985): DIN 38405-1 – Deutsche Einheitsverfahren zur Wasser-, Abwasser- und Schlammuntersuchung; Anionen (Gruppe D); Bestimmung der Chlorid-Ionen. Beuth Verlag GmbH, Berlin.

Beuth (2014): DIN ISO 15923-1 – Wasserbeschaffenheit – Bestimmung von ausgewählten Parametern mittels Einzelanalysensystemen – Teil 1: Ammonium, Nitrat, Nitrit, Chlorid, Orthophosphat, Sulfat und Silikat durch photometrische Detektion. Beuth Verlag GmbH, Berlin.

Blake-Kalff, M.M.A., F.J. Zhao, S.P. McGrath und P.J.A. Withers (2004): Development of the malate:sulphate ratio test for sulphur deficiency in winter wheat and oilseed rape. HGCA Project Report No. 327, Home Grown Cereals Authority, London, Vereinigtes Königreich.

Blake-Kalff, M.M.A., M.J. Hawkesford, F.J. Zhao und S.P. McGrath (2000): Diagnosing sulfur deficiency in field-grown oilseed rape (Brassica napus L.) and wheat (Triticum aestivum L.). Plant Soil 225, 95–107.

Blamey, F.P.C., D.C. Edmeades und D.M. Wheeler (1992): Empirical models to approximate calcium and magnesium ameliorative effects and genetic differences in aluminium tolerance in wheat. Plant Soil 144, 281–287.

Boguslawski, E. von (1972): Wachstums- und Ertragsgesetze. In: H. Linser (Hrsg.) »Handbuch der Pflanzenernährung und Düngung. Erster Band Pflanzenernährung, zweite Hälfte«. Springer-Verlag, Wien, Österreich, 739–788.

Böhmer, B. und W. Wohanka (1999): Farbatlas Krankheiten und Schädlinge an Zierpflanzen, Obst und Gemüse. Verlag Eugen Ulmer, Stuttgart.

Bonsels, T. und K.-H. Grünewald (2015): Schwefelgehalte in Futtermitteln für Milchkühe – Auswirkungen auf die Rationsgestaltung. VDLUFA-Schriftenreihe 71, 649–656.

Borchert, A. und H.-W. Olfs (2012): Einsatz des Mangan-Schnelltesters NN-Easy 55 zur Bestimmung von latentem Mangan-Mangel in Getreide: Erste Praxiserfahrungen. VDLUFA-Schriftenreihe 68, 333–340.

Borchert, A., H. Pralle und H.-W. Olfs (2013): Mn-Status von Getreide – Einbindung des Mn-Schnelltesters NN-Easy 55 in die Düngeberatung. VDLUFA-Schriftenreihe 69, 123–135.

Bouma, D. und E.J. Dowling (1962): The physiological assessment of the nutrient status of plants. I. Preliminary experiments with phosphorus. Aust. J. Agric. Res. 13, 791–800.

Bouma, D. und E.J. Dowling (1966a): The physiological assessment of the nutrient status of plants. II. The effect of the nutrient status of the plant with respect to phosphorus, sulphur, potassium, calcium, or boron on the pattern of leaf area response following the transfer to different nutrient solutions. Aust. J. Agric. Res. 17, 633–646.

Bouma, D. und E.J. Dowling (1966b): The physiological assessment of the nutrient status of plants. III. Experiments with plants raised at different nitrogen levels. Aust. J. Agric. Res. 17, 647–655.

Bouma, D. und E.J. Dowling (1967): The physiological assessment of the nutrient status of plants. IV. The effect of the interaction between nutrient elements on leaf area responses. Aust. J. Agric. Res. 18, 223–233.

Bouma, D. und E.J. Dowling (1976): The relationship between the phosphorus status of subterranean clover plants and the dry weight responses of detached leaves in solutions with and without phosphate. Aust. J. Agric. Res. 27, 53–62.

Bouma, D. und E.J. Dowling (1980): Field evaluation of a test for phosphorus deficiency in pastures based on dry matter responses induced in detached subterranean clover leaves. Commun. Soil Sci. Plant Anal. 11, 861–872.

Bowman, D.C., J.L. Paul und W.B. Davis (1989): Rapid depletion of nitrogen applied to Kentucky bluegrass turf. J. Amer. Soc. Hort. Sci. 114, 229–233.

Broadley, B., P. Brown, I. Cakmak, J.F. Ma, Z. Rengel und K. Zhao (2012): Beneficial elements. In: P. Marschner (Hrsg.) »Marschner's Mineral Nutrition of Higher Plants«. Academic Press Ltd., London, Vereinigtes Königreich, 249–269.

Brown, J.C. und S.B. Hendricks (1952): Enzymatic activities as indicators of copper and iron deficiencies in plants. Plant Physiol. 27, 651–660.

Brown, P.H. und B.J. Shelp (1997): Boron mobility in plants. Plant Soil 193, 85–101.

Brown, P.H., N. Bellaloui, H. Hu und A. Dandekar (1999): Transgenically enhanced sorbitol synthesis facilitates phloem boron transport and increases tolerance of tobacco to boron deficiency. Plant Physiol. 119, 17–20.

Brown, P.H., R.M Welch und E.E. Cary (1987): Nickel: A micronutrient essential for higher plants. Plant Physiol. 85, 801–803.

Broyer, T.C., A.B. Carlton, C.M. Johnson und P.-R. Stout (1954): Chlorine – A micronutrient element for higher plants. Plant Physiol. 29, 526–532.

Brumagen, D.M. und A.J. Hiatt (1966): The relationship of oxalic acid to the translocation and utilization of calcium in Nicotiana tabacum. Plant Soil 24, 239–249.

Buczko, U., M. van Laak, B. Eichler-Löbermann, W. Gans, I. Merbach, K. Panten, E. Peiter, T. Reitz, H. Spiegel und S. von

Tucher (2018): Re-evaluation of the yield response to phosphorus fertilization based on meta-analyses of long-term field experiments. Ambio 47 (Suppl. 1), S50–S61.

Bürkert, A., F. Mahler und H. Marschner (1996): Soil productivity management and plant growth in the Sahel: potenzial of an aerial monitoring technique. Plant Soil 180, 29–38.

Burns, I.G. (1992): Influence of plant nutrition concentration on growth rate: Use of a nutrient interruption technique to determine critical concentrations of N, P, and K in young plants. Plant Soil 142, 221–233.

Bussler, W. (1981): Microscopic possibilities for the diagnosis of trace element stress in plants. J. Plant Nutr. 3, 115–128.

Cakmak, I. und E.A. Kirkby (2008): Role of magnesium in carbon partitioning and alleviating photooxidative damage. Physiol. Plant. 133, 692–704.

Cakmak, I. und H. Marschner (1986): Mechanism of phosphorus-induced zinc deficiency in cotton. I. Zinc deficiency-enhanced uptake of phosphorus. Physiol. Plant. 68, 483–490.

Cakmak, I. und H. Marschner (1987): Mechanism of phosphorus-induced zinc deficiency in cotton. III. Changes in physiological availability of zinc in plants. Physiol. Plant. 70, 13–20.

Cakmak, I. und H. Marschner (1992): Magnesium deficiency and high light intensity enhance activities of superoxide dismutase, ascorbate peroxidase and glutathione reductase in bean leaves. Plant Physiol. 98, 1222–1227.

Cakmak, I. und A.M. Yazici (2010): Magnesium: A forgotten element in crop production. Better Crops 94, 23–25.

Cakmak, I., A. Yilmaz, H. Ekiz, B. Torun, B. Erenoglu und H.J. Braun (1996): Zinc deficiency as a critical nutritional problem in wheat production in Central Anatolia. Plant Soil 180, 165–172.

Cameron, D.R., M. Nyborg, J.A. Toogood und D. H. Laverty (1971): Accuracy of field sampling for soil tests. Can. J. Soil Sci. 51, 165–175.

Campbell, C.R. (2000): Reference sufficiency ranges for plant analysis in the southern region of the United States. Southern Cooperative Series Bulletin, SCSB 394. https://ag.tennessee.edu/spp/Documents/scsb394.pdf (abgerufen am 18.09.2019).

Campbell, C.R. und C.O. Plank (1998): Preparation of plant tissue for laboratory analysis. In: Y.P. Kalra (Hrsg.) »Handbook of Reference Methods for Plant Analysis«. CRC Press, Boca Raton, Fl, USA, 37–50.

Carow, B. und R. Röber (1979): Schaftknicken bei Hippeastrum. Gartenbauwissen. 44, 67–70.

Cartelat, A., Z.G. Cerovic, Y. Goulas, S. Meyer, C. Lelarge, J.-L. Prioul, A. Barbottin, M.-H. Jeuffroy, P. Gate, G. Agati und I. Moya (2005): Optically assessed contents of leaf polyphenols and chlorophyll as indicators of nitrogen deficiency in wheat (Triticum aestivum L.). Field Crops Res. 91, 35–49.

Cate, R.B. und L.A. Nelson (1971): A simple statistical procedure for partitioning soil test correlation data into two classes. Soil Sci. Soc. Am. Proc. 35, 658–660.

Cerovic, Z.G., G. Masdoumier, N.B. Ghozlen und G. Latouche (2012): A new optical leaf-clip meter for simultaneous non-destructive assessment of leaf chlorophyll and epidermal flavonoids. Physiol. Plant. 146, 251–260.

Chaney, R.L. (1984): Diagnostic practices to identify iron deficiency in higher plants. J. Plant Nutr. 7, 47–67.

Chapin, F.S. (1980): The mineral nutrition of wild plants. Ann. Rev. Ecol. Syst. 11, 233–260.

Chapman, H.D. (Hrsg.) (1966): Diagnostic Criteria for Plants and Soils. University of California, Division of Agricultural Sciences, Davis, CA, USA.

Chen, X.Y. und J.Y Kim (2009): Callose synthesis in higher plants. Plant Signal. Behav. 4, 489–492.

Colaco, A.F. und R.G.V. Bramley (2018): Do crop sensors promote improved nitrogen management in grain crops? Field Crops Res. 218, 126–140.

Colomina, I. und A. Molina (2014): Unmanned aerial systems for photogrammetry and remote sensing – A review. ISPRS Journal of Photogrammetry and Remote Sensing 92, 79–97.

Coltman R.R. (1987): Sampling considerations for nitrate quick tests of greenhouse-grown tomatoes. J. Am. Soc. Hort. Sci. 112, 922–927.

Crabbé, J. und P. Barnola (1996): A new conceptual approach to bud dormancy in woody plants. In: G.A. Lang (Hrsg.) »Plant Dormancy: Physiology, Biochemistry and Molecular Biology«. Cab International, Wallingford, Vereinigtes Königreich, 83–113.

Crowley, D.E. und Z. Rengel (1999): Biology and chemistry of nutrient availability in the rhizosphere. In: Z. Rengel (Hrsg.) »Mineral Nutrition of Crops«. Food Products Press, New York, USA, 1–40.

Cutcliffe, J.A. (1988): Effects of lime and gypsum on yields and nutrition of two cultivars of Brussels sprouts. Can. J. Soil Sci. 68, 611–615.

Dallmann, M. (2009): Einsatzmöglichkeiten von Schnelltests zur Düngungsoptimierung im Zierpflanzenbau. Schriftenreihe des Landesamtes für Umwelt, Landwirtschaft und Geologie Heft 10/2009, Dresden.

Dara, S.T. (1996): Turf tissue testing: Challenges, approaches and recommendations. Golf Course Management 96, 63–66.

Datnoff, L.E., W.E. Elmer und D.M. Huber (2007): Mineral Nutrition and Plant Disease. APS Press, St. Paul, MI, USA.

de Varennes, A., J.P. Carneiro und M.J. Goss (2001): Characterization of manganese toxicity in two species of annual medics. J. Plant Nutr. 24, 1947–1955.

Del Rio, L.A. (1983): Metalloenzymes as biochemical markers for the appraisal of micronutrient imbalances in higher plants. Life Chemistry Reports 2, 1–34.

Del Rio, L.A., M. Gomez, J. Yañez, A. Leal und J. Lopez Gorge (1978): Iron deficiency in pea plants effect on catalase, peroxidase, chlorophyll and proteins of leaves. Plant Soil 49, 343–353.

Delhaize, E., J.F. Loneragan und J. Webb (1982): Enzymic diagnosis of copper deficiency in subterranean clover. II. A simple field test. Aust. J. Agric. Res. 33, 981–987.

Deutsches Weininstitut (2014): Deutscher Wein – Statistik 2014/2015. https://www.deutscheweine.de/fileadmin/user_upload/Website/Service/Downloads/statistik_2014-2015.pdf (abgerufen am 25.05.2019).

Deutsches Weininstitut (2018): Deutscher Wein – Statistik 2018/2019. https://www.deutscheweine.de/fileadmin/user_upload/Website/Service/Downloads/Statistik_2018-2019.pdf (abgerufen am 25.05.2019).

Diening, A. (1989): Einfluß von Aluminium und Schwermetallen auf Wurzellängenwachstum und Kallosebildung von Sojabohne. Diplomarbeit, Institut für Pflanzenernährung, Universität Hannover.

Diepolder, M. und S. Raschbacher (2013): Phosphor im Grünland – Ergebnisse vom Ertrags- und Nährstoffmonitoring auf bayerischen Grünlandflächen und von Düngungsversuchen. Bayerische Landesanstalt für Landwirtschaft, Freising.

Dijkshoorn, W. und A.L. van Wijk (1967): The sulphur requirements of plants as evidenced by the sulphur-nitrogen ratio in the organic matter: A review of published data. Plant Soil 26, 129–157.

Dobeneck, H.A. (1903): Illustrierte Landwirtschaftliche Zeitung 81, 861.

Doi, R. (2012): Quantification of leaf greenness and leaf spectral profile in plant diagnosis using an optical scanner. Ciência e Agrotecnologia 36, 309–317.

Doley, D. (1986): Plant-fluoride relationships. Inkata Press, Melbourne, Australien.

Dow, A.I. und S. Roberts (1982): Proposal: Critical nutrient ranges for crop diagnosis. Agron. J. 74, 401–403.

DüV (2017): Düngeverordnung – Verordnung über die Anwendung von Düngemitteln, Bodenhilfsstoffen, Kultursubstraten und Pflanzenhilfsmitteln nach den Grundsätzen der guten fachlichen Praxis beim Düngen. Bundesgesetzblatt Jahrgang 2017 Teil I Nr. 32, 1305–1348.

Dwivedi, R.S. und N.S. Randhawa (1974): Evaluation of a rapid test for the hidden hunger of zinc in plants. Plant Soil 40, 445–451.

Eckhoff, L., D. Köpcke und W. Dierend (2009): Einfluss von Blattdüngung und Lagerverfahren auf die Druckstellenempfindlichkeit von Äpfeln. Erwerbs-Obstbau 51, 133–144.

Edwards, D.G. und L.C. Bell (1989): Acid soil infertility in Australian tropical soils. In: E.T. Craswell und E. Pushparajah (Hrsg.) »Management of Acid Soils in the Humid Tropics of Asia«. ACIAR Monograph No. 13, Canberra, Australien, 20–31.

Ehrenberg, P. (1919): Das Kalk-Kali-Gesetz. Neue Ratschläge zur Vermeidung von Misserfolgen bei der Kalidüngung. Paul Parey Verlag, Berlin.

Ehret, D.L., R.E. Redmann, B.L. Harvey und A. Cipywnyk (1990): Salinity-induced calcium deficiency in wheat and barley. Plant Soil 128, 143–151.

English, J.E. und A.V. Barker (1982): Water-soluble calcium in Ca-efficient and Ca-inefficient tomato strains. Hort. Sci. 17, 929–931.

Erhardt, W., E. Götz, N. Bödeker und S. Sybold (2014): Zander – Handwörterbuch der Pflanzennamen. Verlag Eugen Ulmer, Stuttgart.

ESA (2019): Sentinel-2 MSI – Spatial Resolution. https://sentinel.esa.int/web/sentinel/user-guides/sentinel-2-msi/resolutions/spatial (abgerufen am 19.09.2019).

Eschmann, C. und T. Osterman (2017): Unbemanntes Kippflügel-Flugsystem für vollautomatisierte, großflächige Multi-Sensorik-Agraranwendungen. Bornimer Agrartechnische Berichte 93, 17–27.

Eswaran, H., P. Reich und F. Beinroth (1997): Global distribution of soils with acidity. In: A.C. Moniz (Hrsg.) »Plant-Soil Interactions at Low pH«. Brazilian Soil Science Society, Sao Paulo, Brasilien, 159–164.

Evers, G. (1987): Die Anwendung von Bioregulatoren im Zierpflanzenbau. Verlag Paul Parey, Berlin.

Faby, R. und W. Dierend (2005a): Blattdünger und Pflanzenstärkungsmittel in Erdbeeren – Teil II: A+-Frigopflanzen. Obstbau 30, 291–294.

Faby, R. und W. Dierend (2005b): Erdbeeren: Einfluss des Calciumangebotes des Bodens. Obstbau 30, 625–627.

Fageria, N.K., H.R. Gheyi und A. Moreira (2011): Nutrient bioavailability in salt affected soils. J. Plant Nutr. 34, 945–962.

Faller, N. (1972): Schwefeldioxid, Schwefelwasserstoff, nitrose Gase und Ammoniak als ausschließliche S- bzw. N-Quellen der höheren Pflanzen. Z. Pflanzenernähr. Bodenk. 131, 120–130.

Felger, U. (1991): Untersuchungen zu Pflanzenschäden unbekannter Ursache in einem Hydrokulturbetrieb unter besonderer Berücksichtigung von Cordyline fruticosa sowie von Bor- und Fluortoxizität. Diplomarbeit Hochschule Osnabrück.

Fernández, S., D. Vidal, E. Simón und L. Solé-Sugranes (1994): Radiometric characteristics of triticum aestivum cv. Astral under water and nitrogen stress. Int. J. Remote Sens. 15, 1867–1884.

Fernando, D.R. und J.P. Lynch (2015): Manganese phytotoxicity: New light on an old problem. Ann. Bot 116, 313–319.

Filella, I., L. Serrano, J. Serra und J. Penuelas (1995): Evaluating wheat nitrogen status with canopy reflectance indices and discriminant analysis. Crop Sci. 35, 1400–1405.

Finck, A. (1968): Grenzwerte der Nährelementgehalte in Pflanzen und ihre Auswertung zur Ermittlung des Düngerbedarfs. Z. Pflanzenernähr. Bodenkd. 119, 197–207.

Finck, A. (1976): Pflanzenernährung und Düngung in Stichworten. 3. Aufl., Verlag Ferdinand Hirt, Kiel.

Finck, A. (1979): Dünger und Düngung. VCH, Weinheim.

Finck, A. (2007): Pflanzenernährung und Düngung in Stichworten. 6. Aufl., Verlag Ferdinand Hirt, Kiel.

Fink, M. und C. Feller (1997): N-Expert II verfügbar. Deutscher Gartenbau Beilage 51 (22), XVII–XIX.

Fink, M. und H.C. Scharpf (1992): Dünger-Dosierung im Freiland-Gemüsebau Entscheidungsunterstützung durch »N-Expert«. Deutscher Gartenbau 28, 1688–1690.

Fischer, P. und E. Meinken (1995): Expanded clay as a growing medium – comparison of different products. Acta Hortic. 401, 115–120.

Fletcher, R.A. und V. Arnold (1986): Stimulation of cytokinins and chlorophyll synthesis in cucumber cotyledons by triadimefon. Physiol. Plant. 66, 197–201.

Foy, C.D., R.L. Chaney und M.C. White (1978): The physiology of metal toxicity in plants. Ann. Rev. Plant Physiol. 29, 511–566.

Foy, C.D., B.J. Scott und J.A. Fisher (1988): Genetic differences in plant tolerance to manganese toxicity. In: R.D. Graham, R.J.

Hannam und N.C. Uren (Hrsg.) »Manganese in Soils and Plants«. Kluwer Academic Publishers, Dordrecht, Niederlande, 293–307.

Francois, L.E., T.J. Donovan und E.V. Maas (1991): Calcium deficiency of artichoke buds in relation to salinity. HortScience 26, 549–553.

Fritsch, F. und W. Werner (1987): Bindungsformen und Löslichkeitskriterien der aus langjähriger Düngung mit verschiedenen P-Formen angereicherten Bodenphosphate. Landw. Forschung 40, 153–158.

Gagnon, M., W.M. Hunting und W.B. Esselen (1959): New method for catalase determination. Anal. Chem. 31, 144–146.

Gandert, K.D. und F. Bures (1991): Handbuch Rasen. Deutscher Landwirtschaftsverlag, Berlin.

Gardner, B.R. und R.L. Roth (1989): Midrib nitrate concentration as a means of determining nitrogen needs of cabbage. J. Plant Nutr. 12, 1073–1088.

George, E., W.J. Horst und E. Neumann (2012): Adaptation of plants to adverse chemical soil conditions. In: P. Marschner (Hrsg.) »Marscher's Mineral Nutrition of Higher Plants«. Academic Press Ltd., London, Vereinigtes Königreich, 409–472.

Geraldson, C.M., G.R. Klacan und O.A. Lorenz (1973): Plant analysis as an aid in fertilizing vegetable crops. In: L.M. Walsh und J.D. Beaton (Hrsg.) »Soil Testing and Plant Analysis«. SSSA, Madison, MI, USA, 365–379.

Gérard, B., A. Bürkert, P. Hiernaux und H. Marschner (1997): Non-destructive measurement of plant growth and nitrogen status of pearl millet with low-altitude aerial photography. Plant Nutrition for Sustainable Food Production and Environment – Developments in Plant and Soil Sciences 78, 373–378.

Gerendás, J. und B. Sattelmacher (1997): Significance of Ni supply for growth, urease activity and the concentrations of urea, amino acids and mineral nutrients of urea-grown plants. Plant Soil 190, 153–162.

Geyer, B. und H. Marschner (1990): Charakterisierung des Stickstoffversorgungsgrades bei Mais mit Hilfe des Nitrat-Schnelltests. Z. Pflanzenern. Bodenk. 153, 341–348.

GfE (2001): Empfehlungen zur Energie- und Nährstoffversorgung der Milchkühe und Aufzuchtrinder. DLG-Verlags-GmbH, Frankfurt.

Gibson, T.S. und D.R. Leece (1981): Estimation of physiologically active zinc in maize by biochemical assay. Plant Soil 63, 395–406.

Gierus, M., U. Jahns, R. Wulfes, C. Wiermann und F. Taube (2005): Forage quality and yield increments of intensive managed grassland in response to combined sulphur-nitrogen fertilization. Acta Agr. Scand. B – Soil Plant Sci. 55, 264–274.

Gieselmann, C. (2015): Entwicklung eines kabelgebundenen und autonomen UAV zum Einsatz als Trägerplattform in der Landwirtschaft. Bornimer Agrartechnische Berichte 88, 142–144.

Gieselmann, C. (2017): Pod-Copter: Ein kabelgebundenes und autonom fliegendes UAV zum Einsatz als zeitlich unbegrenzte Trägerplattform in der Landwirtschaft. Bornimer Agrartechnische Berichte 93, 159–168.

Gilabert, M.A., S. Gandia und J. Meliá (1996): Analyses of spectral-biophysical relationships for a corn canopy. Remote Sens. Environ. 55, 11–20.

Gnyp, M.L., M. Panitzki und S. Reusch (2015): Proximal nitrogen sensing by off-nadir and nadir measurements in winter wheat canopy. In: J.V. Stafford (Hrsg.) »Precision Agriculture '15«. Wageningen Academic Publishers, Wageningen, Niederland, 43–50.

Gnyp, M.L., M. Panitzki, S. Reusch, J. Jasper, A. Bolten und G. Bareth (2016): Comparison between tractor-based and UAV-based spectrometer measurements in winter wheat. Proceedings of the 13th International Conference on Precision Agriculture, St. Louis, MI, USA.

Goldbach, H.E., M.A. Wimmer und P. Findeklee (2000): Discussion paper: Boron – how can the critical level be defined? J. Plant Nutr. Soil Sci. 163, 115–121.

Goldberg, S.P., K.A. Smith und J.C. Holmes (1983): The effect of soil compaction, form of nitrogen fertiliser, and fertiliser placement on the availability of manganese to barley. J. Sci. Food Agric. 34, 657–670.

Goulas, Y., Z.G. Cerovic, A. Cartelat und I. Moya (2004): Dualex: A new instrument for field measurements of epidermal ultraviolet absorbance by chlorophyll fluorescence. Appl. Opt. 43, 4488–4496.

Graeff, S. und W. Claupein (2003): Quantifying nitrogen status of corn (Zea mays L.) in the field by reflectance measurements. Eur. J. Agron. 19, 611–618.

Graeff, S., D. Steffens und S. Schubert (2001): Use of reflectance measurements for the early detection of N, P, Mg, and Fe deficiencies in Zea mays L. J. Plant Nutr. Soil Sci. 164, 445–450.

Graham, R.D., W.J. Davies und J.S. Ascher (1985): The critical concentration of manganese in field-grown wheat. Aust. J. Agric. Res. 36, 145–155.

Greenway, H. und R. Munns (1980): Mechanism of salt tolerance in nonhalophytes. Annu. Rev. Plant Physiol. 31, 149–190.

Greenwood, D.J., A. Gerwitz, D.A. Stone und A. Barnes (1982): Root development of vegetable crops. Plant Soil 68, 75–96.

Grenzdörfer, G.J. (2001): Requirements and possibilities of remote sensing for precision agriculture – current status and future developments. In: G. Grenier und S. Blackmore (Hrsg.) »ECPA 2001. 3rd European Conference on Precision Agriculture (Vol. 1)«. Agro-Montpellier, Montpellier, Frankreich, 211–216.

Gris, E. (1844): Nouvelles expériences sur l'action des composés ferrugineux solubles, appliqués à la végétation, et spécialement au traitement de la chlorose et de la débilité des plantes. Compt. Rend. Acad. Sci. 19, 1118–1119.

Gröger, M. (2010): Das Gesetz vom Minimum. Liebig oder Sprengel? Chemie in unserer Zeit 44, 340–343.

Guyot, G. (1990): Optical properties of vegetation canopies. In: D. Steven und J.A. Clark (Hrsg.) »Applications of Remote Sensing in Agriculture«. Butterworth, London, Vereinigtes Königreich, 19 –43.

Haag, H.P. und C.C. Belfort (1985): Mineral nutrition of vegetable crops. LXVIII. Deficiencies of macronutrients and boron in asparagus. An. Escola Sup. Agric. 'Luiz de Queiroz' 42, 97–706.

Hannam, R.J., R.D. Graham und J.L. Riggs (1985): Diagnosis and prognosis of manganese deficiency in Lupinus angustifolius L. Aust. J. Agric. Res. 36, 765–777.

Hannam, R.J., J.L. Riggs und R.D. Graham (1987): The critical concentration of manganese in barley. J. Plant Nutr. 10, 2039–2048.

Hartge, K.H. und R. Horn (2009): Die physikalische Untersuchung von Böden: Praxis – Messmethoden – Auswertung. E. Schweizerbart'sche Verlagsbuchhandlung oHG, Stuttgart.

Hartmann, A., M. Schmid, D. van Tuinen und B. Gabriele (2009): Plant-driven selection of microbes. Plant Soil 321, 235–257.

Hebbern, C.A., P. Pedas, J.K. Schjoerring, L. Knudsen und S. Husted (2005): Genotypic differences in manganese efficiency: Field experiments with winter barley (Hordeum vulgare L.). Plant Soil 272, 233–244.

Hecht-Buchholz, C. (1983): Light and electron microscopic investigations of the reactions of various genotypes to nutritional disorders. Plant Soil 72, 151-165.

Heege, H.J. (2013): Sensing by electromagnetic radiation. In: H.J. Heege (Hrsg.) »Precision in Crop Farming«. Springer Science+Business Media, Dordrecht, Niederlande, 15–34.

Heitefuss, R., K. König, A. Obst und M. Reschke (2000): Pflanzenkrankheiten und Schädlinge im Ackerbau. DLG-Verlags-GmbH, Frankfurt.

Hendriks, L. (1980): Veränderung der Phosphatkonzentration des Bodens in der Umgebung lebender Pflanzenwurzeln. Dissertation, Institut für Pflanzenernährung, Universität Hannover.

Herrmann, A. und F. Taube (2004): The range of the critical nitrogen dilution curve for maize (Zea mays L.) can be extended until silage maturity. Agron. J. 96, 1131–1138.

Herrmann, A., A. Techow, C. Kluß, F. Taube, C. Berendonk, M. Diepolder, M. Elsässer, B. Greiner und R. Neff (2014): Mehr Eiweiß vom Grünland. DLG Mitteilungen 4/2014, 76–79.

Hewitt, E.J. (1966): Sand and Water Culture Methods Used in the Study of Plant Nutrition. Commonwealth Bureau of Horticulture and Plantation Crops, East Malling, Techn. Commun. No. 22.

Hewitt, E.J. und C.S. Gundry (1970): The molybdenum requirement of plants in relation to nitrogen supply. J. Hortic. Sci. 45, 351–358.

Heym, J. und E. Schnug (1995): A mathematical procedure for the development of boundary lines from XY scattered data. Aspects Appl. Biol. 43, 137–142.

Heyn, J. und H.-W. Olfs (2018): Zusammenfassung der Ergebnisse. VDLUFA-Schriftenreihe 72, 14–41.

Hillebrand, W., H. Lott und F. Pfaff (2003): Taschenbuch der Rebsorten. Fachverlag Dr. Fraund, Mainz.

Hochmuth, G.J. (1994): Efficiency ranges for nitrate-nitrogen and potassium for vegetable petiole sap quick tests. HortTechnology 4, 218–222.

Hodge, A. (2004): The plastic plant: Root responses to heterogeneous supplies of nutrients. New Phyto. 162, 9–24.

Horst, W.J. (1982): Quick screening of cowpea genotypes for manganese tolerance during vegetative and reproductive growth. Z. Pflanzenernähr. Bodenk. 145, 423–435.

Horst, W.J. (1987): Aluminium tolerance and calcium efficiency of cowpea genotypes. J. Plant Nutr. 10, 1121–1129.

Horst, W.J. (1988): The physiology of manganese toxicity. In: R.D. Graham, R.J. Hannam und N.C. Uren (Hrsg.) »Manganese in Soils and Plants«. Kluwer Academic Publishers, Dordrecht, Niederlande, 175–188.

Horst, W.J. (2003): Persönliche Mitteilung, Institut für Pflanzenernährung, Leibniz Universität Hannover, Hannover.

Horst, W.J. und H. Göppel (1986a): Aluminium-Toleranz von Ackerbohne (Vicia faba), Lupine (Lupinus luteus), Gerste (Hordeum vulgare) und Roggen (Secale cereale). I. Sproß- und Wurzelwachstum in Abhängigkeit vom Aluminium-Angebot. Z. Pflanzenernähr. Bodenkd. 149, 83–93.

Horst, W.J. und H. Göppel (1986b): Aluminium-Toleranz von Ackerbohne (Vicia faba), Lupine (Lupinus luteus), Gerste (Hordeum vulgare) und Roggen (Secale cereale). II. Mineralstoffgehalte in Sproß und Wurzeln in Abhängigkeit vom Aluminium-Angebot. Z. Pflanzenernähr. Bodenk. 149, 94–109.

Horst, W. J. und H. Marschner (1978a): Effect of excessive manganese supply on uptake and translocation of calcium in bean plants (Phaseolus vulgaris L.). Z. Pflanzenphysiol. 87, 137–148.

Horst, W.J. und H. Marschner (1978b): Effect of silicon on manganese tolerance of bean plants (Phaseolus vulgaris L.). Plant Soil 50, 287–303.

Horst, W.J., A.H. Wissemeier, F. Weinhold, I. Mantay und L. Hendriks (1992): Hohe Lichtintensität fördert Brakteen-Randnekrosen. Deutscher Gartenbau 46, 3080–3081.

Horst, W.J., M. Fecht, A. Naumann, A.H. Wissemeier und P. Maier (1999): Physiology of manganese toxicity and tolerance in Vigna unguiculata (L.) Walp. Z. Pflanzenernähr. Bodenk. 162, 263–274.

Huete, A.R. (1988): A soil adjusted vegetation index (SAVI). Remote Sens. Environ. 25, 295–309.

Huett, D.O. und G. Rose (1988): Diagnostic nitrogen concentrations for tomatoes grown in sand culture. Aust. J. Exp. Agric. 28, 401–409.

Huett, D.O. und G. Rose (1989): Diagnostic nitrogen concentrations for cabbages grown in sand culture. Aust. J. Exp. Agric. 29, 883–892.

Huett, D.O. und E. White (1992): Determination of critical nitrogen concentrations in lettuce grown in sand culture. Aust. J. Exp. Agric. 32, 765–772.

Husted, S., K.H. Laursen, C.A. Hebbern, S.B. Schmidt, P. Pedas, A. Haldrup und P.E Jensen (2009): Manganese deficiency leads to genotype-specific changes in fluorescence induction kinetics and stat transitions. Plant Physiol. 150, 825–833.

Hütsch, B.W., K. Keipp, K., A.-K. Glaser und S. Schubert (2018): Potato plants (Solanum tuberosum L.) are chloride-sensitive: Is this dogma valid? J. Sci. Food Agric. 98, 3161–3168.

Inada, K. (1963): Studies on a method for determining the deepness of green color and chlorophyll content of intact crop leaves and its principle applications. I. Principles for estimating the deepness of green color and chlorophyll content of whole leaves. Proceedings Crop Science Society 32, 157–162.

Isokeit, U. und W.J. Horst (1989): Persönliche Mitteilung, Institut für Pflanzenernährung, Leibniz Universität Hannover, Hannover.

Jensen, A. und B. Lorenzen (1990): Radiometric estimation of biomass and nitrogen content of barley grown at different nitrogen levels. Int. J. Remote Sens. 11, 1809–1820.

Jia, L., X. Chen, F. Zhang, A. Buerkert und V. Römheld (2004): Use of digital camera to assess nitrogen status of winter wheat in the Northern China Plain. J. Plant Nutr. 27, 441–450.

Jones, C.A. (1981): Proposed modifications of the diagnosis and recommendation integrated system (DRIS) for interpreting plant analyses. Commun. Soil Plant Anal. 12, 785–794.

Jones, D.L., E.B. Blancaflor, L.V. Kochian und S. Gilroy (2006): Spatial coordination of aluminium uptake, production of reactive oxygen species, callose production and wall rigidification in maize roots. Plant Cell Environ. 29, 1309–1318.

Jones, J.B. (1963): Effect of drying on ion accumulation in corn leaf margins. Agron. J. 55, 579–580.

Jones, J.B. (1993): Modern interpretation systems for soil and plant analysis in the United States of America. Aust. J. Exp. Agric. 33, 1039–1043.

Jones, J.B. (1998): Soil test methods: Past, present, and future use of soil extractants. Commun. Soil Sci. Plant Anal. 29, 1543–1552.

Jones, J.B. und A. Wallace (1992): Sample preparation and determination of iron in plant tissue samples. J. Plant Nutr. 15, 2085–2108.

Jones, J.B., B. Wolf und H.A. Mills (1991): Plant Analysis Handbook. MicroMacro Publishing Inc., Athens, GA, USA.

Jones, L.H.P. und K.A. Handreck (1969): Uptake of silica by Trifolium incranatum in relation to the concentration in the external solution and to transpiration. Plant Soil 30, 71–80.

Jongschaap, R.E.E. (2006): Integrating crop growth simulation and remote sensing to improve resource use efficiency in farming systems. Wageningen University, Wageningen, Niederlande, 1–130.

Jordan-Meille, L., G.H. Rubael, P.A.I. Ehlert, V. Genot, G. Hofman, K. Goulding, J. Recknagel, G. Provolo und P. Barraclough (2012): An overview of fertilizer-P recommendations in Europe: Soil testing, calibration and fertilizer recommendations. Soil Use Manage. 28, 419–435.

Jungk, A. und N. Claassen (1997): Ion diffusion in the soil-root system. Advances in Agronomy 61, 53–110.

Jungk, A., B. Malaheb und J. Wehrmann (1970): Molybdänmangel an Poinsettien, eine Ursache von Blattschäden. Gartenwelt 2, 31–35.

Kauss, H. (1989): Fluorometric measurement of callose and other 1,3-ß-glucans. In: H.F. Linskens und J.F. Jackson (Hrsg.) »Modern Methods in Plant Analysis«. Springer Verlag, Berlin und Heidelberg, 127–137.

Kauter, D. (2002): Ueberhaupt ist die Erhaltung eines schönen Rasens eine theure Sache – Ein Überblick über die Entwicklung der Rasenkultur in Mitteleuropa vom Mittelalter bis ins ausgehende 19. Jahrhundert. Rasen – Turf – Gazon 33, 32–51.

Kerschberger, M. und G. Franke (2001): Düngung in Thüringen nach »Guter fachlicher Praxis«. Thüringer Landesanstalt für Landwirtschaft Jena, Schriftenreihe Heft 11.

Kerschberger, M., B. Deller, U. Hege, J. Heyn, H.-E. Kape, O. Krause, J. Pollehn, M. Rex und K. Severin (2000): Bestimmung des Kalkbedarfs von Acker- und Grünlandböden. Standpunkt des Verband Deutscher Landwirtschaftlicher Untersuchungs- und Forschungsanstalten e.V. (VDLUFA), Speyer.

Kerschberger, M., U. Hege und A. Jungk (1997): Phosphordüngung nach Bodenuntersuchung und Pflanzenbedarf. Standpunkt des Verband Deutscher Landwirtschaftlicher Untersuchungs- und Forschungsanstalten e.V. (VDLUFA), Speyer.

Kerschberger, M., O. Krause, G. Marks und W. Zorn (2001): Standpunkt zum Mikronährstoff-Düngebedarf (B, Cu, Mn, Mo, Zn) in der Pflanzenproduktion. https://www.db-thueringen.de/servlets/MCRFileNodeServlet/dbt_derivate_00030009/TLL_Standpunkt%20zum%20Mikron%C3%A4hrstoff-D%C3%BCngebedarf%20%28B,%20Cu,%20Mn,%20Mn,%20Mo,%20Zn%29%20in%20der%20Pflanzenproduktion_2001.pdf (abgerufen am 18.09.2019).

Kilias, D., K. Holstein und U. Seiffert (2017): Ein optimiertes UAV-Hyperspektralkamera-Konzept für den Einsatz in Zuchtgärten und der Landwirtschaft. Bornimer Agrartechnische Berichte 93, 127–134.

Kitchen, N.R., K.A. Sudduth, S.T. Drummond, P.C. Scharf, H.L. Palm, D.F. Roberts und E.D. Vories (2010): Ground-based canopy reflectance sensing for variable-rate nitrogen corn fertilization. Agron. J. 102, 71–84.

Klopp, K. (2016): Arbeitstagebuch für das Obstjahr 2016. Esteburg Obstbauzentrum Jork, 83. Ausgabe.

Kluge, R. (1990): Symptombezogene toxische Pflanzengrenzwerte zur Beurteilung von Bor(B)-Überschuss bei ausgewählten Nutzpflanzen. Agribiol. Res. 43, 234–243.

Köhle, H., W. Jeblick, F. Poten, W. Blaschek und H. Kauss (1985): Chitosan-elicited callose synthesis in soybean cells as a Ca2+-dependent process. Plant Physiol. 77, 544–551.

Köhler, B., H. Spiekers, C. Kluß und F. Taube (2017): Leistungen vom Grünland im Futterbaubetrieb – Analyse auf Betriebsebene unter bayerischen Standortbedingungen. Berichte über Landwirtschaft 95, 1–32.

Köhler, W., G. Schachtel und P. Voleske (1984): Biometrie. Einführung in die Statistik für Biologen und Agrarwissenschaftler. Springer, Berlin.

Könneke, M., A.E. Bernhard, J.R. de la Torre, C.B. Walker, J.B. Waterbury und D.A. Stahl (2005): Isolation of an autotrophic ammonia-oxidizing marine archaea. Nature 437, 543–546.

Kostka-Rick, R. (2018): Persönliche Mitteilung, Biologisch Überwachen und Bewerten – Gutachterbüro, Leinfelden-Echterdingen.

Kostka-Rick, R. und H.U. Hahn (2005): Biomonitoring mit Tabak Bel W3 liefert ergänzende Information zur Risikoabschätzung von Pflanzenschäden durch Ozon. Gefahrstoffe – Reinhaltung der Luft 65, 485–491.

Kostka-Rick, R., J. Bender, H.J. Weigel und L. Gündel (2001): Sichtbare Ozonschäden bei Gemüsepflanzen. Schriftenreihe Landesanstalt für Pflanzenbau und Pflanzenschutz Mainz, Heft Nr. 12, 1–53.

Krähmer, R. (1988): Einfluß hoher N-Gaben auf die Kupferernährung der Getreidepflanzen. Tagungsberichte Sektion Pflanzenproduktion Humboldt-Universität Berlin, 142–146.

Krähmer, R. und B. Sattelmacher (1997): Einfluß steigender Stickstoffgaben auf den Kupferernährungszustand von Getreide. Z. Pflanzenernähr. Bodenkd. 160, 385–392.

Kretzschmar, R. (2010): Chemische Eigenschaften und Prozesse. In: H.-P. Blume, G.W. Brümmer, R. Horn, E. Kandeler, I. Kögel-Knabner, R. Kretzschmar, K. Stahr und B.-M. Wilke (Hrsg.) »Scheffer/Schachtschabel – Lehrbuch der Bodenkunde«, 16. Auflage. Spektrum Akademischer Verlag, Heidelberg, 121–170.

Kreutzer, K. und J. Bittersohl (1986): Untersuchungen über die Auswirkungen des sauren Regens und der kompensatorischen Kalkung im Wald. Forstw. Cbl. 105, 273–282.

Kronzucker, H.J., D. Coskun, L.M. Schulze, J.R. Wong und D.T. Britto (2013): Sodium as nutrient and toxicant. Plant Soil 369, 1–23.

Kuhlmann, H. (1990): Importance of the subsoil for the K nutrition of crops. Plant Soil 127, 129–136.

Kuhlmann, H. und G. Baumgärtel (1991): Potenzial importance of the subsoil for the P and Mg nutrition of wheat. Plant Soil 137, 259–266.

Kuzyakov, Y., J. Rühlmann und B. Geyer (1997): Linear response and plateau – model and software solution. Gartenbauwiss. 62, 237–239.

L'Hirondel, J. und J.L. L'Hirondel (2002): Nitrate and man: Toxic, harmless or beneficial? CABI Publishing, Oxford, Vereinigtes Königreich.

Labanauskas, C.K. (1968): Washing citrus leaves for leaf analysis. California Agriculture 22, 13.

Lammel, J., J. Wollring und S. Reusch (2001): Tractor based remote sensing for variable nitrogen fertilizer application. In: W.J. Horst, M.K. Schenk, A. Bürkert, N. Claassen, H. Flessa, W.B. Frommer, H. Goldbach, H.-W. Olfs, V. Römheld, B. Sattelmacher, U. Schmidhalter, S. Schubert, N. von Wirén und L. Wittenmayer (Hrsg.) »Plant Nutrition - Food Security and Sustainability of Agro-Ecosystems through Basic and Applied Research«. Developments in Plant and Soil Sciences 92, Springer Science+Business Media Dordrecht, Niederlande 694–695.

Laske, P. (1970): Untersuchungen an Blättern und Böden normal bis sehr gut entwickelter Bestände von Gerbera jamesonii. Kali-Briefe, Fachgeb. 2, 1–8.

Lavon, R. und E.E. Goldschmidt (1999): Enzymatic methods for detection of mineral element deficiencies in citrus leaves: A mini-review. J. Plant Nutr. 22, 139–150.

Leidi, E.O., M. Gómez und M.D. de la Guardia (1986): Evaluation of catalase and peroxidase activity as indicators of Fe and Mn nutrition of soybean. J. Plant Nutr. 9, 1239–1249.

Leigh, R.A. und A.E. Johnston (1983): Concentrations of potassium in the dry matter and tissue water of field-grown spring barley and their relationships to yield. J. Agric. Sci. 101, 675–685.

Lemaire, G., F. Gastal und J. Salette (1989): Analysis of the effect of N nutrition on dry matter yield of a sward by reference to potenzial yield and optimum N content. Proceedings of the XVI International Grassland Congress, Nizza, Frankreich, 179–180.

Liebig, J. von (1855) zitiert nach Boguslawski (1972).

Liebscher, E. (1895) zitiert nach Boguslawski (1972).

Link, A., J. Jasper und H.-W. Olfs (2004): Variable nitrogen fertilization by tractor mounted remote sensing. Proceedings of the 7th International Conference on Precision Agriculture, ASA-CSSA-SSSA, Madison, WI, USA.

Loew, O. (1914): Ist die Lehre vom Kalkfaktor eine Hypothese oder eine bewiesene Theorie? Landwirtsch. Jb. 46, 733–752.

Lohrer, T. (2012): Aus die Laus. 160 Krankheiten und Schädlinge im Nutzgarten erkennen und bekämpfen. Verlag Eugen Ulmer, Stuttgart.

Lorenz, F., M. Armbruster, V. König, L. Nätscher und H.-W. Olfs (2015): Georeferenzierte Bodenprobenahme auf landwirtschaftlichen Flächen als Grundlage für eine teilschlagspezifische Düngung mit Kalk und Grundnährstoffen. Standpunkt des Verband Deutscher Landwirtschaftlicher Untersuchungs- und Forschungsanstalten e.V. (VDLUFA), Speyer.

Lorenz, F., H.-W. Olfs, K. Schweitzer und W. Zorn (2017): Anforderungen an Bodenuntersuchungsmethoden zur Düngebedarfsermittlung. Standpunkt des Verband Deutscher Landwirtschaftlicher Untersuchungs- und Forschungsanstalten e.V. (VDLUFA), Speyer.

Lorenz, H.P., J. Schlaghecken, G. Engl, A. Maync und J. Ziegler (1989): Ordnungsgemäße Stickstoff-Versorgung im Freiland-Gemüsebau nach dem »Kulturbegleitenden Nmin Sollwerte (KNS)-System« - KNS-Daten für 38 Gemüsearten - 145 Anbauverfahren. Ministerium für Landwirtschaft Weinbau und Forsten, Rheinland-Pfalz.

Lucas, R.E. und J.F. Davis (1961): Relationship between pH values of organic soils and availabilities of 12 nutrients. Soil Sci. 177–182.

Lundegårdh, H. (1945): Die Blattanalyse. Fischer, Jena.

Lynch, J., P. Marschner und Z. Rengel (2012): Effect of internal and external factors on root growth and development. In: P. Marschner (Hrsg.) »Marschner's Mineral Nutrition of Higher Plants«. Academic Press Ltd., London, Vereinigtes Königreich, 331–346.

Maas, E.V. (1985): Crop tolerance to saline sprinkling water. Plant Soil 89, 273–284.

Maas, E.V. und C.M. Grieve (1987): Sodium-induced calcium deficiency in salt-stressed corn. Plant Cell Environ. 10, 559–564.

Maas, E.V. und G.J. Hoffman (1977): Crop salt tolerance – current assessment. J. Irrig. Drin. Div. 103, 115–134.

Maas, E.V, D.P. Moore und B.J. Mason (1968): Manganese absorption by excised barley roots. Plant Physiol. 43, 527–530.

MacKerron, D.K.L., M.W. Young und H.V. Davies (1995): A critical assessment of the value of petiole sap analysis in optimising the nitrogen nutrition of the potato crop. Plant Soil 172, 247–260.

Macy, P. (1936): The quantitative mineral nutrient requirements of plants. Plant Physiol. 11, 749–764.

Markwell, J., J.C. Osterman und J.L. Mitchell (1987): Calibration of the Minolta SPAD-502 leaf chlorophyll meter. Photosynth. Res. 46, 467–472.

Marschner, H. (1995): Mineral Nutrition of Higher Plants. Academic Press Ltd., London, Vereinigtes Königreich.

Marschner, H. und I. Cakmak (1986): Mechanism of phosphorus-induced zinc deficiency in cotton. II. Evidence for impaired shoot control of phosphorus uptake and translocation under zinc deficiency. Physiol. Plant. 68, 491–496.

Marschner, H. und I. Cakmak (1989): High light intensity enhances chlorosis and necrosis in leaves of zinc, potassium, and magnesium deficient bean (Phaseolus vulgaris) plants. J. Plant Physiol. 134, 308–315.

Marschner, H. und V. Römheld (1994): Strategies of plants for acquisition of iron. Plant Soil 165, 261–274.

Marschner, H. und A. Schropp (1977): Vergleichende Untersuchungen über die Empfindlichkeit von 6 Unterlagensorten der Weinrebe gegenüber Phosphat-induziertem Zink-Mangel. Vitis 16, 79–88.

Marschner, H., V. Römheld und M. Kissel (1986): Different strategies in higher plants in mobilization and iron uptake. J. Plant Nutr. 9, 695–713.

Marschner, P. (Hrsg.) (2012): Marschner's Mineral Nutrition of Higher Plants. Academic Press Ltd., London, Vereinigtes Königreich.

Marschner, P. (2012): Rhizosphere biology. In: P. Marschner (Hrsg.) »Marschner's Mineral Nutrition of Higher Plants«. Academic Press Ltd., London, Vereinigtes Königreich, 369–388.

Marschner, P. und Z. Rengel (2012): Nutrient availability in soils. In: P. Marschner (Hrsg.) «Marschner's Mineral Nutrition of Higher Plants«. Academic Press Ltd., London, Vereinigtes Königreich, 315–330.

Martin-Prével, P., J. Gagnard und P. Gautier (Hrsg.) (1984): Plant Analysis as a Guide to the Nutrient Requirements of Temperate and Tropical Crops. Lavoisier Publishing Inc., New York, USA.

Masui, M. und A. Ishida (1975): Studies on the manganese excess in muskmelon. IV. Manganese excess in relation to steam sterilization, soil pH and organic matter. J. Jap. Soc. Hort. Sci. 44, 41–46.

McDowell, L.R. (2003): Minerals in Animal and Human Nutrition. Elsevier B.V., Amsterdam, Niederlande.

McLachlan, K.D. (1980): Acid phosphatase activity of intact roots and phosphorus nutrition in plants. I. Assay conditions and phosphatase activity. Aust. J. Agric. Res. 31, 429–440.

McLaughlin, M.J., D.J. Reuter und G.E. Rayment (1999): Soil testing – principles and concepts. In: K.I. Peverill, L.A. Sparrow und D.J. Reuter (Hrsg.) »Soil Analysis: An Interpretation Manual«. CSIRO Publishing, Collingwood, Australian, 1–21.

McNairn, R.B. und H.B. Currier (1965): The influence of boron on callose formation in primary leaves of Phaseolus vulgaris L. Phyton 22, 153–158.

Mehofer, M., A. Baumgarten, K. Bauer, A. Fardossi, G. Kneissl, E. Kührer, M. Palz, F. Regner, C. Winkovitsch und W. Wunderer (2014): Richtlinien für die sachgerechte Düngung im Weinbau. Fachbeirat für Bodenfruchtbarkeit und Bodenschutz, Bundesministerium für Land- und Forstwirtschaft, Umwelt und Wasserwirtschaft, Wien, Österreich.

Mehrotra, S.C., C.P. Sharma und S.C. Agarwala (1985): A search for extractants to evaluate the iron status of plants. Soil Sci. Plant Nutr. 31, 155–162.

Meier, U. und H. Bleiholder (2016): BBCH-Skala – Phänologische Entwicklungsstadien wichtiger gartenbaulicher Kulturen, einschließlich Unkräuter (Band 2). Verlag Agrimedia, Clenze.

Mengel, K. und E.A. Kirkby (1982): Principles of Plant Nutrition. International Potash Institute, Worblaufen-Bern, Schweiz.

Meyer, U. (2005): Fütterung der Milchkühe. In: W. Brade und G. Flachowsky (Hrsg.) »Rinderzucht und Milcherzeugung – Empfehlungen für die Praxis«. Bundesforschungsanstalt für Landwirtschaft (FAL) Völkenrode, Sonderheft 289, 111–127.

Meyer, U., H. Bleiholder, E. Weber, C. Feller, M. Hess, H. Wicke, T. van den Boom, P.D. Lancashire, L. Buhr, H. Hack, R. Klose und R. Strauss (2001): Entwicklungsstadien mono- und dikotyler Pflanzen. BBCH-Monografie, 2. Auflage. Biologische Bundesanstalt für Land- und Forstwirtschaft, Braunschweig.

Michael, G., E. Wilberg und K. Kouhsiahi-Tork (1969): Durch hohe Luftfeuchtigkeit induzierter Bormangel. Z. Pflanzenernähr. Bodenkd. 122, 1–3.

Miedema, P. (1982): The effects of low temperature on Zea mays. Adv. Agron. 35, 93–128.

Miller, S.S., J. Liu, D.L. Allan, C.J. Menzhuber, M. Fedorova und C.P. Vance (2001): Molecular control of acid phosphatase secretion into the rhizosphere of proteoid roots from phosphorus-stressed white lupin. Plant Physiol. 127, 594–606.

Mills, H.A. und J.B. Jones (1996): Plant Analysis Handbook II. MicroMacro Publishing Inc., Athens, GA, USA.

Mistele, B. und U. Schmidhalter (2008): Estimating the nitrogen nutrition index using spectral canopy reflectance measurements. Eur. J. Agron. 29, 184–190.

Mitscherlich, E. A. (1909) zitiert nach Boguslawski (1972).

Mohr, H.D. (Hrsg.) (2012): Farbatlas Krankheiten, Schädlinge und Nützlinge an der Weinrebe. Verlag Eugen Ulmer, Stuttgart.

Molitor, H.-D. und M. Fischer (1989): Geschlossene Kulturverfahren im Zierpflanzenbau – Konsequenzen bei der Pflanzenernährung. In: L. Jennerich (Hrsg.) »Düngen im Zierpflanzenbau«. Schriftenreihe Taspo-Praxis 16, Verlag Thalacker Medien, Braunschweig.

Moraghan, J.T. (1979): Manganese toxicity in flax growing on certain calcareous soils low in available iron. Soil Sci. Soc. Am. J. 43, 1177–1180.

Morales, F., R. Grasa, A. Abadia und J. Abadia (1998): Iron chlorosis paradox in fruit trees. J. Plant Nutr. 21, 815–825.

Muhammed, S., M. Akbar und H.U. Neue (1987): Effect of Na/Ca and Na/K ratios in saline culture solution on the growth and mineral nutrition of rice (Oryza sativa L.). Plant Soil 104, 57–62.

Mulder, E.G., R. Boxma und W.L. van Veen (1959): The effect of molybdenum and nitrogen deficiency on nitrate reduction in plant tissues. Plant Soil 10, 335–355.

Müller, S., H. Ansorge, O. Hagemann, H. Görlitz, J. Garz und H. Stumpe (1976): Untersuchungen über die Möglichkeiten einer Bemessung der ersten N-Gabe zu Getreide durch Berücksichtigung des Gehaltes an anorganischen Stickstoff im Boden. Arch. Acker Pflanzenbau Bodenkd. 20, 713–722.

Müller-Beck, K. und H. Nonn (2013): Rasen – Anlegen und Pflegen. AID-Heft 1597; AID-Infodienst, Bonn.

Munns, R. (1993): Physiological processes limiting plant growth in saline soils: Some dogmas and hypotheses. Plant Cell Environ. 16, 15–24.

Munzert, M., A. Wurzinger, H. Neuhauser und G. Rödel (2002): Bodenfiltratgewinnung vor Ort und Nmin-Schnellbestimmung. VDLUFA-Schriftenreihe 57, 354–360.

Nable, R.O. und D.B. Moody (1992): Effects of rainfall on the use of foliar analysis for diagnosing boron toxicity in field-grown wheat. Plant Soil 140, 311–314.

Nable, R.O., A. Bar-Akiva und J.F. Loneragan (1984): Functional manganese requirement and its use as a critical value for diagnosis of manganese deficiency in subterranean clover (Trifolium subterraneum L. cv. Seaton Park). Ann. Bot. 54, 39–49.

Nable, R.O., J.G. Paull und B. Cartwright (1990): Problems associated with the use of foliar analysis for diagnosing boron toxicity in barley. Plant Soil 128, 225–232.

Neubauer, H. und W. Schneider (1923): Die Nährstoffaufnahme der Keimpflanzen und ihre Anwendung auf die Bestimmung des Nährstoffgehalts der Böden. Z. Pflanzenernähr. Düng. Bodenkd. 2, 329–362.

Neubert, P., G. Vanselow und B. Witter (1973): Präzisierung der zweiten N-Gabe zum Schossen bei Wintergetreide mit Hilfe der Pflanzenanalyse. Feldwirtschaft 14, 212–214.

Neubert, P., W. Wrazidlo, H.-P. Vielemeyer, I. Hundt, F. Gollmick und W. Bergmann (1970): Tabellen zur Pflanzenanalyse –

Erste orientierende Übersicht. Institut für Pflanzenernährung und Ökotoxikologie Jena.

Neukirchen, D. und J. Lammel (2003): The chlorophyll content as an indicator for nutrient and quality management. Nawozy i Nawozenie – Fertilizers and Fertilization 11, 89–109.

Neumann, G. und V. Römheld (2012): Rhizosphere chemistry in relation to plant nutrition. In: P. Marschner (Hrsg.) »Marschner's Mineral Nutrition of Higher Plants«. Academic Press Ltd., London, Vereinigtes Königreich, 347–368.

Nicholas, D.J.D. (1960): Determination of minor element levels in soil with the Aspergillus niger method. Trans. Intern. Congr. Soc. Soil Sci. 3, 168–182.

Nichols, D.G., D.L. Jones und D.V. Beardsell (1979): The effect of phosphorus on the growth of Grevillea 'Poorinda firebird' in soil-less potting-mixtures. Sci. Hortic. 11, 197–205.

Nielsen, F.H. (2000): The emergence of boron as nutritionally important throughout the life cycle. Nutrition 16, 512–514.

Nitsch, A. (2001) Arbeitsanleitung für Nitratbestimmungen mit Teststreifen und dem Reflektometer Nitrachek 404. Selbstverlag.

Nitsch, A. und E. Varis (1991): Nitrate estimates using the Nitrachek Test for precise N-fertilization during plant growth and, after harvest, for quality testing potato tubes. Potato Res. 34, 95–105.

Nobel, W., H. Beismann, R. Franzaring, R. Kostka-Rick, G. Wagner und W. Erhardt (2005): Standardisierte biologische Messverfahren zur Ermittlung und Bewertung der Wirkung von Luftverunreinigungen auf Pflanzen (Bioindikation) in Deutschland. Gefahrstoffe – Reinhaltung der Luft 65, 478–484.

O'Connell, A.M. und T.S. Grove (1985): Acid phosphatase activity in Karri (Eucalyptus diversicolor F. Muell.) in relation to soil phosphate and nitrogen supply. J. Exp. Bot. 36, 1359–1372.

Olfs, H.-W. (2009): Improved precision of arable nitrogen applications: Requirements, technologies and implementation. Proceedings International Fertilizer Society 662, 1–35.

Olfs, H.-W. (2018): Pflanzenernährung und Düngung – Düngung nach Bodenuntersuchung. In: Kuratorium für Technik und Bauwesen in der Landwirtschaft e.V. (Hrsg.) »Faustzahlen für die Landwirtschaft«, 15. Auflage. KTBL, Darmstadt, 449–471.

Ollagnier, M. und M. Wahyuni (1986): Die Ernährung und Düngung mit Kalium und Chlor der Kokospalme, Hybride Nain de Malaisie 3 Grand Quest. Africain. Kali-Briefe 27, Nr. 2, 1–8.

Oserkowsky, J. (1933): Quantitative relation between chlorophyll and iron in green and chlorotic pear leaves. Plant Physiol. 8, 449–468.

O'Sullivan, M. (1970): Aldolase activity in plants as an indicator of zinc deficiency. J. Sci. Fd. Agric. 21, 607–609.

O'Sullivan, M. (1972): Enzyme studies in diagnosing nutrient deficiencies. Potassium Institute Ltd. Coll. Proc. No. 2, 121–126.

O'Sullivan J.N., C.J. Asher und F.P.C. Blamey (1997): Nutrient Disorders of Sweet Potato. ACIAR Monograph No. 48, Canberra, Australien.

Pagola, M., R. Ortiz, I. Irigoyen, H. Bustince, E. Barrenechea, P. Aparicio-Tejo, C. Lamsfus und B. Lasa (2009): New method to assess barley nitrogen nutrition status based on image colour analysis: Comparison with SPAD-502. Comput. Electron. Agric. 65, 213–218.

Parent, L.E. und M. Dafir (1992): A theoretical concept of compositional nutrient diagnosis. J. Amer. Soc. Hort. Sci. 117, 239–242.

Parker, D.R. und W.A. Norvell (1999): Advances in solution culture methods for plant mineral nutrient research. Adv. Agron. 65, 151–213.

Peck, N.H., D.L. Grunes, R.M. Welch und G.E. McDonald (1982): Nutritional quality of vegetable crops as affected by phosphorus and zinc fertilizers. Agron. J. 74, 583–585.

Pedas, P., C.A. Hebbern, J.K. Schjoerring, P. Holm und S. Husted (2005): Differential capacity for high-affinity manganese uptake contributions to differences between barley genotypes in tolerance to low manganese availability. Plant Physiol. 139, 1411–1420.

Pfannhauser, W. (1988): Essentielle Spurenelemente in der Nahrung. Springer-Verlag, Berlin.

Pissarek, H.P. (1979): Der Einfluss von Grad und Dauer des Mg-Mangels auf den Kornertrag von Hafer. Z. Acker-Pflanzenbau 148, 62–71.

Plummer, S.E. (1988): Exploring the relationships between leaf nitrogen content, biomass and the near-infrared/red reflectance ratio. Int. J. Remote Sens. 9, 177–183.

Podlesak, W., M. Grün, I. Hundt, F. Jakob, M. Kerschberger, M. Krähmer, O. Krause, B. Machelett, P. Neubert, D. Richter, G. Rubach, K. Trier, H.-P. Vielemeyer, B. Witter und W. Wrazidlo (1989): Agrochemische Untersuchung und Beurteilung von Böden und Pflanzen. Agrabuch, Leipzig.

Prün, H. (1981): Zur Rasendüngung mit Langzeitdüngern. Rasen – Turf – Gazon 12, 96–104.

Quast, P. (1986): Düngung, Bewässerung und Bodenpflege im Obstbau. Verlag Eugen Ulmer, Stuttgart.

Quast, P. (1991): Ergebnisse aus einem 9-jährigen Düngeversuch mit verschiedenen Magnesiumdüngern an Apfelbäumen. Mitteilungen des Obstbauversuchsringes des alten Landes 46, 211–216.

Quast, P. (1993): Wichtige und wirksame Blattdüngungsindikationen im Obstbau. Mitteilungen des Obstbauversuchsringes des alten Landes 48, 202–208.

Quast, P. (1995): Kalimangel und Kalidüngung im Apfelanbau auf verschiedenen Böden. Mitteilungen des Obstbauversuchsringes des alten Landes 50, 11–18.

Rahimi, A. und W. Bussler (1974): Kupfermangel bei höheren Pflanzen und sein histochemischer Nachweis. Landwirtsch. Forsch. 30, 101–111.

Randall, P.J. (1969): Changes in nitrate and nitrite reductase levels on restoration of molybdenum to molybdenum-deficient plants. Aust. J. Agric. Res. 20, 635–642.

Rao, N.R. (1986): Potassium requirement for growth and its related processes determined by plant analysis in wheat. Plant Soil 96, 125–131.

Rao, J.K., K.L. Sahrawat und J.R. Burford (1987): Diagnosis of iron deficiency in groundnut, Arachis hypogaea L. Plant Soil 97, 353–359.

Rather, K., M.K. Schenk, A.P. Everaats und S. Vethman (2000): Rooting pattern and nutrient uptake of three cauliflower (Brassica oleracea var. botrytis) F1-hybrids. J. Plant Nutr. Soil Sci. 163, 467–474.

Reusch, S. (1997): Entwicklung eines reflexionsoptischen Sensors zur Erfassung der Stickstoffversorgung landwirtschaftlicher Kulturpflanzen. Dissertation, Christian- Albrechts-Universität Kiel.

Reusch, S., A. Link und J. Lammel (2002): Tractor-mounted multispectral scanner for remote field investigation. In: P.C. Roberts (Hrsg.) »Proceedings of the 6th International Conference on Precision Agriculture«, Minneapolis. ASA-CSSA-SSSA, Madison, WI, USA, 1385–1393.

Reuter, D.J. und J.B. Robinson (1997): Plant Analysis: An Interpretation Manual. CSIRO Publishing, Clayton, Australien.

Richter, M. (2011): Phosphat-Düngung und Blattflecken bei Helleborus niger L. BHGL-Schriftenreihe 28, 16.

Rimpau, J. (1984): Mit einem »Düngefenster« die Stickstoffnachlieferung abschätzen. DLG-Mitteilungen 2/1984, 72–73.

Robinson, J.B., P.R. Nicholas und J.R. McCarthy (1978): A comparison of three methods of tissue analysis for assessing the nutrient status of plantings of Vitis vinifera in an irrigated area in South Australia. Aust. J. Exp. Agric. Anim. Husb. 18, 294–300.

Robson, A.D., R.D. Hartley und S.C. Jarvis (1981): Effect of copper deficiency on phenolic and other constituents of wheat cell walls. New Phytol. 89, 361–371.

Rodenkirchen, H. (1986): Auswirkungen von saurer Beregnung und Kalkung auf die Vitalität, Artenmächtigkeit und Nährstoffversorgung der Bodenvegetation eines Fichtenbestands. Forstw. Cbl. 105, 338–350.

Rodenkirchen, H. (1992): Experimentelle Untersuchungen zur Wirkung von Stoffeinträgen auf Waldbodenpflanzen unter besonderer Berücksichtigung der Mineralstoffernährung von Oxalis acetosella L. Habilitationsschrift, Ludwig-Maximilians-Universität München.

Rodenkirchen, H. (1998a): Evidence for a nutritional disorder of Oxalis acetosella L. on acid forest soil. I. Control situation and effects of dolomitic liming and acid irrigation. Plant Soil 199, 141–152.

Rodenkirchen, H. (1998b): Evidence for a nutritional disorder of Oxalis acetosella L. on acid forest soil. II. Diagnostic field experiments and nutrient solution studies. Plant Soil 199, 153–166.

Rogalla, H. und V. Römheld (2002): Role of leaf apoplast in silicon-mediated manganese tolerance of Cucumis sativus L. Plant Cell Environ. 25, 549–555.

Römer, W., L. Beißner, H. Schenk und A. Jungk (1995): Einfluß von Sorte und Phosphatdüngung auf den Phosphorgehalt und die Aktivität der sauren Phosphatasen von Weizen und Gerste. Ein Beitrag zur Diagnose der P-Versorgung von Pflanzen. Z. Pflanzenernähr. Bodenkd. 158, 3–8.

Römheld, V. (1987): Different strategies for iron acquisition in higher plants. Physiol. Plantarum 70, 231–234.

Römheld, V. (1994): Bedeutung der Mikronährstoffe für den Intensivrasen – Funktion, Symptomatik, Verfügbarkeit und Düngung von Mikronährstoffen. Rasen – Turf – Gazon 25, 64–68.

Römheld, V. (2000): The chlorosis paradox: Fe inactivation as a secondary event in chlorotic leaves of grapevine. J. Plant Nutr. 23, 1629–1643.

Römheld, V. (2012): Diagnosis of deficiency and toxicity of nutrients. In: P. Marschner (Hrsg.) »Marschner´s Mineral Nutrition of Higher Plants«. Academic Press Ltd., London, Vereinigtes Königreich, 299–312.

Rosen, C.J. und R. Eliason (2005): Nutrient management for commercial fruit and vegetable crops in Minnesota. University of Minnesota Extension Service Bulletin BU-05886-GO. https://conservancy.umn.edu/bitstream/handle/11299/51272/5886.pdf?sequence=1&isAllowed=y (abgerufen am 18.09.2019)

Rupp, D. (2002): Düngung von Ertragsreben. Rebe & Wein 55, 26–30.

Sachs, J. (1860): Vegetations-Versuche mit Ausschluß des Bodens über die Nährstoffe und sonstigen Ernährungsbedingungen vom Mais, Bohnen und anderen Pflanzen. Landw. Versuchstat. 2, 219–268.

Sachs, L. (1984): Angewandte Statistik: Anwendung statistischer Methoden. Springer, Berlin.

Salt, D.E., I. Baxter und B. Lahner (2008): Ionomics and the study of the plant ionome. Annu. Rev. Plant Biol. 59, 709–733.

Sanchez, C.A., G.H. Snyder und H.W. Burdine (1991): DRIS evaluation of the nutritional status of crisphead lettuce. HortScience 26, 274–276.

Santos, E.F., J.M. Kondo Santini, A.P. Paixao, E.F. Júnior, J. Lavres, M. Campos und A.R. dos Reis (2017): Physiological highlights of manganese toxicity symptoms in soybean plants: Mn toxicity responses. Plant Physiol. Biochem. 113, 6–19.

Sauerbeck, D. (1982): Welche Schwermetallgehalte in Pflanzen dürfen nicht überschritten werden, um Wachstumsbeeinträchtigungen zu vermeiden? Landwirtsch. Forsch. 39, 108–129.

Scaife, A. (1988): Derivation of critical nutrient concentrations for growth rate from data from field experiments. Plant Soil 109, 159–169.

Scaife A. und K.L. Stevens (1983): Monitoring sap nitrate in vegetable crops. Comparison of test strips with electrode methods, and effect of time of day and leaf position. Commun. Soil Sci. Plant Anal. 14, 761–771.

Scaife, A. und M.K. Turner (1987): Field measurements of sap and soil nitrate to predict nitrogen topdressing requirements of Brussels sprouts. J. Plant Nutr. 10, 1705–1712.

Schacht, H. und M. Schenk (1994): Steuerung der Düngung von Gewächshausgurken (Cucumis sativus L.) in geschlossenen erdelosen Kultursystemen mit Hilfe von Nitrat- und Amino-N-Gehalt im Blattstielpreßsaft. Gartenbauwiss. 59, 97–102.

Schachtschabel, P. (1982): Bodenacidität. In: P. Schachtschabel, H.-P. Blume, K.-H. Hartge und U. Schwertmann (Hrsg.) »Scheffer/Schachtschabel – Lehrbuch der Bodenkunde«, 11. Auflage. Ferdinand Enke Verlag, Stuttgart, 102–114.

Schachtschneider, M.-L., D. Daum, S. Dinklage und H. Lösing (2018): Bestimmung von Nitrat, Ammonium und Kalium im Pflanzensaft von Baumschulgeholzen mit Schnelltestmethoden. VDLUFA-Schriftenreihe 75, 471–477.

Schäfer, P. und L. Reiner (1973): Die Ergebnisse von Herbst- und Frühjahrs-Bodenuntersuchungen auf Intensivweiden und ihre Beurteilung mit Hilfe der Diskriminanzanalyse. Z. Acker- und Pflanzenbau 137, 287–306.

Scharpf, H.C. (1977): Der Mineralstickstoffgehalt des Bodens als Maßstab für den Stickstoffdüngerbedarf. Dissertation Universität Hannover.

Schauer, N. und A.R. Fernie (2006): Plant metabolomics: Towards biological function and metabolism. Trends Plant Sci. 11, 508–516.

Schilling, G. (2000): Pflanzenernährung und Düngung. Verlag Eugen Ulmer, Stuttgart.

Schleiff, U. (2003): Handbook for the Salinity and Soil Fertility Kit. Eigenverlag, Wolfenbüttel.

Schmidhalter, U. (2005): Development of a quick on-farm test to determine nitrate levels in soil. J. Plant Nutr. Soil Sci. 168, 432–438.

Schmidhalter, U., S. Jungert, C. Bredemeier, R. Gutser, R. Manhart, B. Mistele und G. Gerl (2003): Field-scale validation of a tractor based multispectral crop scanner to determine biomass and nitrogen uptake of winter wheat. In: J.V. Stafford und A. Werner (Hrsg.) »Precision Agriculture. Proceedings of the 4th European Conference on Precision Agriculture«. Wageningen Academic Publishers, Wageningen, Niederlande, 615–619.

Schmidt, S.B., P. Pedas, K.H. Laursen, J.K. Schjoerring und S. Husted (2013): Latent manganese deficiency in barley can be diagnosed and remediated on the basis of chlorophyll a fluorescence measurements. Plant Soil 372, 417–429.

Schubert, S. (2018): Pflanzenernährung. Verlag Eugen Ulmer, Stuttgart.

Schulz, R. und H. Marschner (1987): Vergleich von Nitrat- und Amino-N-Schnelltest zur Charakterisierung des Stickstoff-Versorgungsgrades von Winterweizen. Z. Pflanzenernähr. Bodenk. 150, 348–353.

Sims, D.A. und J.A. Gamon (2002): Relationships between leaf pigment content and spectral reflectance across a wide range of species, leaf structures and developmental stages. Remote Sens. Environ. 81, 337–354.

Skirde, W. (1982): Probleme bei der Düngung von Sport und Freizeitflächen. Neue Landschaft 27, 597–608.

Skirde, W. (1993): Grundsätze zur funktions- und umweltgerechten Pflege von Rasensportflächen – Teil 1: Nährstoffversorgung durch Düngung. Bundesinstitut für Sportwissenschaft, Köln.

Smith, G.S., I.S. Cornforth und H.V. Henderson (1985): Critical leaf concentrations for deficiencies of nitrogen, potassium, phosphorus, sulphur, and magnesium in perennial ryegrass. New Phytol. 101, 393–409.

Smyth, D. A. und P. Chevalier (1984): Increases in phosphatase and ß-glucosidase activities in wheat seedlings in response to phosphorus-deficient growth. J. Plant Nutr. 7, 1221–1231.

Sommer, K. (2005): CULTAN-Düngung. Physiologisch, ökologisch, ökonomisch optimiertes Düngeverfahren für Ackerkulturen, Grünland, Gemüse, Zierpflanzen und Obstgehölze. Verlag Th. Mann, Gelsenkirchen-Buer.

Sonneveld, C. und P.A. van Dijk (1982): The effectiveness of some washing procedures on the removal of contaminates from plant tissues of glasshouse crops. Commun. Soil Sci. Plant Anal. 13, 487–496.

Sonneveld, C. und W. Voogt (2009): Plant nutrition of greenhouse crops. Springer Science+Business Media, Berlin.

Sonneveld, C., P. Koorneef und J. Van den Ende (1966): De osmotische Druk en het electrisch Geleidingsvermogen van enkele Zoutoplossinggen. Mededel. Direct. Tuinbouw 29, 471–474.

Spiegel, H., P. Cermák, J. de Haan, G. Füleky, C. Grignani, T. D´Hose, L.R. Staugaitiene, W. Zorn, G. Guzmán, D. Pikuła und L. Jordan-Meille (2014): Düngeempfehlungen in Europa. VDLUFA Schriftenreihe 70, 48–56.

Spiller, S.C., L.S. Kaufman, W.F. Thompson und W.R. Briggs (1987): Specific mRNA and rRNA level in greening pea leaves during recovery from iron stress. Plant Physiol. 84, 409–414.

Spring, J.L., J.P. Ryser, J.J. Schwarz, P. Basler, L. Bertschinger und A. Häseli (2003): Grundlagen für die Düngung der Rebe. Revue Suisse Vitic. Arboric. Hortic. 35, 1–24.

Srivastava, A.K. und S. Singh (2006): Biochemical markers and nutrient constraints diagnosis in citrus: A perspective. J. Plant Nutr. 29, 827–855.

Stabentheiner, E., A. Gross, G. Soja und D. Grill (2004): Air quality assessment in Graz/Austria using monitoring plants. In: A. Klumpp, W. Ansel und G. Klumpp (Hrsg.) »Urban Air Pollution, Bioindication and Environmental Awareness«. Cuvillier Göttingen, 51–58.

Stapp, C. und C. Wetter (1953): Beiträge zum quantitativen mikrobiologischen Nachweis von Magnesium, Zink, Eisen, Molybdän und Kupfer im Boden. Landw. Forsch. 5, 167–180.

Stass, A. und W.J. Horst (2009): Callose in abiotic stress. In: A. Bacic, G.B. Fincher und B. Stone (Hrsg.) »Chemistry, Biochemistry and Biology of (1->3)-β-glucans and related Polysaccharides«. Academic Press Inc., San Diego, CA, USA, 499–524.

Steenbjerg, F. (1951): Yield curves and chemical plant analysis. Plant Soil 3, 97–109.

Steenbjerg, F. und S.T. Jakobsen (1963): Plant nutrition and yield curves. Soil Sci. 95, 69–88.

Stock, W.D., J.S. Pate und J. Delfs (1990): Influence of seed size and quality on seedling development under low nutrient conditions in five Australian and South African members of the Proteaceae. J. Ecol. 78, 1005–1020.

Stoltz, E. und A.-C. Wallenhammar (2014): Manganese application increases winter hardiness in barley. Field Crops Res. 164, 148–153.

Stone, M.L., J.B.Solie, W.R. Raun, R.W. Whitney, S.L. Taylor und J.D. Ringer (1996): Use of spectral radiance for correcting in-season fertilizer nitrogen deficiencies in winter wheat. Transactions ASAE 39, 1623–1631.

Strebel, O. und W.H.M. Duynisveld (1989): Nitrogen supply to cereals and sugar beet by mass flow and diffusion on a silty loam soil. Z. Pflanzenernähr. Bodenk. 152, 135–141.

Strebel, O., H. Grimme, M. Renger und H. Fleige (1980): A field study with nitrogen-15 of soil and fertilizer nitrate uptake and of water withdrawal by spring wheat. Soil Sci. 130, 205–210.

Stumpe, H. und J. Garz (1974): Vorfruchtbedingte Unterschiede in der Stickstoffversorgung des Getreides und die Möglichkeit ihres Nachweises durch Bestimmung des anorganischen Bodenstickstoffs. Arch. Acker Pflanzenbau Bodenk.18, 736–746.

Taber, H.G. (2001): Petiole sap nitrate sufficiency values for fresh market tomato production. J. Plant Nutr. 24, 945–959.

Takebe, M. und T. Yoneyama (1989): Measurement of leaf color scores and its implication to nitrogen nutrition of rice plants. Jpn. Agric. Res. Q. 23, 86–93.

Tan, K. und W.G. Keltjens (1995): Analysis of acid-soil stress in sorghum genotypes with emphasis on aluminium and magnesium interactions. Plant Soil 171, 147–150.

Tarafdar, J.C. und N. Claassen (1988): Organic phosphorus compounds as a phosphorus source for higher plants through the activity of phosphatases produced by plant roots. Biol. Fertil. Soil 5, 308–312.

Taube, F. (1990): Growth characteristics of contrasting varieties of perennial ryegrass (Lolium perenne L.). J. Agron. Crop Sci. 165, 159–170.

Taube, F., R. Wulfes und K.-H. Südekum (1995): Veränderung der Mineralstoffgehalte von Futtergräsern im Zuwachsverlauf in Abhängigkeit von Stickstoffdüngung und Aufwuchszeitraum. Das Wirtschaftseigene Futter 41, 219–237.

Taube, F., U. Jahns, R. Wulfes und K.-H. Südekum (2000): Einfluss der Schwefelversorgung auf Ertrag und Inhaltsstoffe von Deutschem Weidelgras (Lolium perenne L.). Pflanzenbauw. 4, 42–51.

Thieme-Hack, M. (2018): Handbuch Rasen. Verlag Eugen Ulmer, Stuttgart.

Thompson, I.A. und D.M. Huber (2007): Manganese and plant disease. In: L.E. Datnoff, W.H. Elmer und D.M. Huber (Hrsg.) »Mineral Nutrition and Plant Disease«. APS Press, St. Paul, MI, USA. 139–154.

Tremblay, N., Z. Wang und C. Bélec (2007): Evaluation of the Dualex for the assessment of corn nitrogen status. J. Plant Nutr. 30, 1355–1369.

Tremblay, N., Z. Wang und C. Bélec (2009): Performance of Dualex in spring wheat for crop nitrogen status assessment, yield prediction and estimation of soil nitrate content. J. Plant Nutr. 33, 57–70.

Tremblay, N., Z. Wang und Z.G. Cerovic (2011): Sensing crop nitrogen status with fluorescence indicators. A review. Agron. Sustain. Dev. 32, 451–464.

Trier, K. und W. Bergmann (1974): Ein Beitrag zur Diagnose des Zinkmangels bei landwirtschaftlichen Kulturpflanzen. Arch. Acker- u. Pflanzenbau u. Bodenkd. 18, 53–63.

Trott, H., M. Wachendorf, B. Ingwersen und F. Taube (2004): Performance and environmental effects of forage production on sandy soils. I. Impact of defoliation system and nitrogen input on performance and N balance of grassland. Grass Forage Sci. 59, 41–55.

Tucker, C. J. und P.J. Sellers (1986): Satellite remote sensing of primary production. Int. J. Remote Sens. 7, 1395–1416.

Tukey, H.B. (1970): The leaching of substances from plants. Ann. Rev. Plant Physiol. 21, 305–324.

Uchida, R. (2000): Recommended plant tissue nutrient levels for some vegetables, fruit, and ornamental foliage and flowering plants in Hawaii. In: J.A. Silvia und R. Uchida (Hrsg.) »Plant Nutrient Management in Hawaii's Soils Approaches for Tropical and Subtropical Agriculture«. College of Tropical Agriculture and Human Resources, University of Hawaii, Manoa, HI, USA, 57–66.

Uddling, J., J. Gelang-Alfredsson, K. Piikki und H. Pleijel (2007): Evaluating the relationship between leaf chlorophyll concentration and SPAD-502 chlorophyll meter readings. Photosynth. Res. 91, 37–46.

Ulen, B., M. Bechmann, J. Folster, H.P. Jarvie und H. Tunney (2007): Agriculture as a phosphorus source for eutrophication in the north-west European countries, Norway, Sweden, United Kingdom and Ireland: A review. Soil Use Manage. 23, 5–15.

Ullah, K.S.R.A. Shamsi, S.S. Ahmad, M.N. Ahmad, S. Khan, R. Urooj, M.S. Iqbal und N.A. Khan (2016): Biomonitoring of fluoride pollution with Gladiolus in the vicinity of a brick kiln field in Lahore, Pakistan. Fluoride 49, 245–252.

Ulrich, A. (1952): Physiological bases for assessing the nutritional requirements of plants. Ann. Rev. Plant Physiol. 3, 207–228.

van der Ploeg, R.R., W. Böhm und M.B. Kirkham (1999): On the origin of the theory of mineral nutrition of plants and the law of the minimum. Soil Sci. Soc. Am. J. 63, 1055–1062.

Van Grinsven, H.J.M., M. Holland, B.H. Jacobsen, Z. Klimont, M. Sutton und W.J. Willems (2013): Costs and benefits of nitrogen for Europe and implications for mitigation. Environ. Sci. Technol. 47, 3571–3579.

van Maarschalkerweerd, M. und S. Husted (2015): Recent developments in fast spectroscopy for plant mineral analysis. Front. Plant Sci. 6, 169.

Vanselow, G. und R. Böhme (1988): Einordnung der Komplexen Pflanzenanalyse in das System der Boden- und Bestandesführung. Entwicklungstendenzen in der Pflanzenanalyse. Jena, Kolloquien des Instituts für Pflanzenernährung Jena.

VDI (2011): Maximale Immissions-Werte zum Schutz der Vegetation – Maximale Immissions-Konzentrationen für Fluorwasserstoff (VDI 2310 Blatt 3). Beuth Verlag, Berlin.

VDLUFA (1976): VDLUFA-Methodenbuch Band III »Die Chemische Untersuchung von Futtermitteln«, 3. Auflage. VDLUFA-Verlag, Darmstadt.

VDLUFA (1991): Probenahme auf Grünlandstandorten. In: Verband Landwirtschaftlicher Untersuchungs- und Forschungsanstalten e.V. (Hrsg.) »Handbuch der Landwirtschaftlichen Versuchs- und Untersuchungsmethodik (VDLUFA-Methodenbuch), Band I Die Untersuchung von Böden«. VDLUFA-Verlag, Darmstadt.

VDLUFA (2007): Probenahme für die Untersuchung auf pflanzenverfügbare Nährstoffe in Acker- und Gartenböden. In: Verband Landwirtschaftlicher Untersuchungs- und Forschungsanstalten e.V. (Hrsg.) »Handbuch der Landwirtschaftlichen Versuchs- und Untersuchungsmethodik (VDLUFA-Methodenbuch), Band I Die Untersuchung von Böden«. VDLUFA-Verlag, Darmstadt.

VDLUFA (2011): VDLUFA-Methodenbuch Band VII »Umweltanalytik«, 4. Auflage. VDLUFA-Verlag, Darmstadt.

Vetter, H., K. Früchtenicht und R. Mählhop (1977): Untersuchungen über den Aussagewert verschiedener Bodenuntersuchungsmethoden für die Ermittlung des Phosphatdüngebedarfs. Landwirtsch. Forsch. 34/II, 121–132.

Vielemeyer, H.-P. und I. Hundt (1972): Untersuchungen zur N-Dynamik in verschiedenen Organen der Getreidepflanzen während der Vegetation in Abhängigkeit von der N-Düngung als Grundlage für ein Pflanzenanalyse-Verfahren. Arch. Acker- u. Pflanzenbau. u. Bodenkd. 16, 741–750.

Vielemeyer, H.-P. und I. Hundt (1991) Schriftliche Mitteilung. Institut für Pflanzenernährung und Ökotoxikologie Jena.

Vielemeyer, H.-P. und P. Neubert (1980): Untersuchungen zum Einfluß von Witterungsfaktoren auf den N-Gehalt von Wintergetreidepflanzen im Zusammenhang mit dem Pflanzenanalyseverfahren zur Bemessung der 2. N-Gabe. Arch. Acker- u. Pflanzenbau. u. Bodenkde. 24, 161–166.

Vielemeyer, H.-P. und P. Weissert (1990): Einsatz der Preßsaftanalyse zur Ernährungsdiagnose bei Gewächshaustomate und -gurke. Gartenbauwiss. 55, 168–172.

Vielemeyer, H.-P., R. Böhme, A. Werner, O. Krause und I. Hundt (1991): Neue Pflanzenanalyse-Grenzwerte für Wintergetreide. Wiss. Jahresbericht Institut für Pflanzenernährung und Ökotoxikologie Jena, 7–13.

Vielemeyer, H.-P., I. Hundt, P. Neubert, G. Vanselow und P. Weissert (1980): Untersuchungen zur Weiterentwicklung des Pflanzenanalyseverfahrens zur operativen Korrektur der 2. N-Gabe bei Wintergetreide. Arch. Acker- u. Pflanzenbau. u. Bodenkde. 24, 261–266.

Vielemeyer, H.-P., O. Krause und I. Hundt (1991): Komplexe Pflanzenanalyse – Ein Beitrag zur Optimierung der Nährstoffversorgung der Pflanzen. VDLUFA-Schriftenreihe 33, 136–141.

Vielemeyer, H.P., P. Neubert, I. Hundt, I., G. Vanselow und P. Weissert (1983): Ein neues Verfahren zur Ableitung von Pflanzenanalyse-Grenzwerten für die Einschätzung des Ernährungszustandes landwirtschaftlicher Kulturpflanzen. Arch. Acker- u. Pflanzenbau u. Bodenkd. 27, 445–453.

Vielemeyer, H.-P., B. Witter und W. Podlesak (1988): Gezielte Kontrolle des Ernährungszustandes von Pflanzenbeständen bei hohem Ertragsniveau durch die komplexe Pflanzenanalyse. Feldwirtschaft 29, 135–137.

von Uexküll, H.R. und E. Mutert (1995): Global extent, development and economic impact of acid soils. Plant Soil 171, 1–15.

Vos, J. und M. Bom (1993): Hand-held chlorophyll meter: A promising tool to assess the nitrogen status of potato foliage. Potato Res. 36, 301–308.

Wachendorf, M., M. Buchter, H. Trott und F. Taube (2004): Performance and environmental effects of forage production on sandy soils. II. Impact of defoliation system and nitrogen input on nitrate leaching losses. Grass Forage Sci. 59, 56–68.

Walker, C.D und J.F. Loneragan (1981): Effects of copper deficiency on copper and nitrogen concentrations and enzyme activities in aerial parts of vegetative subterranean clover plants. Ann. Bot. 47, 65–73.

Walker, C.D., R.D. Graham, J.T. Madison, E.E. Cary und R.M. Welch (1985): Effects of Ni deficiency on some nitrogen metabolites in cowpea (Vigna unguiculata L. Walp). Plant Physiol. 79, 474–479.

Wallace, A., R.T. Mueller, J.W. Cha und E.M. Romney (1982): Influence of washing of soybean leaves on identification of iron deficiency by leaf analysis. J. Plant Nutr. 5, 805–810.

Walworth, J.L. und M.E. Sumner (1987): The diagnosis and recommendation integrated system (DRIS). In: B.A. Stewart (Hrsg.) »Advances in Soil Science 6«. Springer Verlag, New York, USA, 149–188.

Webb, R.A. (1972): Use of the boundary line in the analysis of biological data. J. Hort. Sci. 47, 309–319.

Wehrmann, J. und H.C. Scharpf (1979): Der Mineralstickstoffgehalt des Bodens als Maßstab für den Stickstoffdüngerbedarf (Nmin-Methode). Plant Soil 52, 109–126.

Wehrmann, J. und H.C. Scharpf (1986): The Nmin-method – An aid to integrating various objectives of nitrogen fertilization. Z. Pflanzenernähr. Bodenk. 149, 428–440.

Weier, U., U. van Riesen und H.C. Scharpf (2001): Nil-N-plots: A system to estimate the amount of the nitrogen top dressing of vegetables. Acta Hort. 563, 47–52.

Weigelt, W. (2003): Persönliche Mitteilung, BASF-Agrarzentrum Limburgerhof, Limburgerhof.

Weissert, P., P. Neubert und H.-P. Vielemeyer (1982): Ergebnisse methodischer Untersuchungen zur Pflanzenprobenahme auf Wintergetreideschlägen. Arch. Acker- u. Pflanzenbau u. Bodenkd. 26, 93–99.

Werner, D. und R. Roth (1983): Silica metabolism. In: A. Läuchli und R.L. Bieleski (Hrsg.) »Inorganic Plant Nutrition«, Encyclopedia of Plant Physiology Vol. 15B, Springer Verlag, Berlin und Heidelberg, 682–694.

Whelan, B.M., J.A. Taylor und A.B. McBratney (2012): A 'small strip' approach to empirically determining management class yield response functions and calculating the potenzial financial `net wastage´ associated with whole-field uniform-rate fertilizer. Field Crops Res. 139, 47–56.

Whitehead, D.C. (2000): Nutrient Elements in Grassland. CABI, Wallingford, Vereinigtes Königreich.

Wiebe, H.J. (1969): Manganvergiftung bei Kopfsalat als Folge der Bodendämpfung. Gemüse 5, 226–227.

Wiesler, F. (1991): Sortentypische Unterschiede im Wurzelwachstum und in der Nutzung des Nitratangebots des Bodens bei Mais. Dissertation, Institut für Pflanzenernährung, Universität Hohenheim.

Wiesler, F., J. Dickmann und W.J. Horst (1997): Effects of nitrogen supply on growth and nitrogen uptake by Miscanthus sinensis during establishment. Z. Pflanzenernähr. Bodenk. 160, 25–31.

Wiesler, W., T. Appel, K. Dittert, T. Ebertseder, T. Müller, L. Nätscher, H.-W. Olfs, M. Rex, K. Schweitzer, D. Steffens, F. Taube und W. Zorn (2018): Phosphordüngung nach Bodenuntersuchung und Pflanzenbedarf. Standpunkt des Verband Deutscher Landwirtschaftlicher Untersuchungs- und Forschungsanstalten e.V. (VDLUFA), Speyer.

Wijaya, A.K. (1996): Genotypische Unterschiede im Wurzelwachstum von Kopfsalat (Lactuc sativa L.) und ihre Bedeutung für die Ausnutzung des Stickstoffangebotes des Bodens. Dissertation, Institut für Pflanzenernährung, Universität Hannover.

Wikström, F. (1994): A theoretical explanation of the Piper-Steenbjerg effect. Plant Cell Environ. 17, 1053–1060.

Wilke, B.-M. (2010): Gefährdung der Bodenfunktionen. In: H.-P. Blume, G.W. Brümmer, R. Horn, E. Kandeler, I. Kögel-Knabner, R. Kretzschmar, K. Stahr, B.-M. Wilke (Hrsg.) »Scheffer/Schachtschabel – Lehrbuch der Bodenkunde«, 16. Aufl., Spektrum Akademischer Verlag, Heidelberg, 449–519.

Williams, D.E. und J. Vlamis (1957): The effect of silicon on yield and manganese-54 uptake and distribution in the leaves of barley plants grown in culture solutions. Plant Physiol. 32, 404–409.

Williams, R.F., L.T. Evans und L.J. Ludwig (1964): Estimation of leaf area for clover and lucerne. Aust. J. Agric. Res. 15, 231–233.

Wissemeier, A.H. (1993): Marginal bract necrosis in poinsettia cultivars and the relationship to bract calcium nutrition. Gartenbauwissenschaft 58, 158–163.

Wissemeier, A.H. (1996): Calcium-Mangel bei Salat (Lactuca sativa L.) und Poinsettie (Euphorbia pulcherrima Willd. ex

Klotzsch): Einfluß von Genotyp und Umwelt. Verlag Ulrich E. Grauer, Stuttgart.

Wissemeier, A.H. (2002): Eisenmangel Chlorosen beheben. Die Winzer-Zeitschrift 17, 32–33.

Wissemeier, A.H. (2008): Kein erhöhtes Krebsrisiko durch Nitrat in Gemüse. Gemüse 44, 14–16.

Wissemeier, A.H. und W.J. Horst (1987): Callose deposition in leaves of cowpea (Vigna unguiculata (L.) Walp.) as a sensitive response to high Mn supply. Plant Soil 102, 283–286.

Wissemeier, A.H. und W.J. Horst (1988): Callose deposits as novel manganese toxicity symptom. In: M.J. Webb, R.O. Nable, R.D. Graham und R.J. Hannam und R.J. (Hrsg.) »International Symposium on Manganese in Soils and Plants: Contributed papers«. Manganese Symposium 1988 Inc., Adelaide, Australien, 61–62.

Wissemeier, A.H. und W.J. Horst (1991): Simplified methods for screening cowpea cultivars for manganese leaf-tissue tolerance. Crop Sci. 31, 435–439.

Wissemeier, A.H. und W.J. Horst (1992): Effect of light intensity on manganese toxicity symptoms and callose formation in cowpea (Vigna unguiculata (L.) Walp.). Plant Soil 143, 299–309.

Wissemeier, A.H. und H. Rodenkirchen (1994): Callose concentration in leaves of field grown Oxalis acetosella (L.) indicates growth impediments. Z. Pflanzenernähr. Bodenk. 157, 327–332.

Wissemeier, A.H. und G. Zühlke (2002): Relationship between climatic variables, growth and the incidence of tipburn in field-grown lettuce as evaluated by simple, partial and multiple regression analysis. Sci. Hortic. 93, 193–204.

Wissemeier, A.H., A. Diening, A. Hergenröder, W.J. Horst und G. Mix-Wagner (1992): Callose formation as parameter for assessing genotypical plant tolerance of aluminium and manganese. Plant Soil 146, 67–75.

Wissemeier, A.H., G. Hahn und H. Marschner (1998): Callose in roots of Norway spruce (Picea abies (L.) Karst.) is a sensitive parameter for aluminium supply at a forest site (Höglwald). Plant Soil 199, 53–57.

Wissemeier, A.H., A. Hergenröder, G. Mix-Wagner und W.J. Horst (1993): Induction of callose formation by manganese in cell suspension culture and leaves of soybean (Glycine max L.). J. Plant Physiol. 142, 67–73.

Wissemeier, A.H., F. Klotz, F. und W.J. Horst (1987): Aluminium induced callose synthesis in roots of soybean (Glycine max L.). J. Plant Physiol. 129, 487–492.

Wissemeier, A.H., W. Weigelt und W. Zerulla (2005): Schwefel-Mangel bei Reben. 4. Geisenheimer Weinbaugespräch, Weinsberg.

Wissuwa, M., A.M. Ismail und S. Yanagihara (2006): Effects of zinc deficiency on rice growth and genetic factors contributing to tolerance. Plant Physiol. 142, 731–741.

Witt, H.H. (1975): Die Beurteilung des Molybdän-Ernährungszustandes von Pflanzen mit Hilfe der Nitratreduktase-Aktivität. Dissertation, Universität Hannover.

Witt, H.H. und A. Jungk (1977): Beurteilung der Molybdänversorgung von Pflanzen mit Hilfe der Mo-induzierbaren Nitratreduktase-Aktivität. Z. Pflanzenernähr. Bodenk. 140, 209–222.

Wiwart, W., G. Fordonski, K. Zuk-Gołaszewska und E. Suchowilskaa (2009): Early diagnostics of macronutrient deficiencies in three legume species by color image analysis. Comput. Electron. Agric. 65, 125–132.

Wollny, E. (1897) zitiert nach Boguslawski (1972).

Wollring, J. und J. Wehrmann (1981): Der Nitrat-Schnelltest – Entscheidungshilfe für die N-Spätdüngung. DLG-Mitteilungen 96, 448–450.

Wollring, J. und J. Wehrmann (1990): Der Nitratgehalt in der Halmbasis als Maßstab für den Stickstoffdüngerbedarf bei Wintergetreide. Z. Pflanzenernähr. Bodenk. 153, 47–53.

Wollring, J., S. Reusch und C. Karlsson (1998): Variable nitrogen application based on crop sensing. Proceedings International Fertilizer Society 423, 1–27.

Wood, B., C. Reilly und A. Nyczepir (2004): Mouse-ear of pecan: A nickel deficiency. Hort. Sci. 39, 1238–1242.

Wood, G.A., J.C. Taylor und R.J. Godwin (2003): Calibration methodology for mapping within-field crop variability using remote sensing. Biosyst. Eng. 84, 409–423.

Woodward, J. (1969): Some thoughts and experiments concerning vegetation. Phil. Trans. Roy. Soc. 21, 193–227.

Wulfes, R. (1993): Wachstumsanalytische Untersuchungen zur Dynamik der Qualitätsentwicklung von Deutschem Weidelgras und Knaulgras Im Vegetationsablauf in Abhängigkeit von der Stickstoffdüngung und vom Standort. Dissertation, Universität Kiel.

Yamauchi, M. (1989): Rice bronzing in Nigeria caused by nutrient imbalances and its control by potassium sulfate application. Plant Soil 117, 275 – 286.

Yanai, J., T. Kosaki, A. Nakano und K. Kyuma (1997): Application effects of controlled-availability fertilizer on dynamics of soil solution composition. Soil Sci. Soc. Am J. 61, 1781 – 1786.

Yoder, B.J. und R.E. Pettigrew-Crosby (1995): Predicting nitrogen and chlorophyll content and concentrations from reflectance spectra (400–2500 nm) at leaf and canopy scales. Remote Sens. Environ. 53, 199 – 211.

Zecha, C.W., J. Link und W. Claupein (2013): Mobile sensor platforms: Categorisation and research applications in precision farming. J. Sens. Sens. Syst. 2, 51 – 72.

Zerulla, W. und K.-F. Kummer (1994): Der Schwefel-Schätzrahmen - ein Instrument der Düngungsprognose für Schwefel. Raps 12, 173 – 174.

Zhang, C. und J.M. Kovacs (2012): The application of small unmanned aerial systems for precision agriculture: A review. Precis. Agric. 13, 693 – 712.

Zheng, S.J. (2010): Crop production on acidic soils: Overcoming aluminium toxicity and phosphorus deficiency. Ann. Bot. 106, 183 – 184.

Zorn, W. (2003): Persönliche Mitteilung, Thüringer Landesanstalt für Landwirtschaft, Jena.

Zorn, W. und A. Prausse (1993): Der Mn-Gehalt von Getreide, Mais und Rüben als Anzeiger der Bodenversauerung. Z. Pflanzenernähr. Bodenkd. 156, 371 – 376.

Zorn, W., G. Marks, H. Heß und W. Bergmann (2016): Handbuch zur visuellen Diagnose von Ernährungsstörungen bei Kulturpflanzen. Springer Spektrum Verlag, Berlin.

Pflanzenregister Mineralstoffgehalte und Fotos

	Mineralstoffgehalte	Fotos
Linde	–	74
Lupine	–	67
Luzerne	136	–
Magnolie	–	80
Mais	118, 129, 134, 162	55, 59, 70, 72, 74, 75, 76, 81
Meerrettich	158	–
Pak Choi	164	–
Paprika	153, 161	–
Pelargonie	180	56, 82, 178
Petersilie	–	80
Petunie	180	65
Pflaume, Zwetschge	167	–
Phalaenopsis	180	176
Primel	–	56
Radies	–	64
Raps	135	52, 53, 57, 63
Rasengräser	182	–
Reis	–	65, 67
Rettich	160	–
Rose	180	65, 69, 81, 176
Rosenkohl	160	–
Rosskastanie	–	74
Rote Rübe	160	–
Salat	113, 153, 155, 157	52, 53, 60, 73, 79, 87
Scheinzypresse	–	80

	Mineralstoffgehalte	Fotos
Schneeflockenblume	–	56
Sellerie	160 f.	99
Silberhaargras	–	83
Sojabohne	135	53, 57, 67, 70, 79, 103
Sonnenblume	129, 135	59, 64, 71, 102
Spargel	158 f.	–
Speiserübe	164	–
Spinat	161, 219	–
Stachelbeere	167	–
Sternwinde	–	179
Süßkartoffel	158 f.	68
Tabak	137	–
Tomate	112, 153, 162 f., 219	58, 87
Triticale	134	–
Waldsauerklee	224, 226 f.	224, 223, 227
Weidelgras	183	144
Weihnachtsstern, Poinsettie	180, 219	54, 56, 58, 59, 60, 72, 73
Weinrebe	173	58, 62, 64, 66, 68, 71, 76, 81, 82, 84, 85, 174
Weizen	111, 112, 114, 129, 132	52, 55, 57, 61, 63, 69, 70, 72
Zauberglöckchen	–	64
Zuckerrübe	129, 136	63, 71, 73
Zwiebel	162 f.	–

Sachwortregister